Pandas 数据分析

快速上手 **500** 招

微课视频版

◎ 罗帅 罗斌 编著

清華大学出版社

北京

内 容 简 介

本书采用"问题描述+解决方案"模式，通过 500 个案例介绍了使用 Pandas 进行数据分析和数据处理的技术亮点。全书共分为 8 章，主要案例包括：读写 CSV、Excel、JSON、HTML 等格式的数据；根据行标签、列名和行列数字索引筛选和修改数据，使用各种函数根据数据大小、日期范围、正则表达式、lambda 表达式、文本类型等多种条件筛选数据；统计 NaN（缺失值）的数量、占比，根据规则填充和删除 NaN；在 DataFrame 中增、删、查、改行列数据，计算各种行差、列差、极差以及直接对两个 DataFrame 进行加、减、乘、除运算和比较差异；将宽表和长表相互转换，创建交叉表和各种透视表；对数据分组结果进行求和、累加、求平均值、求极差、求占比、排序、筛选、重采样等多种形式的分析，将分组数据导出为 Excel 文件。本书还附赠 36 个数据可视化案例，如根据指定的条件设置行列数据的颜色和样式，根据行列数据绘制条形图、柱形图、饼图、折线图、散点图、六边形图、箱形图、面积图等。

本书适于作为数据分析师、物流分析师、金融分析师、数据产品开发人员、人工智能开发人员、市场营销人员、办公管理人员、Python 程序员等各行各业人员的案头参考书，无论对于初学者还是专业人士，本书都极具参考和收藏价值。

图书在版编目（CIP）数据

Pandas 数据分析快速上手 500 招：微课视频版 / 罗帅，罗斌编著. —北京：清华大学出版社，2023.1（2024.7重印）
ISBN 978-7-302-62411-0

Ⅰ. ①P… Ⅱ. ①罗… ②罗… Ⅲ. ①数据处理 Ⅳ. ①TP274

中国国家版本馆 CIP 数据核字（2023）第 009590 号

责任编辑：黄 芝 薛 阳
封面设计：刘 键
责任校对：胡伟民
责任印制：刘海龙

出版发行：清华大学出版社
      网   址：https://www.tup.com.cn，https://www.wqxuetang.com
      地   址：北京清华大学学研大厦 A 座   邮   编：100084
      社   总   机：010-83470000   邮   购：010-62786544
      投稿与读者服务：010-62776969，c-service@tup.tsinghua.edu.cn
      质 量 反 馈：010-62772015，zhiliang@tup.tsinghua.edu.cn
      课 件 下 载：https://www.tup.com.cn，010-83470236
印 装 者：三河市天利华印刷装订有限公司
经   销：全国新华书店
开   本：203mm×260mm   印   张：26.25   字   数：705 千字
版   次：2023 年 3 月第 1 版   印   次：2024 年 7 月第 2 次印刷
印   数：2001～2500
定   价：99.80 元

产品编号：097041-01

前 言

Pandas 是最近比较热门的一个分析结构化数据的工具包，它提供了高性能、易使用的数据结构和数据分析方法，其所提供的各种数据处理方法、工具基于数理统计学。Pandas 的命名来源并非"熊猫"，而是衍生自计量经济学的术语"panel data（面板数据）"和"Python data analysis（Python 数据分析）"。Pandas 的目标是成为 Python 数据分析实践与实战的必备高级工具，其长远目标是成为最强大、最灵活、可以支持任何语言的开源数据分析工具。

Jupyter Notebook 是一个基于 Web 的交互式开发环境，用户可以在其中编写代码、运行代码、查看并保存结果，这些特性使其成为一款执行端到端数据科学工作流程的便捷工具，它常用于数据清理、统计建模、构建和训练机器学习模型、可视化数据等用途。本书所有使用 Python 语言编写的 Pandas 实战案例均在 Jupyter Notebook 开发环境中完成，因此建议读者在测试和学习本书实战案例时也使用 Jupyter Notebook。特别需要说明的是：建议从 Anaconda 官网下载安装 Anaconda 3，里面包含 Jupyter Notebook、Python 3.8.8、Pandas 1.3.3、numpy 1.20.1、matplotlib 3.4.1 等大量的工具包，也可以根据需要在线升级相关工具包的最新版本。

全书共分为 8 章，简述如下。

第 1 章主要列举了在 DataFrame 中使用各种形式的日期设置行标签、修改行标签、修改列名以及修改多层行标签、创建笛卡儿积多层索引、根据列名获取列索引数字等。

第 2 章主要列举了将 CSV、Excel、JSON、HTML 等格式的数据读入 DataFrame，以及将 DataFrame 的数据写入 CSV、Excel、JSON、HTML 等格式的文件，甚至直接访问剪贴板数据等。

第 3 章主要列举了使用 loc 根据行标签和列名筛选和修改单行数据、单列数据、多行数据、多列数据、多行多列数据、单个数据、多个数据；使用 iloc 根据行列索引数字筛选和修改单行数据、单列数据、多行数据、多列数据、多行多列数据、单个数据、多个数据；使用各种函数根据数据大小、日期范围、正则表达式、lambda 表达式、文本类型等多种条件筛选数据。

第 4 章主要列举了在 DataFrame 的行列中统计 NaN（缺失值）的数量、占比，以及根据向上填充、向下填充等规则填充 NaN 的多个案例；同时列举了根据要求删除包含 NaN 的行或列、自定义 NaN 的颜色等案例；以及在读取 Excel 文件时如何处理 NaN 等案例。

第 5 章主要列举了在 DataFrame 中新增行、插入行、删除行、删除重复行，新增列、删除列、拆分列、合并列、合并同构或异构的 DataFrame，根据指定的规则修改数据、裁剪数据，计算各种行差、列差、极差以及直接对两个 DataFrame 进行加、减、乘、除运算和比较差异等。

第 6 章主要列举了宽表和长表的相互转换，根据 DataFrame 的行列数据创建交叉表以及使用 pivot_table()创建各种透视表等。

第 7 章主要列举了根据指定的要求在 DataFrame 中对数据进行分组，并对分组结果进行求和、累加、求平均值、求极差、求占比、排序、筛选、重采样等多种形式的分析，以及将分组数据导出为 Excel 文件等。

第 8 章主要列举了在 DataFrame 中根据指定的条件设置行列数据的颜色和样式等。

本书最后还附赠 36 个数据可视化案例，如根据行列数据绘制条形图、柱形图、饼图、折线图、散点图、六边形图、箱形图、面积图等，请读者扫描"目录"下方的二维码下载查看。

本书案例丰富、实用性强、技术新颖、贴近实战、思路清晰、代码简洁、知识精炼、高效直观、通俗易懂、操作性强。本书配套教学视频，读者可先扫描封底的刮刮卡内二维码，获得权限，再扫描书中对应章节处的二维码，即可观看视频。本书提供所有案例的完整代码，读者可扫描"目录"下方的二维码下载查看。

本书为黑白印刷，书中提到的彩色高亮等效果无法直接体现，请读者观看教学视频，以视频中的显示效果为准。

全书所有内容和思想并非一人之力所能及，而是凝聚了众多热心人士的智慧并经过充分的提炼和总结而成，在此对他们表示崇高的敬意和衷心的感谢！由于时间关系和作者水平原因，少量内容可能存在认识不全面或偏颇的地方，以及一些疏漏和不当之处，敬请读者批评指正。

罗帅　罗斌

2022 年于重庆渝北

目 录
*C*ontents

代码下载　案例下载

## 第 1 章

DataFrame

DataFrame 是一种表格型的数据结构，它含有一组有序的列（Series），每列（每个 Series）可以是不同的数据类型（数值、字符串、布尔值等），简单地说，DataFrame 就是一个 Excel 工作表。Pandas 的数据分析就是使用各种方法和指标分析 DataFrame 的数据；在本书案例中，大多数 DataFrame 的数据均源自 Excel 工作表，因此从某种程度上，它们是等价的。访问或查询 DataFrame 的数据主要通过使用行列索引数字或行列索引标签，列索引标签通常称为列名，它们的关系如图 000-1 所示。本章主要列举了行列索引数字或行列索引标签的案例，其他章节将列举对 DataFrame 数据的分析、管理和应用。

列索引数字(实际不可见)

		0	1	2	3
		列名0	列名1	列名2	列名3
0	行索引标签0	data00	data01	data02	data03
1	行索引标签1	data10	data11	data12	data13
2	行索引标签2	data20	data21	data22	data23
3	行索引标签3	data30	data31	data32	data33

行索引数字(实际不可见)

图 000-1

001　使用随机数创建一个 DataFrame

此案例主要演示了使用 DataFrame 的构造函数根据随机数创建一个带行标签和列名的 DataFrame。当在 Jupyter Notebook 中运行此案例代码之后，将使用 5000 以内的随机数创建一个 5 行 10 列的 DataFrame，R0～R4 表示行标签，C0～C9 表示列名，效果如图 001-1 所示（因为是随机数，可能在每次运行之后的数据都不同）。

	C0	C1	C2	C3	C4	C5	C6	C7	C8	C9
R0	4475	3608	1097	4711	4083	733	872	1345	2908	1070
R1	4607	974	4172	2988	3774	4618	1519	3554	2998	1383
R2	4411	2572	3586	3045	470	2298	4172	978	4117	2206
R3	1132	4917	3377	2422	4273	3826	2274	4542	4828	4658
R4	2930	2147	1535	3664	4399	2738	1530	1592	4188	2434

图 001-1

主要代码如下。

```
import pandas as pd #导入pandas库，并使用pd重命名pandas
import numpy as np #导入numpy库，并使用np重命名numpy
from numpy import random #导入numpy库的随机数模块random
#使用随机数创建带行标签和列名的DataFrame
df=pd.DataFrame(random.randint(0,5000,size=(5,10)),
          index=['R0','R1','R2','R3','R4'],
          columns=['C0','C1','C2','C3','C4','C5','C6','C7','C8','C9'])
##使用随机数创建默认的带行标签和列名的DataFrame
#df=pd.DataFrame(random.randint(0,5000,size=(5,10)))
##使用连续的整数创建带行标签和列名的DataFrame
#df=pd.DataFrame(np.arange(50).reshape((5,10)),
#index=['R0','R1','R2','R3','R4'],
#columns=['C0','C1','C2','C3','C4','C5','C6','C7','C8','C9'])
##使用连续的整数创建默认的带行标签和列名的DataFrame
#df=pd.DataFrame(np.arange(50).reshape((5,10)))
df #输出df的所有数据
```

在上面这段代码中，df=pd.DataFrame(random.randint(0,5000,size=(5,10)), index=['R0','R1','R2', 'R3','R4'], columns=['C0','C1','C2','C3','C4','C5','C6','C7','C8','C9'])表示使用5000以内的随机数创建一个5行10列的DataFrame，index参数用于设置行标签，columns参数用于设置列名，如图001-2所示。如果改成df=pd.DataFrame(random.randint(0,5000,size=(5,10)))，则表示创建无指定行标签和列名，但包含默认的行标签和列名的DataFrame。

	0	1	2	3	4	5	6	7	8	9
0	2177	2749	185	216	2006	3000	2176	3156	2928	3808
1	3437	1813	2684	988	286	3150	1060	2485	1924	2317
2	652	3821	2963	3411	3963	3489	4199	3077	4898	1831
3	3400	2847	3868	4333	3377	410	3559	3684	4790	1590
4	4677	1076	2080	2586	4068	3000	1734	4962	71	4086

图 001-2

此案例的主要源文件是 MyCode\H129\H129.ipynb。

002　使用字母设置 DataFrame 的行标签

此案例主要通过使用字母设置 index 属性，实现在 DataFrame 中将行标签从默认的整数调整为字母。当在 Jupyter Notebook 中运行此案例代码之后，将在 DataFrame 中把行标签从 0、1、2 调整为 A、B、C，效果分别如图 002-1 和图 002-2 所示。

	股票名称	当前价	涨跌额	总手	成交金额
0	三峡能源	5.95	-0.30	10667396	640602
1	包钢股份	1.53	0.00	4352856	66772
2	中国一重	3.58	-0.15	4193773	154145

图 002-1

	股票名称	当前价	涨跌额	总手	成交金额
A	三峡能源	5.95	-0.30	10667396	640602
B	包钢股份	1.53	0.00	4352856	66772
C	中国一重	3.58	-0.15	4193773	154145

图 002-2

主要代码如下。

```
import pandas as pd #导入pandas库, 并使用pd重命名pandas
df=pd.read_excel('myexcel.xlsx') #读取myexcel.xlsx文件的第1个工作表
df  #输出df的所有数据
#将df的行标签调整为从1开始
#df.index=range(1,len(df)+1)
#df.index=pd.Index([1,2,3])
#df.index+=1
#将df的行标签调整为字母A、B、C
df.index=['A','B','C']
##输出df的第1行数据
#df.loc['A':'A']
df  #输出df在修改行标签之后的所有数据
```

在上面这段代码中,df.index=['A','B','C']表示在df中把行标签调整为A、B、C。简单地说,行标签就是为df的每行起个名字。注意:行标签的个数通常与df的行数相等,否则可能会报错。此案例的主要源文件是 MyCode\H146\H146.ipynb。

003 使用日期设置 DataFrame 的行标签

此案例主要通过使用 date_range()函数创建指定范围的日期并设置 index 属性,实现在 DataFrame 中使用指定的日期设置行标签。当在 Jupyter Notebook 中运行此案例代码之后,将在 DataFrame 中把行标签从 0 到 4 调整为从 2021-08-23 到 2021-08-27,效果分别如图 003-1 和图 003-2 所示。

	股票名称	收盘价	涨跌额	成交量	成交金额
0	三峡能源	5.95	-0.30	10667396	640602
1	包钢股份	1.53	0.00	4352856	66772
2	中国一重	3.58	-0.15	4193773	154145
3	中恒集团	3.98	0.36	4180737	164917
4	工商银行	5.25	-0.01	3551893	185446

图 003-1

	股票名称	收盘价	涨跌额	成交量	成交金额
2021-08-23	三峡能源	5.95	-0.30	10667396	640602
2021-08-24	包钢股份	1.53	0.00	4352856	66772
2021-08-25	中国一重	3.58	-0.15	4193773	154145
2021-08-26	中恒集团	3.98	0.36	4180737	164917
2021-08-27	工商银行	5.25	-0.01	3551893	185446

图 003-2

主要代码如下。

```
import pandas as pd#导入pandas库, 并使用pd重命名pandas
#读取myexcel.xlsx文件的Sheet1工作表
df=pd.read_excel('myexcel.xlsx',sheet_name='Sheet1')
df  #输出df的所有数据
#将df的行标签调整为从2021-08-23到2021-08-27
df.index=pd.date_range('20210823',periods=5)
#df.index=pd.date_range('20210823',periods=df.shape[0])
#df.index=pd.date_range(start='20210823',periods=5)
#df.index=pd.date_range(end='20210827',periods=5)
#df.index=pd.date_range(start='20210823',end='20210827')
```

```
##将 df 的行标签调整为从 2021-08-23 到 2021-09-04
#df.index=pd.date_range('20210823',periods=5,freq='3D')
##将 df 的行标签调整为从 2021-08-31 到 2022-04-30
#df.index=pd.date_range('20210831',periods=5,freq='2M')
##将 df 的行标签调整为从 2021-12-31 到 2029-12-31
#df.index=pd.date_range('20211231',periods=5,freq='2Y')
##输出 df 的第一行数据
#df.loc['2021-08-23':'2021-08-23']
df  #输出 df 在调整行标签之后的所有数据
```

在上面这段代码中，df.index=pd.date_range('20210823',periods=5)表示在 df 中将行标签调整为从 2021-08-23 到 2021-08-27，参数'20210823'表示起始日期，参数 periods=5 表示天数。

此案例的主要源文件是 MyCode\H266\H266.ipynb。

004 使用月份设置 DataFrame 的行标签

此案例主要演示了使用 period_range()函数根据起止月份设置 DataFrame 的行标签。当在 Jupyter Notebook 中运行此案例代码之后，将在 DataFrame 中把行标签从 0 到 4 调整为从 2021-01 到 2021-05，效果分别如图 004-1 和图 004-2 所示。

	股票代码	股票名称	收盘价	成交额	流通市值	总市值
0	300393	中来股份	15.51	12.91亿	141.6亿	168.5亿
1	603613	国联股份	118.08	5.56亿	262.3亿	406.1亿
2	300172	中电环保	5.34	2.31亿	36.20亿	36.20亿
3	300510	金冠股份	9.13	8.89亿	75.07亿	75.65亿
4	603938	三孚股份	69.08	7.17亿	134.8亿	134.8亿

图 004-1

	股票代码	股票名称	收盘价	成交额	流通市值	总市值
2021-01	300393	中来股份	15.51	12.91亿	141.6亿	168.5亿
2021-02	603613	国联股份	118.08	5.56亿	262.3亿	406.1亿
2021-03	300172	中电环保	5.34	2.31亿	36.20亿	36.20亿
2021-04	300510	金冠股份	9.13	8.89亿	75.07亿	75.65亿
2021-05	603938	三孚股份	69.08	7.17亿	134.8亿	134.8亿

图 004-2

主要代码如下。

```
import pandas as pd#导入pandas库，并使用pd重命名pandas
#读取 myexcel.xlsx 文件的 Sheet1 工作表
df=pd.read_excel('myexcel.xlsx',sheet_name='Sheet1')
df#输出 df 的所有数据
#将 df 的行标签调整为从 2021-01 到 2021-05
df.index=pd.period_range(start='2021-01', end='2021-05', freq='M')
#df.index=pd.period_range('1/1/2021', freq='M', periods=5)
#df.index=pd.PeriodIndex(pd.period_range(start='2021-01',end='2021-05',freq='M'))
##将 df 的行标签调整为从 2017 年到 2021 年
#df.index=pd.period_range(start='2017', end='2021', freq='Y')
#df.index=pd.period_range('1/1/2017', freq='Y', periods=5)
##将 df 的行标签调整为从 2021-08-09 到 2021-08-13
#df.index=pd.period_range('2021-08-09', freq='D', periods=5)
##将 df 的行标签调整为从 2021-09-13 10:00:00 到 2021-09-13 10:20:00
```

```
#df.index=pd.period_range(start='2021-09-13 10:00:00',periods=5, freq='300S')
##按周(Week)调整 df 的行标签
#df.index=pd.period_range(start='2021-01-01',freq='W', periods=5)
##输出 df 的第 4 行数据
#df.loc['2021-04':'2021-04']
df #输出 df 在调整行标签之后的所有数据
```

在上面这段代码中，df.index=pd.period_range(start='2021-01',end='2021-05',freq='M')表示在 df 中将行标签调整为从 2021-01 到 2021-05，参数 start='2021-01'表示起始月份，参数 end='2021-05'表示结束月份，参数 freq='M'表示以月份为单位。

此案例的主要源文件是 MyCode\H717\H717.ipynb。

005　使用月初日期设置 DataFrame 的行标签

此案例主要通过在 date_range()函数中设置 freq 参数值为 pd.offsets.MonthBegin，实现使用月初日期设置 DataFrame 的行标签。当在 Jupyter Notebook 中运行此案例代码之后，将在 DataFrame 中把行标签调整为每月的月初日期，效果分别如图 005-1 和图 005-2 所示。

	盐水鸭	酱鸭	板鸭	烤鸭
0	1800	1600	2400	1200
1	2600	1800	2000	1800
2	2400	2100	5900	2480
3	2000	2800	1800	2400
4	2500	1200	2500	3900

图 005-1

	盐水鸭	酱鸭	板鸭	烤鸭
2021-02-01	1800	1600	2400	1200
2021-03-01	2600	1800	2000	1800
2021-04-01	2400	2100	5900	2480
2021-05-01	2000	2800	1800	2400
2021-06-01	2500	1200	2500	3900

图 005-2

主要代码如下。

```
import pandas as pd#导入 pandas 库，并使用 pd 重命名 pandas
#读取 myexcel.xlsx 文件的 Sheet1 工作表
df=pd.read_excel('myexcel.xlsx',sheet_name='Sheet1')
df#输出 df 的所有数据
##将 df 的行标签调整为每月的月初日期
df.index=pd.date_range('20210111',periods=5, freq=pd.offsets.MonthBegin(1))
##将 df 的行标签调整为每月的工作日月初日期
#df.index=pd.date_range('20210111',periods=5,
                        freq=pd.offsets.BusinessMonthBegin(1))
##将 df 的行标签调整为每月的月末日期
#df.index=pd.date_range(start='20210111',periods=5,freq='1M')
#df.index=pd.date_range('20210111',periods=5, freq=pd.offsets.MonthEnd(1))
##将 df 的行标签调整为每月的工作日月末日期
#df.index=pd.date_range('20210111',periods=5, freq=pd.offsets.
                        BusinessMonthEnd(1))
##将 df 的行标签调整为每季的季末日期
```

```
#df.index=pd.date_range(start='20210111',periods=5,freq='1Q')
#df.index=pd.date_range('20210111',periods=5, freq=pd.offsets.QuarterEnd(1))
##将 df 的行标签调整为每季的季初日期
#df.index=pd.date_range('20210111',periods=5, freq=pd.offsets. QuarterBegin(1))
##将 df 的行标签调整为每年的年末日期
#df.index=pd.date_range(start='20210111',periods=5,freq='1Y')
#df.index=pd.date_range('20210111',periods=5, freq=pd.offsets.YearEnd(1))
##将 df 的行标签调整为每年的年初日期
#df.index=pd.date_range('20210111',periods=5, freq=pd.offsets.YearBegin(1))
df #输出 df 在调整行标签之后的所有数据
```

在上面这段代码中，df.index=pd.date_range('20210111',periods=5, freq=pd.offsets.MonthBegin(1))表示在 df 中将行标签调整为每月的月初日期。如果改为 df.index=pd.date_range('20210111',periods=5, freq=pd.offsets.BusinessMonthBegin(1))，则表示在 df 中将行标签调整为每月的工作日月初，即每月的第一天上班日期。

此案例的主要源文件是 MyCode\H787\H787.ipynb。

006 使用星期日设置 DataFrame 的行标签

此案例主要演示了使用 WeekOfMonth()函数将 DataFrame 的行标签日期修改为日期所在月份的第 1 个星期日。当在 Jupyter Notebook 中运行此案例代码之后，将在 DataFrame 中把行标签日期修改为日期所在月份的第 1 个星期日，效果分别如图 006-1 和图 006-2 所示。

	盐水鸭	酱鸭	板鸭	烤鸭
2021-02-01	1800	1600	2400	1200
2021-03-01	2600	1800	2000	1800
2021-04-01	2400	2100	5900	2480
2021-05-01	2000	2800	1800	2400
2021-06-01	2500	1200	2500	3900

图 006-1

	盐水鸭	酱鸭	板鸭	烤鸭
2021-02-07	1800	1600	2400	1200
2021-03-07	2600	1800	2000	1800
2021-04-04	2400	2100	5900	2480
2021-05-02	2000	2800	1800	2400
2021-06-06	2500	1200	2500	3900

图 006-2

主要代码如下。

```
import pandas as pd#导入pandas 库，并使用 pd 重命名 pandas
#读取 myexcel.xlsx 文件的 Sheet1 工作表
df=pd.read_excel('myexcel.xlsx',sheet_name='Sheet1',index_col=0)
df#输出 df 的所有数据
from pandas.tseries.offsets import WeekOfMonth#导入 WeekOfMonth
myList=[]
for myday in df.index:
    #获取日期所在月份的第 1 个星期日
    myList.append(myday+WeekOfMonth(weekday=6))
    #myList.append(myday+pd.offsets.Week(weekday=6))
    ##获取日期所在月份的第 2 个星期日
```

```
#myList.append(myday+pd.offsets.Week(weekday=6)*2)
##获取日期所在月份的下个月份的第 1 个星期日
#myList.append(myday+WeekOfMonth(weekday=6)*2)
##获取日期所在月份的第 1 个星期五
#myList.append(myday+WeekOfMonth(weekday=4))
df.index=myList
df #输出 df 在调整行标签之后的所有数据
```

在上面这段代码中，myList.append(myday+WeekOfMonth(weekday=6))表示将 myday 代表的日期修改为该日期所在月份的第 1 个星期日，该代码也可以写成：myList.append(myday+pd.offsets.Week(weekday=6))。日期说明如下：如果 myday 是 2021-02-01，2021 年 2 月份的第 1 个星期日是 2021-02-07，那么根据 myday 修改之后的日期即是 2021-02-07，其他日期以此类推。如果是 myList.append(myday+WeekOfMonth(weekday=4))，则表示将 myday 代表的日期修改为该日期所在月份的第 1 个星期五。

此案例的主要源文件是 MyCode\H792\H792.ipynb。

007　使用日期范围设置 DataFrame 的行标签

此案例主要通过在 interval_range()函数中使用 Timestamp()函数创建时间戳设置起止日期，实现在 DataFrame 中将行标签设置为日期范围。当在 Jupyter Notebook 中运行此案例代码之后，将在 DataFrame 中把行标签设置为日期范围，效果分别如图 007-1 和图 007-2 所示。

	股票名称	收盘价	涨跌额	总手	成交金额
0	三峡能源	5.95	-0.30	10667396	640602
1	中国一重	3.58	-0.15	4193773	154145
2	中恒集团	3.98	0.36	4180737	164917
3	工商银行	5.25	-0.01	3551893	185446
4	物产中大	7.27	-0.15	3506131	255951

图 007-1

	股票名称	收盘价	涨跌额	总手	成交金额
(2021-08-29, 2021-09-05]	三峡能源	5.95	-0.30	10667396	640602
(2021-09-05, 2021-09-12]	中国一重	3.58	-0.15	4193773	154145
(2021-09-12, 2021-09-19]	中恒集团	3.98	0.36	4180737	164917
(2021-09-19, 2021-09-26]	工商银行	5.25	-0.01	3551893	185446
(2021-09-26, 2021-10-03]	物产中大	7.27	-0.15	3506131	255951

图 007-2

主要代码如下。

```
import pandas as pd#导入 pandas 库，并使用 pd 重命名 pandas
#读取 myexcel.xlsx 文件的第 1 个工作表
df=pd.read_excel('myexcel.xlsx')
df#输出 df 的所有数据
#将 df 的行标签设置为从 2021-08-29 开始，到 2021-10-03 结束，一共 5 个日期范围
df.index=pd.interval_range(start=pd.Timestamp('2021-08-29'),
                end=pd.Timestamp('2021-10-03'),periods=5)
df #输出 df 在修改行标签之后的所有数据
```

在上面这段代码中，df.index=pd.interval_range(start=pd.Timestamp('2021-08-29'), end=pd.Timestamp('2021-10-03'), periods=5)表示在 df 中将行标签设置为从 2021-08-29 开始，到

2021-10-03 结束，一共 5 个日期范围。start=pd.Timestamp('2021-08-29')表示起始日期；end=pd.Timestamp('2021-10-03')表示结束日期；periods=5 表示数量，一般与 df 的 length 匹配。

此案例的主要源文件是 MyCode\H719\H719.ipynb。

008　使用等差日期设置 DataFrame 的行标签

此案例主要演示了使用 Timedelta 根据时间差生成新的日期并据此设置 DataFrame 的行标签。当在 Jupyter Notebook 中运行此案例代码之后，将在 DataFrame 中把行标签设置为具有等差关系的日期，效果分别如图 008-1 和图 008-2 所示。

	盐水鸭	酱鸭	板鸭	烤鸭
0	1800	1600	2400	1200
1	2600	1800	2000	1800
2	2400	2100	5900	2480
3	2000	2800	1800	2400
4	2500	1200	2500	3900

图 008-1

	盐水鸭	酱鸭	板鸭	烤鸭
2021-09-23	1800	1600	2400	1200
2021-09-24	2600	1800	2000	1800
2021-09-25	2400	2100	5900	2480
2021-09-26	2000	2800	1800	2400
2021-09-27	2500	1200	2500	3900

图 008-2

主要代码如下。

```
import pandas as pd#导入pandas库，并使用pd重命名pandas
#读取myexcel.xlsx文件的Sheet1工作表
df=pd.read_excel('myexcel.xlsx',sheet_name='Sheet1')
df#输出df的所有数据
mylist=[]
i=0
start=pd.Timestamp('2021-09-23')
for myday in df.index:
    #在列表中根据时间差(逐日)递增日期
    mylist.append(start+pd.Timedelta(days=i*1))
    #mylist.append(start+pd.Timedelta(str(i)+'days 3 hours 3 minutes 30 seconds'))
    ##在列表中根据时间差(逐周)递增日期
    #mylist.append(start+pd.Timedelta(weeks=i*1))
    i+=1
#根据生成的日期重置df的行标签
df.index=mylist
df #输出df在重置行标签之后的所有数据
```

在上面这段代码中，mylist.append(start+pd.Timedelta(days=i*1))表示根据指定的时间差值（1天）生成日期并添加到 mylist 列表中，Timedelta 也支持字符串风格的时间差，如 mylist.append(start+pd.Timedelta(str(i)+'days 3 hours 3 minutes 30 seconds'))。如果 mylist.append(start+pd.Timedelta(weeks=i*1))，则表示根据指定的时间差值（1周）生成日期并添加到 mylist 列表中。

此案例的主要源文件是 MyCode\H825\H825.ipynb。

009 使用时间差设置 DataFrame 的行标签

此案例主要演示了使用 TimedeltaIndex()函数创建时间差设置 DataFrame 的行标签。当在 Jupyter Notebook 中运行此案例代码之后，将在 DataFrame 中把行标签设置为时间差，效果分别如图 009-1 和图 009-2 所示。

	盐水鸭	酱鸭	板鸭	烤鸭
0	1800	1600	2400	1200
1	2600	1800	2000	1800
2	2400	2100	5900	2480
3	2000	2800	1800	2400
4	2500	1200	2500	3900

图 009-1

	盐水鸭	酱鸭	板鸭	烤鸭
0 days 10:30:05	1800	1600	2400	1200
1 days 10:30:05	2600	1800	2000	1800
2 days 10:30:05	2400	2100	5900	2480
3 days 10:30:05	2000	2800	1800	2400
4 days 10:30:05	2500	1200	2500	3900

图 009-2

主要代码如下。

```
import pandas as pd#导入pandas库，并使用pd重命名pandas
#读取myexcel.xlsx文件的第1个工作表
df=pd.read_excel('myexcel.xlsx')
df#输出df的所有数据
#导入numpy和datetime两个库
import numpy as np
import datetime
#将df的行标签调整为时间差
#df.index=pd.TimedeltaIndex(data =['0 day 10:30:05','1 day 10:30:05',
#                     '2 day 10:30:05','3 day 10:30:05','4 day 10:30:05'])
df.index=pd.TimedeltaIndex(['0 day 10:30:05',
            datetime.timedelta(days=1,hours=10,minutes=30,seconds=5),
            datetime.timedelta(days=2,hours=10,minutes=30,seconds=5),
            datetime.timedelta(days=3,hours=10,minutes=30,seconds=5),
            datetime.timedelta(days=4,hours=10,minutes=30,seconds=5)])
#df.index=pd.timedelta_range(start='0 day 10:30:05', periods=5)
#df.index=pd.timedelta_range(start='0 day 10:30:05', periods=5)
df #输出df在修改行标签之后的所有数据
```

在上面这段代码中，df.index=pd.TimedeltaIndex(['0 day 10:30:05',datetime. timedelta(days=1, hours=10, minutes=30, seconds=5), datetime.timedelta(days=2, hours=10, minutes=30, seconds=5), datetime.timedelta(days=3, hours=10, minutes=30, seconds=5), datetime.timedelta(days=4, hours=10, minutes=30,seconds=5)])表示根据指定的参数创建 5 个时间差并以此设置 df 的行标签，days、hours、minutes、seconds 这 4 个参数分别代表天数、小时数、分钟数和秒数。

此案例的主要源文件是 MyCode\H721\H721.ipynb。

010 根据工作日移动 DataFrame 的行标签

此案例主要演示了使用 rollforward() 函数将 DataFrame 的行标签日期向前滚动到下一个工作日。当在 Jupyter Notebook 中运行此案例代码之后，将在 DataFrame 中把行标签的日期调整为下一个工作日，效果分别如图 010-1 和图 010-2 所示。

	盐水鸭	酱鸭	板鸭	烤鸭
2021-09-10 23:50:32	1800	1600	2400	1200
2021-09-13 23:50:32	2600	1800	2000	1800
2021-09-23 23:50:32	2400	2100	5900	2480
2021-09-24 23:50:32	2000	2800	1800	2400
2021-09-25 23:50:32	2500	1200	2500	3900

图 010-1

	盐水鸭	酱鸭	板鸭	烤鸭
2021-09-13 09:00:00	1800	1600	2400	1200
2021-09-14 09:00:00	2600	1800	2000	1800
2021-09-24 09:00:00	2400	2100	5900	2480
2021-09-27 09:00:00	2000	2800	1800	2400
2021-09-27 09:00:00	2500	1200	2500	3900

图 010-2

主要代码如下。

```
import pandas as pd#导入pandas库，并使用pd重命名pandas
#读取myexcel.xlsx文件的Sheet1工作表
df=pd.read_excel('myexcel.xlsx',sheet_name='Sheet1',index_col=0)
df#输出df的所有数据
myList=[]
for myday in df.index:
    #将df的行标签日期调整为下1个工作日
    myList.append(pd.offsets.BusinessHour().rollforward(myday))
    ##将df的行标签日期调整为下2个工作日
    #myList.append(myday+2*pd.offsets.BDay())
    #myList.append(pd.offsets.BusinessHour(start='09:00').rollforward(myday))
    ##将df的行标签日期调整为上1个工作日
    #myList.append(pd.offsets.BusinessHour().rollback(myday))
    ##将df的行标签日期调整为上2个工作日
    #myList.append(myday-2*pd.offsets.BDay())
df.index=myList
df #输出df在调整行标签之后的所有数据
```

在上面这段代码中，myList.append(pd.offsets.BusinessHour().rollforward(myday)) 表示将 myday 代表的日期调整为下一个工作日。例如，2021-09-10 是星期五，它的下一个工作日是星期一，即 2021-09-13；2021-09-13 是星期一，它的下一个工作日是星期二，即 2021-09-14；2021-09-24 是星期五，它的下一个工作日是星期一，即 2021-09-27；2021-09-25 是星期六，它的下一个工作日也是星期一，即 2021-09-27。如果 myList.append(pd.offsets.BusinessHour().rollback(myday))，则表示将 myday 代表的日期调整为上一个工作日。

此案例的主要源文件是 MyCode\H791\H791.ipynb。

011 使用 shift()移动 DataFrame 的行标签

此案例主要演示了使用 shift()函数向前或向后移动日期类型的行标签。当在 Jupyter Notebook 中运行此案例代码之后，在 DataFrame 中将把行标签的日期向后（下）移动 6 天，效果分别如图 011-1 和图 011-2 所示。

	盐水鸭	酱鸭	板鸭	烤鸭
2021-09-10	1800	1600	2400	1200
2021-09-12	2600	1800	2000	1800
2021-09-14	2400	2100	5900	2480
2021-09-16	2000	2800	1800	2400
2021-09-18	2500	1200	2500	3900

图 011-1

	盐水鸭	酱鸭	板鸭	烤鸭
2021-09-16	1800	1600	2400	1200
2021-09-18	2600	1800	2000	1800
2021-09-20	2400	2100	5900	2480
2021-09-22	2000	2800	1800	2400
2021-09-24	2500	1200	2500	3900

图 011-2

主要代码如下。

```
import pandas as pd#导入pandas库，并使用pd重命名pandas
#读取myexcel.xlsx文件的Sheet1工作表
df=pd.read_excel('myexcel.xlsx',sheet_name='Sheet1')
#使用日期设置df的行标签
df.index=pd.date_range('2021-09-10',periods=5, freq='2D')
df#输出df的所有数据
#在df中将行标签日期向后(下)移动6天
df.shift(2, freq='3D')
##在df中将行标签日期向前(上)移动6天
#df.shift(-2, freq='3D')
##在df中将行标签日期向后(下)移动3月
#df.shift(3, freq='M')
##在df中将行标签日期向后(下)移动6个工作日
#df.shift(6, freq=pd.offsets.BDay())
```

在上面这段代码中，df.shift(2,freq='3D')表示在 df 的行标签中，将每个日期向后（下）移动 6 天。如果 df.shift(6,freq=pd.offsets.BDay())，则表示在 df 中将行标签的日期向后（下）移动 6 个工作日。

此案例的主要源文件是 MyCode\H796\H796.ipynb。

012 根据日期差修改 DataFrame 的行标签

此案例主要演示了使用 pd.DateOffset 根据日期差值计算新日期，并据此在 DataFrame 中设置行标签。当在 Jupyter Notebook 中运行此案例代码之后，在 DataFrame 中将把日期行标签的月份数增加 3 个月，效果分别如图 012-1 和图 012-2 所示。

	盐水鸭	酱鸭	板鸭	烤鸭
2021-02-01	1800	1600	2400	1200
2021-03-01	2600	1800	2000	1800
2021-04-01	2400	2100	5900	2480
2021-05-01	2000	2800	1800	2400
2021-06-01	2500	1200	2500	3900

图 012-1

	盐水鸭	酱鸭	板鸭	烤鸭
2021-05-01	1800	1600	2400	1200
2021-06-01	2600	1800	2000	1800
2021-07-01	2400	2100	5900	2480
2021-08-01	2000	2800	1800	2400
2021-09-01	2500	1200	2500	3900

图 012-2

主要代码如下。

```
import pandas as pd#导入pandas库，并使用pd重命名pandas
#读取myexcel.xlsx文件的Sheet1工作表
df=pd.read_excel('myexcel.xlsx',sheet_name='Sheet1',index_col=0)
df#输出df的所有数据
#在df的日期行标签中，将每个日期的月份数增加3个月
df.index+=pd.DateOffset(months=3)
##在df的日期行标签中，将每个日期的月份数减少3个月
#df.index-=pd.DateOffset(months=3)
##在df的日期行标签中，将每个日期的年份数增加3年
#df.index+=pd.DateOffset(years=3)
##在df的日期行标签中，将每个日期增加3天
#df.index+=pd.DateOffset(days=3)
df #输出df在调整行标签之后的所有数据
```

在上面这段代码中，df.index+=pd.DateOffset(months=3)表示在 df 的日期行标签中，将每个日期的月份数增加 3 个月，months 参数表示月份差值。

此案例的主要源文件是 MyCode\H789\H789.ipynb。

013　在日期行标签中禁止使用法定节假日

此案例主要通过在 date_range()函数中设置 freq 参数值为 pd.offsets.BusinessDay，实现使用工作日设置 DataFrame 的行标签。当在 Jupyter Notebook 中运行此案例代码之后，将在 DataFrame 中把行标签调整为工作日，即禁止出现星期六、星期日等法定假日。效果分别如图 013-1 和图 013-2 所示。

	盐水鸭	酱鸭	板鸭	烤鸭
0	1800	1600	2400	1200
1	2600	1800	2000	1800
2	2400	2100	5900	2480
3	2000	2800	1800	2400
4	2500	1200	2500	3900

图 013-1

	盐水鸭	酱鸭	板鸭	烤鸭
2021-09-10	1800	1600	2400	1200
2021-09-13	2600	1800	2000	1800
2021-09-14	2400	2100	5900	2480
2021-09-15	2000	2800	1800	2400
2021-09-16	2500	1200	2500	3900

图 013-2

主要代码如下。

```
import pandas as pd#导入pandas库，并使用pd重命名pandas
#读取myexcel.xlsx文件的Sheet1工作表
df=pd.read_excel('myexcel.xlsx',sheet_name='Sheet1')
df#输出df的所有数据
#将df的行标签调整为工作日
df.index=pd.date_range('2021-09-10',periods=5,
                       freq=pd.offsets.BusinessDay(1))
#df.index=pd.date_range('2021-09-10', periods=5, freq='B')
#pd.bdate_range(start='2021-09-10',periods=5)
#pd.bdate_range(end='2021-09-16',periods=5)
#pd.bdate_range(start='2021-09-10',end='2021-09-16')
##将df的行标签调整为工作日月末
#df.index=pd.date_range('2021-09-10',periods=5, freq=
                       pd.offsets.BusinessMonthEnd(1))
##将df的行标签调整为工作日月初
#df.index=pd.date_range('2021-09-10',periods=5, freq=
                       pd.offsets.BusinessMonthBegin(1))
##将df的行标签调整为工作日季末
#df.index=pd.date_range('2021-09-10',periods=5, freq=
                       pd.offsets.BQuarterEnd(1))
##将df的行标签调整为工作日季初
#df.index=pd.date_range('2021-09-10',periods=5, freq=
                       pd.offsets.BQuarterBegin(1))
##将df的行标签调整为工作日年末
#df.index=pd.date_range('2021-09-10',periods=5, freq=pd.offsets.BYearEnd(1))
##将df的行标签调整为工作日年初
#df.index=pd.date_range('2021-09-10',periods=5, freq=pd.offsets.BYearBegin(1))
df  #输出df在调整行标签之后的所有数据
```

在上面这段代码中，df.index=pd.date_range('2021-09-10',periods=5, freq=pd.offsets.BusinessDay(1))表示在 df 中将行标签调整为以 2021-09-10 开始的工作日，该代码也可以写成 pd.bdate_range(start='2021-09-10',periods=5)或 pd.bdate_range(end='2021-09-16',periods=5)等。从图 013-2 可以看出，2021-09-11 和 2021-09-12 分别是星期六和星期天，因此未在行标签中。

此案例的主要源文件是 MyCode\H788\H788.ipynb。

014　在日期行标签中排除自定义的节假日

此案例主要演示了使用 pd.offsets.CustomBusinessDay 自定义不包含国家法定假日的工作日设置 DataFrame 的行标签。当在 Jupyter Notebook 中运行此案例代码之后，将在 DataFrame 中把行标签调整为不包含国家法定假日（中国的国庆节，需要自定义）的工作日，效果分别如图 014-1 和图 014-2 所示。

	盐水鸭	酱鸭	板鸭	烤鸭
2021-09-28	1800	1600	2400	1200
2021-09-29	2600	1800	2000	1800
2021-09-30	2400	2100	5900	2480
2021-10-01	2000	2800	1800	2400
2021-10-04	2500	1200	2500	3900

图 014-1

	盐水鸭	酱鸭	板鸭	烤鸭
2021-09-30	1800	1600	2400	1200
2021-10-08	2600	1800	2000	1800
2021-10-11	2400	2100	5900	2480
2021-10-11	2000	2800	1800	2400
2021-10-11	2500	1200	2500	3900

图 014-2

主要代码如下。

```
import pandas as pd#导入pandas库，并使用pd重命名pandas
#读取myexcel.xlsx文件的Sheet1工作表
df=pd.read_excel('myexcel.xlsx',sheet_name='Sheet1')
##将df的行标签调整为从2021-09-28到2021-10-02
#df.index=pd.date_range('20210928',periods=5)
#将df的行标签调整为普通工作日(2021-09-28到2021-10-04)
df.index=pd.date_range('2021-09-28',periods=5, freq=pd.offsets.BusinessDay(1))
df #输出df的所有数据
#自定义包含国家法定假日的日期
myholidays=['2021-10-01','2021-10-02','2021-10-03','2021-10-04',
            '2021-10-05','2021-10-06','2021-10-07']
myBDays=pd.offsets.CustomBusinessDay(holidays=myholidays)
mylist=[]
for myday in df.index:
    #将df行标签的所有日期延后2个(扣除国家法定假日的)工作日
    mylist.append(myday+myBDays*2)
    ##将df行标签的所有日期提前2个(扣除国家法定假日的)工作日
    #mylist.append(myday-myBDays*2)
df.index=mylist
df #输出在使用自定义工作日设置df的行标签之后的所有数据
```

在上面这段代码中，myBDays=pd.offsets.CustomBusinessDay(holidays=myholidays)表示根据 myholidays 自定义扣除国家法定假日的工作日。mylist.append(myday+myBDays*2)表示将 df 行标签的所有日期延后 2 个（扣除国家法定假日的）工作日。从图 014-2 可以看出，在行标签中的所有日期均不包含在 myholidays 中列出的国家法定假日。

此案例的主要源文件是 MyCode\H824\H824.ipynb。

015　在日期行标签中增加或减少分钟数

此案例主要演示了使用 pd.offsets.Minute 在 DataFrame 的日期行标签中修改分钟数。当在 Jupyter Notebook 中运行此案例代码之后，在 DataFrame 的行标签中将把所有时间的分钟数增加 15 分钟，效果分别如图 015-1 和图 015-2 所示。

主要代码如下。

	盐水鸭	酱鸭	板鸭	烤鸭
2021-09-10 09:00:00	1800	1600	2400	1200
2021-09-16 03:53:20	2600	1800	2000	1800
2021-09-21 22:46:40	2400	2100	5900	2480
2021-09-27 17:40:00	2000	2800	1800	2400
2021-10-03 12:33:20	2500	1200	2500	3900

图 015-1

	盐水鸭	酱鸭	板鸭	烤鸭
2021-09-10 09:15:00	1800	1600	2400	1200
2021-09-16 04:08:20	2600	1800	2000	1800
2021-09-21 23:01:40	2400	2100	5900	2480
2021-09-27 17:55:00	2000	2800	1800	2400
2021-10-03 12:48:20	2500	1200	2500	3900

图 015-2

```
import pandas as pd#导入pandas库，并使用pd重命名pandas
#读取myexcel.xlsx文件的Sheet1工作表
df=pd.read_excel('myexcel.xlsx',sheet_name='Sheet1')
#使用日期设置df的行标签
df.index=pd.date_range('2021-09-10 09:00:00',periods=5,freq='500000s')
#df.index=pd.date_range('2021-09-10 09:00:00',periods=5,freq='2h10min')
#df.index=pd.date_range('2021-09-10 09:00:00',periods=5,freq='3d2h10min')
df#输出df的所有数据
#将df行标签的所有时间增加15分钟
df.index+=pd.offsets.Minute(15)
#import datetime # 导入datetime库
#df.index+=datetime.timedelta(minutes=15)
##将df的行标签的所有时间减少15分钟
#df.index-=pd.offsets.Minute(15)
##将df的行标签的所有时间增加2秒
#df.index+=pd.offsets.Second(2)
##将df的行标签的所有时间增加3天
#df.index+=pd.offsets.Day(3)
df #输出df在修改行标签之后的所有数据
```

在上面这段代码中，df.index+=pd.offsets.Minute(15)表示在 df 的行标签中，将所有时间的分钟数增加 15 分钟。如果 df.index-=pd.offsets.Minute(15)，则表示在 df 的行标签中，将所有时间的分钟数减少 15 分钟。

此案例的主要源文件是 MyCode\H799\H799.ipynb。

016　指定 DataFrame 的列数据为行标签

此案例主要演示了使用 set_index()函数将 DataFrame 已经存在的列数据设置为行标签。当在 Jupyter Notebook 中运行此案例代码之后，将设置"股票名称"列为 DataFrame 的行标签，效果分别如图 016-1 和图 016-2 所示。

	股票名称	最高价	最低价	最新价	昨收价
0	海泰新光	120.59	110.20	117.10	114.09
1	金盘科技	16.99	16.43	16.99	16.56
2	聚石化学	34.30	33.52	34.00	33.90

图 016-1

股票名称	最高价	最低价	最新价	昨收价
海泰新光	120.59	110.20	117.10	114.09
金盘科技	16.99	16.43	16.99	16.56
聚石化学	34.30	33.52	34.00	33.90

图 016-2

主要代码如下。

```
import pandas as pd#导入pandas库,并使用pd重命名pandas
#读取myexcel.xlsx文件的Sheet1工作表
df=pd.read_excel('myexcel.xlsx',sheet_name='Sheet1')
df#输出df的所有数据
#设置股票名称列为df的行标签
df.set_index('股票名称')
##设置股票名称和最高价为df的(多层)行索引的标签
#df.set_index(['股票名称','最高价'])
```

在上面这段代码中，df.set_index('股票名称')表示设置股票名称列为df的行标签。

此案例的主要源文件是 MyCode\H518\H518.ipynb。

017 在DataFrame中移除现有的行标签

此案例主要演示了使用 reset_index()函数移除（重置）在 DataFrame 中设置的行标签。当在 Jupyter Notebook 中运行此案例代码之后，将移除 DataFrame 的行标签 A、B、C、D、E，即重置为默认的行标签 0、1、2、3、4，效果分别如图 017-1 和图 017-2 所示。

	股票代码	股票名称	最高价	最低价	最新价	昨收价
A	688677	海泰新光	120.59	110.20	117.10	114.09
B	688676	金盘科技	16.99	16.43	16.99	16.56
C	688669	聚石化学	34.30	33.52	34.00	33.90
D	688668	鼎通科技	42.88	38.44	42.21	39.34
E	688667	菱电电控	105.01	100.67	104.51	102.31

图 017-1

	股票代码	股票名称	最高价	最低价	最新价	昨收价
0	688677	海泰新光	120.59	110.20	117.10	114.09
1	688676	金盘科技	16.99	16.43	16.99	16.56
2	688669	聚石化学	34.30	33.52	34.00	33.90
3	688668	鼎通科技	42.88	38.44	42.21	39.34
4	688667	菱电电控	105.01	100.67	104.51	102.31

图 017-2

主要代码如下。

```
import pandas as pd#导入pandas库,并使用pd重命名pandas
#读取myexcel.xlsx文件的Sheet1工作表
df=pd.read_excel('myexcel.xlsx',sheet_name='Sheet1')
#在df中使用A、B、C、D、E设置行标签
df.set_index([["A","B","C","D","E"]],inplace=True)
df#输出df的所有数据
#df.loc['B']  #输出金盘科技的所有数据
#df.iloc[1,:]  #输出金盘科技的所有数据
#移除df的行标签A、B、C、D、E
df=df.reset_index(drop=True)
df#输出df在移除行标签之后的所有数据
#df.loc['B']  #报错
#df.iloc[1,:]#输出金盘科技的所有数据
```

在上面这段代码中，df=df.reset_index(drop=True)表示移除自定义的df的行标签。需要注意

的是，reset_index()函数的 drop 参数通常应该设置为 True，否则会增加一个 index 列（以前的行标签）。

此案例的主要源文件是 MyCode\H149\H149.ipynb。

018 使用列表设置 DataFrame 的行标签

此案例主要通过使用列表设置 index 属性，实现在 DataFrame 中根据列表设置行标签。当在 Jupyter Notebook 中运行此案例代码之后，将把 DataFrame 的行标签 0、1、2、3、4、5 重新设置为行标签 A、B、C、D、E、F，效果分别如图 018-1 和图 018-2 所示。

	股票名称	当前价	涨跌额	总手	成交金额
0	三峡能源	5.95	-0.30	10667396	640602
1	包钢股份	1.53	0.00	4352856	66772
2	中国一重	3.58	-0.15	4193773	154145
3	中恒集团	3.98	0.36	4180737	164917
4	工商银行	5.25	-0.01	3551893	185446
5	物产中大	7.27	-0.15	3506131	255951

图 018-1

	股票名称	当前价	涨跌额	总手	成交金额
A	三峡能源	5.95	-0.30	10667396	640602
B	包钢股份	1.53	0.00	4352856	66772
C	中国一重	3.58	-0.15	4193773	154145
D	中恒集团	3.98	0.36	4180737	164917
E	工商银行	5.25	-0.01	3551893	185446
F	物产中大	7.27	-0.15	3506131	255951

图 018-2

主要代码如下。

```
import pandas as pd#导入pandas库，并使用pd重命名pandas
#读取myexcel.xlsx文件的第1个工作表
df=pd.read_excel('myexcel.xlsx')
df#输出df的所有数据
#根据列表在df中重新设置行标签
#df.set_axis(["A","B","C","D","E","F"], axis='index',inplace=True)
#df.index=["A","B","C","D","E","F"]
df.index=list('ABCDEF')
#df.index=pd.Index(list('ABCDEF'))
df #输出df在重置行标签之后的所有数据
```

在上面这段代码中，df.index=list('ABCDEF')表示根据列表在 df 中重新设置行标签，该代码也可以写成 df.index=["A","B","C","D","E","F"]。

此案例的主要源文件是 MyCode\H124\H124.ipynb。

019 使用字典修改 DataFrame 的行标签

此案例主要通过使用字典设置 rename()函数的 index 参数值，实现在 DataFrame 中修改指定的行标签。当在 Jupyter Notebook 中运行此案例代码之后，将在 DataFrame 中把行标签 0、5 分别修改为行标签 A、F，效果分别如图 019-1 和图 019-2 所示。

	股票名称	当前价	涨跌额	总手	成交金额
0	三峡能源	5.95	-0.30	10667396	640602
1	包钢股份	1.53	0.00	4352856	66772
2	中国一重	3.58	-0.15	4193773	154145
3	中恒集团	3.98	0.36	4180737	164917
4	工商银行	5.25	-0.01	3551893	185446
5	物产中大	7.27	-0.15	3506131	255951

图 019-1

	股票名称	当前价	涨跌额	总手	成交金额
A	三峡能源	5.95	-0.30	10667396	640602
1	包钢股份	1.53	0.00	4352856	66772
2	中国一重	3.58	-0.15	4193773	154145
3	中恒集团	3.98	0.36	4180737	164917
4	工商银行	5.25	-0.01	3551893	185446
F	物产中大	7.27	-0.15	3506131	255951

图 019-2

主要代码如下。

```
import pandas as pd#导入pandas库，并使用pd重命名pandas
#读取myexcel.xlsx文件的第1个工作表
df=pd.read_excel('myexcel.xlsx')
df  #显示df的所有数据
#根据字典{0: 'A',5: 'F'}在df中修改行标签
df.rename(index={0: 'A',5: 'F'},inplace=True)
#df.rename({0: 'A',5: 'F'},inplace=True)
df  #显示df在修改行标签之后的所有数据
```

在上面这段代码中，df.rename(index={0: 'A',5: 'F'},inplace=True)表示在 df 中将旧行标签 0、5 分别修改为新行标签 A、F，该代码也可以写成 df.rename({0: 'A',5: 'F'},inplace=True)；0、5 作为字典的键名表示旧行标签，A、F 作为字典的键值表示新行标签。需要说明的是：当采用字典修改行标签时，无须按照行标签的原始顺序，只要保持新旧行标签一一对应即可。

此案例的主要源文件是 MyCode\H145\H145.ipynb。

020　使用 lambda 修改 DataFrame 的行标签

此案例主要演示了在 rename()函数的参数中使用 lambda 表达式批量修改 DataFrame 的行标签。当在 Jupyter Notebook 中运行此案例代码之后，将把 DataFrame 的行标签从 0、1、2 修改为第 1 名、第 2 名、第 3 名，效果分别如图 020-1 和图 020-2 所示。

	股票名称	当前价	涨跌额	总手	成交金额
0	三峡能源	5.95	-0.30	10667396	640602
1	包钢股份	1.53	0.00	4352856	66772
2	中国一重	3.58	-0.15	4193773	154145

图 020-1

	股票名称	当前价	涨跌额	总手	成交金额
第1名	三峡能源	5.95	-0.30	10667396	640602
第2名	包钢股份	1.53	0.00	4352856	66772
第3名	中国一重	3.58	-0.15	4193773	154145

图 020-2

主要代码如下。

```
import pandas as pd#导入pandas库，并使用pd重命名pandas
#读取myexcel.xlsx文件的第1个工作表
```

```
df=pd.read_excel('myexcel.xlsx')
df#输出df的所有数据
#在rename()函数中使用lambda表达式修改df的行标签
df.rename(index=lambda x: '第'+str(x+1)+'名')
```

在上面这段代码中，df.rename(index=lambda x: '第'+str(x+1)+'名')表示使用 lambda 表达式修改 df 的行标签。

此案例的主要源文件是 MyCode\H519\H519.ipynb。

021　在多层索引的 DataFrame 中设置行标签

此案例主要通过使用 MultiIndex.from_arrays()函数创建多层标签设置 DataFrame 的 index 属性，实现在多层索引的 DataFrame 中设置多层行标签。当在 Jupyter Notebook 中运行此案例代码之后，将在包含行业和操作策略两层索引的 DataFrame 中设置两层行标签，效果分别如图 021-1 和图 021-2 所示。

	股票名称	成交额	流通市值	总市值	净利润
0	贵州茅台	86.31	20800.0	20800	246.5
1	中国石化	10.45	4166.0	5278	391.5
2	中国石油	9.09	8177.0	9242	530.3
3	建设银行	6.99	576.5	15000	1533.0
4	中国平安	46.67	5601.0	9452	580.0
5	工商银行	9.55	12800.0	16900	1634.0

图 021-1

行业	操作策略	股票名称	成交额	流通市值	总市值	净利润
白酒	买入	贵州茅台	86.31	20800.0	20800	246.5
石油	观望	中国石化	10.45	4166.0	5278	391.5
	卖出	中国石油	9.09	8177.0	9242	530.3
金融	卖出	建设银行	6.99	576.5	15000	1533.0
	买入	中国平安	46.67	5601.0	9452	580.0
	买入	工商银行	9.55	12800.0	16900	1634.0

图 021-2

主要代码如下。

```
import pandas as pd#导入pandas库，并使用pd重命名pandas
#读取myexcel.xlsx文件的第1个工作表
df=pd.read_excel('myexcel.xlsx')
df#输出df的所有数据
#将df的行标签设置为包含行业和操作策略两层索引的行标签
df.index=pd.MultiIndex.from_arrays(arrays=[['白酒','石油','石油','金融','金融','金融'],
        ['买入','观望','卖出','卖出','买入','买入']], names=('行业','操作策略'))
df#输出df在修改行标签之后的所有数据
```

在上面这段代码中，df.index=pd.MultiIndex.from_arrays(arrays= [['白酒','石油','石油','金融','金融','金融'], ['买入','观望','卖出','卖出','买入','买入']], names=('行业','操作策略'))表示在 df 中将行索引调整为两层行索引，第 1 层行索引是"行业"，该层行标签包括：'白酒'、'石油'、'石油'、'金融'、'金融'、'金融'；第 2 层行索引是"操作策略"，该层行标签包括：'买入'、'观望'、'卖出'、'卖出'、'买入'、'买入'。

此案例的主要源文件是MyCode\H720\H720.ipynb。

022 使用字典修改DataFrame的多层行索引

此案例主要演示了在 rename_axis()函数中使用字典修改 DataFrame 的多层行索引的名称。当在 Jupyter Notebook 中运行此案例代码之后，将在 DataFrame 的多层行索引中把"行业"修改为"1级行索引"，把"操作策略"修改为"2级行索引"，效果分别如图 022-1 和图 022-2 所示。

行业	操作策略	股票名称	成交额	流通市值	总市值	净利润
白酒	买入	贵州茅台	86.31	20800.0	20800	246.5
石油	观望	中国石化	10.45	4166.0	5278	391.5
	卖出	中国石油	9.09	8177.0	9242	530.3
金融	卖出	建设银行	6.99	576.5	15000	1533.0
	买入	中国平安	46.67	5601.0	9452	580.0
	买入	工商银行	9.55	12800.0	16900	1634.0

图 022-1

1级行索引	2级行索引	股票名称	成交额	流通市值	总市值	净利润
白酒	买入	贵州茅台	86.31	20800.0	20800	246.5
石油	观望	中国石化	10.45	4166.0	5278	391.5
	卖出	中国石油	9.09	8177.0	9242	530.3
金融	卖出	建设银行	6.99	576.5	15000	1533.0
	买入	中国平安	46.67	5601.0	9452	580.0
	买入	工商银行	9.55	12800.0	16900	1634.0

图 022-2

主要代码如下。

```
import pandas as pd#导入pandas库，并使用pd重命名pandas
#读取myexcel.xlsx文件的第1个工作表
df=pd.read_excel('myexcel.xlsx')
#设置df的行索引为多层行索引
df.set_index(['行业','操作策略'],inplace=True)
df#输出df的所有数据
#在df中修改多层行索引
df.rename_axis(index={'行业': '1级行索引', '操作策略': '2级行索引'},inplace=True)
df#输出df在修改行索引之后的所有数据
```

在上面这段代码中，df.rename_axis(index={'行业': '1级行索引', '操作策略': '2级行索引'}, inplace=True)表示在 df 的多层行索引中把"行业"修改为"1级行索引"，把"操作策略"修改为"2级行索引"。

此案例的主要源文件是MyCode\H722\H722.ipynb。

023 根据DataFrame创建笛卡儿积多层索引

此案例主要演示了使用 MultiIndex.from_product()函数根据 DataFrame 的多列数据创建笛卡儿积风格的多层索引的 DataFrame。笛卡儿积简述如下：两个集合 A 与 B 的笛卡儿积就是 A 的所有元素乘以 B 的所有元素的集合。当在 Jupyter Notebook 中运行此案例代码之后，根据如图 023-1 所示的 DataFrame 创建的笛卡儿积风格的多层索引的 DataFrame 的效果如图 023-2 所示。

	机构名称	行业	操作策略
0	长顺证券推荐	金融类	强力买入的股票如下：
1	金渝证券推荐	教育类	立即卖出的股票如下：
2	三峡证券推荐	NaN	耐心持仓的股票如下：

图 023-1

			详细名单
机构名称	**行业**	**操作策略**	
长顺证券推荐	金融类	强力买入的股票如下：	长顺证券推荐金融类强力买入的股票如下：
		立即卖出的股票如下：	长顺证券推荐金融类立即卖出的股票如下：
		耐心持仓的股票如下：	长顺证券推荐金融类耐心持仓的股票如下：
	教育类	强力买入的股票如下：	长顺证券推荐教育类强力买入的股票如下：
		立即卖出的股票如下：	长顺证券推荐教育类立即卖出的股票如下：
		耐心持仓的股票如下：	长顺证券推荐教育类耐心持仓的股票如下：
金渝证券推荐	金融类	强力买入的股票如下：	金渝证券推荐金融类强力买入的股票如下：
		立即卖出的股票如下：	金渝证券推荐金融类立即卖出的股票如下：
		耐心持仓的股票如下：	金渝证券推荐金融类耐心持仓的股票如下：
	教育类	强力买入的股票如下：	金渝证券推荐教育类强力买入的股票如下：
		立即卖出的股票如下：	金渝证券推荐教育类立即卖出的股票如下：
		耐心持仓的股票如下：	金渝证券推荐教育类耐心持仓的股票如下：
三峡证券推荐	金融类	强力买入的股票如下：	三峡证券推荐金融类强力买入的股票如下：
		立即卖出的股票如下：	三峡证券推荐金融类立即卖出的股票如下：
		耐心持仓的股票如下：	三峡证券推荐金融类耐心持仓的股票如下：
	教育类	强力买入的股票如下：	三峡证券推荐教育类强力买入的股票如下：
		立即卖出的股票如下：	三峡证券推荐教育类立即卖出的股票如下：
		耐心持仓的股票如下：	三峡证券推荐教育类耐心持仓的股票如下：

图 023-2

主要代码如下。

```
import pandas as pd#导入pandas库，并使用pd重命名pandas
#读取myexcel.xlsx文件的第1个工作表
df=pd.read_excel('myexcel.xlsx')
df#输出df的所有数据
#根据df创建笛卡儿积样式的多层索引
pd.MultiIndex.from_product([df.机构名称, df.行业, df.操作策略],
    names=df.columns).to_frame().loc[lambda x:
    x.apply(lambda s: s.notna().all(),
    axis=1)].astype(str).agg(sum, axis=1).to_frame('详细名单')
```

在上面这段代码中，pd.MultiIndex.from_product([df.机构名称, df.行业, df.操作策略], names=

df.columns).to_frame().loc[lambda x:x.apply(lambda s: s.notna().all(),axis=1)].astype(str).agg(sum, axis=1).to_frame('详细名单')表示根据df的3列数据创建笛卡儿积样式的多层索引的DataFrame。

此案例的主要源文件是 MyCode\H541\H541.ipynb。

024 使用 rename()修改 DataFrame 的列名

此案例主要通过在 rename()函数中设置 columns 参数值为 lambda 表达式，实现批量修改 DataFrame 的列名。当在 Jupyter Notebook 中运行此案例代码之后，将在 DataFrame 的列名末尾 添加"价"字，效果分别如图 024-1 和图 024-2 所示。

	最新	今开	昨收	最高	最低
科思科技	130.35	130.91	130.91	133.32	129.00
海天瑞声	83.70	84.50	83.38	84.58	83.03
悦安新材	45.38	45.90	45.54	46.50	45.02

图 024-1

	最新价	今开价	昨收价	最高价	最低价
科思科技	130.35	130.91	130.91	133.32	129.00
海天瑞声	83.70	84.50	83.38	84.58	83.03
悦安新材	45.38	45.90	45.54	46.50	45.02

图 024-2

主要代码如下。

```
import pandas as pd#导入pandas库，并使用pd重命名pandas
#读取myexcel.xlsx文件的Sheet1工作表
df=pd.read_excel('myexcel.xlsx',sheet_name='Sheet1',index_col=0)
df #输出df的所有数据
#在df的所有列名末尾添加"价"
df.rename(columns=lambda x: x+'价')
```

在上面这段代码中，df.rename(columns=lambda x: x + '价')表示在 df 的所有列名末尾添加 "价"字。

此案例的主要源文件是 MyCode\H517\H517.ipynb。

025 使用 strip()修改 DataFrame 的列名

此案例主要通过在 columns 属性中使用字符串的 strip()函数，实现在 DataFrame 中批量修改 列名。当在 Jupyter Notebook 中运行此案例代码之后，将在 DataFrame 的列名中去掉所有的 "(元)"，效果分别如图 025-1 和图 025-2 所示。

	股票代码	股票名称	最高价(元)	最低价(元)	最新价(元)	昨收价(元)
0	688677	海泰新光	120.59	110.20	117.10	114.09
1	688676	金盘科技	16.99	16.43	16.99	16.56
2	688669	聚石化学	34.30	33.52	34.00	33.90

图 025-1

	股票代码	股票名称	最高价	最低价	最新价	昨收价
0	688677	海泰新光	120.59	110.20	117.10	114.09
1	688676	金盘科技	16.99	16.43	16.99	16.56
2	688669	聚石化学	34.30	33.52	34.00	33.90

图 025-2

主要代码如下。

```
import pandas as pd#导入pandas库，并使用pd重命名pandas
#读取myexcel.xlsx文件的Sheet1工作表
df=pd.read_excel('myexcel.xlsx',sheet_name='Sheet1')
df#输出df的所有数据
#使用strip()函数删除在列名中的'(元)'
df.columns=df.columns.str.strip('(元)')
## 在map()函数中使用lambda表达式把在列名中的'(元)'修改为'(美元)'
#df.columns=df.columns.map(lambda x:x.replace('(元)','(美元)'))
#df.rename(columns=lambda x:x.replace('(元)','(美元)'), inplace=True)
df #输出df在修改列名之后的所有数据
```

在上面这段代码中，df.columns=df.columns.str.strip('(元)')表示在 df 的列名中删除所有的
"(元)"，df.columns 表示df的所有列名。如果是df.columns=df.columns.map(lambda x:x.replace('(元)',
'(美元)'))，则表示在 df 的列名中把所有的"(元)"替换为"(美元)"。

此案例的主要源文件是 MyCode\H132\H132.ipynb。

026 使用 set_axis()修改 DataFrame 的列名

此案例主要演示了使用 set_axis()函数在 DataFrame 中修改列名。当在 Jupyter Notebook 中运
行此案例代码之后，将在 DataFrame 中把"股票名称""当前价"分别修改为"股票简称""收
盘价"，效果分别如图 026-1 和图 026-2 所示。

	股票名称	当前价	涨跌额	总手	成交金额
0	三峡能源	5.95	-0.30	10667396	640602
1	包钢股份	1.53	0.00	4352856	66772
2	中国一重	3.58	-0.15	4193773	154145

图 026-1

	股票简称	收盘价	涨跌额	总手	成交金额
0	三峡能源	5.95	-0.30	10667396	640602
1	包钢股份	1.53	0.00	4352856	66772
2	中国一重	3.58	-0.15	4193773	154145

图 026-2

主要代码如下。

```
import pandas as pd#导入pandas库，并使用pd重命名pandas
#读取myexcel.xlsx文件的第1个工作表
df=pd.read_excel('myexcel.xlsx')
df#输出df的所有数据
#在df的列名中将股票名称修改为股票简称，将当前价修改为收盘价
df.set_axis(['股票简称','收盘价','涨跌额','总手','成交金额'],axis=1, inplace=True)
df #输出df在修改列名之后的所有数据
```

在上面这段代码中，df.set_axis(['股票简称','收盘价','涨跌额','总手','成交金额'],axis=1,
inplace=True)表示在 df 的列名中将股票名称修改为股票简称，将当前价修改为收盘价。注意：
['股票简称','收盘价','涨跌额','总手','成交金额']必须与 df 的原始列名一一对应，即列名的个数必须
一致，否则将报错。

此案例的主要源文件是 MyCode\H130\H130.ipynb。

027 使用字典修改 DataFrame 的列名

此案例主要通过使用字典设置 rename()函数的 columns 参数值，实现在 DataFrame 中修改部分或全部列名。当在 Jupyter Notebook 中运行此案例代码之后，将在 DataFrame 中把"股票名称""当前价"分别修改为"股票简称"和"收盘价"，效果分别如图 027-1 和图 027-2 所示。

	股票名称	当前价	涨跌额	总手	成交金额
0	三峡能源	5.95	-0.30	10667396	640602
1	包钢股份	1.53	0.00	4352856	66772
2	中国一重	3.58	-0.15	4193773	154145
3	中恒集团	3.98	0.36	4180737	164917
4	工商银行	5.25	-0.01	3551893	185446
5	物产中大	7.27	-0.15	3506131	255951

图 027-1

	股票简称	收盘价	涨跌额	总手	成交金额
0	三峡能源	5.95	-0.30	10667396	640602
1	包钢股份	1.53	0.00	4352856	66772
2	中国一重	3.58	-0.15	4193773	154145
3	中恒集团	3.98	0.36	4180737	164917
4	工商银行	5.25	-0.01	3551893	185446
5	物产中大	7.27	-0.15	3506131	255951

图 027-2

主要代码如下。

```
import pandas as pd#导入 pandas 库，并使用 pd 重命名 pandas
#读取 myexcel.xlsx 文件的第 1 个工作表
df=pd.read_excel('myexcel.xlsx')
df #输出 df 的所有数据
#根据字典在 df 的列名中将当前价修改为收盘价，将股票名称修改为股票简称
df.rename(columns={'当前价': '收盘价','股票名称': '股票简称'},inplace=True)
##根据字典在 df 中同时修改行标签和列名
#df.rename(columns={'当前价': '收盘价','股票名称': '股票简称'},
#          index={0:'A',1:'B',2:'C',3:'D',4:'E',5:'F',},inplace=True)
df #显示 df 在修改列名之后的所有数据
```

在上面这段代码中，df.rename(columns={'当前价': '收盘价','股票名称': '股票简称'}, inplace=True)表示根据字典在 df 的列名中将当前价修改为收盘价，将股票名称修改为股票简称，其中，字典的键名表示旧列名，字典的键值表示新列名。从此例可以看出，当采用字典修改列名时，无须按照列名的原始顺序修改列名，只要保持旧列名与新列名一一对应即可。也就是说，当采用字典修改列名时，可以修改部分列名，也可以修改全部列名，并且可以不按照顺序进行修改。

此案例的主要源文件是 MyCode\H131\H131.ipynb。

028 为 DataFrame 的列名添加前缀或后缀

此案例主要演示了使用 add_prefix()函数和 add_suffix()函数在 DataFrame 中为所有列名分别添加前缀和后缀。当在 Jupyter Notebook 中运行此案例代码之后，将在 DataFrame 中为所有列名

分别添加前缀(X_)和后缀(_Y)，效果分别如图 028-1～图 028-3 所示。

	股票代码	股票名称	最新价	涨跌额	行业
0	300095	华伍股份	12.23	0.24	机械
1	300503	昊志机电	11.45	0.16	机械
2	600256	广汇能源	3.63	0.13	石油
3	600583	海油工程	4.26	0.06	石油

图 028-1

	X_股票代码	X_股票名称	X_最新价	X_涨跌额	X_行业
0	300095	华伍股份	12.23	0.24	机械
1	300503	昊志机电	11.45	0.16	机械
2	600256	广汇能源	3.63	0.13	石油
3	600583	海油工程	4.26	0.06	石油

图 028-2

	股票代码_Y	股票名称_Y	最新价_Y	涨跌额_Y	行业_Y
0	300095	华伍股份	12.23	0.24	机械
1	300503	昊志机电	11.45	0.16	机械
2	600256	广汇能源	3.63	0.13	石油
3	600583	海油工程	4.26	0.06	石油

图 028-3

主要代码如下。

```
import pandas as pd#导入pandas库，并使用pd重命名pandas
#读取myexcel.xlsx文件的Sheet1工作表
df=pd.read_excel('myexcel.xlsx',sheet_name='Sheet1',dtype={'股票代码':str})
df #输出df的所有数据
#为所有列名添加前缀X_
df.add_prefix('X_')
#为所有列名添加后缀_Y
df.add_suffix('_Y')
```

在上面这段代码中，df.add_prefix('X_')表示在 df 中为所有列名添加前缀"X_"。df.add_suffix('_Y')表示在 df 中为所有列名添加后缀"_Y"。

此案例的主要源文件是 MyCode\H159\H159.ipynb。

029　根据 DataFrame 的列名获取列索引数字

此案例主要通过使用 get_loc()函数，实现将指定的列名转换为列索引数字。当在 Jupyter Notebook 中运行此案例代码之后，将首先在 DataFrame 中把股票代码列和最低价列的列名转换成列索引数字，并据此通过 iloc 在 DataFrame 中筛选列，效果分别如图 029-1 和图 029-2 所示。

	股票代码	股票名称	最高价	最低价	最新价	昨收价
0	688677	海泰新光	120.59	110.20	117.10	114.09
1	688676	金盘科技	16.99	16.43	16.99	16.56
2	688669	聚石化学	34.30	33.52	34.00	33.90

图 029-1

	股票代码	股票名称	最高价	最低价
0	688677	海泰新光	120.59	110.20
1	688676	金盘科技	16.99	16.43
2	688669	聚石化学	34.30	33.52

图 029-2

主要代码如下。

```
import pandas as pd #导入pandas库，并使用pd重命名pandas
#读取myexcel.xlsx文件的Sheet1工作表
df=pd.read_excel('myexcel.xlsx',sheet_name='Sheet1')
df  #输出df的所有数据
##输出df.columns的所有列索引数字
#[df.columns.get_loc(c) for c in df.columns ]
#根据股票代码列名获取对应的列索引数字
ifrom=df.columns.get_loc("股票代码")
#根据最低价列名获取对应的列索引数字
ito=df.columns.get_loc("最低价")
#在df中根据起止列索引数字筛选列
df.iloc[:,ifrom:ito+1]
```

在上面这段代码中，ifrom=df.columns.get_loc("股票代码")表示根据df的股票代码列名获取对应的列索引数字，当使用iloc在DataFrame中筛选数据时需要使用列索引数字。

此案例的主要源文件是MyCode\H133\H133.ipynb。

读取数据

030　从 CSV 格式的字符串中读取数据

　　此案例主要演示了使用 read_csv() 函数读取 CSV 格式的字符串，并据此创建 DataFrame。逗号分隔值（Comma-Separated Values，CSV，有时也称为字符分隔值，因为分隔字符也可以不是逗号），以纯文本形式存储表格数据（数字和文本）。纯文本意味着它是一个字符序列，不含像二进制数字那样被解读的数据。当在 Jupyter Notebook 中运行此案例代码之后，将读取以逗号分隔的字符串，并据此创建 DataFrame，效果如图 030-1 所示。

	证券名称	现价	涨跌	涨跌幅	净值增加额
0	金力永磁	36.18	6.03	20.00%	103313
1	江中药业	15.64	1.06	7.27%	76808
2	比亚迪	239.04	2.44	1.03%	72506

图 030-1

　　主要代码如下。

```
import pandas as pd#导入 pandas 库，并使用 pd 重命名 pandas
from io import StringIO#导入 StringIO 库
mytext=('证券名称,现价,涨跌,涨跌幅,净值增加额\n'
        '金力永磁,36.18,6.03,20.00%,103313\n'
        '江中药业,15.64,1.06,7.27%,76808\n'
        '比亚迪,239.04,2.44,1.03%,72506')
#读取以逗号分隔的字符串 mytext，并据此创建 DataFrame
pd.read_csv(StringIO(mytext))
```

　　在上面这段代码中，pd.read_csv(StringIO(mytext)) 表示读取以逗号分隔的字符串（mytext），并据此创建 DataFrame。

　　此案例的主要源文件是 MyCode\H501\H501.ipynb。

031 从 CSV 格式的文本文件中读取数据

此案例主要演示了使用 read_csv()函数读取 CSV 格式的文本文件，并据此创建 DataFrame。当在 Jupyter Notebook 中运行此案例代码之后，将读取以逗号分隔的文本文件(myCSV.csv)，并据此创建 DataFrame，效果分别如图 031-1 和图 031-2 所示。

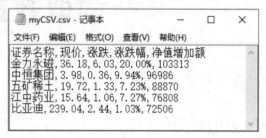

图 031-1　　　　　　　　　　　　　　　　　　图 031-2

主要代码如下。

```
#导入pandas库，并使用pd重命名pandas
import pandas as pd
#读取以逗号分隔的文本文件(myCSV.csv),并据此创建DataFrame
pd.read_csv('myCSV.csv')
```

在上面这段代码中，pd.read_csv('myCSV.csv')表示读取以逗号分隔的文本文件（myCSV.csv），并据此创建 DataFrame。

此案例的主要源文件是 MyCode\H180\H180.ipynb。

032 从星号分隔的文本文件中读取数据

此案例主要通过在 read_csv()函数中设置星号(*)为 sep 参数值，实现从星号分隔数据的文本文件中读取数据，并据此创建 DataFrame。当在 Jupyter Notebook 中运行此案例代码之后，将从 mystar.txt 文件中读取以星号(*)分隔的数据，并据此创建 DataFrame，效果分别如图 032-1 和图 032-2 所示。

图 032-1　　　　　　　　　　　　　　　　　　图 032-2

主要代码如下。

```
import pandas as pd#导入pandas库,并使用pd重命名pandas
#读取以*号分隔数据的文本文件(mystar.txt),并据此创建DataFrame
pd.read_csv('mystar.txt',sep='*',index_col='证券名称')
```

在上面这段代码中,pd.read_csv('mystar.txt',sep='*',index_col='证券名称')表示读取以星号（*）分隔数据的文本文件（mystar.txt）,并据此创建 DataFrame。如果需要读取以#号分隔数据的文本文件,则设置参数 sep='#'即可。参数 index_col='证券名称'表示设置证券名称列为行标签。

此案例的主要源文件是 MyCode\H181\H181.ipynb。

033　从制表符分隔的文本文件中读取数据

此案例主要通过在 read_csv()函数中设置 sep 参数值为制表符(\t),实现从制表符分隔数据的文本文件中读取数据,并据此创建 DataFrame。当在 Jupyter Notebook 中运行此案例代码之后,将从 mytab.txt 文本文件中读取以制表符（Tab）分隔的数据,并据此创建 DataFrame,效果分别如图 033-1 和图 033-2 所示。

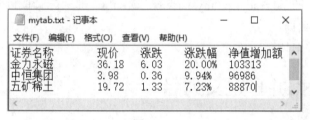

图 033-1　　　　　　　　　　　　　　　　　　　　图 033-2

主要代码如下。

```
import pandas as pd#导入pandas库,并使用pd重命名pandas
#读取以制表符(Tab)分隔数据的文本文件(mytab.txt),并据此创建DataFrame
pd.read_csv('mytab.txt',sep='\t')
```

在上面这段代码中,pd.read_csv('mytab.txt',sep='\t')表示读取以制表符（Tab）分隔数据的文本文件（mytab.txt）,并据此创建 DataFrame。

此案例的主要源文件是 MyCode\H182\H182.ipynb。

034　从空格分隔的文本文件中读取数据

此案例主要通过在 read_csv()函数中设置 delim_whitespace 参数值为 True,实现从空格分隔数据的文本文件中读取数据,并据此创建 DataFrame。当在 Jupyter Notebook 中运行此案例代码之后,将从 myspace.txt 文本文件中读取以空格分隔的数据,并据此创建 DataFrame,效果分别如图 034-1 和图 034-2 所示。

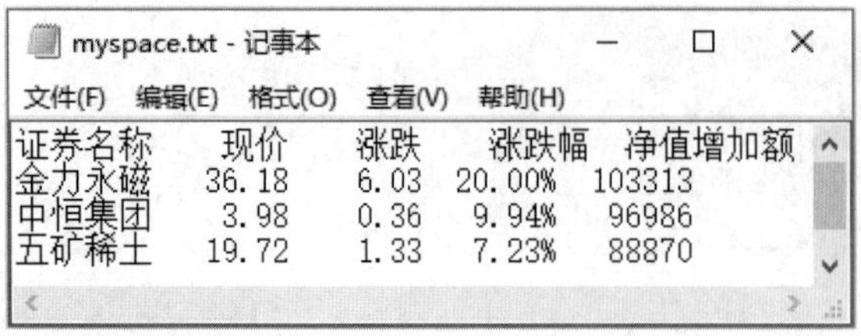

图 034-1

	证券名称	现价	涨跌	涨跌幅	净值增加额
0	金力永磁	36.18	6.03	20.00%	103313
1	中恒集团	3.98	0.36	9.94%	96986
2	五矿稀土	19.72	1.33	7.23%	88870

图 034-2

主要代码如下。

```
import pandas as pd #导入pandas库，并使用pd重命名pandas
#读取以空格分隔数据的文本文件(myspace.txt)，并据此创建DataFrame
pd.read_csv('myspace.txt',delim_whitespace=True)
#pd.read_csv ('myspace.txt',sep= r'\s+')
```

在上面这段代码中，pd.read_csv('myspace.txt',delim_whitespace=True)表示读取以空格分隔数据的文本文件（myspace.txt），并据此创建 DataFrame。参数 delim_whitespace=True 表示读取的文件是以空格分隔数据的文本文件，默认情况下该参数值为 False；也可以通过设置 sep 参数值为 r'\s+'读取以空格分隔数据的文本文件，即 pd.read_csv('myspace.txt',sep=r'\s+')也表示读取以空格分隔数据的文本文件（myspace.txt）的数据。

此案例的主要源文件是 MyCode\H183\H183.ipynb。

035　读取文本文件的数据并自定义列名

此案例主要通过在 read_csv()函数中设置 names 参数值，实现读取以空格分隔数据的文本文件，并据此在创建 DataFrame 时自定义列名。当在 Jupyter Notebook 中运行此案例代码之后，将从 myspace.txt 文本文件读取以空格分隔的数据，并据此在创建 DataFrame 时自定义列名（'证券名称','现价','涨跌','涨跌幅','净值增加额'），效果分别如图 035-1 和图 035-2 所示。

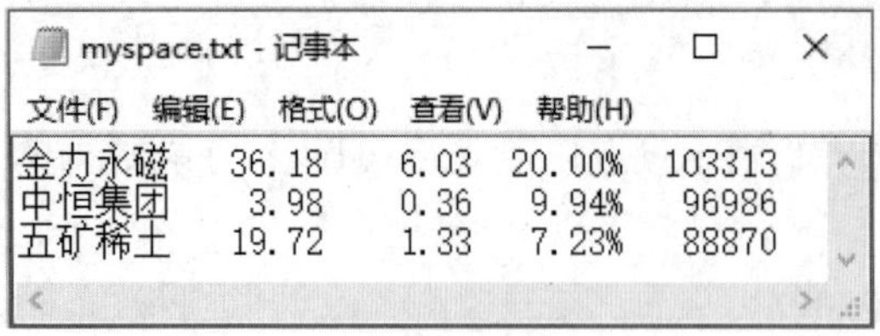

图 035-1

	证券名称	现价	涨跌	涨跌幅	净值增加额
0	金力永磁	36.18	6.03	20.00%	103313
1	中恒集团	3.98	0.36	9.94%	96986
2	五矿稀土	19.72	1.33	7.23%	88870

图 035-2

主要代码如下。

```
import pandas as pd#导入pandas库，并使用pd重命名pandas
#读取以空格分隔数据的文本文件(myspace.txt)，并据此在创建DataFrame时自定义列名
pd.read_csv('myspace.txt',delim_whitespace=True,
            names=['证券名称','现价','涨跌','涨跌幅','净值增加额'])
```

在上面这段代码中，pd.read_csv('myspace.txt',delim_whitespace=True,names=['证券名称','现价',

'涨跌','涨跌幅','净值增加额'])表示读取以空格分隔数据的文本文件（myspace.txt），并据此在创建 DataFrame 时自定义列名。参数 names=['证券名称','现价','涨跌','涨跌幅','净值增加额']表示添加的列名；如果未设置 names 参数值，在默认情况下将使用第一行数据作为列名。

此案例的主要源文件是 MyCode\H184\H184.ipynb。

036　读取文本文件的数据并重命名列名

此案例主要通过在 read_csv()函数中同时设置 names 参数值和 header 参数值，实现读取以空格分隔数据的文本文件，并据此在创建 DataFrame 时重命名列名。当在 Jupyter Notebook 中运行此案例代码之后，将从 myspace.txt 文件中读取以空格分隔的数据，并据此在创建 DataFrame 时重命名列名，即将默认的列名"证券名称""现价""涨跌""涨跌幅""净值增加额"重命名为"股票简称""最新价""涨跌额""涨跌幅""净值增加额"，效果分别如图 036-1 和图 036-2 所示。

图 036-1

	股票简称	最新价	涨跌额	涨跌幅	净值增加额
0	金力永磁	36.18	6.03	20.00%	103313
1	中恒集团	3.98	0.36	9.94%	96986
2	五矿稀土	19.72	1.33	7.23%	88870

图 036-2

主要代码如下。

```
import pandas as pd#导入pandas库，并使用pd重命名pandas
#读取以空格分隔数据的文本文件(myspace.txt),并据此在创建DataFrame时重命名列名
pd.read_csv('myspace.txt',delim_whitespace=True,header=0,
        names=['股票简称','最新价','涨跌额','涨跌幅','净值增加额'])
```

在上面这段代码中，pd.read_csv('myspace.txt',delim_whitespace=True,header=0,names=['股票简称','最新价','涨跌额','涨跌幅','净值增加额'])表示读取以空格分隔数据的文本文件(myspace.txt)，并据此在创建 DataFrame 时重命名列名。参数 names=['股票简称','最新价','涨跌额','涨跌幅','净值增加额']表示新列名，该新列名将覆盖参数 header=0 指定的旧列名，即第一行数据。

此案例的主要源文件是 MyCode\H185\H185.ipynb。

037　根据列名读取文本文件的部分数据

此案例主要通过在 read_csv()函数的 usecols 参数值中以列表的形式指定列名，实现根据指定的列名读取文本文件的部分数据。当在 Jupyter Notebook 中运行此案例代码之后，将根据指定的列名"证券名称""现价""涨跌幅""净值增加额"读取 myspace.txt 文本文件中的相应列数据，效果分别如图 037-1 和图 037-2 所示。

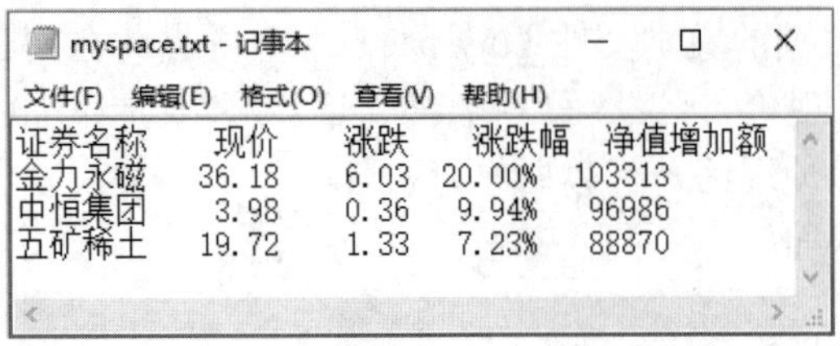

图 037-1

	证券名称	现价	涨跌幅	净值增加额
0	金力永磁	36.18	20.00%	103313
1	中恒集团	3.98	9.94%	96986
2	五矿稀土	19.72	7.23%	88870

图 037-2

主要代码如下。

```
import pandas as pd#导入pandas库，并使用pd重命名pandas
#根据列名读取文本文件(myspace.txt)的指定列数据
pd.read_csv('myspace.txt',delim_whitespace=True,
         usecols=['证券名称','现价','涨跌幅','净值增加额'])
##根据列索引数字读取文本文件(myspace.txt)的指定列数据
#pd.read_csv('myspace.txt',delim_whitespace=True,usecols=[0,1,3,4])
```

在上面这段代码中，pd.read_csv('myspace.txt',delim_whitespace=True,usecols=['证券名称','现价','涨跌幅','净值增加额'])表示读取文本文件(myspace.txt)的证券名称、现价、涨跌幅、净值增加额这 4 列的数据。除了可以使用列名指定将要读取的列数据之外，也可以使用列索引数字指定将要读取的列数据，如 pd.read_csv('myspace.txt',delim_whitespace=True,usecols=[0,1,3,4])。

此案例的主要源文件是 MyCode\H186\H186.ipynb。

038　从文本文件中读取 lambda 筛选的列

此案例主要通过在 read_csv()函数的 usecols 参数值中使用 lambda 表达式筛选列名，实现根据指定的条件读取文本文件的列数据。当在 Jupyter Notebook 中运行此案例代码之后，将从 myspace.txt 文本文件中读取除"涨跌"列之外的所有列数据，效果分别如图 038-1 和图 038-2 所示。

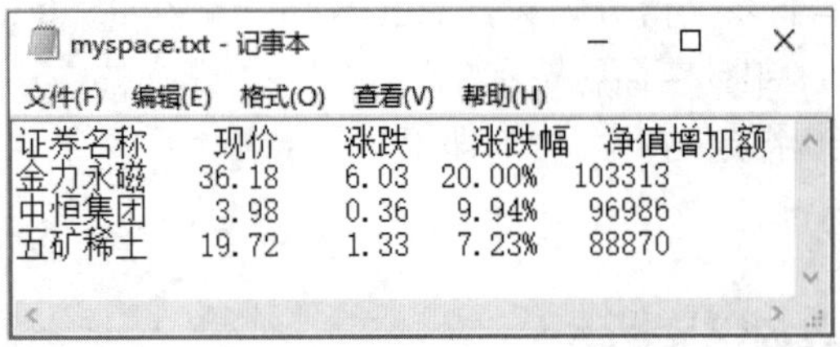

图 038-1

	证券名称	现价	涨跌幅	净值增加额
0	金力永磁	36.18	20.00%	103313
1	中恒集团	3.98	9.94%	96986
2	五矿稀土	19.72	7.23%	88870

图 038-2

主要代码如下。

```
import pandas as pd#导入pandas库，并使用pd重命名pandas
#从文本文件(myspace.txt)中读取非涨跌列的列数据
pd.read_csv('myspace.txt',delim_whitespace=True,
         usecols=lambda myColumn:myColumn!='涨跌')
```

在上面这段代码中，pd.read_csv('myspace.txt', delim_whitespace=True, usecols=lambda myColumn:myColumn!='涨跌')表示从 myspace.txt 文本文件中读取除"涨跌"列之外的所有列数据，参数 usecols=lambda myColumn:myColumn!='涨跌'表示使用 lambda 表达式筛选除"涨跌"列之外的所有列。

此案例的主要源文件是 MyCode\H046\H046.ipynb。

039　读取文本文件的数据并设置列名前缀

此案例主要通过在 read_csv()函数中设置 header 参数值和 prefix 参数值，实现读取以空格分隔数据的文本文件，并据此在创建 DataFrame 时设置列名前缀。当在 Jupyter Notebook 中运行此案例代码之后，将读取文本文件（myspace.txt）的数据,并据此在创建 DataFrame 时设置列名前缀('列')，效果分别如图 039-1 和图 039-2 所示。

▤ myspace.txt - 记事本	— □ ×
文件(F) 编辑(E) 格式(O) 查看(V) 帮助(H)	
金力永磁　36.18　6.03　20.00%　103313	
中恒集团　3.98　0.36　9.94%　96986	
五矿稀土　19.72　1.33　7.23%　88870	

图 039-1

	列0	列1	列2	列3	列4
0	金力永磁	36.18	6.03	20.00%	103313
1	中恒集团	3.98	0.36	9.94%	96986
2	五矿稀土	19.72	1.33	7.23%	88870

图 039-2

主要代码如下。

```
import pandas as pd #导入pandas库,并使用pd重命名pandas
##读取以空格分隔数据的文本文件(myspace.txt),并据此在创建DataFrame时使用默认的数字列名
#pd.read_csv('myspace.txt',delim_whitespace=True,header=None)
#读取以空格分隔数据的文本文件(myspace.txt),并据此在创建DataFrame时设置列名前缀('列')
pd.read_csv('myspace.txt',delim_whitespace=True,header=None,prefix="列")
```

在上面这段代码中，pd.read_csv('myspace.txt',delim_whitespace=True,header=None,prefix="列") 表示读取以空格分隔数据的文本文件(myspace.txt)，并据此在创建 DataFrame 时设置列名前缀('列')。如果是 pd.read_csv('myspace.txt',delim_whitespace=True,header=None)，则表示读取以空格分隔数据的文本文件(myspace.txt)，并据此在创建 DataFrame 时使用默认的数字列名。

此案例的主要源文件是 MyCode\H187\H187.ipynb。

040　读取文本文件的数据并设置列类型

此案例主要通过在 read_csv()函数中设置 dtype 参数值为指定的类型，实现读取以空格分隔数据的文本文件，并据此在创建 DataFrame 时设置列的数据类型。当在 Jupyter Notebook 中运行此案例代码之后，将设置股票代码列的数据类型为 str，即将股票代码列的数据按照字符串的格式读取，而不是按照数字的格式读取，效果分别如图 040-1 和图 040-2 所示。

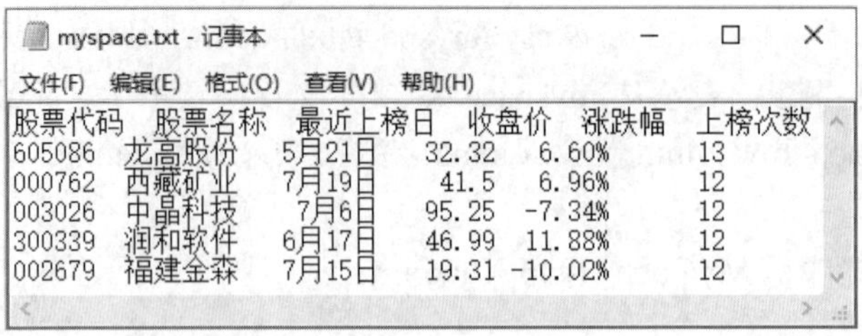

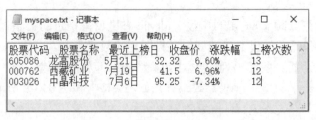

图 040-1

	股票代码	股票名称	最近上榜日	收盘价	涨跌幅	上榜次数
0	605086	龙高股份	5月21日	32.32	6.60%	13
1	000762	西藏矿业	7月19日	41.50	6.96%	12
2	003026	中晶科技	7月6日	95.25	-7.34%	12
3	300339	润和软件	6月17日	46.99	11.88%	12
4	002679	福建金森	7月15日	19.31	-10.02%	12

图 040-2

主要代码如下。

```
import pandas as pd#导入pandas库，并使用pd重命名pandas
#读取以空格分隔数据的文本文件(myspace.txt)，并据此在创建DataFrame时设置股票代码列的数据类型为str
pd.read_csv('myspace.txt',delim_whitespace=True,dtype={'股票代码': str})
```

在上面这段代码中，pd.read_csv('myspace.txt',delim_whitespace=True,dtype={'股票代码': str})表示读取以空格分隔数据的文本文件（myspace.txt），并据此在创建 DataFrame 时设置股票代码列的数据类型为 str；如果未设置 dtype 参数值，则股票代码列的数据类型默认是 int64。

此案例的主要源文件是 MyCode\H188\H188.ipynb。

041　读取文本文件并使用 lambda 修改列

此案例主要通过在 read_csv()函数中使用 lambda 表达式设置 converters 参数值，实现读取以空格分隔数据的文本文件，并据此在创建 DataFrame 时自动修改列数据。当在 Jupyter Notebook 中运行此案例代码之后，将读取以空格分隔数据的文本文件（myspace.txt），并据此在创建 DataFrame 时自动修改最近上榜日列的数据，即在该列数据左端添加"2021 年"，效果分别如图 041-1 和图 041-2 所示。

图 041-1

	股票代码	股票名称	最近上榜日	收盘价	涨跌幅	上榜次数
0	605086	龙高股份	2021年5月21日	32.32	6.60%	13
1	000762	西藏矿业	2021年7月19日	41.50	6.96%	12
2	003026	中晶科技	2021年7月6日	95.25	-7.34%	12

图 041-2

主要代码如下。

```
import pandas as pd#导入 pandas 库，并使用 pd 重命名 pandas
#读取以空格分隔数据的文本文件(myspace.txt)，并修改最近上榜日列的数据
pd.read_csv('myspace.txt',delim_whitespace=True,dtype={'股票代码': str},
          converters={'最近上榜日':lambda mydate:'2021年'+mydate})
##读取以空格分隔数据的文本文件(myspace.txt)，并修改最近上榜日列和上榜次数列的数据
#pd.read_csv('myspace.txt',delim_whitespace=True,dtype={'股票代码': str},
#          converters={'最近上榜日':lambda mydate:'2021年'+mydate,
#                     '上榜次数':lambda n:n+'次'})
```

在上面这段代码中，pd.read_csv('myspace.txt',delim_whitespace=True,dtype={'股票代码': str},converters={'最近上榜日':lambda mydate:'2021年'+mydate})表示读取以空格分隔数据的文本文件（myspace.txt），并据此在创建 DataFrame 时自动在最近上榜日列数据的左端添加"2021年"，参数 converters={'最近上榜日':lambda mydate:'2021年'+mydate}用于设置在读取文本文件时需要修改的列及其数据，可以在此参数中设置多个需要修改的列。

此案例的主要源文件是 MyCode\H189\H189.ipynb。

042　读取文本文件并使用自定义函数修改列

此案例主要通过在 read_csv()函数中设置 converters 参数值为自定义函数名称，实现读取以空格分隔数据的文本文件，并据此在创建 DataFrame 时根据自定义函数自动修改指定列。当在 Jupyter Notebook 中运行此案例代码之后，将读取文本文件（myspace.txt）的数据创建 DataFrame，且自动在每种股票的收盘价右端添加"元"，效果分别如图 042-1 和图 042-2 所示。

图 042-1

	股票代码	股票名称	最近上榜日	收盘价	涨跌幅	上榜次数
0	605086	龙高股份	5月21日	32.32元	6.60%	13
1	000762	西藏矿业	7月19日	41.5元	6.96%	12
2	003026	中晶科技	7月6日	95.25元	-7.34%	12

图 042-2

主要代码如下。

```
import pandas as pd#导入 pandas 库，并使用 pd 重命名 pandas
#创建自定义函数 myfunc()，实现在每种股票的收盘价右端添加元
def myfunc(val):
```

```
       return str(val)+'元'
#读取以空格分隔数据的文本文件(myspace.txt),并据此在创建
#DataFrame时根据自定义函数myfunc()自动修改收盘价的数据
pd.read_csv('myspace.txt',delim_whitespace=True,
          dtype={'股票代码': str},converters={'收盘价':myfunc})
```

在上面这段代码中，pd.read_csv('myspace.txt',delim_whitespace=True,dtype={'股票代码': str}, converters={'收盘价':myfunc})表示读取以空格分隔数据的文本文件（myspace.txt），并据此在创建 DataFrame 时根据自定义函数 myfunc()自动在每种股票的收盘价右端添加"元"。参数 converters={'收盘价':myfunc}表示根据自定义函数 myfunc()修改收盘价列的数据。

此案例的主要源文件是 MyCode\H089\H089.ipynb。

043　读取文本文件并设置 True 和 False

此案例主要通过在 read_csv()函数中设置 false_values 参数值和 true_values 参数值，实现读取以空格分隔数据的文本文件，并据此在创建 DataFrame 时自动将参数设置的数据转换成 True 或 False。当在 Jupyter Notebook 中运行此案例代码之后，将读取文本文件（myspace.txt），并据此在创建 DataFrame 时自动将所有的"买入"转换成 True，将所有的"卖出"转换成 False，效果分别如图 043-1 和图 043-2 所示。

图 043-1

	股票代码	股票名称	最近上榜日	收盘价	涨跌幅	操作策略
0	605086	龙高股份	5月21日	32.32	6.60%	True
1	000762	西藏矿业	7月19日	41.50	6.96%	False
2	003026	中晶科技	7月6日	95.25	-7.34%	True

图 043-2

主要代码如下。

```
import pandas as pd#导入pandas库,并使用pd重命名pandas
#读取以空格分隔数据的文本文件(myspace.txt),并据此在创建DataFrame时
#自动将所有的"买入"转换成True,将所有的"卖出"转换成False
pd.read_csv('myspace.txt',delim_whitespace=True,dtype={'股票代码': str},
          false_values=['卖出'],true_values=['买入'])
```

在上面这段代码中，pd.read_csv('myspace.txt',delim_whitespace=True,dtype={'股票代码': str}, false_values=['卖出'],true_values=['买入'])表示读取以空格分隔数据的文本文件（myspace.txt），并

据此在创建 DataFrame 时自动将所有的"买入"转换成 True，将所有的"卖出"转换成 False。参数 false_values=['卖出']表示将"卖出"修改为 False。参数 true_values=['买入']表示将"买入"修改成 True。

此案例的主要源文件是 MyCode\H190\H190.ipynb。

044　读取文本文件的数据并跳过指定行

此案例主要通过在 read_csv()函数中设置 skiprows 参数值为跳过的行号，实现读取以空格分隔数据的文本文件，并据此在创建 DataFrame 时自动跳过指定的行。当在 Jupyter Notebook 中运行此案例代码之后，将读取文本文件（myspace.txt）的数据创建 DataFrame，且跳过第 1、3 行，效果分别如图 044-1 和图 044-2 所示。

myspace.txt - 记事本						— □ ✕
文件(F)	编辑(E)	格式(O)	查看(V)	帮助(H)		
股票代码	股票名称	最近上榜日	收盘价	涨跌幅	操作策略	
605086	龙高股份	5月21日	32.32	6.60%	买入	
000762	西藏矿业	7月19日	41.5	6.96%	卖出	
003026	中晶科技	7月6日	95.25	-7.34%	买入	
300339	润和软件	6月17日	46.99	11.88%	卖出	
002679	福建金森	7月15日	19.31	-10.02%	卖出	

图 044-1

	股票代码	股票名称	最近上榜日	收盘价	涨跌幅	操作策略
0	000762	西藏矿业	7月19日	41.50	6.96%	卖出
1	300339	润和软件	6月17日	46.99	11.88%	卖出
2	002679	福建金森	7月15日	19.31	-10.02%	卖出

图 044-2

主要代码如下。

```
import pandas as pd#导入pandas库，并使用pd重命名pandas
#读取以空格分隔数据的文本文件(myspace.txt)，并据此在创建DataFrame时跳过第1、3行
pd.read_csv('myspace.txt',delim_whitespace=True,
        skiprows=[1,3],dtype={'股票代码': str})
```

在上面这段代码中，pd.read_csv('myspace.txt',delim_whitespace=True,skiprows=[1,3],dtype={'股票代码':str})表示读取以空格分隔数据的文本文件（myspace.txt），并据此在创建 DataFrame 时跳过第 1、3 行。

此案例的主要源文件是 MyCode\H191\H191.ipynb。

045　读取文本文件的数据并跳过奇数行

此案例主要通过在 read_csv()函数中使用 lambda 表达式设置 skiprows 参数值，实现读取以空格分隔数据的文本文件，并据此在创建 DataFrame 时自动跳过奇数行。当在 Jupyter Notebook

中运行此案例代码之后，将读取文本文件（myspace.txt），并据此在创建 DataFrame 时自动跳过奇数行，即跳过第 1、3、5 行，效果分别如图 045-1 和图 045-2 所示。

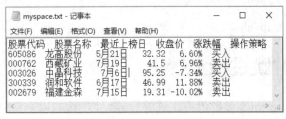

图 045-1   图 045-2

主要代码如下。

```
import pandas as pd#导入pandas库，并使用pd重命名pandas
#读取以空格分隔数据的文本文件(myspace.txt),并据此在创建 DataFrame 时自动跳过奇数行
pd.read_csv('myspace.txt',delim_whitespace=True,
        dtype={'股票代码': str},skiprows=lambda x:x>0 and x%2==1)
##读取以空格分隔数据的文本文件(myspace.txt),并据此在创建 DataFrame 时自动跳过偶数行
#pd.read_csv('myspace.txt',delim_whitespace=True,
#           dtype={'股票代码': str},skiprows=lambda x:x>0 and x%2==0)
```

在上面这段代码中，pd.read_csv('myspace.txt',delim_whitespace=True,dtype={'股票代码':str}, skiprows=lambda x:x>0 and x%2==1)表示读取以空格分隔数据的文本文件（myspace.txt），并据此在创建 DataFrame 时自动跳过奇数行，即跳过第 1、3、5 行的数据。

此案例的主要源文件是 MyCode\H192\H192.ipynb。

046   读取文本文件的数据并跳过倒数 n 行

此案例主要通过在 read_csv()函数中设置 skipfooter 参数值，实现读取以空格分隔数据的文本文件，并据此在创建 DataFrame 时自动跳过倒数 n 行（以末尾为计数起点）。当在 Jupyter Notebook 中运行此案例代码之后，将读取文本文件（myspace.txt）的数据创建 DataFrame，且自动跳过倒数 3 行，效果分别如图 046-1 和图 046-2 所示。

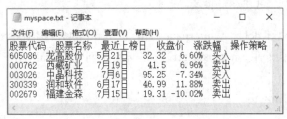

图 046-1   图 046-2

主要代码如下。

```
import pandas as pd#导入pandas库，并使用pd重命名pandas
```

```
#读取以空格分隔数据的文本文件(myspace.txt),并据此在创建 DataFrame 时跳过倒数 3 行
pd.read_csv('myspace.txt',delim_whitespace=True,
           dtype={'股票代码': str},skipfooter=3,engine='python')
```

在上面这段代码中，pd.read_csv('myspace.txt',delim_whitespace=True,dtype={'股票代码':str}, skipfooter=3,engine='python')表示读取以空格分隔数据的文本文件（myspace.txt），并据此在创建 DataFrame 时自动跳过倒数 3 行。

此案例的主要源文件是 MyCode\H193\H193.ipynb。

047 读取文本文件并将列类型转为日期类型

此案例主要通过在 read_csv()函数中设置 parse_dates 参数值，实现读取以空格分隔数据的文本文件,并据此在创建 DataFrame 时自动将指定列的数据类型转换为日期类型。当在 Jupyter Notebook 中运行此案例代码之后，将自动读取文本文件（myspace.txt），并据此在创建 DataFrame 时将上市日期列的数据类型转换为日期类型，效果分别如图 047-1 和图 047-2 所示。

股票代码	股票名称	涨跌幅	涨跌额	最新价	上市日期
688677	海泰新光	2.64%	3.01	117.1	2021/2/26
688676	金盘科技	2.60%	0.43	16.99	2021/3/9
688669	聚石化学	0.29%	0.1	34	2021/1/25

图 047-1

	股票代码	股票名称	涨跌幅	涨跌额	最新价	上市日期
0	688677	海泰新光	2.64%	3.01	117.10	2021-02-26
1	688676	金盘科技	2.60%	0.43	16.99	2021-03-09
2	688669	聚石化学	0.29%	0.10	34.00	2021-01-25

图 047-2

主要代码如下。

```
import pandas as pd#导入pandas库,并使用pd重命名pandas
#读取以空格分隔数据的文本文件(myspace.txt),并据此在创建
#DataFrame 时自动将上市日期列的数据类型转换为日期类型
pd.read_csv('myspace.txt',delim_whitespace=True,parse_dates=['上市日期'])
```

在上面这段代码中，pd.read_csv('myspace.txt',delim_whitespace=True,parse_dates=['上市日期'])表示读取以空格分隔数据的文本文件（myspace.txt），并据此在创建 DataFrame 时自动将上市日期列的数据类型转换为日期类型。如果未设置 parse_dates=['上市日期']，则上市日期列的数据类型是 object。

此案例的主要源文件是 MyCode\H196\H196.ipynb。

048 读取文本文件的数据并解析日期列数据

此案例主要通过在 read_csv()函数中设置 parse_dates 参数值和 date_parser 参数值,实现读取以空格分隔数据的文本文件,并据此在创建 DataFrame 时将字符串表示的日期数据转换成 datetime64[ns]类型。当在 Jupyter Notebook 中运行此案例代码之后,将自动读取文本文件（myspace.txt）,并据此在创建 DataFrame 时自动把上市日期列的字符串日期数据转换成 datetime64[ns]日期类型,如将"公元 2021 年 2 月 26 日"转换成"2021-02-26",效果分别如图 048-1 和图 048-2 所示。

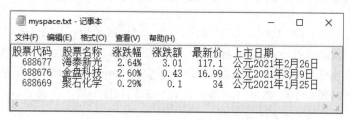

图 048-1

	股票代码	股票名称	涨跌幅	涨跌额	最新价	上市日期
0	688677	海泰新光	2.64%	3.01	117.10	2021-02-26
1	688676	金盘科技	2.60%	0.43	16.99	2021-03-09
2	688669	聚石化学	0.29%	0.10	34.00	2021-01-25

图 048-2

主要代码如下。

```
import pandas as pd #导入pandas库,并使用pd重命名pandas
from datetime import datetime #导入datetime库
#读取以空格分隔数据的文本文件(myspace.txt),并据此在创建DataFrame时
#根据lambda表达式的解析结果转换上市日期列的数据类型为 datetime64[ns]
pd.read_csv('myspace.txt',delim_whitespace=True,parse_dates=['上市日期'],
            date_parser=lambda x:datetime.strptime(x,"公元%Y年%m月%d日"))
##下面这行代码不能将上市日期列的数据转换为 datetime64[ns]
#pd.read_csv('myspace.txt',delim_whitespace=True,parse_dates=['上市日期'])
```

在上面这段代码中, pd.read_csv('myspace.txt',delim_whitespace=True, parse_dates=['上市日期'],date_parser=lambda x:datetime.strptime(x,"公元%Y 年%m 月%d 日"))表示读取以空格分隔数据的文本文件（myspace.txt）,并据此在创建 DataFrame 时根据 lambda 表达式的解析结果转换上市日期列的数据类型为 datetime64[ns];如果仅设置了参数 parse_dates=['上市日期'],未设置参数 date_parser,则不能将上市日期列的数据转换为 datetime64[ns]。

此案例的主要源文件是 MyCode\H199\H199.ipynb。

049 读取文本文件的数据并合并日期列数据

此案例主要通过在 read_csv()函数中以字典的形式设置 parse_dates 参数值，实现读取以空格分隔数据的文本文件，并据此在创建 DataFrame 时将多列数据合并成一个日期类型的新列。当在 Jupyter Notebook 中运行此案例代码之后，将读取文本文件（myspace.txt）的数据，并据此在创建 DataFrame 时把上市年列、上市月列、上市日列合并成上市日期列，上市日期列的数据类型为 datetime64[ns]，效果分别如图 049-1 和图 049-2 所示。

📄 myspace.txt - 记事本							— □ ×
文件(F) 编辑(E) 格式(O) 查看(V) 帮助(H)							

```
上市年  上市月  上市日  股票代码  股票名称  涨跌幅  涨跌额  最新价
2021    2      26     688677   海泰新光  2.64%  3.01   117.1
2021    3      9      688676   金盘科技  2.60%  0.43   16.99
2021    1      25     688669   聚石化学  0.29%  0.1    34
```

图 049-1

	上市日期	股票代码	股票名称	涨跌幅	涨跌额	最新价
0	2021-02-26	688677	海泰新光	2.64%	3.01	117.10
1	2021-03-09	688676	金盘科技	2.60%	0.43	16.99
2	2021-01-25	688669	聚石化学	0.29%	0.10	34.00

图 049-2

主要代码如下。

```python
import pandas as pd #导入pandas库，并使用pd重命名pandas
#读取以空格分隔数据的文本文件(myspace.txt)，并据此在创建
#DataFrame时将上市年列、上市月列、上市日列合并成上市日期列
pd.read_csv('myspace.txt',delim_whitespace=True,
            parse_dates={'上市日期':['上市年','上市月','上市日']})
#pd.read_csv('myspace.txt',delim_whitespace=True,
#            parse_dates={'上市日期':[0,1,2]})
##读取以空格分隔数据的文本文件(myspace.txt)，并据此在创建
##DataFrame时将上市年列、上市月列、上市日列合并成新列
#pd.read_csv('myspace.txt',delim_whitespace=True,
#            parse_dates=[['上市年','上市月','上市日']])
```

在上面这段代码中，pd.read_csv('myspace.txt',delim_whitespace=True,parse_dates={'上市日期':['上市年','上市月','上市日']})表示读取以空格分隔数据的文本文件（myspace.txt），并据此在创建 DataFrame 时将上市年列、上市月列、上市日列合并成上市日期列，parse_dates={'上市日期':['上市年','上市月','上市日']}参数表示以字典的形式设置将要合并的列和合并之后的新列。

此案例的主要源文件是 MyCode\H198\H198.ipynb。

050　从压缩格式的文本文件中读取数据

　　此案例主要通过在 read_csv()函数中设置 compression 参数值，实现从压缩格式的文本文件中读取数据，并据此创建 DataFrame。当在 Jupyter Notebook 中运行此案例代码之后，将从压缩文件（myspace.zip）中读取该压缩文件包含的文本文件（myspace.txt）的数据，效果分别如图 050-1 和图 050-2 所示。

图 050-1

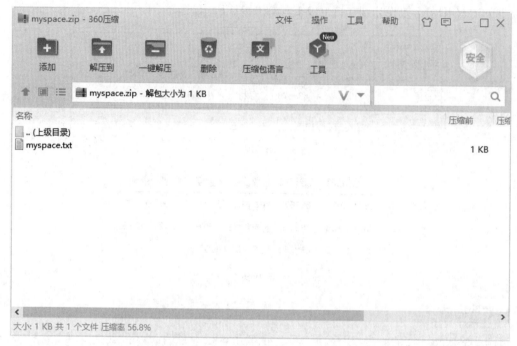

图 050-2

主要代码如下。

```
import pandas as pd#导入pandas库,并使用pd重命名pandas
#读取压缩格式文件myspace.zip,myspace.zip文件由myspace.txt压缩而成
pd.read_csv('myspace.zip',delim_whitespace=True,compression='zip')
##读取压缩格式文件myspace.zip,myspace.zip文件由myspace.txt压缩而成
#pd.read_csv('myspace.zip',delim_whitespace=True)
```

在上面这段代码中,pd.read_csv('myspace.zip',delim_whitespace=True,compression='zip')表示读取压缩文件(myspace.zip)的数据,参数 compression='zip'表示压缩格式是 zip。如果压缩文件（myspace.zip）的压缩格式是 zip,也可以省略 compression 参数值,即 pd.read_csv('myspace.zip', delim_whitespace=True)也能实现完全相同的功能。如果压缩文件（myspace.arj）的压缩格式是 zip,则必须设置 compression='zip',即执行 pd.read_csv('myspace.arj',delim_whitespace=True, compression='zip')才能正确读取压缩文件（myspace.arj）的数据,执行 pd.read_csv('myspace.arj', delim_whitespace=True)代码将报错。

此案例的主要源文件是 MyCode\H197\H197.ipynb。

051 把 DataFrame 的数据保存为文本文件

此案例主要通过在 to_csv()函数中设置 index 参数值为 False,实现在将 DataFrame 的数据保存为以逗号分隔数据的文本文件时去掉默认的行标签。当在 Jupyter Notebook 中运行此案例代码之后,将把 DataFrame 的所有数据保存为以逗号分隔的文本文件,且去掉默认的行标签（0,1,2）,效果分别如图 051-1 和图 051-2 所示。

	股票名称	当前价	涨跌额	总手	成交金额
0	三峡能源	5.95	-0.30	10,667,396	640,602.00
1	包钢股份	1.53	0.00	4,352,856	66,772.00
2	中国一重	3.58	-0.15	4,193,773	154,145.00

图 051-1   图 051-2

主要代码如下。

```
import pandas as pd#导入pandas库,并使用pd重命名pandas
#读取myexcel.xlsx文件的Sheet1工作表
df=pd.read_excel('myexcel.xlsx',sheet_name='Sheet1')
df  #输出df的所有数据
##使用逗号作为分隔符将df的所有数据保存为文本文件,且包含行标签
#df.to_csv('mycsv.txt')
#使用逗号作为分隔符将df的所有数据保存为文本文件,且去掉行标签
df.to_csv('mycsv.txt',index=False)
#df.to_csv('mycsv.txt',index=None)
```

在上面这段代码中，df.to_csv('mycsv.txt',index=False)表示使用逗号作为分隔符将 df 的所有数据保存为文本文件（mycsv.txt），且去掉行标签，index=False 表示不保存行标签，index=None 也表示不保存行标签。如果 df.to_csv('mycsv.txt')，则表示使用逗号作为分隔符将 df 的所有数据保存为 mycsv.txt 文本文件，且包含行标签。

此案例的主要源文件是 MyCode\H134\H134.ipynb。

052　从 Excel 文件中读取单个工作表的数据

此案例主要演示了使用 read_excel() 函数从 Excel 文件中读取单个工作表的数据。当在 Jupyter Notebook 中运行此案例代码之后，将读取 myexcel.xlsx 文件的 Sheet1 工作表的数据，效果分别如图 052-1 和图 052-2 所示。

图 052-1

	股票代码	股票名称	最高价	最低价	今开价	最新价	昨收价
0	688677	海泰新光	120.59	110.20	114.09	117.10	114.09
1	688676	金盘科技	16.99	16.43	16.50	16.99	16.56
2	688669	聚石化学	34.30	33.52	33.90	34.00	33.90
3	688668	鼎通科技	42.88	38.44	38.50	42.21	39.34
4	688667	菱电电控	105.01	100.67	101.51	104.51	102.31

图 052-2

主要代码如下。

```
import pandas as pd#导入pandas库，并使用pd重命名pandas
#读取myexcel.xlsx文件的Sheet1工作表
df=pd.read_excel('myexcel.xlsx',sheet_name='Sheet1')
#df=pd.read_excel('myexcel.xlsx')
#df=pd.read_excel('myexcel.xlsx',sheet_name=0)
##读取myexcel.xlsx文件的Sheet2工作表
#df=pd.read_excel('myexcel.xlsx',sheet_name='Sheet2')
#df=pd.read_excel('myexcel.xlsx',sheet_name=1)
##输出df的前5行数据(省略参数)
```

```
#df.head()
##输出 df 的前 3 行数据
#df.head(3)
##输出 df 的后 5 行数据(省略参数)
#df.tail()
##输出 df 的后 3 行数据
#df.tail(3)
df #输出 df 的所有数据
```

在上面这段代码中，df=pd.read_excel('myexcel.xlsx',sheet_name='Sheet1')表示从 myexcel.xlsx 文件中读取 Sheet1 工作表的数据，如果 Sheet1 工作表是 myexcel.xlsx 文件的第 1 个工作表，则也可以写成 df=pd.read_excel('myexcel.xlsx',sheet_name=0)或 df=pd.read_excel('myexcel.xlsx')。

此案例的主要源文件是 MyCode\H210\H210.ipynb。

053　从 Excel 文件中读取多个工作表的数据

此案例主要通过使用列表设置 read_excel()函数的 sheet_name 参数值，实现从 Excel 文件中读取多个工作表的数据。当在 Jupyter Notebook 中运行此案例代码之后，将读取 myexcel.xlsx 文件的 Sheet1 工作表和 Sheet2 工作表，效果分别如图 053-1～图 053-4 所示。

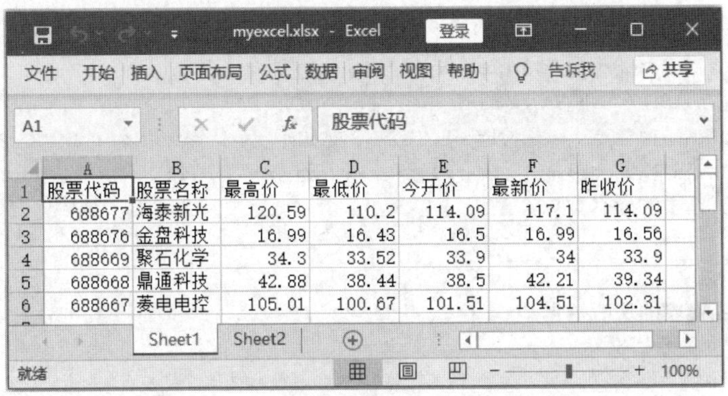

图 053-1

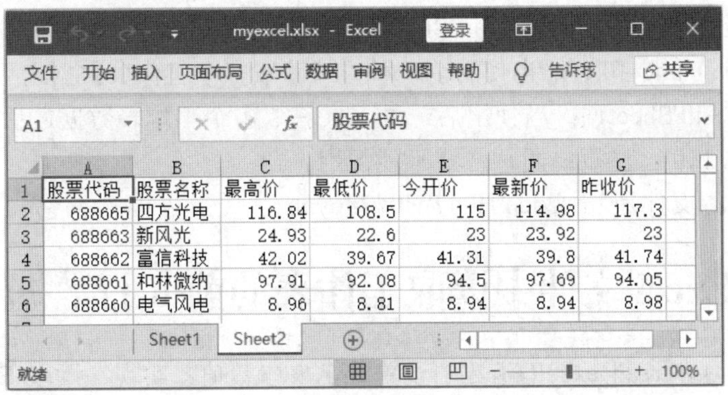

图 053-2

	股票代码	股票名称	最高价	最低价	今开价	最新价	昨收价
0	688677	海泰新光	120.59	110.20	114.09	117.10	114.09
1	688676	金盘科技	16.99	16.43	16.50	16.99	16.56
2	688669	聚石化学	34.30	33.52	33.90	34.00	33.90
3	688668	鼎通科技	42.88	38.44	38.50	42.21	39.34
4	688667	姜电电控	105.01	100.67	101.51	104.51	102.31

图 053-3

	股票代码	股票名称	最高价	最低价	今开价	最新价	昨收价
0	688665	四方光电	116.84	108.50	115.00	114.98	117.30
1	688663	新风光	24.93	22.60	23.00	23.92	23.00
2	688662	富信科技	42.02	39.67	41.31	39.80	41.74
3	688661	和林微纳	97.91	92.08	94.50	97.69	94.05
4	688660	电气风电	8.96	8.81	8.94	8.94	8.98

图 053-4

主要代码如下。

```
import pandas as pd#导入pandas库，并使用pd重命名pandas
#读取myexcel.xlsx文件的Sheet1工作表和Sheet2工作表
df=pd.read_excel('myexcel.xlsx',sheet_name=['Sheet1', 'Sheet2'])
#df=pd.read_excel('myexcel.xlsx',sheet_name=[0,1])
#输出Sheet1工作表的所有数据
df['Sheet1']
#df[0]
#输出Sheet2工作表的所有数据
df['Sheet2']
#df[1]
```

在上面这段代码中，df=pd.read_excel('myexcel.xlsx',sheet_name=['Sheet1', 'Sheet2'])表示读取 myexcel.xlsx 文件的 Sheet1 工作表和 Sheet2 工作表，该代码也可以写成 df=pd.read_excel ('myexcel.xlsx',sheet_name=[0,1])；当使用前一种方式获取多个工作表数据之后，可以使用表名输出工作表数据，如 df['Sheet1']；当使用后一种方式获取多个工作表数据之后，可以使用数字输出工作表数据，如 df[0]。注意：两种方式不能混用。

此案例的主要源文件是 MyCode\H047\H047.ipynb。

054　从 Excel 文件中读取工作表的前 n 行数据

此案例主要通过在 read_excel()函数中设置 nrows 参数值，实现在读取 Excel 文件的工作表数据时仅读取前 n 行。当在 Jupyter Notebook 中运行此案例代码之后，将读取 mystock.xlsx 文件的成交量表的前 4 行数据，效果分别如图 054-1 和图 054-2 所示。

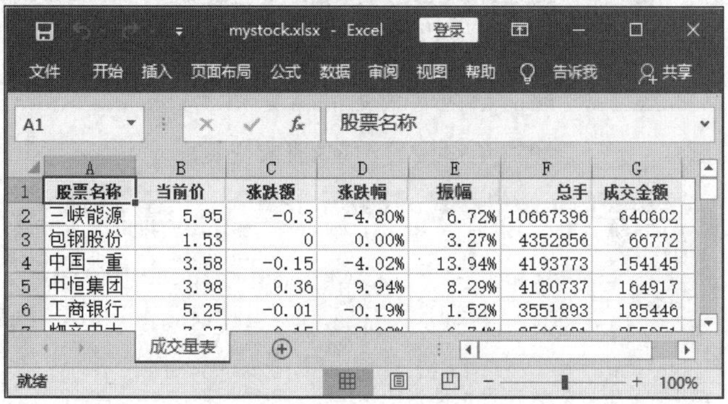

图 054-1

图 054-2

主要代码如下。

```
import pandas as pd#导入pandas库，并使用pd重命名pandas
#读取mystock.xlsx文件的第1个工作表，且仅读取前4行数据
pd.read_excel('mystock.xlsx',nrows=4)
```

在上面这段代码中，pd.read_excel('mystock.xlsx',nrows=4)表示读取 mystock.xlsx 文件的第 1 个工作表的前 4 行数据，nrows=4 参数表示读取的行数。

此案例的主要源文件是 MyCode\H214\H214.ipynb。

055 从首行跳过 n 行读取 Excel 工作表的数据

此案例主要通过在 read_excel()函数中设置 skiprows 参数值，实现在读取 Excel 文件的工作表数据时跳过指定的行数（从首行开始，顺数）。当在 Jupyter Notebook 中运行此案例代码之后，将读取 mystock.xlsx 文件的成交量表的数据，且跳过该工作表的前 3 行数据，即空白行、标题行和空白行，效果分别如图 055-1 和图 055-2 所示。

主要代码如下。

```
import pandas as pd#导入pandas库，并使用pd重命名pandas
#读取mystock.xlsx文件的第1个工作表(成交量表)数据，且跳过前3行
pd.read_excel('mystock.xlsx',skiprows=3)
```

图 055-1

	股票名称	当前价	涨跌额	涨跌幅	振幅	总手	成交金额
0	三峡能源	5.95	-0.30	-0.0480	0.0672	10667396	640602
1	包钢股份	1.53	0.00	0.0000	0.0327	4352856	66772
2	中国一重	3.58	-0.15	-0.0402	0.1394	4193773	154145
3	中恒集团	3.98	0.36	0.0994	0.0829	4180737	164917
4	工商银行	5.25	-0.01	-0.0019	0.0152	3551893	185446

图 055-2

在上面这段代码中，pd.read_excel('mystock.xlsx',skiprows=3)表示读取 mystock.xlsx 文件的第 1 个工作表的数据且跳过前 3 行，即跳过 skiprows 参数指定的行数。

此案例的主要源文件是 MyCode\H215\H215.ipynb。

056　从末尾跳过 n 行读取 Excel 工作表的数据

此案例主要通过在 read_excel()函数中设置 skipfooter 参数值，实现在读取 Excel 文件的工作表数据时跳过指定的行数（从工作表的最后一行开始，倒数）。当在 Jupyter Notebook 中运行此案例代码之后，将读取 mystock.xlsx 文件的成交量表的数据，且跳过该工作表的最后 3 行数据，效果分别如图 056-1 和图 056-2 所示。

主要代码如下。

```
import pandas as pd#导入pandas库，并使用pd重命名pandas
#读取mystock.xlsx文件的第1个工作表(成交量表)数据，且跳过最后3行
df=pd.read_excel('mystock.xlsx',skipfooter=3)
#输出读取的mystock.xlsx文件的成交量表的倒数5行数据
df.tail()
```

图 056-1

	股票名称	当前价	涨跌额	涨跌幅	振幅	总手	成交金额
42	交通银行	4.90	0.00	0.0000	0.0061	1026921	50250
43	京运通	9.30	-0.50	-0.0510	0.0786	1005104	94315
44	酒钢宏兴	2.26	-0.04	-0.0174	0.0217	1001819	22658
45	宝钢股份	7.63	-0.10	-0.0129	0.0298	991487	75651
46	中国建筑	4.63	-0.04	-0.0086	0.0150	990843	46030

图 056-2

在上面这段代码中，df=pd.read_excel('mystock.xlsx',skipfooter=3)表示读取 mystock.xlsx 文件的第 1 个工作表数据且跳过最后 3 行，即跳过 skipfooter 参数指定的行数（从工作表的最后一行开始，倒数），在此案例中即是跳过（不读取）庞大集团、岳阳林纸、邮储银行这 3 行数据。

此案例的主要源文件是 MyCode\H216\H216.ipynb。

057 跳过指定行读取 Excel 工作表的部分数据

此案例主要通过在 read_excel()函数的 skiprows 参数值中设置多个行号，实现在读取 Excel 文件的工作表数据时跳过指定的行。当在 Jupyter Notebook 中运行此案例代码之后，将读取 mystock.xlsx 文件的成交量表数据，且跳过第 1、3、4 行，效果分别如图 057-1 和图 057-2 所示。

主要代码如下。

```
import pandas as pd#导入pandas库，并使用pd重命名pandas
#读取mystock.xlsx文件的第1个工作表(成交量表)数据，且跳过1,3,4行
pd.read_excel('mystock.xlsx',skiprows=[1,3,4])
```

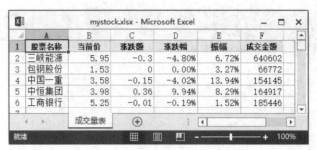

图 057-1

	股票名称	当前价	涨跌额	涨跌幅	振幅	成交金额
0	包钢股份	1.53	0.00	0.0000	0.0327	66772
1	工商银行	5.25	-0.01	-0.0019	0.0152	185446

图 057-2

在上面这段代码中，pd.read_excel('mystock.xlsx',skiprows=[1,3,4])表示读取 mystock.xlsx 文件的第 1 个工作表数据，且跳过 skiprows 参数指定的行，即不读取第 1 行、第 3 行、第 4 行的数据。

此案例的主要源文件是 MyCode\H221\H221.ipynb。

058 从 Excel 文件中读取工作表的偶数行数据

此案例主要通过使用 range 设置 read_excel()函数的 skiprows 参数值，实现从 Excel 文件中读取工作表的偶数行数据。当在 Jupyter Notebook 中运行此案例代码之后，将读取 mystock.xlsx 文件的成交量表的偶数行数据，效果分别如图 058-1 和图 058-2 所示。

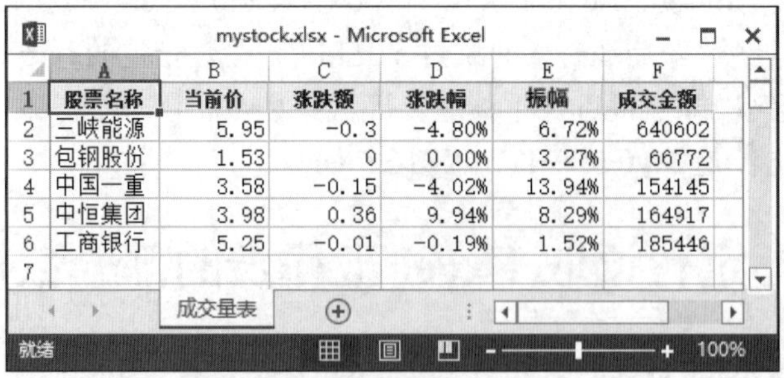

图 058-1

	股票名称	当前价	涨跌额	涨跌幅	振幅	成交金额
0	包钢股份	1.53	0.00	0.0000	0.0327	66772
1	中恒集团	3.98	0.36	0.0994	0.0829	164917

图 058-2

主要代码如下。

```
import pandas as pd#导入pandas库，并使用pd重命名pandas
#读取mystock.xlsx文件的第1个工作表(成交量表)的偶数行数据
pd.read_excel('mystock.xlsx',skiprows=range(1,6,2))
##读取mystock.xlsx文件的第1个工作表(成交量表)的奇数行数据
#pd.read_excel('mystock.xlsx',skiprows=range(2,6,2))
```

在上面这段代码中，pd.read_excel('mystock.xlsx',skiprows=range(1,6,2))表示读取mystock.xlsx文件的第1个工作表的偶数行数据。如果是 pd.read_excel('mystock.xlsx',skiprows=range(2,6,2))，则表示读取 mystock.xlsx文件的第1个工作表的奇数行数据。当然也可以为range()函数设置不同的参数值，从而产生不同的组合。

此案例的主要源文件是 MyCode\H217\H217.ipynb。

059 从 Excel 文件中读取工作表的偶数列数据

此案例主要通过使用 range 设置 read_excel()函数的 usecols 参数值，实现从 Excel 文件中读取工作表的偶数列数据。当在 Jupyter Notebook 中运行此案例代码之后，将读取 mystock.xlsx 文件的成交量表的偶数列数据，效果分别如图 059-1 和图 059-2 所示。

	A	B	C	D	E	F	G
1	股票名称	当前价	涨跌额	涨跌幅	振幅	总手	成交金额
2	三峡能源	5.95	-0.3	-4.80%	6.72%	10667396	640602
3	包钢股份	1.53	0	0.00%	3.27%	4352856	66772
4	中国一重	3.58	-0.15	-4.02%	13.94%	4193773	154145

图 059-1

	当前价	涨跌幅	总手
0	5.95	-0.0480	10667396
1	1.53	0.0000	4352856
2	3.58	-0.0402	4193773

图 059-2

主要代码如下。

```
import pandas as pd#导入pandas库，并使用pd重命名pandas
#读取mystock.xlsx文件的第1个工作表(成交量表)的偶数列数据
pd.read_excel('mystock.xlsx',usecols=range(1,7,2))
##读取mystock.xlsx文件的第1个工作表(成交量表)的奇数列数据
#pd.read_excel('mystock.xlsx',usecols=range(0,7,2))
```

在上面这段代码中，pd.read_excel('mystock.xlsx',usecols=range(1,7,2))表示读取 mystock.xlsx文件的第1个工作表的偶数列数据。如果 pd.read_excel('mystock.xlsx',usecols=range(0,7,2))，则

表示读取 mystock.xlsx 文件的第 1 个工作表的奇数列数据。

此案例的主要源文件是 MyCode\H218\H218.ipynb。

060　根据列号读取 Excel 文件的工作表数据

此案例主要通过在 read_excel()函数中设置 usecols 参数值为需要读取的列号，实现根据指定的列号读取 Excel 文件的工作表数据。当在 Jupyter Notebook 中运行此案例代码之后，将仅读取 mystock.xlsx 文件的成交量表的 A、B、F、G 列的数据，效果分别如图 060-1 和图 060-2 所示。

	A	B	C	D	E	F	G
1	股票名称	当前价	涨跌额	涨跌幅	振幅	总手	成交金额
2	三峡能源	5.95	-0.3	-4.80%	6.72%	10667396	640602
3	包钢股份	1.53	0	0.00%	3.27%	4352856	66772
4	中国一重	3.58	-0.15	-4.02%	13.94%	4193773	154145

图 060-1

	股票名称	当前价	总手	成交金额
0	三峡能源	5.95	10667396	640602
1	包钢股份	1.53	4352856	66772
2	中国一重	3.58	4193773	154145

图 060-2

主要代码如下。

```python
import pandas as pd #导入pandas库，并使用pd重命名pandas
# 读取mystock.xlsx文件的第1个工作表(成交量表)的0、1、5、6列数据
pd.read_excel('mystock.xlsx',usecols='A,B,F,G')
#pd.read_excel('mystock.xlsx',usecols=[0,1,5,6])
##读取mystock.xlsx文件的第1个工作表(成交量表)的G列数据
#pd.read_excel('mystock.xlsx',usecols='G')
##读取mystock.xlsx文件的第1个工作表(成交量表)的A、B两列数据
#pd.read_excel('mystock.xlsx',usecols='A,B')
##读取mystock.xlsx文件的第1个工作表(成交量表)的A、B两列数据
#pd.read_excel('mystock.xlsx',usecols='a,b')
##读取mystock.xlsx文件的第1个工作表(成交量表)的A到F列的所有数据
#pd.read_excel('mystock.xlsx',usecols='A:F')
##读取mystock.xlsx文件的第1个工作表(成交量表)的股票名称、当前价、总手、成交金额所有列的数据
#pd.read_excel('mystock.xlsx',
#            usecols=lambda x: x in ['股票名称','当前价','总手','成交金额'])
```

在上面这段代码中，pd.read_excel('mystock.xlsx',usecols='A,B,F,G')表示读取 mystock.xlsx 文件的第 1 个工作表的 A、B、F、G 列的数据，该代码也可以写成 pd.read_excel('mystock.xlsx', usecols=[0,1,5,6])。

此案例的主要源文件是 MyCode\H220\H220.ipynb。

061 读取 Excel 工作表的数据且取消默认列名

此案例主要通过在 read_excel() 函数中设置 header 参数值为 None，实现在读取 Excel 文件的工作表数据时取消默认将第一行数据作为列名，并自动添加数字列名。当在 Jupyter Notebook 中运行此案例代码之后，将读取 mystock.xlsx 文件的成交量表的数据，并在表头添加数字列名，效果分别如图 061-1 和图 061-2 所示。默认情况下，将使用工作表的第一行数据作为列名。

	A	B	C	D	E	F	G
1	股票名称	当前价	涨跌额	涨跌幅	振幅	总手	成交金额
2	三峡能源	5.95	-0.3	-4.80%	6.72%	10667396	640602
3	包钢股份	1.53	0	0.00%	3.27%	4352856	66772
4	中国一重	3.58	-0.15	-4.02%	13.94%	4193773	154145

图 061-1

	0	1	2	3	4	5	6
0	股票名称	当前价	涨跌额	涨跌幅	振幅	总手	成交金额
1	三峡能源	5.95	-0.3	-0.048	0.0672	10667396	640602
2	包钢股份	1.53	0	0	0.0327	4352856	66772
3	中国一重	3.58	-0.15	-0.0402	0.1394	4193773	154145

图 061-2

主要代码如下。

```
import pandas as pd#导入pandas库，并使用pd重命名pandas
#读取mystock.xlsx文件的第1个工作表数据，并取消默认的列名
pd.read_excel('mystock.xlsx',header=None)
```

在上面这段代码中，pd.read_excel('mystock.xlsx',header=None) 表示读取 mystock.xlsx 文件的第 1 个工作表数据，且不使用第一行数据作为列名。在此案例中，如果是 pd.read_excel('mystock.xlsx')，则将使用第一行数据作为列名。

此案例的主要源文件是 MyCode\H230\H230.ipynb。

062 读取 Excel 工作表的数据且自定义列名

此案例主要通过在 read_excel() 函数中设置 header 参数值为 None，并使用自定义列名设置 names 参数值，实现在读取 Excel 的工作表时自定义列名。当在 Jupyter Notebook 中运行此案例代码之后，将读取 myexcel.xlsx 文件的 Sheet1 工作表数据，并自定义列名，效果分别如图 062-1

和图 062-2 所示。默认情况下，将使用工作表的第 1 行数据作为列名。

myexcel.xlsx - Microsoft Excel

	A	B	C	D	E	F	G
1	三峡能源	5.95	-0.3	-4.80%	6.72%	10667396	640602
2	包钢股份	1.53	0	0.00%	3.27%	4352856	66772
3	中国一重	3.58	-0.15	-4.02%	13.94%	4193773	154145

Sheet1　就绪　100%

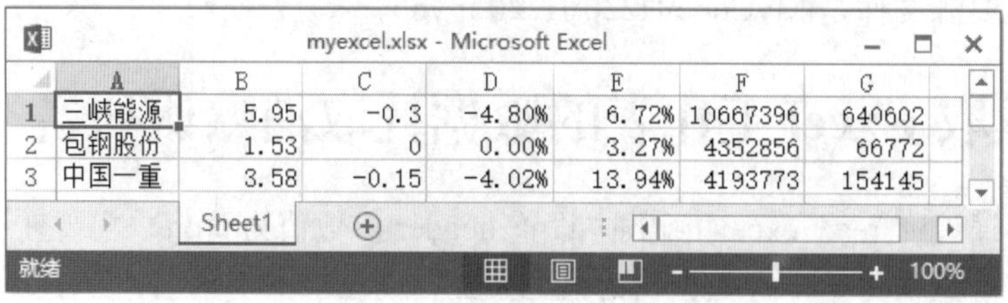

图 062-1

	股票名称	当前价	涨跌额	涨跌幅	振幅	总手	成交金额
0	三峡能源	5.95	-0.30	-0.0480	0.0672	10667396	640602
1	包钢股份	1.53	0.00	0.0000	0.0327	4352856	66772
2	中国一重	3.58	-0.15	-0.0402	0.1394	4193773	154145

图 062-2

主要代码如下。

```
import pandas as pd#导入pandas库，并使用pd重命名pandas
#读取myexcel.xlsx文件的第1个工作表，并自定义列名
pd.read_excel('myexcel.xlsx',header=None,
              names=['股票名称','当前价','涨跌额','涨跌幅','振幅','总手','成交金额'])
```

在上面这段代码中，pd.read_excel('myexcel.xlsx',header=None,names=['股票名称','当前价','涨跌额','涨跌幅','振幅','总手','成交金额'])表示读取 myexcel.xlsx 文件的第 1 个工作表，且使用 names 参数值自定义列名，header=None 表示不使用第 1 行数据作为列名，如果在此案例中未设置此参数值，将缺少第 1 行数据。

此案例的主要源文件是 MyCode\H231\H231.ipynb。

063　读取 Excel 工作表的数据并指定行标签

此案例主要通过在 read_excel()函数中设置 index_col 参数值，实现在读取 Excel 文件的工作表数据时指定现有列作为行标签。当在 Jupyter Notebook 中运行此案例代码之后，将读取 mystock.xlsx 文件的成交量表数据，并指定股票名称列作为行标签，效果分别如图 063-1 和图 063-2 所示。默认情况下，将使用数字作为行标签。

mystock.xlsx - Microsoft Excel

	A	B	C	D	E	F	G
1	股票名称	当前价	涨跌额	涨跌幅	振幅	总手	成交金额
2	三峡能源	5.95	-0.3	-4.80%	6.72%	10667396	640602
3	包钢股份	1.53	0	0.00%	3.27%	4352856	66772
4	中国一重	3.58	-0.15	-4.02%	13.94%	4193773	154145

成交量表　就绪　100%

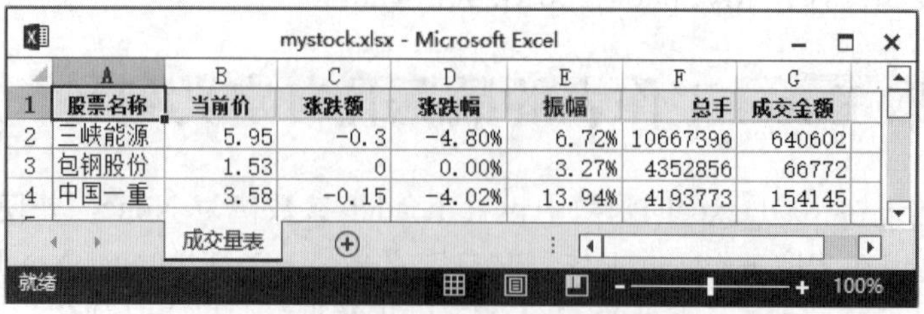

图 063-1

	当前价	涨跌额	涨跌幅	振幅	总手	成交金额
股票名称						
三峡能源	5.95	-0.30	-0.0480	0.0672	10667396	640602
包钢股份	1.53	0.00	0.0000	0.0327	4352856	66772
中国一重	3.58	-0.15	-0.0402	0.1394	4193773	154145

图 063-2

主要代码如下。

```
import pandas as pd#导入 pandas 库,并使用 pd 重命名 pandas
#读取 mystock.xlsx 文件的第 1 个工作表,且设置第 0 列作为行标签
pd.read_excel('mystock.xlsx',index_col=0)
```

在上面这段代码中,pd.read_excel('mystock.xlsx',index_col=0)表示读取 mystock.xlsx 文件的第 1 个工作表,且根据 index_col 参数值(第 0 列,股票名称)设置行标签。当然,下列代码也能实现类似的功能,代码如下。

```
import pandas as pd #导入 pandas 库,并使用 pd 重命名 pandas
#读取 mystock.xlsx 文件的第 1 个工作表
df=pd.read_excel('mystock.xlsx')
#设置第 0 列(股票名称)作为行标签
df.set_index('股票名称',inplace=True)
df #输出 df 的所有数据
```

此案例的主要源文件是 MyCode\H236\H236.ipynb。

064 在读取 Excel 工作表数据时解析千分位符

此案例主要通过在 read_excel()函数中设置 thousands 参数值,实现在读取 Excel 文件的工作表数据时自动解析千分位符。当在 Jupyter Notebook 中运行此案例代码之后,将自动解析 Sheet1 工作表的总手列和成交金额列的千分位符",",效果分别如图 064-1 和图 064-2 所示。

	A	B	C	D	E	F	G	H
1	股票名称	当前价	涨跌额	涨跌幅	振幅	总手	成交金额	
2	三峡能源	5.95	-0.3	-4.80%	6.72%	10,667,396	640,602.00	
3	包钢股份	1.53	0	0.00%	3.27%	4,352,856	66,772.00	
4	中国一重	3.58	-0.15	-4.02%	13.94%	4,193,773	154,145.00	

图 064-1

	股票名称	当前价	涨跌额	涨跌幅	振幅	总手	成交金额
0	三峡能源	5.95	-0.30	-0.0480	0.0672	10667396	640602.0
1	包钢股份	1.53	0.00	0.0000	0.0327	4352856	66772.0
2	中国一重	3.58	-0.15	-0.0402	0.1394	4193773	154145.0

图 064-2

主要代码如下。

```
import pandas as pd#导入pandas库，并使用pd重命名pandas
#读取myexcel.xlsx文件的Sheet1工作表，并设置千分位符为','
pd.read_excel('myexcel.xlsx',thousands=',', sheet_name='Sheet1')
```

在上面这段代码中，pd.read_excel('myexcel.xlsx',thousands=',',sheet_name='Sheet1')表示在读取 myexcel.xlsx 文件的 Sheet1 工作表时，指定','为千分位符。如果未设置 thousands=','，则在执行 pd.read_excel('myexcel.xlsx',sheet_name='Sheet1')之后，将把总手列和成交金额列的数据解析为字符串格式的 object 类型，而不是数值类型的 int64（总手列）和 float64（成交金额列）。

此案例的主要源文件是 MyCode\H237\H237.ipynb。

065 把 DataFrame 的数据保存为 Excel 文件

此案例主要通过使用 to_excel()函数，从而实现把 DataFrame 的数据保存为 Excel 文件。当在 Jupyter Notebook 中运行此案例代码之后，将在此案例代码文件所在的目录中把 DataFrame 的数据保存为 myexcel.xlsx 文件，效果分别如图 065-1 和图 065-2 所示。

	书号	图书名称	定价
0	9787302568155	Bootstrap+Vue.js前端开发超实用代码集锦	99.8
1	9787302533917	Android炫酷应用300例	99.8
2	9787302499183	HTML5+CSS3炫酷应用实例集锦	149.0

图 065-1

	A	B	C	D
1		书号	图书名称	定价
2	0	9787302568155	Bootstrap+Vue.js前端开发超实用代码集锦	99.8
3	1	9787302533917	Android炫酷应用300例	99.8
4	2	9787302499183	HTML5+CSS3炫酷应用实例集锦	149
5				

图 065-2

主要代码如下。

```
import pandas as pd #导入pandas库，并使用pd重命名pandas
#使用字典创建DataFrame的数据
```

```
df=pd.DataFrame({'书号':['9787302568155','9787302533917','9787302499183'],
 '图书名称':['Bootstrap+Vue.js前端开发超实用代码集锦',
            'Android炫酷应用300例','HTML5+CSS3炫酷应用实例集锦'],
 '定价':[99.80,99.80,149.00]})
df  #输出df的所有数据
#把DataFrame的数据保存为Excel文件
df.to_excel('myexcel.xlsx')
```

在上面这段代码中，df.to_excel('myexcel.xlsx')用于把 df 的数据在当前目录中保存为myexcel.xlsx 文件，如果在当前目录中已经存在 myexcel.xlsx 文件，则新的 myexcel.xlsx 文件将覆盖已经存在的 myexcel.xlsx 文件（注意：在测试时，如果已经打开 myexcel.xlsx 文件，则调用to_excel()函数生成 myexcel.xlsx 文件将报错，因此在测试时最好关闭 Excel）。默认情况下，df(DataFrame)的数据将被保存到 myexcel.xlsx 文件的默认工作表 Sheet1；如果在 to_excel()函数中指定了工作表参数 sheet_name，如 df.to_excel('myexcel.xlsx',sheet_name='Sheet2')，则 df(DataFrame)的数据将被保存到 myexcel.xlsx 文件的指定工作表 Sheet2；如果 Excel 文件包含路径，如 df.to_excel('G:/MyCode/myexcel.xlsx')，则将在指定的路径（'G:/MyCode'）中保存 myexcel.xlsx 文件。

此案例的主要源文件是 MyCode\H200\H200.ipynb。

066 在保存 Excel 文件时不保留默认的行标签

此案例主要通过在 to_excel()函数中设置 index 参数值为 False，实现在将 DataFrame 的数据保存为 Excel 文件时不保留默认的行标签。当在 Jupyter Notebook 中运行此案例代码之后，将把如图 066-1 所示的 DataFrame 的数据保存为 myexcel.xlsx 文件的 Sheet1 工作表，且不保留默认的行标签，如图 066-2 所示。

	书号	图书名称	定价
1	9787302568155	Bootstrap+Vue.js前端开发超实用代码集锦	99.8
2	9787302533917	Android炫酷应用300例	99.8
3	9787302499183	HTML5+CSS3炫酷应用实例集锦	149.0
4	9787121412417	Python自动化办公	89.0
5	9787115560285	用Python动手学统计学	79.8

图 066-1

	A	B	C
1	书号	图书名称	定价
2	9787302568155	Bootstrap+Vue.js前端开发超实用代码集锦	99.8
3	9787302533917	Android炫酷应用300例	99.8
4	9787302499183	HTML5+CSS3炫酷应用实例集锦	149
5	9787121412417	Python自动化办公	89
6	9787115560285	用Python动手学统计学	79.8
7			

图 066-2

主要代码如下。

```
import pandas as pd #导入pandas库，并使用pd重命名pandas
#创建s1、s2、s3三个Series
s1=pd.Series(['9787302568155','9787302533917','9787302499183',
             '9787121412417','9787115560285'],index=[1,2,3,4,5],name='书号')
s2=pd.Series(['Bootstrap+Vue.js前端开发超实用代码集锦',
             'Android炫酷应用300例','HTML5+CSS3炫酷应用实例集锦','Python自动化办公',
             '用Python动手学统计学'],index=[1,2,3,4,5],name='图书名称')
s3=pd.Series([99.80,99.80,149.00,89.00,79.80],index=[1,2,3,4,5],name='定价')
#使用字典创建DataFrame的数据
df=pd.DataFrame({s1.name:s1,s2.name:s2,s3.name:s3})
##使用列表创建DataFrame的数据(行列倒置)
#df=pd.DataFrame([s1,s2,s3])
df #输出df的所有数据
#把df的数据保存到myexcel.xlsx文件的Sheet1工作表且无行标签
df.to_excel('myexcel.xlsx',sheet_name='Sheet1',index=False)
```

在上面这段代码中，df.to_excel('myexcel.xlsx',sheet_name='Sheet1',index=False)表示在当前目录中将df的数据保存为myexcel.xlsx文件的Sheet1工作表且不保留行标签(1、2、3、4、5)。如果是df.to_excel('myexcel.xlsx',sheet_name='Sheet1')，则将在当前目录中把df的全部数据（包括行标签）保存为myexcel.xlsx文件的Sheet1工作表。

此案例的主要源文件是MyCode\H048\H048.ipynb。

067 使用read_json()函数读取JSON数据

此案例主要演示了使用read_json()函数从JSON格式的文本文件中读取数据并据此创建DataFrame。当在Jupyter Notebook中运行此案例代码之后，将读取myJSON.txt文件的数据并据此创建DataFrame，效果分别如图067-1和图067-2所示。

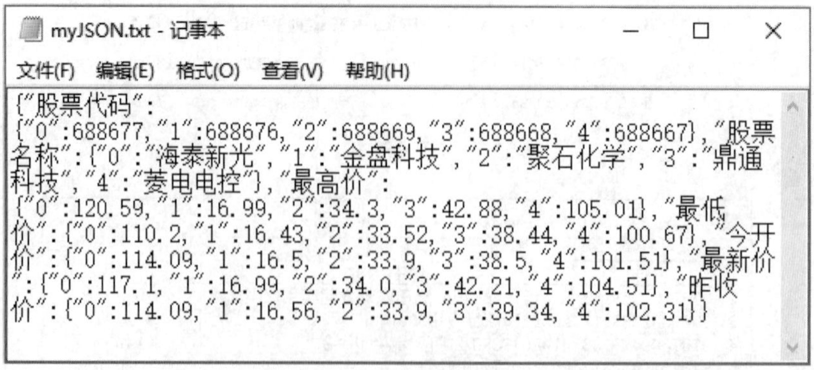

myJSON.txt - 记事本

文件(F)　编辑(E)　格式(O)　查看(V)　帮助(H)

{"股票代码":
{"0":688677,"1":688676,"2":688669,"3":688668,"4":688667},"股票名称":{"0":"海泰新光","1":"金盘科技","2":"聚石化学","3":"鼎通科技","4":"菱电电控"},"最高价":
{"0":120.59,"1":16.99,"2":34.3,"3":42.88,"4":105.01},"最低价":{"0":110.2,"1":16.43,"2":33.52,"3":38.44,"4":100.67},"今开价":{"0":114.09,"1":16.5,"2":33.9,"3":38.5,"4":101.51},"最新价":{"0":117.1,"1":16.99,"2":34.0,"3":42.21,"4":104.51},"昨收价":{"0":114.09,"1":16.56,"2":33.9,"3":39.34,"4":102.31}}

图067-1

	股票代码	股票名称	最高价	最低价	今开价	最新价	昨收价
0	688677	海泰新光	120.59	110.20	114.09	117.10	114.09
1	688676	金盘科技	16.99	16.43	16.50	16.99	16.56
2	688669	聚石化学	34.30	33.52	33.90	34.00	33.90
3	688668	鼎通科技	42.88	38.44	38.50	42.21	39.34
4	688667	菱电电控	105.01	100.67	101.51	104.51	102.31

图 067-2

主要代码如下。

```
import pandas as pd#导入pandas库，并使用pd重命名pandas
#读取并解析myJSON.txt文件的数据，并据此创建DataFrame
pd.read_json('myJSON.txt')
##下面5行代码演示读取网络的JSON数据
#import requests
#mysession=requests.Session()
#mytext=mysession.get('https://api.inews.qq.com/newsqa/v1'+
#                     '/automation/foreign/country/ranklist').text
#mydata = [(i['name'],i['dead']) for i in pd.read_json(mytext).data]
#pd.DataFrame(mydata, columns=['国家', '死亡人数'])
```

在上面这段代码中， pd.read_json('myJSON.txt')表示从 myJSON.txt 文件中读取 JSON 格式的数据并据此创建 df。除此之外，read_json()函数也可以直接从一个 JSON 格式的字符串中读取数据并创建 df，如下面的代码所示。

```
pd.read_json('{"股票代码":{"0":688677,"1":688676,"2":688669,"3":688668,"4":
688667}, "股票名称":{"0":"海泰新光","1":"金盘科技","2":"聚石化学","3":"鼎通科技","4":
"菱电电控"},"最高价":{"0":120.59,"1":16.99,"2":34.3,"3":42.88,"4":105.01},"最低价":
{"0":110.2,"1":16.43,"2": 33.52,"3":38.44,"4":100.67},"今开价":{"0":114.09,"1":
16.5,"2":33.9,"3":38.5,"4":101.51},"最新价":{"0":117.1,"1":16.99,"2":34.0,"3":42.
21,"4":104.51},"昨收价":{"0":114.09,"1":16.56, "2":33.9,"3":39.34,"4":102.31}}')
```

此案例的主要源文件是 MyCode\H251\H251.ipynb。

068　将 DataFrame 的数据保存为 JSON 文件

此案例主要演示了使用 to_json()函数将 DataFrame 的数据保存为 JSON 格式的文本文件。当在 Jupyter Notebook 中运行此案例代码之后，将把 DataFrame 的数据保存为 JSON 格式的文本文件（myJSON.txt），效果分别如图 068-1 和图 068-2 所示。

主要代码如下。

```
import pandas as pd#导入pandas库，并使用pd重命名pandas
#读取myexcel.xlsx文件的Sheet1工作表
df=pd.read_excel('myexcel.xlsx',sheet_name='Sheet1')
```

```
df#输出 df 的所有数据
#将 df 的数据保存为 JSON 文件
df.to_json('myJSON.txt',force_ascii=False)
##将 df 的数据保存为 JSON 字符串
#myStr=df.to_json(force_ascii=False)
#myStr=df.to_json()
#myStr
```

	股票代码	股票名称	最高价	最低价	今开价	最新价	昨收价
0	688677	海泰新光	120.59	110.20	114.09	117.10	114.09
1	688676	金盘科技	16.99	16.43	16.50	16.99	16.56
2	688669	聚石化学	34.30	33.52	33.90	34.00	33.90
3	688668	鼎通科技	42.88	38.44	38.50	42.21	39.34
4	688667	菱电电控	105.01	100.67	101.51	104.51	102.31

图 068-1

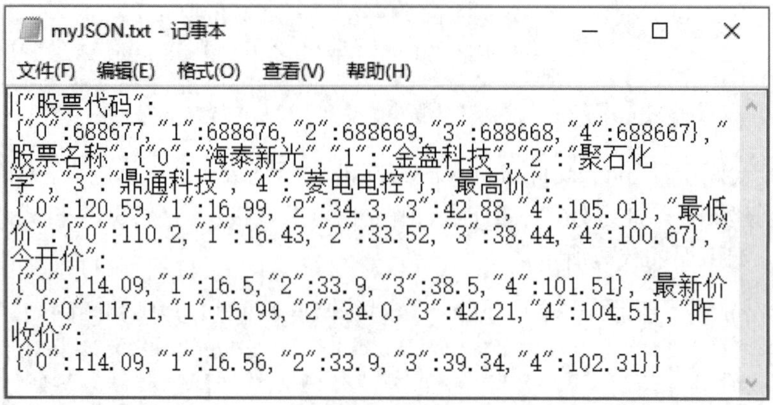

myJSON.txt - 记事本

文件(F) 编辑(E) 格式(O) 查看(V) 帮助(H)

l{"股票代码":
{"0":688677,"1":688676,"2":688669,"3":688668,"4":688667},"
股票名称":{"0":"海泰新光","1":"金盘科技","2":"聚石化
学","3":"鼎通科技","4":"菱电电控"},"最高价":
{"0":120.59,"1":16.99,"2":34.3,"3":42.88,"4":105.01},"最低
价":{"0":110.2,"1":16.43,"2":33.52,"3":38.44,"4":100.67},"
今开价":
{"0":114.09,"1":16.5,"2":33.9,"3":38.5,"4":101.51},"最新价
":{"0":117.1,"1":16.99,"2":34.0,"3":42.21,"4":104.51},"昨
收价":
{"0":114.09,"1":16.56,"2":33.9,"3":39.34,"4":102.31}}

图 068-2

在上面这段代码中，df.to_json('myJSON.txt',force_ascii=False)表示将 df 的数据保存为 JSON 格式的文本文件（myJSON.txt），参数 force_ascii=False 表示不采用 ascii 格式，如果 df 包含汉字等双字节字符，强烈建议设置 force_ascii=False。

此案例的主要源文件是 MyCode\H252\H252.ipynb。

069　从指定的网页中读取多个表格的数据

此案例主要演示了使用 read_html()函数根据网址读取指定网页的多个表格数据。当在 Jupyter Notebook 中运行此案例代码之后，将读取在指定网址（https://www.runoob.com/tags/ref-canvas.html）中的多个表格数据，效果分别如图 069-1～图 069-3 所示。

图 069-1

	属性	描述
0	fillStyle	设置或返回用于填充绘画的颜色、渐变或模式。
1	strokeStyle	设置或返回用于笔触的颜色、渐变或模式。
2	shadowColor	设置或返回用于阴影的颜色。
3	shadowBlur	设置或返回用于阴影的模糊级别。
4	shadowOffsetX	设置或返回阴影与形状的水平距离。
5	shadowOffsetY	设置或返回阴影与形状的垂直距离。

图 069-2

主要代码如下。

```
import pandas as pd#导入pandas库，并使用pd重命名pandas
#读取指定网页的所有表格
dfs=pd.read_html('https://www.runoob.com/tags/ref-canvas.html')
dfs[0] #输出该网页的第1个表格
#dfs[1] #输出该网页的第2个表格
```

在上面这段代码中，dfs = pd.read_html('https://www.runoob.com/tags/ref-canvas. html')表示读取在指定网址 https://www.runoob.com/tags/ref-canvas.html 中的多个表格数据。dfs[0]表示该网页的第 1 个表格，如图 069-2 所示。dfs[1]表示该网页的第 2 个表格，如图 069-3 所示。其余以此类推。

	方法	描述
0	createLinearGradient()	创建线性渐变（用在画布内容上）。
1	createPattern()	在指定的方向上重复指定的元素。
2	createRadialGradient()	创建放射状/环形的渐变（用在画布内容上）。
3	addColorStop()	规定渐变对象中的颜色和停止位置。

图 069-3

此案例的主要源文件是 MyCode\H253\H253.ipynb。

070　将 DataFrame 的所有数据转换为网页代码

此案例主要演示了使用 to_html()函数将 DataFrame 的所有数据转换为 HTML 网页代码。当在 Jupyter Notebook 中运行此案例代码之后，将把 DataFrame 的所有数据转换为 HTML 网页代码，效果分别如图 070-1 和图 070-2 所示。

	股票代码	股票名称	最高价	最低价	今开价	最新价	昨收价
0	688677	海泰新光	120.59	110.20	114.09	117.10	114.09
1	688676	金盘科技	16.99	16.43	16.50	16.99	16.56
2	688669	聚石化学	34.30	33.52	33.90	34.00	33.90
3	688668	鼎通科技	42.88	38.44	38.50	42.21	39.34
4	688667	菱电电控	105.01	100.67	101.51	104.51	102.31

图 070-1

```
'<table border="1" class="dataframe">\n  <thead>\n    <tr style="text-align: right;">\n      <th>股票代码</th>\n      <th>股票名称</th>\n      <th>最高价</th>\n      <th>最低价</th>\n      <th>今开价</th>\n      <th>最新价</th>\n      <th>昨收价</th>\n    </tr>\n  </thead>\n  <tbody>\n    <tr>\n      <td>688677</td>\n      <td>海泰新光</td>\n      <td>120.59</td>\n      <td>110.20</td>\n      <td>114.09</td>\n      <td>117.10</td>\n      <td>114.09</td>\n    </tr>\n    <tr>\n      <td>688676</td>\n      <td>金盘科技</td>\n      <td>16.99</td>\n      <td>16.43</td>\n      <td>16.50</td>\n      <td>16.99</td>\n      <td>16.56</td>\n    </tr>\n    <tr>\n      <td>688669</td>\n      <td>聚石化学</td>\n      <td>34.30</td>\n      <td>33.52</td>\n      <td>33.90</td>\n      <td>34.00</td>\n      <td>33.90</td>\n    </tr>\n    <tr>\n      <td>688668</td>\n      <td>鼎通科技</td>\n      <td>42.88</td>\n      <td>38.44</td>\n      <td>38.50</td>\n      <td>42.21</td>\n      <td>39.34</td>\n    </tr>\n    <tr>\n      <td>688667</td>\n      <td>菱电电控</td>\n      <td>105.01</td>\n      <td>100.67</td>\n      <td>101.51</td>\n      <td>104.51</td>\n      <td>102.31</td>\n    </tr>\n  </tbody>\n</table>'
```

图 070-2

主要代码如下。

```
import pandas as pd#导入pandas库，并使用pd重命名pandas
#读取myexcel.xlsx文件的Sheet1工作表
df=pd.read_excel('myexcel.xlsx',sheet_name='Sheet1')
df#输出df的所有数据
#将df的所有数据转换为HTML网页代码，同时删除默认的行标签
df.to_html(index=False)
```

在上面这段代码中，df.to_html(index=False)表示将 df 的所有数据转换为 HTML 网页代码，同时删除默认的行标签。如果 df.to_html()，则表示将 df 的所有数据转换为 HTML 网页代码，且包含行标签。实际测试表明，在采用此方式转换之后的 HTML 网页代码中，每行均有换行符"\n"，该换行符"\n"在 HTML 的表格中是不需要的，因此需要删除，具体内容请参考 MyCode\H254\myHTML.html 文件。

此案例的主要源文件是 MyCode\H254\H254.ipynb。

071 将 DataFrame 的部分数据转换为网页代码

此案例主要通过在 to_html()函数中设置 columns 参数值，实现将 DataFrame 的部分数据转换为 HTML 网页代码。当在 Jupyter Notebook 中运行此案例代码之后，将把 DataFrame 的股票代码、股票名称、最新价和昨收价这 4 列数据转换为 HTML 网页代码，效果分别如图 071-1 和图 071-2 所示。

	股票代码	股票名称	最高价	最低价	今开价	最新价	昨收价
0	688677	海泰新光	120.59	110.20	114.09	117.10	114.09
1	688676	金盘科技	16.99	16.43	16.50	16.99	16.56
2	688669	聚石化学	34.30	33.52	33.90	34.00	33.90
3	688668	鼎通科技	42.88	38.44	38.50	42.21	39.34
4	688667	菱电电控	105.01	100.67	101.51	104.51	102.31

图 071-1

```
'<table border="1" class="dataframe">\n  <thead>\n    <tr sty
le="text-align: right;">\n      <th>股票代码</th>\n      <th>
股票名称</th>\n      <th>最新价</th>\n      <th>昨收价</th>\n
</tr>\n  </thead>\n  <tbody>\n    <tr>\n      <td>688677</td>
\n      <td>海泰新光</td>\n      <td>117.10</td>\n      <td>1
14.09</td>\n    </tr>\n    <tr>\n      <td>688676</td>\n
<td>金盘科技</td>\n      <td>16.99</td>\n      <td>16.56</td>
\n    </tr>\n    <tr>\n      <td>688669</td>\n      <td>聚石
化学</td>\n      <td>34.00</td>\n      <td>33.90</td>\n    </
tr>\n    <tr>\n      <td>688668</td>\n      <td>鼎通科技</td>
\n      <td>42.21</td>\n      <td>39.34</td>\n    </tr>\n
<tr>\n      <td>688667</td>\n      <td>菱电电控</td>\n      <
td>104.51</td>\n      <td>102.31</td>\n    </tr>\n  </tbody>
\n</table>'
```

图 071-2

主要代码如下。

```
import pandas as pd#导入pandas库，并使用pd重命名pandas
#读取myexcel.xlsx文件的Sheet1工作表
df=pd.read_excel('myexcel.xlsx',sheet_name='Sheet1')
df #输出df的所有数据
#将df的指定列数据转换为HTML格式，同时删除默认的行标签
df.to_html(columns=['股票代码','股票名称','最新价','昨收价'],index=False)
```

在上面这段代码中，df.to_html(columns=['股票代码','股票名称','最新价','昨收价'],index=False)
表示将 df 的股票代码、股票名称、最新价和昨收价这 4 列数据转换为 HTML 网页代码，同时删
除默认的行标签。此案例在转换之后的 HTML 网页代码的实际效果如图 071-3 所示，具体内容
请参考 MyCode\H255\myHTML.html 文件。

图 071-3

此案例的主要源文件是 MyCode\H255\H255.ipynb。

072 根据当前剪贴板的数据创建 DataFrame

此案例主要演示了使用 read_clipboard()函数根据当前剪贴板数据创建 DataFrame。测试此案
例的步骤如下：①复制一个表格数据，如在图 072-1 中首先选择灰色部分的数据，然后按 Ctrl+C
组合键，即可将这些数据复制到当前剪贴板；②在 Jupyter Notebook 中运行此案例代码，则将根
据当前剪贴板数据创建 DataFrame，效果如图 072-2 所示。

主要代码如下。

```
import pandas as pd#导入pandas库，并使用pd重命名pandas
#根据剪贴板的数据创建DataFrame
pd.read_clipboard()
```

在上面这段代码中，pd.read_clipboard()表示根据剪贴板的数据创建 DataFrame，凡是能够复
制到剪贴板的表格数据（如记事本、Excel 等），均测试成功。

此案例的主要源文件是 MyCode\H166\H166.ipynb。

图 072-1

	股票代码	股票名称	最新价	开盘价	昨收价	最高价
0	300767	震安科技	106.07	106.50	103.74	113.88
1	300422	博世科	9.12	8.90	8.92	9.37
2	600623	华谊集团	12.00	11.94	11.74	12.67
3	600150	中国船舶	17.63	17.17	17.25	17.98
4	600029	南方航空	5.60	5.50	5.48	5.85
5	300374	中铁装配	12.22	11.95	11.96	12.59
6	688099	晶晨股份	112.05	109.80	109.70	115.93

图 072-2

073 将 DataFrame 的所有数据保存到剪贴板

此案例主要演示了使用 to_clipboard()函数将 DataFrame 的所有数据保存到剪贴板。当在 Jupyter Notebook 中运行此案例代码之后，将把 DataFrame 的所有数据保存到剪贴板，此时在记事本或其他编辑软件中按 Ctrl+V 组合键，则将把剪贴板的数据粘贴到记事本，效果分别如图 073-1 和图 073-2 所示。

	证券名称	现价	涨跌	涨跌幅	净值增加额
0	金力永磁	36.18	6.03	20.00%	103313
1	中恒集团	3.98	0.36	9.94%	96986
2	五矿稀土	19.72	1.33	7.23%	88870
3	江中药业	15.64	1.06	7.27%	76808
4	比亚迪	239.04	2.44	1.03%	72506

图 073-1

```
📄 无标题 - 记事本                              —    □    ×
文件(F)  编辑(E)  格式(O)  查看(V)  帮助(H)
证券名称      现价     涨跌    涨跌幅    净值增加额
金力永磁      36.18    6.03    20.00%   103313
中恒集团      3.98     0.36    9.94%    96986
五矿稀土      19.72    1.33    7.23%    88870
江中药业      15.64    1.06    7.27%    76808
比亚迪       239.04    2.44    1.03%    72506
```

图 073-2

主要代码如下。

```
import pandas as pd#导入pandas库，并使用pd重命名pandas
#读取以逗号分隔数据的文本文件(myCSV.csv)
df=pd.read_csv('myCSV.csv')
df#输出df的所有数据
#将df的所有数据保存到剪贴板，且删除默认的行标签
df.to_clipboard(index=False)
#df.to_clipboard()
```

在上面这段代码中，df.to_clipboard(index=False)表示将 df 的所有数据保存到剪贴板，且删除默认的行标签。如果 df.to_clipboard()，则表示将 df 的所有数据保存到剪贴板，且包含默认的行标签。

此案例的主要源文件是 MyCode\H256\H256.ipynb。

074　将 DataFrame 的部分数据保存到剪贴板

此案例主要通过在 to_clipboard()函数中设置 columns 参数值，从而实现将 DataFrame 的部分数据保存到剪贴板。当在 Jupyter Notebook 中运行此案例代码之后，将把 DataFrame 的证券名称、现价、涨跌和涨跌幅这 4 列数据保存到剪贴板，此时在记事本或其他编辑软件中按 Ctrl+V 组合键，则将把剪贴板的数据粘贴到记事本，效果分别如图 074-1 和图 074-2 所示。

	证券名称	现价	涨跌	涨跌幅	净值增加额
0	金力永磁	36.18	6.03	20.00%	103313
1	中恒集团	3.98	0.36	9.94%	96986
2	五矿稀土	19.72	1.33	7.23%	88870
3	江中药业	15.64	1.06	7.27%	76808
4	比亚迪	239.04	2.44	1.03%	72506

图 074-1

```
无标题 - 记事本                        —    □    ×
文件(F)  编辑(E)  格式(O)  查看(V)  帮助(H)
证券名称        现价      涨跌      涨跌幅
金力永磁        36.18    6.03     20.00%
中恒集团        3.98     0.36     9.94%
五矿稀土        19.72    1.33     7.23%
江中药业        15.64    1.06     7.27%
比亚迪          239.04   2.44     1.03%
```

图 074-2

主要代码如下。

```
import pandas as pd#导入pandas库，并使用pd重命名pandas
#读取以逗号分隔数据的文本文件(myCSV.csv)
df=pd.read_csv('myCSV.csv')
df#输出df的所有数据
#将df的指定列数据保存到剪贴板，且删除默认的行标签
df.to_clipboard(columns=['证券名称','现价','涨跌','涨跌幅'],index=False)
```

在上面这段代码中，df.to_clipboard(columns=['证券名称','现价','涨跌','涨跌幅'],index=False)表示将 df 的证券名称、现价、涨跌和涨跌幅这 4 列数据保存到剪贴板，且删除默认的行标签。

此案例的主要源文件是 MyCode\H257\H257.ipynb。

第**3**章

筛选数据

075 根据指定的列名筛选整列数据

此案例主要演示了使用 df['列名']的形式筛选和修改 DataFrame 的整列数据。当在 Jupyter Notebook 中运行此案例代码之后，在 DataFrame 中将把所有股票的最高价乘以 2，效果分别如图 075-1 和图 075-2 所示。

	股票名称	最高价	最低价	最新价	昨收价
0	海泰新光	120.59	110.20	117.10	114.09
1	金盘科技	16.99	16.43	16.99	16.56
2	聚石化学	34.30	33.52	34.00	33.90

图 075-1

	股票名称	最高价	最低价	最新价	昨收价
0	海泰新光	241.18	110.20	117.10	114.09
1	金盘科技	33.98	16.43	16.99	16.56
2	聚石化学	68.60	33.52	34.00	33.90

图 075-2

主要代码如下。

```
import pandas as pd#导入pandas库，并使用pd重命名pandas
#读取myexcel.xlsx文件的Sheet1工作表
df=pd.read_excel('myexcel.xlsx',sheet_name='Sheet1')
df#输出df的所有数据
#在df中把所有股票的最高价乘以2
df['最高价']=df['最高价']*2
#df.最高价=df.最高价*2
##根据列表修改所有股票的最高价
#df['最高价']=[100,200,300]
##把所有股票的最高价修改为NaN
#import numpy as np#导入numpy库，并使用np重命名numpy
#df.最高价=np.nan
df #输出df在修改之后的所有数据
```

在上面这段代码中，df['最高价']=df['最高价']*2 表示在 df 中把所有股票的最高价乘以 2。如果 df['最高价']=[100,200,300]，则表示在 df 中根据列表修改所有（按序对应）股票的最高价。df

['最高价']表示单独选择df的最高价列，它返回一个 Series，等同于 df.最高价。

此案例的主要源文件是 MyCode\H137\H137.ipynb。

076 使用 eq() 在指定列中筛选数据

此案例主要演示了使用比较运算符（==）或 eq()函数在指定列中筛选数据。当在 Jupyter Notebook 中运行此案例代码之后，将在 DataFrame 的行业列中筛选保险行业的股票，效果分别如图 076-1 和图 076-2 所示。

	股票代码	股票名称	最新价	涨跌额	行业
0	300095	华伍股份	12.23	0.24	机械
1	600688	上海石化	3.45	0.03	石油
2	601318	中国平安	58.54	0.46	保险
3	601628	中国人寿	31.42	0.49	保险
4	601857	中国石油	4.74	0.06	石油

图 076-1

	股票代码	股票名称	最新价	涨跌额	行业
2	601318	中国平安	58.54	0.46	保险
3	601628	中国人寿	31.42	0.49	保险

图 076-2

主要代码如下。

```
import pandas as pd#导入pandas库，并使用pd重命名pandas
#读取myexcel.xlsx文件的Sheet1工作表
df=pd.read_excel('myexcel.xlsx',sheet_name='Sheet1',dtype={'股票代码':str})
df#输出df的所有数据
##使用比较运算符(==)在df的行业列中筛选保险行业的股票
#df[df.行业=='保险']
#df[lambda df: df['行业']=='保险']
#使用eq()函数在df的行业列中筛选保险行业的股票
df[df['行业'].eq('保险')]
#df[df.行业.eq('保险')]
```

在上面这段代码中，df[df['行业'].eq('保险')]表示在 df 的行业列中筛选保险行业的股票，该代码也可以写成 df[df.行业=='保险']。

此案例的主要源文件是 MyCode\H075\H075.ipynb。

077 使用 ne() 在指定列中筛选数据

此案例主要演示了使用比较运算符（!=）或 ne()函数在指定列中筛选数据。当在 Jupyter Notebook 中运行此案例代码之后，将在 DataFrame 的行业列中筛选非保险行业的股票，效果分别如图 077-1 和图 077-2 所示。

	股票代码	股票名称	最新价	涨跌额	行业
0	300095	华伍股份	12.23	0.24	机械
1	600688	上海石化	3.45	0.03	石油
2	601318	中国平安	58.54	0.46	保险
3	601628	中国人寿	31.42	0.49	保险
4	601857	中国石油	4.74	0.06	石油

图 077-1

	股票代码	股票名称	最新价	涨跌额	行业
0	300095	华伍股份	12.23	0.24	机械
1	600688	上海石化	3.45	0.03	石油
4	601857	中国石油	4.74	0.06	石油

图 077-2

主要代码如下。

```
import pandas as pd #导入pandas库，并使用pd重命名pandas
#读取myexcel.xlsx文件的Sheet1工作表
df=pd.read_excel('myexcel.xlsx',sheet_name='Sheet1',dtype={'股票代码':str})
df  #输出df的所有数据
##使用比较运算符(!=)在df的行业列中筛选非保险行业的股票
#df[df.行业!='保险']
#df[~(df['行业']=='保险')]
#使用ne()函数在df的行业列中筛选非保险行业的股票
df[df.行业.ne('保险')]
#df[df['行业'].ne('保险')]
```

在上面这段代码中，df[df.行业.ne('保险')]表示在 df 的行业列中筛选非保险行业的股票，该代码也可以写成 df[~(df['行业']=='保险')]或 df[df.行业!='保险']。

此案例的主要源文件是 MyCode\H076\H076.ipynb。

078　使用 lt()在指定列中筛选数据

此案例主要演示了使用比较运算符（<）或 lt()函数在指定列中筛选小于某个数值的数据。当在 Jupyter Notebook 中运行此案例代码之后，将在 DataFrame 的最新价列中筛选最新价小于 12.23 的股票，效果分别如图 078-1 和图 078-2 所示。

	股票代码	股票名称	最新价	涨跌额	行业
0	300095	华伍股份	12.23	0.24	机械
1	600688	上海石化	3.45	0.03	石油
2	601318	中国平安	58.54	0.46	保险
3	601319	中国人保	5.83	0.05	保险
4	601857	中国石油	4.74	0.06	石油

图 078-1

	股票代码	股票名称	最新价	涨跌额	行业
1	600688	上海石化	3.45	0.03	石油
3	601319	中国人保	5.83	0.05	保险
4	601857	中国石油	4.74	0.06	石油

图 078-2

主要代码如下。

```
import pandas as pd#导入pandas库，并使用pd重命名pandas
```

```
#读取 myexcel.xlsx 文件的 Sheet1 工作表
df=pd.read_excel('myexcel.xlsx',sheet_name='Sheet1',dtype={'股票代码':str})
df#输出 df 的所有数据
##使用比较运算符(<)在 df 的最新价列中筛选最新价小于 12.23 的股票
#df[df.最新价<12.23]
#使用 lt()函数在 df 的最新价列中筛选最新价小于 12.23 的股票
df[df['最新价'].lt(12.23)]
#df[df.最新价.lt(12.23)]
```

在上面这段代码中，df[df['最新价'].lt(12.23)]表示在 df 的最新价列中筛选最新价小于 12.23 的股票，该代码也可以写成 df[df.最新价<12.23]。

此案例的主要源文件是 MyCode\H083\H083.ipynb。

079　在指定列中根据平均值筛选数据

此案例主要演示了使用比较运算符（<）或 lt()函数、mean()函数在指定列中筛选小于该列平均值的数据。当在 Jupyter Notebook 中运行此案例代码之后，将在 DataFrame 的最新价列中筛选最新价小于平均最新价的股票，效果分别如图 079-1 和图 079-2 所示。

	股票代码	股票名称	最高价	最低价	最新价	昨收价
0	688676	金盘科技	16.99	16.43	16.99	16.56
1	688669	聚石化学	34.30	33.52	34.00	33.90
2	688668	鼎通科技	42.88	38.44	42.21	39.34

图 079-1

	股票代码	股票名称	最高价	最低价	最新价	昨收价
0	688676	金盘科技	16.99	16.43	16.99	16.56

图 079-2

主要代码如下。

```
import pandas as pd#导入 pandas 库，并使用 pd 重命名 pandas
#读取 myexcel.xlsx 文件的第 1 个工作表
df=pd.read_excel('myexcel.xlsx')
df#输出 df 的所有数据
#使用比较运算符(<)或 lt()函数在 df 的最新价列中筛选最新价小于平均最新价的股票
df[df.最新价<df.最新价.mean()]
#df[df.最新价.lt(df.最新价.mean())]
```

在上面这段代码中，df[df.最新价<df.最新价.mean()]表示在 df 的最新价列中筛选最新价小于平均最新价的股票。

此案例的主要源文件是 MyCode\H095\H095.ipynb。

080　使用 le()在指定列中筛选数据

此案例主要演示了使用比较运算符（<=）或 le()函数在指定列中筛选小于或等于某个数值的数据。当在 Jupyter Notebook 中运行此案例代码之后，将在 DataFrame 的最新价列中筛选最新价

小于或等于 12.23 的股票，效果分别如图 080-1 和图 080-2 所示。

	股票代码	股票名称	最新价	涨跌额	行业
0	300095	华伍股份	12.23	0.24	机械
1	300503	昊志机电	11.45	0.16	机械
2	601318	中国平安	58.54	0.46	保险

图 080-1

	股票代码	股票名称	最新价	涨跌额	行业
0	300095	华伍股份	12.23	0.24	机械
1	300503	昊志机电	11.45	0.16	机械

图 080-2

主要代码如下。

```
import pandas as pd#导入pandas库，并使用pd重命名pandas
#读取myexcel.xlsx文件的Sheet1工作表
df=pd.read_excel('myexcel.xlsx',sheet_name='Sheet1',dtype={'股票代码':str})
df#输出df的所有数据
##使用比较运算符(<=)在df的最新价列中筛选最新价小于或等于12.23的股票
#df[df.最新价<=12.23]
#使用le()函数在df的最新价列中筛选最新价小于或等于12.23的股票
df[df['最新价'].le(12.23)]
#df[df.最新价.le(12.23)]
```

在上面这段代码中，df[df['最新价'].le(12.23)]表示在 df 的最新价列中筛选最新价小于或等于 12.23 的股票，该代码也可以写成 df[df.最新价<=12.23]。

此案例的主要源文件是 MyCode\H077\H077.ipynb。

081　使用 gt()在指定列中筛选数据

此案例主要演示了使用比较运算符（>）或 gt()函数在指定列中筛选大于某个数值的数据。当在 Jupyter Notebook 中运行此案例代码之后，将在 DataFrame 的最新价列中筛选最新价大于 4.26 的股票，效果分别如图 081-1 和图 081-2 所示。

	股票代码	股票名称	最新价	涨跌额	行业	操作策略
0	300095	华伍股份	12.23	0.24	机械	买入
1	300503	昊志机电	11.45	0.16	机械	观望
2	600256	广汇能源	3.63	0.13	石油	卖出
3	600583	海油工程	4.26	0.06	石油	观望
4	600688	上海石化	3.45	0.03	石油	卖出

图 081-1

	股票代码	股票名称	最新价	涨跌额	行业	操作策略
0	300095	华伍股份	12.23	0.24	机械	买入
1	300503	昊志机电	11.45	0.16	机械	观望

图 081-2

主要代码如下。

```
import pandas as pd#导入pandas库，并使用pd重命名pandas
#读取myexcel.xlsx文件的Sheet1工作表
```

```
df=pd.read_excel('myexcel.xlsx',sheet_name='Sheet1')
df#输出df的所有数据
##使用比较运算符(>)在df的最新价列中筛选最新价大于4.26的股票
#df[df.最新价>4.26]
#使用gt()函数在df的最新价列中筛选最新价大于4.26的股票
df[df['最新价'].gt(4.26)]
#df[df.最新价.gt(4.26)]
##在df中筛选最新价大于4.26且涨跌额大于0.16的股票
#df[(df.最新价>4.26)&(df.涨跌额>0.16)]
##在df中筛选最新价大于4.26或者涨跌额大于0.16的股票
#df[(df.最新价>4.26)|(df.涨跌额>0.16)]
```

在上面这段代码中，df[df['最新价'].gt(4.26)]表示在df的最新价列中筛选最新价大于4.26的股票。

此案例的主要源文件是MyCode\H078\H078.ipynb。

082　使用ge()在指定列中筛选数据

此案例主要演示了使用比较运算符（>=）或ge()函数在指定列中筛选大于或等于某个数值的数据。当在Jupyter Notebook中运行此案例代码之后，将在DataFrame的最新价列中筛选最新价大于或等于12.23的股票，效果分别如图082-1和图082-2所示。

	股票代码	股票名称	最新价	涨跌额	行业
0	300095	华伍股份	12.23	0.24	机械
1	300503	昊志机电	11.45	0.16	机械
2	601318	中国平安	58.54	0.46	保险

图082-1

	股票代码	股票名称	最新价	涨跌额	行业
0	300095	华伍股份	12.23	0.24	机械
2	601318	中国平安	58.54	0.46	保险

图082-2

主要代码如下。

```
import pandas as pd#导入pandas库，并使用pd重命名pandas
#读取myexcel.xlsx文件的Sheet1工作表
df=pd.read_excel('myexcel.xlsx',sheet_name='Sheet1',dtype={'股票代码':str})
df#输出df的所有数据
##使用比较运算符(>=)在df的最新价列中筛选最新价大于或等于12.23的股票
#df[df.最新价>=12.23]
#使用ge()函数在df的最新价列中筛选最新价大于或等于12.23的股票
df[df['最新价'].ge(12.23)]
# df[df.最新价.ge(12.23)]
```

在上面这段代码中，df[df['最新价'].ge(12.23)]表示在df的最新价列中筛选最新价大于或等于12.23的股票，该代码也可以写成df[df.最新价>=12.23]。

此案例的主要源文件是MyCode\H082\H082.ipynb。

083 根据行标签的大小筛选数据

此案例主要演示了使用比较运算符（>）根据行标签的大小在 DataFrame 中筛选数据。当在 Jupyter Notebook 中运行此案例代码之后，将在 DataFrame 中筛选行标签大于 2 的数据，效果分别如图 083-1 和图 083-2 所示。

	股票代码	股票名称	最新价	涨跌额	行业	操作策略
0	300095	华伍股份	12.23	0.24	机械	买入
1	300503	昊志机电	11.45	0.16	机械	观望
2	600256	广汇能源	3.63	0.13	石油	卖出
3	600583	海油工程	4.26	0.06	石油	观望
4	600688	上海石化	3.45	0.03	石油	卖出

图 083-1

	股票代码	股票名称	最新价	涨跌额	行业	操作策略
3	600583	海油工程	4.26	0.06	石油	观望
4	600688	上海石化	3.45	0.03	石油	卖出

图 083-2

主要代码如下。

```
import pandas as pd#导入pandas库,并使用pd重命名pandas
#读取myexcel.xlsx文件的Sheet1工作表
df=pd.read_excel('myexcel.xlsx',sheet_name='Sheet1')
df#输出df的所有数据
#使用比较运算符(>)在df中筛选行标签大于2的数据
df[df.index>2]
```

在上面这段代码中，df[df.index>2]表示在 df 中筛选行标签大于 2 的数据。

此案例的主要源文件是 MyCode\H522\H522.ipynb。

084 根据行标签的范围筛选数据

此案例主要演示了使用切片根据行标签在 DataFrame 中筛选指定范围的数据。当在 Jupyter Notebook 中运行此案例代码之后，将在 DataFrame 中筛选前 3 行的数据，效果分别如图 084-1 和图 084-2 所示。

	股票代码	股票名称	最新价	昨收价	最高价	最低价
0	300767	震安科技	106.07	103.74	113.88	105.30
1	300422	博世科	9.12	8.92	9.37	8.88
2	600623	华谊集团	12.00	11.74	12.67	11.75
3	600150	中国船舶	17.63	17.25	17.98	17.08
4	600029	南方航空	5.60	5.48	5.85	5.48

图 084-1

	股票代码	股票名称	最新价	昨收价	最高价	最低价
0	300767	震安科技	106.07	103.74	113.88	105.30
1	300422	博世科	9.12	8.92	9.37	8.88
2	600623	华谊集团	12.00	11.74	12.67	11.75

图 084-2

主要代码如下。

```
import pandas as pd#导入pandas库，并使用pd重命名pandas
#读取myexcel.xlsx文件的Sheet1工作表
df=pd.read_excel('myexcel.xlsx',sheet_name='Sheet1')
df#输出df的所有数据
#筛选df的前3行数据
df[:3]
#df[0:3]
##筛选df的第3~4行数据
#df[2:4]
##筛选df的后3行数据
#df[-3:]
```

在上面这段代码中，df[:3]表示筛选 df 的前 3 行数据，该代码也可以写成 df[0:3]。如果df[2:4]，则表示筛选 df 的第 3～4 行数据。

此案例的主要源文件是 MyCode\H035\H035.ipynb。

085 根据行标签步长筛选偶数行数据

此案例主要通过在 loc 的切片中设置起始行标签和步长，从而实现在 DataFrame 中筛选行标签为奇数或偶数的数据。当在 Jupyter Notebook 中运行此案例代码之后，将在 DataFrame 中筛选行标签为偶数的数据，效果分别如图 085-1 和图 085-2 所示。

	股票代码	股票名称	最新价	昨收价	最高价	最低价
0	300767	震安科技	106.07	103.74	113.88	105.30
1	300422	博世科	9.12	8.92	9.37	8.88
2	600623	华谊集团	12.00	11.74	12.67	11.75
3	600150	中国船舶	17.63	17.25	17.98	17.08
4	600029	南方航空	5.60	5.48	5.85	5.48

图 085-1

	股票代码	股票名称	最新价	昨收价	最高价	最低价
0	300767	震安科技	106.07	103.74	113.88	105.30
2	600623	华谊集团	12.00	11.74	12.67	11.75
4	600029	南方航空	5.60	5.48	5.85	5.48

图 085-2

主要代码如下。

```
import pandas as pd#导入pandas库，并使用pd重命名pandas
#读取myexcel.xlsx文件的Sheet1工作表
df=pd.read_excel('myexcel.xlsx',sheet_name='Sheet1')
df#输出df的所有数据
#在df中按照偶数行标签筛选数据
#df[::2]
df[0::2]
##按照奇数行标签筛选数据
#df[1::2]
```

在上面这段代码中,df[0::2]表示在 df 中按照偶数行标签筛选数据,该代码也可以写成 df[::2],其完整格式是：DataFrame[起始行标签:结束行标签:步长值]。如果是 df[1::2],则表示在 df 中按照奇数行标签筛选数据。

此案例的主要源文件是 MyCode\H036\H036.ipynb。

086 根据指定的日期切片筛选数据

此案例主要演示了使用切片根据日期类型的行标签在 DataFrame 中筛选指定日期范围的数据。当在 Jupyter Notebook 中运行此案例代码之后,将在 DataFrame 中筛选 2021-09-13 到 2021-09-15 的数据,效果分别如图 086-1 和图 086-2 所示。

	盐水鸭	酱鸭	板鸭	烤鸭
2021-09-10	1800	1600	2400	1200
2021-09-13	2600	1800	2000	1800
2021-09-14	2400	2100	5900	2480
2021-09-15	2000	2800	1800	2400
2021-09-16	2500	1200	2500	3900

图 086-1

	盐水鸭	酱鸭	板鸭	烤鸭
2021-09-13	2600	1800	2000	1800
2021-09-14	2400	2100	5900	2480
2021-09-15	2000	2800	1800	2400

图 086-2

主要代码如下。

```
import pandas as pd#导入pandas库,并使用pd重命名pandas
#读取 myexcel.xlsx 文件的 Sheet1 工作表
df=pd.read_excel('myexcel.xlsx',sheet_name='Sheet1')
#将 df 的行标签调整为工作日
df.index=pd.date_range('2021-09-10',periods=5, freq=pd.offsets.BusinessDay(1))
df#输出 df 的所有数据
import datetime #导入datetime库
#在 df 中根据开始日期(2021,9,13)和结束日期(2021,9,15)筛选数据
df[datetime.datetime(2021,9,13):datetime.datetime(2021,9,15)]
#df['2021-09-13':'2021-09-15']
##在 df 中筛选 2021-09-13 及之后的所有数据
#df.loc['2021-09-13':]
##在 df 中筛选 2021 年的所有数据
#df.loc['2021']
##在 df 中筛选 2021 年 9 月的所有数据
#df.loc['2021-09']
```

在上面这段代码中, df[datetime.datetime(2021,9,13):datetime.datetime(2021,9,15)]表示在 df 中筛选 2021-09-13 到 2021-09-15 期间的数据。

此案例的主要源文件是 MyCode\H827\H827.ipynb。

087　根据指定的日期范围筛选数据

此案例主要演示了同时使用比较运算符（>和<）或同时使用 gt()函数和 lt()函数在 DataFrame 中筛选指定日期范围的数据。当在 Jupyter Notebook 中运行此案例代码之后，将在 DataFrame 中筛选上市日期在 2021 年 2 月 1 日到 2021 年 3 月 31 日的股票，效果分别如图 087-1 和图 087-2 所示。

	股票代码	股票名称	涨跌幅	涨跌额	最新价	上市日期
0	688677	海泰新光	0.0264	3.01	117.10	2021-02-26
1	688669	聚石化学	0.0029	0.10	34.00	2021-01-25
2	688668	鼎通科技	0.0730	2.87	42.21	2020-12-21
3	688667	姜电电控	0.0215	2.20	104.51	2021-03-12
4	688660	电气风电	-0.0045	-0.04	8.94	2021-05-19

图 087-1

	股票代码	股票名称	涨跌幅	涨跌额	最新价	上市日期
0	688677	海泰新光	0.0264	3.01	117.10	2021-02-26
3	688667	姜电电控	0.0215	2.20	104.51	2021-03-12

图 087-2

主要代码如下。

```
import pandas as pd#导入pandas库，并使用pd重命名pandas
#读取myexcel.xlsx文件的Sheet1工作表
df=pd.read_excel('myexcel.xlsx',sheet_name='Sheet1',parse_dates=['上市日期'])
df#输出df的所有数据
import datetime #导入datetime库
#使用比较运算符（>和<）在df中筛选上市日期在2021年2月1日到2021年3月31日的股票
df[(df.上市日期>pd.Timestamp(datetime.datetime.strptime('2021-02-01',
                                    '%Y-%m-%d').date()))
   &(df.上市日期<pd.Timestamp(datetime.datetime.strptime('2021-03-31',
                                    '%Y-%m-%d').date()))]
##使用gt()函数和lt()函数在df中筛选上市日期在2021年2月1日到2021年3月31日的股票
#df[(df.上市日期.gt(pd.Timestamp(datetime.datetime.strptime('2021-02-01',
#                                    '%Y-%m-%d').date())))
#   &(df.上市日期.lt(pd.Timestamp(datetime.datetime.strptime('2021-03-31',
#                                    '%Y-%m-%d').date())))]
```

在上面这段代码中，df[(df.上市日期>pd.Timestamp(datetime.datetime.strptime('2021-02-01', '%Y-%m-%d').date()))&(df. 上 市 日 期 <pd.Timestamp(datetime.datetime.strptime('2021-03-31', '%Y-%m-%d').date()))]表示在 df 中筛选上市日期在 2021 年 2 月 1 日到 2021 年 3 月 31 日的股票。此案例的主要源文件是 MyCode\H079\H079.ipynb。

088　根据指定的月份范围筛选数据

此案例主要演示了使用切片根据日期类型的行标签在 DataFrame 中筛选指定月份范围的数据。当在 Jupyter Notebook 中运行此案例代码之后，将在 DataFrame 中筛选 2021-04 到 2021-08

的数据，效果分别如图 088-1 和图 088-2 所示。

	盐水鸭	酱鸭	板鸭	烤鸭
2021-02-28	1800	1600	2400	1200
2021-04-30	2600	1800	2000	1800
2021-06-30	2400	2100	5900	2480
2021-08-31	2000	2800	1800	2400
2021-10-31	2500	1200	2500	3900

图 088-1

	盐水鸭	酱鸭	板鸭	烤鸭
2021-04-30	2600	1800	2000	1800
2021-06-30	2400	2100	5900	2480
2021-08-31	2000	2800	1800	2400

图 088-2

主要代码如下。

```
import pandas as pd#导入pandas库，并使用pd重命名pandas
#读取myexcel.xlsx文件的Sheet1工作表
df=pd.read_excel('myexcel.xlsx',sheet_name='Sheet1')
#使用指定范围的日期设置df的行标签
df.index=pd.date_range('2021-02-01', '2021-12-10', freq='2M')
df#输出df的所有数据
#在df中筛选2021年4月到2021年8月的数据
df['2021-04':'2021-08']
#df['2021-04-30':'2021-08-31']
##在df中筛选2021年4月及之前的数据
#df[:'2021-04']
##在df中筛选2021年4月及之后的数据
#df['2021-04':]
```

在上面这段代码中，df['2021-04':'2021-08']表示在df中筛选2021年4月到2021年8月的数据。此案例的主要源文件是 MyCode\H794\H794.ipynb。

089　在日期类型的列中按日筛选数据

此案例主要演示了使用 year、month、dayofweek、day 等属性在日期类型的列中按年或按月或按周或按日筛选数据。当在 Jupyter Notebook 中运行此案例代码之后，将在 DataFrame 中筛选每月 15 日的数据，效果分别如图 089-1 和图 089-2 所示。

	日期	开盘价	最高价	最低价	收盘价	成交量
0	2021-10-15	9.05	9.11	9.02	9.07	275254手
1	2021-10-08	9.05	9.15	9.03	9.08	390805手
2	2021-09-15	9.21	9.26	9.13	9.19	380647手
3	2021-09-08	9.34	9.39	9.29	9.34	409417手
4	2021-09-07	9.21	9.39	9.16	9.34	640517手
5	2021-09-06	9.22	9.31	9.20	9.21	356277手

图 089-1

	日期	开盘价	最高价	最低价	收盘价	成交量
0	2021-10-15	9.05	9.11	9.02	9.07	275254手
2	2021-09-15	9.21	9.26	9.13	9.19	380647手

图 089-2

主要代码如下。

```
import pandas as pd#导入pandas库，并使用pd重命名pandas
#读取myexcel.xlsx文件的Sheet1工作表
df=pd.read_excel('myexcel.xlsx',sheet_name='Sheet1')
df #输出df的所有数据
##在df的日期列中按年筛选数据(筛选指定年份的交易数据)
#df[df.日期.dt.year==2021]
##在df的日期列中按月筛选数据(筛选每年10月份的交易数据)
#df[df.日期.dt.month==10]
##在df的日期列中按周筛选数据(筛选每个星期三的交易数据)
#df[df.日期.dt.dayofweek==2]
#在df的日期列中按日筛选数据(筛选每月15号的交易数据)
df[df.日期.dt.day==15]
```

在上面这段代码中，df[df.日期.dt.day==15]表示在df的日期列中筛选每月15号的数据。此案例的主要源文件是 MyCode\H549\H549.ipynb。

090 根据日期列的差值筛选数据

此案例主要演示了使用pd.Timedelta根据两个日期列的差值在DataFrame中筛选指定日期范围的数据。当在Jupyter Notebook中运行此案例代码之后，将首先计算清库日期列与入库日期列的差值，即库存日期，然后根据该差值在DataFrame中筛选库存日期小于45天的数据，效果分别如图090-1和图090-2所示。

	数量	租金	入库日期	清库日期
盐水鸭	2000	3000	2021-09-23	2021-11-12
酱鸭	1500	2800	2021-09-24	2021-10-17
板鸭	1800	3100	2021-09-25	2021-11-24
烤鸭	2600	2700	2021-09-26	2021-11-05

图 090-1

	数量	租金	入库日期	清库日期
酱鸭	1500	2800	2021-09-24	2021-10-17
烤鸭	2600	2700	2021-09-26	2021-11-05

图 090-2

主要代码如下。

```
import pandas as pd#导入pandas库，并使用pd重命名pandas
#读取myexcel.xlsx文件的Sheet1工作表
df=pd.read_excel('myexcel.xlsx',sheet_name='Sheet1',index_col=0)
df#输出df的所有数据
#在df中筛选库存日期(清库日期-入库日期)小于45天的数据
df[df.清库日期-df.入库日期<pd.Timedelta(days=45)]
#df[df.清库日期-df.入库日期<pd.Timedelta('45D')]
#df[df.清库日期-df.入库日期<pd.Timedelta(days=45,minutes=3, seconds=2)]
#df[df.清库日期-df.入库日期<pd.Timedelta(45,unit='D')]
#df[df.清库日期-df.入库日期<pd.Timedelta('45 days 03:03:30')]
#df[df.清库日期-df.入库日期<pd.Timedelta('45 days 3 hours 3 minutes 30 seconds')]
```

```
#df[df.清库日期-df.入库日期<pd.Timedelta('45d3h3m30s')]
#df[df.清库日期-df.入库日期<45] #报错
```

在上面这段代码中，df[df.清库日期-df.入库日期<pd.Timedelta(days=45)]表示在 df 中筛选库存日期（清库日期−入库日期）小于 45 天的数据。如果 df[df.清库日期-df.入库日期<45]，则在代码运行时将报错。

此案例的主要源文件是 MyCode\H826\H826.ipynb。

091 使用 loc 筛选并修改单个数据

此案例主要演示了使用 loc 根据行标签和列名筛选和修改单个数据。当在 Jupyter Notebook 中运行此案例代码之后，将在 DataFrame 中把行标签为 688676、列名为最高价的数据乘以 2，即把 16.99 修改为 33.98，效果分别如图 091-1 和图 091-2 所示。

股票代码	股票名称	最高价	最低价	最新价	昨收价
688677	海泰新光	120.59	110.20	117.10	114.09
688676	金盘科技	16.99	16.43	16.99	16.56
688669	聚石化学	34.30	33.52	34.00	33.90

图 091-1

股票代码	股票名称	最高价	最低价	最新价	昨收价
688677	海泰新光	120.59	110.20	117.10	114.09
688676	金盘科技	33.98	16.43	16.99	16.56
688669	聚石化学	34.30	33.52	34.00	33.90

图 091-2

主要代码如下。

```
import pandas as pd#导入 pandas 库，并使用 pd 重命名 pandas
#读取 myexcel.xlsx 文件的 Sheet1 工作表
df=pd.read_excel('myexcel.xlsx',sheet_name='Sheet1',dtype={'股票代码':str})
#在 df 中设置股票代码列为行标签
df=df.set_index('股票代码')
df#输出 df 的所有数据
#在 df 中把行标签为 688676、列名为最高价的数据乘以 2
df.loc['688676','最高价']=df.loc['688676','最高价']*2
df  #输出 df 在修改之后的所有数据
```

在上面这段代码中，df.loc['688676','最高价']=df.loc['688676','最高价']*2 表示在 df 中把行标签为 688676、列名为最高价的数据乘以 2，即把 16.99 修改为 33.98。注意：当采用 loc 方式获取和修改数据时，必须指定行标签和列名。

此案例的主要源文件是 MyCode\H102\H102.ipynb。

092 使用 loc 筛选并修改多个数据

此案例主要演示了使用列表指定 loc 的多个行标签和多个列名，实现根据列表指定的多个非连续的行标签和列名筛选并修改数据。当在 Jupyter Notebook 中运行此案例代码之后，将在 DataFrame 中把行标签分别为 688669、688661、688660，列名分别为最高价、最新价的数据分别乘以 2，效果分别如图 092-1 和图 092-2 所示。

股票代码	股票名称	最高价	最低价	最新价	昨收价
688669	聚石化学	34.30	33.52	34.00	33.90
688668	鼎通科技	42.88	38.44	42.21	39.34
688661	和林微纳	97.91	92.08	97.69	94.05
688660	电气风电	8.96	8.81	8.94	8.98

图 092-1

股票代码	股票名称	最高价	最低价	最新价	昨收价
688669	聚石化学	68.60	33.52	68.00	33.90
688668	鼎通科技	42.88	38.44	42.21	39.34
688661	和林微纳	195.82	92.08	195.38	94.05
688660	电气风电	17.92	8.81	17.88	8.98

图 092-2

主要代码如下。

```
import pandas as pd#导入pandas库，并使用pd重命名pandas
#读取myexcel.xlsx文件的Sheet1工作表
df=pd.read_excel('myexcel.xlsx',sheet_name='Sheet1',dtype={'股票代码':str})
#在df中设置股票代码列为行标签
df=df.set_index('股票代码')
df  #输出df的所有数据
#在df中根据列表指定的多个行标签和多个列名筛选并修改数据，即把行标签分别
#为688669、688661、688660，列名分别为最高价、最新价的数据分别乘以2
df.loc[['688669','688661','688660'],['最高价','最新价']]=\
        df.loc[['688669','688661','688660'],['最高价','最新价']]*2
df  #输出df在修改之后的所有数据
```

在上面这段代码中，df.loc[['688669','688661','688660'],['最高价','最新价']]=df.loc[['688669','688661','688660'],['最高价','最新价']]*2 表示在 df 中把行标签分别为 688669、688661、688660，列名分别为最高价、最新价的数据分别乘以 2。

此案例的主要源文件是 MyCode\H106\H106.ipynb。

093　使用 loc 筛选并修改多行单列数据

此案例主要演示了在 loc 的行标签中使用切片指定行范围，实现在 DataFrame 中筛选并修改多行单列数据。当在 Jupyter Notebook 中运行此案例代码之后，将在 DataFrame 中把行标签在海泰新光和金盘科技之间的所有股票的最高价乘以 2，效果分别如图 093-1 和图 093-2 所示。

股票名称	最高价	最低价	最新价	昨收价
海泰新光	120.59	110.20	117.10	114.09
聚石化学	34.30	33.52	34.00	33.90
金盘科技	16.99	16.43	16.99	16.56
鼎通科技	42.88	38.44	42.21	39.34
菱电电控	105.01	100.67	104.51	102.31

图 093-1

股票名称	最高价	最低价	最新价	昨收价
海泰新光	241.18	110.20	117.10	114.09
聚石化学	68.60	33.52	34.00	33.90
金盘科技	33.98	16.43	16.99	16.56
鼎通科技	42.88	38.44	42.21	39.34
菱电电控	105.01	100.67	104.51	102.31

图 093-2

主要代码如下。

```
import pandas as pd#导入pandas库，并使用pd重命名pandas
#读取myexcel.xlsx文件的Sheet1工作表
df=pd.read_excel('myexcel.xlsx',sheet_name='Sheet1')
# 在df中设置股票名称列为行标签
df=df.set_index('股票名称')
df#输出df的所有数据
#在df中根据指定的行标签范围(多行)和列名筛选并修改数据
#即把海泰新光到金盘科技之间的所有股票的最高价乘以2
df.loc['海泰新光':'金盘科技','最高价']*=2
##在df中把所有股票的最高价乘以2
#df.loc[:,'最高价']*=2
##在df中把所有股票的最高价设置为10
#df.loc[:,'最高价']=10
##在df中把金盘科技及之后的所有股票的最高价乘以2
#df.loc['金盘科技':,'最高价']*=2
##在df中把金盘科技及之前的所有股票的最高价乘以2
#df.loc[:'金盘科技','最高价']*=2
df #输出df在修改之后的所有数据
```

在上面这段代码中，df.loc['海泰新光':'金盘科技','最高价']*=2 表示在 df 中把海泰新光到金盘科技之间的所有股票的最高价乘以 2。

此案例的主要源文件是 MyCode\H103\H103.ipynb。

094   使用 loc 筛选并修改单行多列数据

此案例主要演示了在 loc 的列名中使用切片指定列范围，实现根据指定的行标签（单行）和列名（多列）筛选并修改单行多列数据。当在 Jupyter Notebook 中运行此案例代码之后，将在 DataFrame 中把金盘科技的最高价、最低价和最新价分别乘以 2，效果分别如图 094-1 和图 094-2 所示。

股票名称	最高价	最低价	最新价	昨收价
海泰新光	120.59	110.20	117.10	114.09
金盘科技	16.99	16.43	16.99	16.56
聚石化学	34.30	33.52	34.00	33.90

图 094-1

股票名称	最高价	最低价	最新价	昨收价
海泰新光	120.59	110.20	117.10	114.09
金盘科技	33.98	32.86	33.98	16.56
聚石化学	34.30	33.52	34.00	33.90

图 094-2

主要代码如下。

```
import pandas as pd#导入pandas库，并使用pd重命名pandas
#读取myexcel.xlsx文件的Sheet1工作表
df=pd.read_excel('myexcel.xlsx',sheet_name='Sheet1')
```

```
#在df中设置股票名称列为行标签
df=df.set_index('股票名称')
df#输出df的所有数据
#在df中根据指定的行标签(单行)和列名(多列)筛选并修改数据,
#即把金盘科技的最高价、最低价、最新价分别乘以2
df.loc['金盘科技','最高价':'最新价']=df.loc['金盘科技','最高价':'最新价']*2
#df.loc['金盘科技','最高价':'最新价']*=2
##在df中把金盘科技的最低价及之后的所有列的数据分别乘以2
#df.loc['金盘科技','最低价':]=df.loc['金盘科技','最低价':]*2
##在df中把金盘科技的最低价及之前的所有列的数据分别乘以2
#df.loc['金盘科技',:'最低价']*=2
##在df中即把金盘科技的所有列的数据设置为10
#df.loc['金盘科技']=10
df#输出df在修改之后的所有数据
```

在上面这段代码中，df.loc['金盘科技','最高价':'最新价']=df.loc['金盘科技','最高价':'最新价']*2表示在df中把金盘科技的最高价、最低价和最新价分别乘以2。

此案例的主要源文件是MyCode\H104\H104.ipynb。

095 使用loc筛选并修改多行多列数据

此案例主要演示了在loc的行标签和列名中同时使用切片指定范围，实现在DataFrame中筛选和修改多行多列数据。当在Jupyter Notebook中运行此案例代码之后，将在DataFrame中把海泰新光、聚石化学、鼎通科技这3种股票的最高价、最低价、最新价和昨收价分别乘以2，效果分别如图095-1和图095-2所示。

股票名称	最高价	最低价	最新价	昨收价
金盘科技	16.99	16.43	16.99	16.56
海泰新光	120.59	110.20	117.10	114.09
聚石化学	34.30	33.52	34.00	33.90
鼎通科技	42.88	38.44	42.21	39.34
菱电电控	105.01	100.67	104.51	102.31

图 095-1

股票名称	最高价	最低价	最新价	昨收价
金盘科技	16.99	16.43	16.99	16.56
海泰新光	241.18	220.40	234.20	228.18
聚石化学	68.60	67.04	68.00	67.80
鼎通科技	85.76	76.88	84.42	78.68
菱电电控	105.01	100.67	104.51	102.31

图 095-2

主要代码如下。

```
import pandas as pd#导入pandas库，并使用pd重命名pandas
#读取myexcel.xlsx文件的Sheet1工作表
df=pd.read_excel('myexcel.xlsx',sheet_name='Sheet1')
#在df中设置股票名称列为行标签
df=df.set_index(['股票名称'])
df#输出df的所有数据
```

```
#在 df 中把海泰新光到鼎通科技之间的所有股票的
#最高价、最低价、最新价、昨收价分别乘以 2
df.loc['海泰新光':'鼎通科技','最高价':'昨收价']*=2
df #输出 df 在修改之后的所有数据
```

在上面这段代码中，df.loc['海泰新光':'鼎通科技','最高价':'昨收价']*=2 表示在 df 中把海泰新光、聚石化学、鼎通科技这 3 种股票的最高价、最低价、最新价和昨收价分别乘以 2。

此案例的主要源文件是 MyCode\H105\H105.ipynb。

096 使用 loc 根据切片筛选并修改数据

此案例主要演示了在 loc 中根据切片筛选和修改多行多列数据。当在 Jupyter Notebook 中运行此案例代码之后，将在 DataFrame 中把海泰新光、金盘科技、聚石化学这 3 种股票的最高价和最新价分别加上 0.1，效果分别如图 096-1 和图 096-2 所示。

股票名称	最高价	最低价	最新价	昨收价
海泰新光	120.59	110.20	117.10	114.09
金盘科技	16.99	16.43	16.99	16.56
聚石化学	34.30	33.52	34.00	33.90
鼎通科技	42.88	38.44	42.21	39.34
菱电电控	105.01	100.67	104.51	102.31

图 096-1

股票名称	最高价	最低价	最新价	昨收价
海泰新光	120.69	110.20	117.20	114.09
金盘科技	17.09	16.43	17.09	16.56
聚石化学	34.40	33.52	34.10	33.90
鼎通科技	42.88	38.44	42.21	39.34
菱电电控	105.01	100.67	104.51	102.31

图 096-2

主要代码如下。

```
import pandas as pd #导入 pandas 库，并使用 pd 重命名 pandas
#读取 myexcel.xlsx 文件的 Sheet1 工作表
df=pd.read_excel('myexcel.xlsx',sheet_name='Sheet1')
#在 df 中设置股票名称列为行标签
df=df.set_index(['股票名称'])
df #输出 df 的所有数据
#在 df 中把海泰新光到聚石化学之间的所股票的最高价和最新价分别加 0.1
#df.loc['海泰新光':'聚石化学',('最高价','最新价')]+=0.1
df.loc['海泰新光':'聚石化学',('最高价','最新价')]=\
            [[120.69,117.20],[17.09,17.09],[34.40,34.10]]
df #输出 df 在修改之后的所有数据
```

在上面这段代码中，df.loc['海泰新光':'聚石化学',('最高价','最新价')]=[[120.69,117.20],[17.09,17.09],[34.40,34.10]]表示在 df 中根据列表修改海泰新光到聚石化学之间的所有股票的最高价和最新价。

此案例的主要源文件是 MyCode\H148\H148.ipynb。

097 使用 loc 筛选并修改单行数据

此案例主要演示了在 loc 中仅设置行标签,实现在 DataFrame 中以整行方式筛选并修改数据。当在 Jupyter Notebook 中运行此案例代码之后,将在 DataFrame 中把聚石化学这一行的所有数据分别乘以 2,效果分别如图 097-1 和图 097-2 所示。

股票名称	最高价	最低价	最新价	昨收价
海泰新光	120.59	110.20	117.10	114.09
金盘科技	16.99	16.43	16.99	16.56
聚石化学	34.30	33.52	34.00	33.90
鼎通科技	42.88	38.44	42.21	39.34
姜电电控	105.01	100.67	104.51	102.31

图 097-1

股票名称	最高价	最低价	最新价	昨收价
海泰新光	120.59	110.20	117.10	114.09
金盘科技	16.99	16.43	16.99	16.56
聚石化学	68.60	67.04	68.00	67.80
鼎通科技	42.88	38.44	42.21	39.34
姜电电控	105.01	100.67	104.51	102.31

图 097-2

主要代码如下。

```
import pandas as pd#导入 pandas 库,并使用 pd 重命名 pandas
#读取 myexcel.xlsx 文件的 Sheet1 工作表
df=pd.read_excel('myexcel.xlsx',sheet_name='Sheet1')
#在 df 中设置股票名称列为行标签
df=df.set_index('股票名称')
df#输出 df 的所有数据
#在 df 中仅使用行标签以整行方式筛选并修改数据,
#即把聚石化学这一行的所有数据分别乘以 2
df.loc['聚石化学']*=2
df#输出 df 在修改之后的所有数据
```

在上面这段代码中,df.loc['聚石化学']*=2 表示在 df 中把聚石化学这一行的所有数据分别乘以 2。

此案例的主要源文件是 MyCode\H122\H122.ipynb。

098 使用 loc 筛选并修改多行数据

此案例主要演示了在 loc 的行标签中指定起始行和结束行,在列名中仅设置“:”,实现以整行方式筛选和修改多行数据。当在 Jupyter Notebook 中运行此案例代码之后,将在 DataFrame 中把海泰新光、金盘科技、聚石化学这三行的所有数据分别乘以 2,效果分别如图 098-1 和图 098-2 所示。

	最高价	最低价	最新价	昨收价
股票名称				
海泰新光	120.59	110.20	117.10	114.09
金盘科技	16.99	16.43	16.99	16.56
聚石化学	34.30	33.52	34.00	33.90
鼎通科技	42.88	38.44	42.21	39.34
菱电电控	105.01	100.67	104.51	102.31

图 098-1

	最高价	最低价	最新价	昨收价
股票名称				
海泰新光	241.18	220.40	234.20	228.18
金盘科技	33.98	32.86	33.98	33.12
聚石化学	68.60	67.04	68.00	67.80
鼎通科技	42.88	38.44	42.21	39.34
菱电电控	105.01	100.67	104.51	102.31

图 098-2

主要代码如下。

```
import pandas as pd#导入pandas库，并使用pd重命名pandas
#读取myexcel.xlsx文件的Sheet1工作表
df=pd.read_excel('myexcel.xlsx',sheet_name='Sheet1')
#在df中设置股票名称列为行标签
df=df.set_index('股票名称')
df#输出df的所有数据
#在df的行标签中指定起始行和结束行，在列名中仅设置:，以筛选和修改多行数据
#即把海泰新光到聚石化学之间的所有股票的所有数据分别乘以2
df.loc['海泰新光':'聚石化学',:]*=2
#df.loc['海泰新光':'聚石化学']*=2
#df.loc[:'聚石化学',:]*=2
df#输出df在修改之后的所有数据
```

在上面这段代码中，df.loc['海泰新光':'聚石化学',:]*=2 表示在 df 中把海泰新光到聚石化学之间的所有股票的所有数据分别乘以 2，该代码也可以写成 df.loc['海泰新光':'聚石化学']*=2。

此案例的主要源文件是 MyCode\H112\H112.ipynb。

099　使用 loc 筛选并修改单列数据

此案例主要演示了在 loc 中指定目标列名，在行标签中仅设置 ":"，实现以整列方式筛选和修改单列数据。当在 Jupyter Notebook 中运行此案例代码之后，将在 DataFrame 中把所有股票的最高价分别乘以 2，效果分别如图 099-1 和图 099-2 所示。

	最高价	最低价	最新价	昨收价
股票名称				
海泰新光	120.59	110.20	117.10	114.09
金盘科技	16.99	16.43	16.99	16.56
聚石化学	34.30	33.52	34.00	33.90

图 099-1

	最高价	最低价	最新价	昨收价
股票名称				
海泰新光	241.18	110.20	117.10	114.09
金盘科技	33.98	16.43	16.99	16.56
聚石化学	68.60	33.52	34.00	33.90

图 099-2

主要代码如下。

```
import pandas as pd #导入pandas库，并使用pd重命名pandas
#读取myexcel.xlsx文件的Sheet1工作表
df=pd.read_excel('myexcel.xlsx',sheet_name='Sheet1')
#在df中设置股票名称列为行标签
df=df.set_index('股票名称')
df #输出df的所有数据
#在loc中指定目标列名，在行标签中仅设置"："，即可以整
#列方式筛选和修改单列数据，即把df的所有股票的最高价分别乘以2
df.loc[:,'最高价']*=2
df #输出df在修改之后的所有数据
```

在上面这段代码中，df.loc[:,'最高价']*=2 表示在 df 中把所有股票的最高价分别乘以2。此案例的主要源文件是 MyCode\H840\H840.ipynb。

100　使用 loc 筛选并修改多列数据

此案例主要演示了在 loc 的列名中指定起始列和结束列，在行标签中仅设置"："，实现以整列方式筛选和修改多列数据。当在 Jupyter Notebook 中运行此案例代码之后，将在 DataFrame 中把所有股票的最高价、最低价、最新价分别乘以2，效果分别如图 100-1 和图 100-2 所示。

股票名称	最高价	最低价	最新价	昨收价
海泰新光	120.59	110.20	117.10	114.09
金盘科技	16.99	16.43	16.99	16.56
聚石化学	34.30	33.52	34.00	33.90

图 100-1

股票名称	最高价	最低价	最新价	昨收价
海泰新光	241.18	220.40	234.20	114.09
金盘科技	33.98	32.86	33.98	16.56
聚石化学	68.60	67.04	68.00	33.90

图 100-2

主要代码如下。

```
import pandas as pd#导入pandas库，并使用pd重命名pandas
#读取myexcel.xlsx文件的Sheet1工作表
df=pd.read_excel('myexcel.xlsx',sheet_name='Sheet1')
#在df中设置股票名称列为行标签
df=df.set_index('股票名称')
df #输出df的所有数据
#在loc的列名中指定起始列和结束列，在行标签中仅设置"："，以整列方式筛选和
#修改多列数据,即把df的所有股票的最高价到最新价之间的所有列的数据分别乘以2
df.loc[:,'最高价':'最新价']*=2
df #输出df在修改之后的所有数据
```

在上面这段代码中，df.loc[:,'最高价':'最新价']*=2 表示在 df 中把所有股票的最高价到最新价之间的所有列的数据分别乘以2。

此案例的主要源文件是 MyCode\H113\H113.ipynb。

101 使用 loc 筛选并修改多层数据

此案例主要演示了在多层行列索引的 DataFrame 中使用 loc 筛选并修改指定位置的数据。当在 Jupyter Notebook 中运行此案例代码之后，将在多层行列索引的 DataFrame 中把 16900 修改为 33800，效果分别如图 101-1 和图 101-2 所示。

		流通市值		总市值	
		min	max	min	max
行业	操作策略				
白酒	买入	20800.0	20800.0	20800	20800
石油	卖出	8177.0	8177.0	9242	9242
	观望	4166.0	4166.0	5278	5278
金融	买入	5601.0	12800.0	9452	16900
	卖出	576.5	576.5	15000	15000

图 101-1

		流通市值		总市值	
		min	max	min	max
行业	操作策略				
白酒	买入	20800.0	20800.0	20800	20800
石油	卖出	8177.0	8177.0	9242	9242
	观望	4166.0	4166.0	5278	5278
金融	买入	5601.0	12800.0	9452	33800
	卖出	576.5	576.5	15000	15000

图 101-2

主要代码如下。

```
import pandas as pd#导入pandas库，并使用pd重命名pandas
#读取myexcel.xlsx文件的Sheet1工作表
df=pd.read_excel('myexcel.xlsx',sheet_name='Sheet1')
df#输出df的所有数据
#在df中根据行业列和操作策略列进行分组，并获取各个分组的最大值和最小值
#即创建(生成)一个包含多层行列索引的DataFrame(df1)
df1=df.groupby(['行业','操作策略'])[['流通市值','总市值']].agg(["min","max"])
df1#输出多层索引DataFrame(df1)的所有数据
#将df1.loc[('金融', '买入'), ('总市值','max')]的数值增加一倍
df1.loc[('金融', '买入'), ('总市值','max')]*=2
df1#输出多层索引DataFrame(df1)在修改之后的所有数据
```

在上面这段代码中，df1.loc[('金融', '买入'), ('总市值','max')]*=2 表示在 df1 中把指定位置的数值增加一倍，其中，参数'金融'表示第 1 层的行标签，参数'买入'表示第 2 层的行标签，参数'总市值'表示第 1 层的列名，参数'max'表示第 2 层的列名。

此案例的主要源文件是 MyCode\H752\H752.ipynb。

102 使用 loc 筛选并输出 DataFrame

此案例主要演示了在 loc 中设置起始行和结束行为相同的行标签，实现使用 DataFrame 输出单行筛选结果。当在 Jupyter Notebook 中运行此案例代码之后，将使用 DataFrame 输出单行筛选

结果，效果分别如图 102-1 和图 102-2 所示。

股票名称	最高价	最低价	最新价	昨收价
海泰新光	120.59	110.20	117.10	114.09
金盘科技	16.99	16.43	16.99	16.56
聚石化学	34.30	33.52	34.00	33.90
鼎通科技	42.88	38.44	42.21	39.34

图 102-1

股票名称	最高价	最低价	最新价	昨收价
聚石化学	34.30	33.52	34.00	33.90

图 102-2

主要代码如下。

```
import pandas as pd#导入pandas库，并使用pd重命名pandas
#读取myexcel.xlsx文件的Sheet1工作表
df=pd.read_excel('myexcel.xlsx',sheet_name='Sheet1')
#在df中设置股票名称列为行标签
df=df.set_index('股票名称')
df#输出df的所有数据
#在df中筛选单行数据时使用DataFrame以表格样式输出筛选结果
#type(df.loc['聚石化学':'聚石化学']) #pandas.core.frame.DataFrame
df.loc['聚石化学':'聚石化学']
##在筛选单行数据时使用Series输出筛选结果
## type(df.loc['聚石化学']) #pandas.core.series.Series
#df.loc['聚石化学']
```

在上面这段代码中，df.loc['聚石化学':'聚石化学']表示在 df 中筛选聚石化学这一行的数据，其结果将以 DataFrame（表格的样式）输出。

此案例的主要源文件是 MyCode\H126\H126.ipynb。

103　使用 loc 根据大小筛选数据

此案例主要演示了在 loc 中使用比较运算符（<=和>=）根据指定的条件筛选数值型数据。当在 Jupyter Notebook 中运行此案例代码之后，将在 DataFrame 中筛选最高价大于或等于 105.01 的所有股票，效果分别如图 103-1 和图 103-2 所示。

	股票名称	最高价	最低价	最新价	昨收价
0	海泰新光	120.59	110.20	117.10	114.09
1	金盘科技	16.99	16.43	16.99	16.56
2	聚石化学	34.30	33.52	34.00	33.90
3	鼎通科技	42.88	38.44	42.21	39.34
4	菱电电控	105.01	100.67	104.51	102.31

图 103-1

	股票名称	最高价	最低价	最新价	昨收价
0	海泰新光	120.59	110.20	117.10	114.09
4	菱电电控	105.01	100.67	104.51	102.31

图 103-2

主要代码如下。

```
import pandas as pd#导入pandas库，并使用pd重命名pandas
#读取myexcel.xlsx文件的Sheet1工作表
df=pd.read_excel('myexcel.xlsx',sheet_name='Sheet1')
df#输出df的所有数据
#在df中筛选最高价大于或等于105.01的股票
df.loc[df.最高价>=105.01]
#df.loc[df['最高价']>=105.01]
##在df中筛选最高价大于或等于105.01的股票，且仅输出股票名称列和最高价列
#df.loc[df.最高价>=105.01,['股票名称','最高价']]
##在df中筛选42.88<=最高价<=105.01的股票
#df.loc[(42.88<=df.最高价)&(df.最高价<=105.01)]
```

在上面这段代码中，df.loc[df.最高价>=105.01]表示在df中筛选最高价大于或等于105.01的股票，该代码也可以写成df.loc[df['最高价']>=105.01]。

此案例的主要源文件是MyCode\H116\H116.ipynb。

104 使用 loc 根据字符串长度筛选数据

此案例主要通过在loc中使用字符串的len()函数设置筛选条件，实现在DataFrame的指定列中筛选小于指定长度的数据。当在Jupyter Notebook中运行此案例代码之后，将在DataFrame中筛选图书名称的长度小于20个字符的数据，效果分别如图104-1和图104-2所示。

	图书名称	售价	星级
0	HTML5+CSS3炫酷应用实例集锦	149.0	★★★★★
1	Visual Basic 2008开发经验与技巧宝典	78.0	★★★
2	Visual C++编程技巧精选500例	49.0	★★★★
3	Android炫酷应用300例	99.8	★★★★★

图 104-1

	图书名称	售价	星级
0	HTML5+CSS3炫酷应用实例集锦	149.0	★★★★★
3	Android炫酷应用300例	99.8	★★★★★

图 104-2

主要代码如下。

```
import pandas as pd#导入pandas库，并使用pd重命名pandas
#读取myexcel.xlsx文件的Sheet1工作表
df=pd.read_excel('myexcel.xlsx',sheet_name='Sheet1')
df #输出df的所有数据
#在df中筛选图书名称的长度小于20个字符的数据
df[df.loc[:,'图书名称'].str.len()<20]
```

在上面这段代码中，df[df.loc[:,'图书名称'].str.len()<20]表示在df中筛选图书名称的长度小于20个字符的数据。

此案例的主要源文件是MyCode\H732\H732.ipynb。

105　使用 loc 根据数值范围筛选数据

此案例主要通过在 loc 中使用 lambda 表达式设置筛选条件，实现在 DataFrame 中使用复杂的数值范围筛选数据。当在 Jupyter Notebook 中运行此案例代码之后，将在 DataFrame 中筛选最新价在目标价位区间的股票，效果分别如图 105-1 和图 105-2 所示。

	股票名称	最高价	最低价	最新价	昨收价	目标价位区间
0	东威科技	60.50	57.34	58.37	59.51	(58,65)
1	明微电子	249.25	237.35	245.20	242.22	(250,280)
2	伟创电气	21.46	20.71	20.96	21.09	(20,24)

图 105-1

	股票名称	最高价	最低价	最新价	昨收价	目标价位区间
0	东威科技	60.50	57.34	58.37	59.51	(58,65)
2	伟创电气	21.46	20.71	20.96	21.09	(20,24)

图 105-2

主要代码如下。

```
import pandas as pd#导入pandas库，并使用pd重命名pandas
import numpy as np#导入numpy库，并使用np重命名numpy
#读取myexcel.xlsx文件的Sheet1工作表
df=pd.read_excel('myexcel.xlsx',sheet_name='Sheet1')
df#输出df的所有数据
#在df中筛选最新价在目标价位区间的股票
df.assign(left=df.目标价位区间.str.findall(r'\d+').str[0]).assign(right=
    df.目标价位区间.str.findall(r'\d+').str[1]).astype({'left': np.int64,
    'right': np.int64}).loc[lambda x:
    (x.最新价>x.left) & (x.最新价<x.right)].drop(['left','right'],axis=1)
```

在上面这段代码中，df.assign(left=df.目标价位区间.str.findall(r'\d+').str[0]).assign(right=df.目标价位区间.str.findall(r'\d+').str[1]).astype({'left':np.int64,'right':np.int64}).loc[lambda x:(x.最新价>x.left) & (x.最新价<x.right)].drop(['left','right'],axis=1)表示在 df 中筛选最新价在目标价位区间的股票数据。整个过程如下：首先将目标价位区间的文本拆分为 left 列和 right 列，然后将 left 列和 right 列的数据类型转换为 int64，接着使用 lambda 表达式将最新价列与 left 列和 right 列进行比较筛选，最后删除临时添加的 left 列和 right 列。

此案例的主要源文件是 MyCode\H551\H551.ipynb。

106　在 loc 中使用 all()筛选多列数据

此案例主要演示了在 loc 中使用 all()函数根据在多列中设置的条件筛选数据。当在 Jupyter Notebook 中运行此案例代码之后，将在 DataFrame 中筛选最新价和今开价均大于 12 的股票，效果分别如图 106-1 和图 106-2 所示。

	股票代码	股票名称	最新价	今开价	昨收价	最高价	最低价
0	600961	株冶集团	13.31	12.61	12.10	13.31	12.61
1	600516	方大炭素	12.12	11.10	11.02	12.12	11.00
2	002013	中航机电	13.13	12.25	11.94	13.13	12.24
3	002580	圣阳股份	11.04	11.00	10.04	11.04	10.85
4	300354	东华测试	30.85	27.75	28.10	31.28	26.64

图 106-1

	股票代码	股票名称	最新价	今开价	昨收价	最高价	最低价
0	600961	株冶集团	13.31	12.61	12.10	13.31	12.61
2	002013	中航机电	13.13	12.25	11.94	13.13	12.24
4	300354	东华测试	30.85	27.75	28.10	31.28	26.64

图 106-2

主要代码如下。

```
import pandas as pd#导入pandas库，并使用pd重命名pandas
#读取myexcel.xlsx文件的Sheet1工作表
df=pd.read_excel('myexcel.xlsx',sheet_name='Sheet1',dtype={'股票代码':str})
df#输出df的所有数据
#在df中筛选最新价和今开价均大于12的股票
df[(df.loc[:,['最新价','今开价']]>12).all(1)]
```

在上面这段代码中，df[(df.loc[:,['最新价','今开价']]>12).all(1)]表示在 df 中筛选最新价和今开价均大于 12 的股票。

此案例的主要源文件是 MyCode\H040\H040.ipynb。

107 在 loc 中使用 any() 筛选多列数据

此案例主要演示了在 loc 中使用 any() 函数根据在多列中设置的条件筛选数据。当在 Jupyter Notebook 中运行此案例代码之后，将在 DataFrame 中筛选最新价或今开价大于 12 的股票，效果分别如图 107-1 和图 107-2 所示。

	股票代码	股票名称	最新价	今开价	昨收价	最高价	最低价
0	600961	株冶集团	13.31	12.61	12.10	13.31	12.61
1	600516	方大炭素	12.12	11.10	11.02	12.12	11.00
2	002013	中航机电	13.13	12.25	11.94	13.13	12.24
3	002580	圣阳股份	11.04	11.00	10.04	11.04	10.85
4	300354	东华测试	30.85	27.75	28.10	31.28	26.64

图 107-1

	股票代码	股票名称	最新价	今开价	昨收价	最高价	最低价
0	600961	株冶集团	13.31	12.61	12.10	13.31	12.61
1	600516	方大炭素	12.12	11.10	11.02	12.12	11.00
2	002013	中航机电	13.13	12.25	11.94	13.13	12.24
4	300354	东华测试	30.85	27.75	28.10	31.28	26.64

图 107-2

主要代码如下。

```
import pandas as pd#导入pandas库，并使用pd重命名pandas
#读取myexcel.xlsx文件的Sheet1工作表
df=pd.read_excel('myexcel.xlsx',sheet_name='Sheet1',dtype={'股票代码':str})
df#输出df的所有数据
```

```
#在 df 中筛选最新价或今开价大于 12 的股票
df[(df.loc[:,['最新价','今开价']]>12).any(1)]
```

在上面这段代码中，df[(df.loc[:,['最新价','今开价']]>12).any(1)]表示在 df 中筛选最新价或今开价大于 12 的股票。

此案例的主要源文件是 MyCode\H041\H041.ipynb。

108　使用 loc 筛选数据且指定输出列

此案例主要演示了在 loc 中使用比较运算符筛选数值型数据且在列表中指定输出列。当在 Jupyter Notebook 中运行此案例代码之后，将在 DataFrame 中筛选最新价大于或等于 97.69 的所有股票，且仅输出这些股票的股票名称、最新价、昨收价这 3 列数据，效果分别如图 108-1 和图 108-2 所示。

	股票名称	最高价	最低价	最新价	昨收价
0	海泰新光	120.59	110.20	117.10	114.09
1	金盘科技	16.99	16.43	16.99	16.56
2	聚石化学	34.30	33.52	34.00	33.90
3	和林微纳	97.91	92.08	97.69	94.05

图 108-1

	股票名称	最新价	昨收价
0	海泰新光	117.10	114.09
3	和林微纳	97.69	94.05

图 108-2

主要代码如下。

```
import pandas as pd#导入pandas库，并使用pd重命名pandas
#读取myexcel.xlsx文件的Sheet1工作表
df=pd.read_excel('myexcel.xlsx',sheet_name='Sheet1')
df#输出df的所有数据
#在 df 中筛选最新价大于或等于 97.69 的股票且仅输出指定列(股票名称、最新价、昨收价)
df.loc[df.最新价>=97.69,['股票名称','最新价','昨收价']]
#df.loc[lambda df: df.最新价>=97.69,['股票名称','最新价','昨收价']]
##在 df 中筛选最新价大于或等于 97.69 的股票且输出全部列
#df.loc[df.最新价>=97.69]
#df.loc[df.最新价>=97.69,]
#df.loc[df.最新价>=97.69,'股票名称':'昨收价']
```

在上面这段代码中，df.loc[df.最新价>=97.69,['股票名称','最新价','昨收价']]表示在 df 中筛选最新价大于或等于97.69 的所有股票且仅输出这些股票的股票名称、最新价、昨收价这 3 列数据。

此案例的主要源文件是 MyCode\H128\H128.ipynb。

109　使用 loc 筛选 IndexSlice 结果

此案例主要演示了使用 loc 输出 IndexSlice 筛选的复杂条件数据。当在 Jupyter Notebook 中运行此案例代码之后，将在 DataFrame 中筛选最高价大于或等于 42.88 的所有股票，且仅输出这些股票的股票名称、最高价、昨收价这 3 列数据，效果分别如图 109-1 和图 109-2 所示。

	股票名称	最高价	最低价	最新价	昨收价
0	海泰新光	120.59	110.20	117.10	114.09
1	金盘科技	16.99	16.43	16.99	16.56
2	聚石化学	34.30	33.52	34.00	33.90
3	鼎通科技	42.88	38.44	42.21	39.34
4	菱电电控	105.01	100.67	104.51	102.31

图 109-1

	股票名称	最高价	昨收价
0	海泰新光	120.59	114.09
3	鼎通科技	42.88	39.34
4	菱电电控	105.01	102.31

图 109-2

主要代码如下。

```
import pandas as pd#导入 pandas 库，并使用 pd 重命名 pandas
#读取 myexcel.xlsx 文件的 Sheet1 工作表
df=pd.read_excel('myexcel.xlsx',sheet_name='Sheet1')
df#输出 df 的所有数据
#在 df 中筛选最高价大于或等于 42.88 的数据，且仅输出股票名称、最高价、昨收价
df.loc[pd.IndexSlice[df.最高价>=42.88, ['股票名称','最高价','昨收价']]]
#df.loc[df.最高价>=42.88,['股票名称','最高价','昨收价']]
```

在上面这段代码中，df.loc[pd.IndexSlice[df.最高价>=42.88, ['股票名称','最高价','昨收价']]]表示在 df 中筛选最高价大于或等于 42.88 的所有股票且仅输出这些股票的股票名称、最新价、昨收价这 3 列数据。实际测试表明，在此案例中 df.loc[df.最高价>=42.88, ['股票名称','最高价','昨收价']]也能实现完全相同的功能。IndexSlice 常用在多层索引中，以及需要指定应用范围（subset 参数）的场景，特别是在链式方法中。

此案例的主要源文件是 MyCode\H039\H039.ipynb。

110 使用 loc 根据最后一行筛选列

此案例主要通过在 loc 中使用取反（~）等操作，实现在 DataFrame 中根据最后一行的数字筛选列。当在 Jupyter Notebook 中运行此案例代码之后，将在 DataFrame 中筛选最后一行的数字不是 6 的列，即淘汰科技书城列，效果分别如图 110-1 和图 110-2 所示。

	书名	科技书城	长江传媒	西南文化
0	Android炫酷应用300例	10	12	8
1	jQuery炫酷应用实例集锦	8	6	15
2	HTML5+CSS3炫酷应用实例集锦	6	10	12

图 110-1

	书名	长江传媒	西南文化
0	Android炫酷应用300例	12	8
1	jQuery炫酷应用实例集锦	6	15
2	HTML5+CSS3炫酷应用实例集锦	10	12

图 110-2

主要代码如下。

```
import pandas as pd#导入 pandas 库，并使用 pd 重命名 pandas
```

```
#读取 myexcel.xlsx 文件的 Sheet1 工作表
df=pd.read_excel('myexcel.xlsx',sheet_name='Sheet1')
df#输出 df 的所有数据
#在 df 中筛选最后一行的数字不是 6 的列
df.loc[:,~(df.iloc[-1,:]==6)]
```

在上面这段代码中，df.loc[:,~(df.iloc[-1,:]==6)]表示在 df 中筛选最后一行的数字不是 6 的列，~表示取反操作，-1 表示最后一行。

此案例的主要源文件是 MyCode\H558\H558.ipynb。

111 在 loc 中使用 lambda 筛选列

此案例主要通过在 loc 中使用 lambda 表达式设置筛选条件，实现在 DataFrame 中筛选指定长度的列。当在 Jupyter Notebook 中运行此案例代码之后，将在 DataFrame 中筛选长度是 4 个字符的列名，即筛选股票代码和股票名称这两列，效果分别如图 111-1 和图 111-2 所示。

	股票代码	股票名称	最新价	昨收价	最高价	最低价
0	300767	震安科技	106.07	103.74	113.88	105.30
1	300422	博世科	9.12	8.92	9.37	8.88
2	600623	华谊集团	12.00	11.74	12.67	11.75

图 111-1

	股票代码	股票名称
0	300767	震安科技
1	300422	博世科
2	600623	华谊集团

图 111-2

主要代码如下。

```
import pandas as pd#导入 pandas 库，并使用 pd 重命名 pandas
#读取 myexcel.xlsx 文件的 Sheet1 工作表
df=pd.read_excel('myexcel.xlsx',sheet_name='Sheet1')
df#输出 df 的所有数据
#在 df 中筛选列名长度等于 4 的列
df.loc[:,lambda df: df.columns.str.len()==4]
```

在上面这段代码中，df.loc[:,lambda df: df.columns.str.len()==4]表示在 df 中筛选长度是 4 个字符的列名。

此案例的主要源文件是 MyCode\H038\H038.ipynb。

112 使用 loc 根据负数步长倒序筛选列

此案例主要通过在 loc 中设置步长为-2，实现在 DataFrame 中倒序间隔筛选列。当在 Jupyter Notebook 中运行此案例代码之后，将倒序间隔 1 列筛选 DataFrame 的列，效果分别如图 112-1 和图 112-2 所示。

	股票代码	股票名称	最新价	涨跌额	行业	操作策略
0	300095	华伍股份	12.23	0.24	机械	买入
1	300503	昊志机电	11.45	0.16	机械	观望
2	600256	广汇能源	3.63	0.13	石油	卖出

图 112-1

	操作策略	涨跌额	股票名称
0	买入	0.24	华伍股份
1	观望	0.16	昊志机电
2	卖出	0.13	广汇能源

图 112-2

主要代码如下。

```
import pandas as pd#导入pandas库，并使用pd重命名pandas
#读取myexcel.xlsx文件的Sheet1工作表
df=pd.read_excel('myexcel.xlsx',sheet_name='Sheet1')
df#输出df的所有数据
#在df中倒序间隔1列(步长为-2)筛选列，即筛选操作策略、涨跌额、股票名称这3列
df.loc[:,::-2]
```

在上面这段代码中，df.loc[:,::-2]表示在 df 中倒序间隔 1 列（步长为-2）筛选列，即筛选操作策略、涨跌额、股票名称这 3 列，loc 的这种格式原本是这样的：df.loc[起始行:结束行:步长, 起始列:结束列:步长]。

此案例的主要源文件是 MyCode\H521\H521.ipynb。

113　使用 loc 根据负数步长倒序筛选行

此案例主要通过在 loc 中设置步长为-2，从而实现在 DataFrame 中倒序间隔 1 行筛选行。当在 Jupyter Notebook 中运行此案例代码之后，将在 DataFrame 中倒序间隔 1 行筛选行，效果分别如图 113-1 和图 113-2 所示。

	股票代码	股票名称	最新价	涨跌额	行业	操作策略
0	300095	华伍股份	12.23	0.24	机械	买入
1	300503	昊志机电	11.45	0.16	机械	观望
2	600256	广汇能源	3.63	0.13	石油	卖出
3	600583	海油工程	4.26	0.06	石油	观望
4	600688	上海石化	3.45	0.03	石油	卖出

图 113-1

	股票代码	股票名称	最新价	涨跌额	行业	操作策略
4	600688	上海石化	3.45	0.03	石油	卖出
2	600256	广汇能源	3.63	0.13	石油	卖出
0	300095	华伍股份	12.23	0.24	机械	买入

图 113-2

主要代码如下。

```
import pandas as pd#导入pandas库，并使用pd重命名pandas
#读取myexcel.xlsx文件的Sheet1工作表
df=pd.read_excel('myexcel.xlsx',sheet_name='Sheet1')
df#输出df的所有数据
#在df中倒序间隔1行筛选行数据，即筛选4、2、0行
df.loc[::-2]
```

```
##在df的[0,3]区间中间隔一行正序筛选行数据，即筛选0，2行
#df.loc[0:3:2]
##在df的[0,2]区间中按行筛选数据，即筛选0、1、2行
#df.loc[0:2]
```

在上面这段代码中，df.loc[::-2]表示在 df 中倒序间隔 1 行筛选行数据，即筛选 4、2、0 行，loc 的这种格式原本是这样的：df.loc[起始行:结束行:步长]。

此案例的主要源文件是 MyCode\H160\H160.ipynb。

114　使用 iloc 筛选并修改单个数据

此案例主要演示了使用 iloc 根据行列索引数字在 DataFrame 中获取和修改单个数据。当在 Jupyter Notebook 中运行此案例代码之后，将在 DataFrame 中把 df.iloc[2,2]的数据乘以 2，即把聚石化学的最高价乘以 2，效果分别如图 114-1 和图 114-2 所示。

	股票代码	股票名称	最高价	最低价	最新价	昨收价
0	688677	海泰新光	120.59	110.20	117.10	114.09
1	688676	金盘科技	16.99	16.43	16.99	16.56
2	688669	聚石化学	34.30	33.52	34.00	33.90

图 114-1

	股票代码	股票名称	最高价	最低价	最新价	昨收价
0	688677	海泰新光	120.59	110.20	117.10	114.09
1	688676	金盘科技	16.99	16.43	16.99	16.56
2	688669	聚石化学	68.60	33.52	34.00	33.90

图 114-2

主要代码如下。

```
import pandas as pd#导入pandas库，并使用pd重命名pandas
#读取myexcel.xlsx文件的Sheet1工作表
df=pd.read_excel('myexcel.xlsx',sheet_name='Sheet1',dtype={'股票代码':str})
df#输出df的所有数据
#在df中根据指定的行列索引数字[2,2]筛选并修改数据，即把聚石化学的最高价乘以2
df.iloc[2,2]*=2
df #输出df在修改之后的所有数据
```

在上面这段代码中，df.iloc[2,2]*=2 表示在 df 中根据指定的行列索引数字[2,2]筛选并修改数据，即把聚石化学的最高价乘以 2。特别需要注意的是：当使用 iloc 筛选数据时，DataFrame 的行标签和列名不参与计数，且索引数字总是从 0 开始，列索引数字按照从左到右的方向增加，行索引数字按照从上到下的方向增加。在此案例中，df.iloc[0,0]表示 688677。

此案例的主要源文件是 MyCode\H107\H107.ipynb。

115　使用 iloc 筛选并修改多个数据

此案例主要演示了在 iloc 中使用列表指定多个行索引数字和列索引数字，实现在 DataFrame 中根据列表指定的多个非连续的行索引数字和列索引数字筛选并修改多个数据。当在 Jupyter Notebook 中运行此案例代码之后，将在 DataFrame 中把聚石化学、和林微纳、电气风电的最高

价和最新价分别乘以 2，效果分别如图 115-1 和图 115-2 所示。

	股票代码	股票名称	最高价	最低价	最新价	昨收价
0	688669	聚石化学	34.30	33.52	34.00	33.90
1	688668	鼎通科技	42.88	38.44	42.21	39.34
2	688661	和林微纳	97.91	92.08	97.69	94.05
3	688660	电气风电	8.96	8.81	8.94	8.98

图 115-1

	股票代码	股票名称	最高价	最低价	最新价	昨收价
0	688669	聚石化学	68.60	33.52	68.00	33.90
1	688668	鼎通科技	42.88	38.44	42.21	39.34
2	688661	和林微纳	195.82	92.08	195.38	94.05
3	688660	电气风电	17.92	8.81	17.88	8.98

图 115-2

主要代码如下。

```
import pandas as pd #导入pandas库，并使用pd重命名pandas
#读取myexcel.xlsx文件的Sheet1工作表
df=pd.read_excel('myexcel.xlsx',sheet_name='Sheet1',dtype={'股票代码':str})
df #输出df的所有数据
#在df中根据列表指定的多个行索引数字和列索引数字筛选并修改数据，
#即把聚石化学、和林微纳、电气风电的最高价和最新价分别乘以2
df.iloc[[0,2,3],[2,4]]*=2
df #输出df在修改之后的所有数据
```

在上面这段代码中，df.iloc[[0,2,3],[2,4]]*=2 表示在 df 中根据列表指定的多个行索引数字和列索引数字筛选并修改多个数据，即把聚石化学、和林微纳、电气风电的最高价和最新价分别乘以 2。

此案例的主要源文件是 MyCode\H838\H838.ipynb。

116 使用 iloc 筛选并修改多行单列数据

此案例主要演示了在 iloc 的行索引数字中使用切片指定行范围，实现根据指定的行索引数字（多行）和列索引数字（单列）在 DataFrame 中筛选并修改多行单列数据。当在 Jupyter Notebook 中运行此案例代码之后，将在 DataFrame 中把海泰新光、金盘科技、聚石化学的最高价分别乘以 2，效果分别如图 116-1 和图 116-2 所示。

	股票代码	股票名称	最高价	最低价	最新价	昨收价
0	688677	海泰新光	120.59	110.20	117.10	114.09
1	688676	金盘科技	16.99	16.43	16.99	16.56
2	688669	聚石化学	34.30	33.52	34.00	33.90
3	688668	鼎通科技	42.88	38.44	42.21	39.34

图 116-1

	股票代码	股票名称	最高价	最低价	最新价	昨收价
0	688677	海泰新光	241.18	110.20	117.10	114.09
1	688676	金盘科技	33.98	16.43	16.99	16.56
2	688669	聚石化学	68.60	33.52	34.00	33.90
3	688668	鼎通科技	42.88	38.44	42.21	39.34

图 116-2

主要代码如下。

```
import pandas as pd #导入pandas库，并使用pd重命名pandas
```

```
#读取 myexcel.xlsx 文件的 Sheet1 工作表
df=pd.read_excel('myexcel.xlsx',sheet_name='Sheet1',dtype={'股票代码':str})
df  #输出 df 的所有数据
#在 df 中根据指定范围的行索引数字和列索引数字筛选并修改数据,
#即把海泰新光、金盘科技、聚石化学的最高价分别乘以 2
df.iloc[0:3,2]*=2
df  #输出 df 在修改之后的所有数据
```

在上面这段代码中,df.iloc[0:3,2]*=2 表示把 df.iloc[0:3,2]范围的所有数据分别乘以 2,即把海泰新光、金盘科技、聚石化学的最高价分别乘以 2。特别需要注意的是:df.iloc[0:3,2]的 0:3 行索引数字范围应该理解为[0:3)左闭右开,而不是[0:3]左闭右闭。

此案例的主要源文件是 MyCode\H108\H108.ipynb。

117 使用 iloc 筛选并修改单行多列数据

此案例主要演示了在 iloc 的列索引数字中使用切片指定列范围,实现根据指定的行索引数字(单行)和列索引数字(多列)在 DataFrame 中筛选并修改单行多列数据。当在 Jupyter Notebook 中运行此案例代码之后,将在 DataFrame 中把聚石化学的最高价、最低价、最新价分别乘以 2,效果分别如图 117-1 和图 117-2 所示。

	股票代码	股票名称	最高价	最低价	最新价	昨收价
0	688677	海泰新光	120.59	110.20	117.10	114.09
1	688676	金盘科技	16.99	16.43	16.99	16.56
2	688669	聚石化学	34.30	33.52	34.00	33.90
3	688668	鼎通科技	42.88	38.44	42.21	39.34

图 117-1

	股票代码	股票名称	最高价	最低价	最新价	昨收价
0	688677	海泰新光	120.59	110.20	117.10	114.09
1	688676	金盘科技	16.99	16.43	16.99	16.56
2	688669	聚石化学	68.60	67.04	68.00	33.90
3	688668	鼎通科技	42.88	38.44	42.21	39.34

图 117-2

主要代码如下。

```
import pandas as pd#导入 pandas 库,并使用 pd 重命名 pandas
#读取 myexcel.xlsx 文件的 Sheet1 工作表
df=pd.read_excel('myexcel.xlsx',sheet_name='Sheet1',dtype={'股票代码':str})
df#输出 df 的所有数据
#根据指定的行索引数字(单行)和列索引数字(多列)筛选并修改数据
#即在 df 中把聚石化学的最高价、最低价、最新价分别乘以 2
df.iloc[2,2:5]*=2
df  #输出 df 在修改之后的所有数据
```

在上面这段代码中,df.iloc[2,2:5]*=2 表示把 df.iloc[2,2:5]代表的多个数据分别乘以 2,即在 df 中把聚石化学的最高价、最低价、最新价分别乘以 2。特别需要注意的是:df.iloc[2,2:5]的 2:5 列名范围应该理解为[2:5)左闭右开,而不是[2:5]左闭右闭。

此案例的主要源文件是 MyCode\H109\H109.ipynb。

118 使用 iloc 筛选并修改多行多列数据

此案例主要演示了在 iloc 的行索引数字和列索引数字中同时使用切片指定范围，实现在 DataFrame 中筛选并修改多行多列数据。当在 Jupyter Notebook 中运行此案例代码之后，将在 DataFrame 中把海泰新光、金盘科技、聚石化学这 3 种股票的最高价、最低价和最新价分别乘以 2，效果分别如图 118-1 和图 118-2 所示。

	股票名称	最高价	最低价	最新价	昨收价
0	海泰新光	120.59	110.20	117.10	114.09
1	金盘科技	16.99	16.43	16.99	16.56
2	聚石化学	34.30	33.52	34.00	33.90
3	鼎通科技	42.88	38.44	42.21	39.34

图 118-1

	股票名称	最高价	最低价	最新价	昨收价
0	海泰新光	241.18	220.40	234.20	114.09
1	金盘科技	33.98	32.86	33.98	16.56
2	聚石化学	68.60	67.04	68.00	33.90
3	鼎通科技	42.88	38.44	42.21	39.34

图 118-2

主要代码如下。

```
import pandas as pd#导入pandas库，并使用pd重命名pandas
#读取myexcel.xlsx文件的Sheet1工作表
df=pd.read_excel('myexcel.xlsx',sheet_name='Sheet1')
df#输出df的所有数据
#在df中把行区间为[0:3)，列区间为[1:4)的所有数据分别乘以2，
#即在df中把海泰新光、金盘科技、聚石化学的最高价、最低价和最新价分别乘以2
df.iloc[0:3,1:4]*=2
df#输出df在修改之后的所有数据
```

在上面这段代码中，df.iloc[0:3,1:4]*=2 表示把 df.iloc[0:3,1:4]代表的多行多列数据分别乘以 2，即在 df 中把海泰新光、金盘科技、聚石化学这 3 种股票的最高价、最低价、和最新价分别乘以 2。
此案例的主要源文件是 MyCode\H110\H110.ipynb。

119 使用 iloc 根据列表筛选并修改数据

此案例主要演示了使用列表在 iloc 中指定多个行索引数字和列索引数字，实现在 DataFrame 中筛选并修改多个离散的数据。当在 Jupyter Notebook 中运行此案例代码之后，将在 DataFrame 中把海泰新光、聚石化学、鼎通科技的最高价、最新价分别乘以 2，效果分别如图 119-1 和图 119-2 所示。

	股票代码	股票名称	最高价	最低价	最新价	昨收价
0	688677	海泰新光	120.59	110.20	117.10	114.09
1	688676	金盘科技	16.99	16.43	16.99	16.56
2	688669	聚石化学	34.30	33.52	34.00	33.90
3	688668	鼎通科技	42.88	38.44	42.21	39.34

图 119-1

	股票代码	股票名称	最高价	最低价	最新价	昨收价
0	688677	海泰新光	241.18	110.20	234.20	114.09
1	688676	金盘科技	16.99	16.43	16.99	16.56
2	688669	聚石化学	68.60	33.52	68.00	33.90
3	688668	鼎通科技	85.76	38.44	84.42	39.34

图 119-2

主要代码如下。

```
import pandas as pd#导入pandas库，并使用pd重命名pandas
#读取myexcel.xlsx文件的Sheet1工作表
df=pd.read_excel('myexcel.xlsx',sheet_name='Sheet1',dtype={'股票代码':str})
df#输出df的所有数据
#在df中根据列表指定的多个行索引数字和列索引数字筛选并修改数据，
#即在df中把海泰新光、聚石化学、鼎通科技的最高价、最新价分别乘以2
df.iloc[[0,2,3],[2,4]]*=2
df  #输出df在修改之后的所有数据
```

在上面这段代码中，df.iloc[[0,2,3],[2,4]]*=2 表示把 df.iloc[[0,2,3],[2,4]]代表的多个数据分别乘以 2，即在 df 中把海泰新光、聚石化学、鼎通科技的最高价、最新价分别乘以 2。

此案例的主要源文件是 MyCode\H111\H111.ipynb。

120　使用 iloc 筛选并修改单列数据

此案例主要演示了在 iloc 的行索引数字中仅设置 "："，且在列索引数字中指定目标列，实现在 DataFrame 中以整列方式筛选并修改单列数据。当在 Jupyter Notebook 中运行此案例代码之后，将在 DataFrame 中把所有股票的最高价分别乘以 2，效果分别如图 120-1 和图 120-2 所示。

	股票名称	最高价	最低价	最新价	昨收价
0	海泰新光	120.59	110.20	117.10	114.09
1	金盘科技	16.99	16.43	16.99	16.56
2	聚石化学	34.30	33.52	34.00	33.90

图 120-1

	股票名称	最高价	最低价	最新价	昨收价
0	海泰新光	241.18	110.20	117.10	114.09
1	金盘科技	33.98	16.43	16.99	16.56
2	聚石化学	68.60	33.52	34.00	33.90

图 120-2

主要代码如下。

```
import pandas as pd #导入pandas库，并使用pd重命名pandas
#读取myexcel.xlsx文件的Sheet1工作表
df=pd.read_excel('myexcel.xlsx',sheet_name='Sheet1')
df  #输出df的所有数据
#在iloc的行索引数字中设置"："，在列索引数字中指定目标列，即以整列
#方式筛选并修改单列数据，在df中把所有股票的最高价分别乘以2
df.iloc[:,1]*=2
df  #输出df在修改之后的所有数据
```

在上面这段代码中，df.iloc[:,1]*=2 表示在 df 中把所有股票的最高价分别乘以 2。

此案例的主要源文件是 MyCode\H839\H839.ipynb。

121　使用 iloc 筛选并修改多列数据

此案例主要演示了在 iloc 的行索引数字中设置"："，且在列索引数字中指定起始列和结束列，

实现在 DataFrame 中以整列方式筛选并修改多列数据。当在 Jupyter Notebook 中运行此案例代码之后，将在 DataFrame 中把所有股票的最高价、最低价、最新价分别乘以 2，效果分别如图 121-1 和图 121-2 所示。

	股票名称	最高价	最低价	最新价	昨收价
0	海泰新光	120.59	110.20	117.10	114.09
1	金盘科技	16.99	16.43	16.99	16.56
2	聚石化学	34.30	33.52	34.00	33.90

图 121-1

	股票名称	最高价	最低价	最新价	昨收价
0	海泰新光	241.18	220.40	234.20	114.09
1	金盘科技	33.98	32.86	33.98	16.56
2	聚石化学	68.60	67.04	68.00	33.90

图 121-2

主要代码如下。

```
import pandas as pd#导入pandas库，并使用pd重命名pandas
#读取myexcel.xlsx文件的Sheet1工作表
df=pd.read_excel('myexcel.xlsx',sheet_name='Sheet1')
df#输出df的所有数据
#在iloc的列索引数字中指定起始列和结束列，在行索引数字中设置"："，即以整列方式筛选
#并修改多列数据，在df中把所有股票的最高价到最新价之间的3列数据分别乘以2
df.iloc[:,1:4]*=2
df  #输出df在修改之后的所有数据
```

在上面这段代码中，df.iloc[:,1:4]*=2 表示在 df 中把所有股票的最高价到最新价之间的 3 列数据分别乘以 2。

此案例的主要源文件是 MyCode\H115\H115.ipynb。

122　使用 iloc 筛选并修改单行数据

此案例主要演示了在 iloc 中仅设置行索引数字，实现在 DataFrame 中筛选并修改单行数据。当在 Jupyter Notebook 中运行此案例代码之后，将在 DataFrame 中把聚石化学这一行的所有数据分别乘以 2，效果分别如图 122-1 和图 122-2 所示。

股票名称	最高价	最低价	最新价	昨收价
海泰新光	120.59	110.20	117.10	114.09
金盘科技	16.99	16.43	16.99	16.56
聚石化学	34.30	33.52	34.00	33.90
鼎通科技	42.88	38.44	42.21	39.34
菱电电控	105.01	100.67	104.51	102.31

图 122-1

股票名称	最高价	最低价	最新价	昨收价
海泰新光	120.59	110.20	117.10	114.09
金盘科技	16.99	16.43	16.99	16.56
聚石化学	68.60	67.04	68.00	67.80
鼎通科技	42.88	38.44	42.21	39.34
菱电电控	105.01	100.67	104.51	102.31

图 122-2

主要代码如下。

```
import pandas as pd #导入pandas库，并使用pd重命名pandas
#读取myexcel.xlsx文件的Sheet1工作表
df=pd.read_excel('myexcel.xlsx',sheet_name='Sheet1',index_col=0)
df #输出df的所有数据
#在iloc中使用行索引数字以整行方式筛选并修改单行数据，
#即在df中把聚石化学这一行的所有数据分别乘以2
df.iloc[2]*=2
##在df中把鼎通科技这一行的所有数据分别乘以2
#df.iloc[-2]*=2
df #输出df在修改之后的所有数据
```

在上面这段代码中，df.iloc[2]*=2 表示在 df 中把第 3 行的所有数据分别乘以 2，即在 df 中把聚石化学这一行的所有数据分别乘以 2。

此案例的主要源文件是 MyCode\H123\H123.ipynb。

123　使用 iloc 筛选并修改多行数据

此案例主要演示了在 iloc 的行索引数字中指定起始行和结束行，实现在 DataFrame 中以整行方式筛选并修改多行数据。当在 Jupyter Notebook 中运行此案例代码之后，将在 DataFrame 中把海泰新光、金盘科技、聚石化学这三行的所有数据分别乘以 2，效果分别如图 123-1 和图 123-2 所示。

股票名称	最高价	最低价	最新价	昨收价
海泰新光	120.59	110.20	117.10	114.09
金盘科技	16.99	16.43	16.99	16.56
聚石化学	34.30	33.52	34.00	33.90
鼎通科技	42.88	38.44	42.21	39.34
菱电电控	105.01	100.67	104.51	102.31

图 123-1

股票名称	最高价	最低价	最新价	昨收价
海泰新光	241.18	220.40	234.20	228.18
金盘科技	33.98	32.86	33.98	33.12
聚石化学	68.60	67.04	68.00	67.80
鼎通科技	42.88	38.44	42.21	39.34
菱电电控	105.01	100.67	104.51	102.31

图 123-2

主要代码如下。

```
import pandas as pd#导入pandas库，并使用pd重命名pandas
#读取myexcel.xlsx文件的Sheet1工作表
df=pd.read_excel('myexcel.xlsx',sheet_name='Sheet1',index_col=0)
df#输出df的所有数据
#在iloc的行索引数字中指定起始行和结束行，即可以整行方式筛选并修改数据
#即在df中把海泰新光、金盘科技、聚石化学这3行的所有数据分别乘以2
df.iloc[0:3]*=2
#df.iloc[0:3,:]*=2
#df.iloc[:3,:]=df.iloc[:3,:]*2
```

```
df#输出df在修改之后的所有数据
```

在上面这段代码中，df.iloc[0:3]*=2 表示在 df 中把第 1 行到第 3 行之间的所有数据分别乘以 2，即在 df 中把海泰新光、金盘科技、聚石化学这 3 行（3 种股票）的所有数据分别乘以 2。

此案例的主要源文件是 MyCode\H114\H114.ipynb。

124 使用 iloc 筛选并输出 DataFrame

此案例主要演示了在 iloc 的行索引数字中以切片的风格指定起始行和结束行，实现使用表格输出在 DataFrame 的单行筛选结果。当在 Jupyter Notebook 中运行此案例代码之后，将使用表格输出单行筛选结果，即聚石化学这一行数据，效果分别如图 124-1 和图 124-2 所示。

	股票名称	最高价	最低价	最新价	昨收价
0	海泰新光	120.59	110.20	117.10	114.09
1	金盘科技	16.99	16.43	16.99	16.56
2	聚石化学	34.30	33.52	34.00	33.90

图 124-1

	股票名称	最高价	最低价	最新价	昨收价
2	聚石化学	34.3	33.52	34.0	33.9

图 124-2

主要代码如下。

```
import pandas as pd #导入pandas库，并使用pd重命名pandas
#读取myexcel.xlsx文件的Sheet1工作表
df=pd.read_excel('myexcel.xlsx',sheet_name='Sheet1')
df #输出df的所有数据
#在df中单行筛选数据时使用DataFrame以表格样式输出筛选结果
#type(df.iloc[2:3]) #pandas.core.frame.DataFrame
df.iloc[2:3]
#df.iloc[2:2] #输出空白
```

在上面这段代码中，df.iloc[2:3]表示在 df 中筛选第 3 行，即在 df 中筛选聚石化学这一行的数据，其结果将以 DataFrame（表格的样式）输出，df.iloc[2:3]表示 df 的第 3 行，不是第 3 行和第 4 行，因为此处的[2:3]的真实意思是[2:3)，即左闭右开，iloc 所有区间取值都是左闭右开。如果是 df.iloc[2]，也表示在 df 中筛选聚石化学这一行的数据，其结果将以 Series 的样式输出。

此案例的主要源文件是 MyCode\H127\H127.ipynb。

125 使用 iloc 根据指定的步长筛选数据

此案例主要演示了在 iloc 中根据设置的起止行索引数字和步长以整行方式筛选数据。当在 Jupyter Notebook 中运行此案例代码之后，将在 DataFrame 中从第 0 行开始、每间隔 1 行筛选数据，效果分别如图 125-1 和图 125-2 所示。

	股票代码	股票名称	最新价	涨跌幅	涨跌额	成交量
0	688677	海泰新光	117.10	0.0264	3.01	9013
1	688676	金盘科技	16.99	0.0260	0.43	2.13万
2	688669	聚石化学	34.00	0.0029	0.10	5839
3	688668	鼎通科技	42.21	0.0000	0.00	零成交
4	688667	姜电电控	104.51	0.0215	2.20	6865

图 125-1

	股票代码	股票名称	最新价	涨跌幅	涨跌额	成交量
0	688677	海泰新光	117.10	0.0264	3.01	9013
2	688669	聚石化学	34.00	0.0029	0.10	5839
4	688667	姜电电控	104.51	0.0215	2.20	6865

图 125-2

主要代码如下。

```
import pandas as pd #导入pandas库，并使用pd重命名pandas
#读取 myexcel.xlsx 文件的 Sheet1 工作表
df=pd.read_excel('myexcel.xlsx',sheet_name='Sheet1')
df #输出 df 的所有数据
#在 iloc 中设置起始行索引数字为 0，结束行索引数字为 5，步长为 2 且以整行方式筛选数据
df.iloc[0:5:2]
```

在上面这段代码中，df.iloc[0:5:2]表示从第 0 行开始、到第 5 行结束，每间隔 1 行（步长为 2）在 df 中筛选数据。

此案例的主要源文件是 MyCode\H121\H121.ipynb。

126 使用 iloc 筛选不连续的多行数据

此案例主要演示了在 iloc 中根据列表设置的行索引数字在 DataFrame 中筛选不连续的多行数据。当在 Jupyter Notebook 中运行此案例代码之后，将在 DataFrame 中根据列表[0,4,1]列出的行索引数字以整行方式筛选这些数据，效果分别如图 126-1 和图 126-2 所示。

	股票代码	股票名称	最新价	涨跌幅	涨跌额	成交量
0	688677	海泰新光	117.10	0.0264	3.01	9013
1	688676	金盘科技	16.99	0.0260	0.43	2.13万
2	688669	聚石化学	34.00	0.0029	0.10	5839
3	688668	鼎通科技	42.21	0.0000	0.00	零成交
4	688667	姜电电控	104.51	0.0215	2.20	6865

图 126-1

	股票代码	股票名称	最新价	涨跌幅	涨跌额	成交量
0	688677	海泰新光	117.10	0.0264	3.01	9013
4	688667	姜电电控	104.51	0.0215	2.20	6865
1	688676	金盘科技	16.99	0.0260	0.43	2.13万

图 126-2

主要代码如下。

```
import pandas as pd #导入pandas库，并使用pd重命名pandas
#读取 myexcel.xlsx 文件的 Sheet1 工作表
df=pd.read_excel('myexcel.xlsx',sheet_name='Sheet1')
df #输出 df 的所有数据
```

```
#根据在列表中列出的非连续行索引数字以整行方式在 df 中筛选数据
df.iloc[[0,4,1]]
```

在上面这段代码中,df.iloc[[0,4,1]]表示根据列表[0,4,1]列出的行索引数字在 df 中筛选数据。
此案例的主要源文件是 MyCode\H120\H120.ipynb。

127 在 iloc 中使用 numpy 筛选多行数据

此案例主要演示了在 iloc 中使用 numpy 的选择功能在 DataFrame 中筛选不连续的多行数据。
当在 Jupyter Notebook 中运行此案例代码之后,将在 DataFrame 中筛选第 0、1、5、7、8 行数据,
效果分别如图 127-1 和图 127-2 所示。

	股票代码	股票名称	最新价	涨跌额	成交量
0	688677	海泰新光	117.10	3.01	9013
1	688676	金盘科技	16.99	0.43	2.13万
2	688669	聚石化学	34.00	0.10	5839
3	688668	鼎通科技	42.21	0.00	零成交
4	688667	姜电电控	104.51	2.20	6865
5	688665	四方光电	114.98	-2.32	7750
6	688663	新风光	23.92	0.92	5.84万
7	688662	富信科技	39.80	-1.94	2.86万
8	688661	和林微纳	97.69	3.64	1.99万
9	688660	电气风电	8.94	-0.04	13.60万

图 127-1

	股票代码	股票名称	最新价	涨跌额	成交量
0	688677	海泰新光	117.10	3.01	9013
1	688676	金盘科技	16.99	0.43	2.13万
5	688665	四方光电	114.98	-2.32	7750
7	688662	富信科技	39.80	-1.94	2.86万
8	688661	和林微纳	97.69	3.64	1.99万

图 127-2

主要代码如下。

```
import pandas as pd#导入pandas库,并使用pd重命名pandas
#读取myexcel.xlsx文件的Sheet1工作表
df=pd.read_excel('myexcel.xlsx',sheet_name='Sheet1')
df#输出df的所有数据
import numpy as np#导入numpy库,并使用np重命名numpy
#在 df 中筛选第 0、1、5、7、8 行数据
df.iloc[np.r_[:2,5,7:9]]
#df.iloc[np.r_[:2,5]].append(df.iloc[7:9])
```

在上面这段代码中,df.iloc[np.r_[:2,5,7:9]]表示在 df 中筛选第 0、1、5、7、8 行数据,该代
码也可以写成 df.iloc[np.r_[:2,5]].append(df.iloc[7:9])。

此案例的主要源文件是 MyCode\H502\H502.ipynb。

128　在 iloc 中使用 numpy 筛选多列数据

此案例主要演示了在 iloc 中使用 numpy 的选择功能在 DataFrame 中筛选不连续的多列数据。当在 Jupyter Notebook 中运行此案例代码之后，将在 DataFrame 中筛选第 0、1、4、6、7 列数据，效果分别如图 128-1 和图 128-2 所示。

	股票代码	股票名称	最新价	市盈率	流通市值	总市值	每股收益	净利润
0	688981	中芯国际	55.20	51.6	1032亿	4362亿	1.07	52.41亿
1	688819	天能股份	43.88	17.7	46.61亿	426.5亿	2.48	6.72亿
2	688788	科思科技	130.91	24.3	22.79亿	98.88亿	5.38	1.83亿

图 128-1

	股票代码	股票名称	流通市值	每股收益	净利润
0	688981	中芯国际	1032亿	1.07	52.41亿
1	688819	天能股份	46.61亿	2.48	6.72亿
2	688788	科思科技	22.79亿	5.38	1.83亿

图 128-2

主要代码如下。

```
import pandas as pd#导入pandas库，并使用pd重命名pandas
#读取myexcel.xlsx文件的Sheet1工作表
df=pd.read_excel('myexcel.xlsx',sheet_name='Sheet1')
df#输出df的所有数据
import numpy as np#导入numpy库，并使用np重命名numpy
#在df中筛选第0、1、4、6、7列数据
df.iloc[:,np.r_[0:2,4,6:8]]
```

在上面这段代码中，df.iloc[:,np.r_[0:2,4,6:8]]表示在 df 中筛选第 0、1、4、6、7 列数据。此案例的主要源文件是 MyCode\H503\H503.ipynb。

129　在 iloc 中使用 lambda 筛选偶数行数据

此案例主要演示了在 iloc 中使用 lambda 表达式在 DataFrame 中筛选偶数行数据。当在 Jupyter Notebook 中运行此案例代码之后，将在 DataFrame 中筛选偶数行数据，效果分别如图 129-1 和图 129-2 所示。

主要代码如下。

```
import pandas as pd#导入pandas库，并使用pd重命名pandas
#读取myexcel.xlsx文件的Sheet1工作表
df=pd.read_excel('myexcel.xlsx',sheet_name='Sheet1')
```

```
df#输出df的所有数据
#在df中筛选偶数行数据
df.iloc[lambda x: x.index%2==0]
##在df中筛选奇数行数据
#df.iloc[lambda x: x.index%2==1]
```

	股票代码	股票名称	最新价	涨跌额	成交量
0	688677	海泰新光	117.10	3.01	9013
1	688676	金盘科技	16.99	0.43	2.13万
2	688669	聚石化学	34.00	0.10	5839
3	688668	鼎通科技	42.21	0.00	零成交
4	688667	姜电电控	104.51	2.20	6865

图 129-1

	股票代码	股票名称	最新价	涨跌额	成交量
0	688677	海泰新光	117.10	3.01	9013
2	688669	聚石化学	34.00	0.10	5839
4	688667	姜电电控	104.51	2.20	6865

图 129-2

在上面这段代码中,df.iloc[lambda x: x.index%2==0]表示在 df 中筛选偶数行数据。如果 df.iloc[lambda x: x.index%2==1],则表示在 df 中筛选奇数行数据。

此案例的主要源文件是 MyCode\H504\H504.ipynb。

130 使用 at 筛选并修改单个数据

此案例主要演示了使用 at 根据行标签和列名在 DataFrame 中筛选并修改指定数据。当在 Jupyter Notebook 中运行此案例代码之后,将在 DataFrame 中把聚石化学的最高价乘以 2,即从 34.30 修改为 68.60,效果分别如图 130-1 和图 130-2 所示。

股票名称	最高价	最低价	最新价	昨收价
海泰新光	120.59	110.20	117.10	114.09
金盘科技	16.99	16.43	16.99	16.56
聚石化学	34.30	33.52	34.00	33.90

图 130-1

股票名称	最高价	最低价	最新价	昨收价
海泰新光	120.59	110.20	117.10	114.09
金盘科技	16.99	16.43	16.99	16.56
聚石化学	68.60	33.52	34.00	33.90

图 130-2

主要代码如下。

```
import pandas as pd#导入pandas库,并使用pd重命名pandas
#读取myexcel.xlsx文件的Sheet1工作表
df=pd.read_excel('myexcel.xlsx',sheet_name='Sheet1')
#在df中设置股票名称列为行标签
df=df.set_index('股票名称')
df #输出df的所有数据
#根据指定的行标签和列名在df中筛选并修改指定的数据,
#即在df中把聚石化学的最高价乘以2
df.at['聚石化学','最高价']*=2
```

```
#df.iloc[2].at['最高价']*=2
#df.loc['聚石化学'].at['最高价']*=2
#df['最高价'].at['聚石化学']*=2
df #输出df在修改之后的所有数据
```

在上面这段代码中，df.at['聚石化学','最高价']*=2 表示在 df 中把聚石化学的最高价乘以 2，聚石化学表示行标签，最高价表示列名。

此案例的主要源文件是 MyCode\H135\H135.ipynb。

131　使用 iat 筛选并修改单个数据

此案例主要演示了使用 iat 根据行索引数字和列索引数字筛选并修改指定的单个数据。当在 Jupyter Notebook 中运行此案例代码之后，将在 DataFrame 中把聚石化学的最高价乘以 2，即从 34.30 修改为 68.60，效果分别如图 131-1 和图 131-2 所示。

	股票名称	最高价	最低价	最新价	昨收价
0	海泰新光	120.59	110.20	117.10	114.09
1	金盘科技	16.99	16.43	16.99	16.56
2	聚石化学	34.30	33.52	34.00	33.90

图 131-1

	股票名称	最高价	最低价	最新价	昨收价
0	海泰新光	120.59	110.20	117.10	114.09
1	金盘科技	16.99	16.43	16.99	16.56
2	聚石化学	68.60	33.52	34.00	33.90

图 131-2

主要代码如下。

```
import pandas as pd#导入pandas库，并使用pd重命名pandas
#读取myexcel.xlsx文件的Sheet1工作表
df=pd.read_excel('myexcel.xlsx',sheet_name='Sheet1')
df#输出df的所有数据
#根据指定的行索引数字和列索引数字筛选并修改指定的数据，
#即在df中把聚石化学的最高价乘以2
df.iat[2,1]*=2
#df['最高价'].iat[2]*=2
df#输出df在修改之后的所有数据
```

在上面这段代码中，df.iat[2,1]*=2 表示在 df 中把聚石化学的最高价乘以 2。

此案例的主要源文件是 MyCode\H136\H136.ipynb。

132　使用 last()筛选最后几天的数据

此案例主要演示了使用 last()函数按照天数在 DataFrame 中筛选最后几天的数据。当在 Jupyter Notebook 中运行此案例代码之后，将在 DataFrame 中筛选最后两天的数据，效果分别如图 132-1 和图 132-2 所示。

	开盘价	最高价	最低价	收盘价
2021-10-12	8.71	8.75	8.50	8.54
2021-10-13	8.69	8.78	8.60	8.72
2021-11-15	8.59	8.59	8.51	8.53
2021-12-28	8.51	8.54	8.49	8.53
2021-12-29	8.53	8.54	8.50	8.51

图 132-1

	开盘价	最高价	最低价	收盘价
2021-12-28	8.51	8.54	8.49	8.53
2021-12-29	8.53	8.54	8.50	8.51

图 132-2

主要代码如下。

```
import pandas as pd #导入pandas库，并使用pd重命名pandas
#读取myexcel.xlsx文件的Sheet1工作表
df=pd.read_excel('myexcel.xlsx',sheet_name='Sheet1',index_col=0)
df #输出df的所有数据
df.last('2D') #在df中筛选最后两天的数据
# df.last('2M') #在df中筛选最后两月的数据
# df.tail(2) #在df中筛选最后的两条数据
# df.first('2D') #在df中筛选最初两天的数据
# df.first('2M') #在df中筛选最初两月的数据
# df.head(2) #在df中筛选最初的两条数据
```

在上面这段代码中，df.last('2D')表示在df中筛选最后两天的数据。如果df.first('2D')，则表示在df中筛选最初两天的数据。

此案例的主要源文件是MyCode\H797\H797.ipynb。

133　使用 truncate() 根据行标签筛选数据

此案例主要演示了使用 truncate() 函数在 DataFrame 中根据行标签（必须是有序的）按行筛选指定范围的数据。当在 Jupyter Notebook 中运行此案例代码之后，将在 DataFrame 中筛选第 2～4 行的数据，效果分别如图 133-1 和图 133-2 所示。

	股票代码	股票名称	最新价	昨收价	最高价	最低价
2001	300767	震安科技	106.07	103.74	113.88	105.30
2002	300422	博世科	9.12	8.92	9.37	8.88
2003	600623	华谊集团	12.00	11.74	12.67	11.75
2004	600150	中国船舶	17.63	17.25	17.98	17.08
2005	600029	南方航空	5.60	5.48	5.85	5.48

图 133-1

	股票代码	股票名称	最新价	昨收价	最高价	最低价
2002	300422	博世科	9.12	8.92	9.37	8.88
2003	600623	华谊集团	12.00	11.74	12.67	11.75
2004	600150	中国船舶	17.63	17.25	17.98	17.08

图 133-2

主要代码如下。

```
import pandas as pd #导入pandas库，并使用pd重命名pandas
```

```
#读取 myexcel.xlsx 文件的 Sheet1 工作表
df=pd.read_excel('myexcel.xlsx',sheet_name='Sheet1')
#重置 df 的行标签
df.index=[2001,2002,2003,2004,2005]
df  #输出 df 的所有数据
#在 df 中根据行标签筛选第 2~4 行的数据
df.truncate(before='2002',after='2004')
```

在上面这段代码中，df.truncate(before='2002',after='2004')表示在 df 中根据行标签筛选第 2～4
行的数据。

此案例的主要源文件是 MyCode\H034\H034.ipynb。

134　使用 truncate()根据日期范围筛选数据

此案例主要演示了使用 truncate()函数在 DataFrame 中根据日期类型的行标签（必须是有序
的）筛选指定日期范围的数据。当在 Jupyter Notebook 中运行此案例代码之后，将在 DataFrame
中筛选 2021-09-12 到 2021-09-16 的数据，效果分别如图 134-1 和图 134-2 所示。

	盐水鸭	酱鸭	板鸭	烤鸭
2021-09-10	1800	1600	2400	1200
2021-09-12	2600	1800	2000	1800
2021-09-14	2400	2100	5900	2480
2021-09-16	2000	2800	1800	2400
2021-09-18	2500	1200	2500	3900

图 134-1

	盐水鸭	酱鸭	板鸭	烤鸭
2021-09-12	2600	1800	2000	1800
2021-09-14	2400	2100	5900	2480
2021-09-16	2000	2800	1800	2400

图 134-2

主要代码如下。

```
import pandas as pd#导入 pandas 库，并使用 pd 重命名 pandas
#读取 myexcel.xlsx 文件的 Sheet1 工作表
df=pd.read_excel('myexcel.xlsx',sheet_name='Sheet1',index_col=0)
df  #输出 df 的所有数据
#在 df 中筛选 2021-09-12 到 2021-09-16 的数据
df.truncate(before='2021-09-12',after='2021-09-16')
#df.truncate('2021-09-12','2021-09-16')
```

在上面这段代码中，df.truncate(before='2021-09-12',after='2021-09-16')表示在 df 中根据日期
类型的行标签筛选 2021-09-12 到 2021-09-16 的数据。

此案例的主要源文件是 MyCode\H795\H795.ipynb。

135　使用 between()根据日期范围筛选数据

此案例主要演示了使用 between()函数根据指定的日期范围在 DataFrame 中筛选数据。当在

Jupyter Notebook 中运行此案例代码之后，将在 DataFrame 中筛选上市日期在 2021 年 2 月 9 日到 2021 年 3 月 29 日的股票，效果分别如图 135-1 和图 135-2 所示。

	股票代码	股票名称	涨跌额	最新价	上市日期
0	688677	海泰新光	3.01	117.10	2021-02-26
1	688676	金盘科技	0.43	16.99	2021-03-09
2	688669	聚石化学	0.10	34.00	2021-01-25
3	688668	鼎通科技	2.87	42.21	2020-12-21
4	688662	富信科技	-1.94	39.80	2021-04-01

图 135-1

	股票代码	股票名称	涨跌额	最新价	上市日期
0	688677	海泰新光	3.01	117.10	2021-02-26
1	688676	金盘科技	0.43	16.99	2021-03-09

图 135-2

主要代码如下。

```
import pandas as pd#导入pandas库，并使用pd重命名pandas
#读取myexcel.xlsx文件的Sheet1工作表
df=pd.read_excel('myexcel.xlsx',sheet_name='Sheet1',parse_dates=['上市日期'])
df#输出df的所有数据
import datetime#导入datetime库
#设置开始日期
myFromDate=pd.Timestamp(datetime.datetime.strptime('2021-02-09','%Y-%m-%d').
date())
#设置结束日期
myToDate=pd.Timestamp(datetime.datetime.strptime('2021-03-29','%Y-%m-%d').
date())
#在df中筛选上市日期在2021年2月9日到2021年3月29日之间的股票
df[df.上市日期.between(myFromDate,myToDate)]
#df[df.上市日期.between('2021-02-09','2021-03-29')]
```

在上面这段代码中，df[df.上市日期.between(myFromDate,myToDate)]表示在 df 中筛选上市日期在 myFromDate 和 myToDate 范围的数据，myFromDate 表示开始日期，myToDate 表示结束日期。df[df.上市日期.between('2021-02-09','2021-03-29')]也能实现完全相同的功能。

此案例的主要源文件是 MyCode\H080\H080.ipynb。

136　使用 between()根据数值范围筛选数据

此案例主要通过在 between()函数中设置 inclusive 参数值为 False，实现在使用 between()函数筛选指定范围的数据时不包含范围的左右边界值。当在 Jupyter Notebook 中运行此案例代码之后，将在 DataFrame 中筛选最高价大于 34.3 且小于 105.01 的股票，效果分别如图 136-1 和图 136-2 所示。

	股票名称	最高价	最低价	最新价	昨收价
0	海泰新光	120.59	110.20	117.10	114.09
1	金盘科技	16.99	16.43	16.99	16.56
2	聚石化学	34.30	33.52	34.00	33.90
3	鼎通科技	42.88	38.44	42.21	39.34
4	姜电电控	105.01	100.67	104.51	102.31

图 136-1

	股票名称	最高价	最低价	最新价	昨收价
3	鼎通科技	42.88	38.44	42.21	39.34

图 136-2

主要代码如下。

```
import pandas as pd#导入pandas库，并使用pd重命名pandas
#读取myexcel.xlsx文件的Sheet1工作表
df=pd.read_excel('myexcel.xlsx',sheet_name='Sheet1')
df#输出df的所有数据
#在df中筛选34.30<最高价<105.01的数据
df[df['最高价'].between(34.30,105.01,inclusive=False)]
##在df中筛选34.30<=最高价<=105.01的数据
#df[df['最高价'].between(34.30,105.01)]
#df[(34.30<=df['最高价'])&(df['最高价']<=105.01)]
```

在上面这段代码中，df[df['最高价'].between(34.30,105.01,inclusive=False)]表示在 df 中筛选最高价大于 34.3 且小于 105.01 的数据。

此案例的主要源文件是 MyCode\H030\H030.ipynb。

137　使用 between_time()根据时间筛选数据

此案例主要演示了使用 between_time()函数根据指定的时间范围在 DataFrame 中筛选数据。当在 Jupyter Notebook 中运行此案例代码之后，将在 DataFrame 中筛选时间在 03:53 到 17:40 的数据，效果分别如图 137-1 和图 137-2 所示。

	盐水鸭	酱鸭	板鸭	烤鸭
2021-09-10 09:00:00	1800	1600	2400	1200
2021-09-16 03:53:20	2600	1800	2000	1800
2021-09-21 22:46:40	2400	2100	5900	2480
2021-09-27 17:40:00	2000	2800	1800	2400
2021-10-03 12:33:20	2500	1200	2500	3900

图 137-1

	盐水鸭	酱鸭	板鸭	烤鸭
2021-09-10 09:00:00	1800	1600	2400	1200
2021-09-16 03:53:20	2600	1800	2000	1800
2021-09-27 17:40:00	2000	2800	1800	2400
2021-10-03 12:33:20	2500	1200	2500	3900

图 137-2

主要代码如下。

```
import pandas as pd#导入pandas库，并使用pd重命名pandas
#读取myexcel.xlsx文件的Sheet1工作表
```

```
df=pd.read_excel('myexcel.xlsx',sheet_name='Sheet1')
#使用日期设置 df 的行标签
df.index=pd.date_range('2021-09-10 09:00:00',periods=5, freq='500000S')
df#输出 df 的所有数据
#在 df 中筛选时间在 03:53 到 17:40 的数据(日期忽略)
df.between_time('03:53','17:40')
##在 df 中筛选时间在 17:40 到 03:53 的数据(日期忽略)
#df.between_time('17:40','03:53')
##在 df 中筛选时间是 03:53:20 的数据(日期忽略)
#df.at_time('03:53:20')
```

在上面这段代码中，df.between_time('03:53','17:40')表示在 df 中筛选时间在 03:53 到 17:40 的数据。

此案例的主要源文件是 MyCode\H798\H798.ipynb。

138　使用 contains()在指定列中筛选文本

此案例主要通过在字符串的 contains()函数的参数中设置筛选条件，实现在指定列中筛选符合条件的数据。当在 Jupyter Notebook 中运行此案例代码之后，将在 DataFrame 中筛选学校名称包含"学院"的数据，效果分别如图 138-1 和图 138-2 所示。

	学校名称	英文名称	总得分
0	麻省理工学院	Massachusetts Institute of Technology (MIT)	100.0
1	哈佛大学	Harvard University	99.2
2	剑桥大学	University of Cambridge	99.0
3	伦敦大学学院	UCL (University College London)	98.9
4	帝国理工学院	Imperial College London	98.8

图 138-1

	学校名称	英文名称	总得分
0	麻省理工学院	Massachusetts Institute of Technology (MIT)	100.0
3	伦敦大学学院	UCL (University College London)	98.9
4	帝国理工学院	Imperial College London	98.8

图 138-2

主要代码如下。

```
import pandas as pd#导入 pandas 库，并使用 pd 重命名 pandas
#读取 myexcel.xlsx 文件的 Sheet1 工作表
df=pd.read_excel('myexcel.xlsx',sheet_name='Sheet1')
df#输出 df 的所有数据
#在 df 中筛选学校名称包含'学院'的数据
```

```
df[df['学校名称'].str.contains('学院')]
```

在上面这段代码中，df[df['学校名称'].str.contains('学院')]表示在 df 中筛选学校名称包含"学院"的数据。

此案例的主要源文件是 MyCode\H804\H804.ipynb。

139　使用 contains()不区分大小写筛选文本

此案例主要通过在字符串的 contains()函数中设置 flags 参数值为 re.IGNORECASE，实现在指定列中不区分大小英文字母筛选数据。当在 Jupyter Notebook 中运行此案例代码之后，将在 DataFrame 中不区分大小写字母筛选英文名称包含 University 的数据，效果分别如图 139-1 和图 139-2 所示。

	学校名称	英文名称	总得分
0	麻省理工学院	Massachusetts Institute of Technology (MIT)	100.0
1	哈佛大学	Harvard university	99.2
2	剑桥大学	University of Cambridge	99.0
3	伦敦大学学院	UCL (University College London)	98.9
4	帝国理工学院	Imperial College London	98.8

图 139-1

	学校名称	英文名称	总得分
1	哈佛大学	Harvard university	99.2
2	剑桥大学	University of Cambridge	99.0
3	伦敦大学学院	UCL (University College London)	98.9

图 139-2

主要代码如下。

```
import pandas as pd#导入 pandas 库，并使用 pd 重命名 pandas
#导入 regex 正则表达式库，并使用 re 重命名 regex
import regex as re
#读取 myexcel.xlsx 文件的 Sheet1 工作表
df=pd.read_excel('myexcel.xlsx',sheet_name='Sheet1')
df#输出 df 的所有数据
#在 df 中不区分大小写字母筛选英文名称包含'University'的数据
df[df['英文名称'].str.contains('University', flags=re.IGNORECASE)]
##在 df 中区分大小写字母筛选英文名称包含'University'的数据
#df[df['英文名称'].str.contains('University')]
```

在上面这段代码中，df[df['英文名称'].str.contains('University', flags=re.IGNORECASE)]表示在 df 中不区分大小写字母筛选英文名称包含 University 的数据。

此案例的主要源文件是 MyCode\H805\H805.ipynb。

140 在 contains()中使用或运算符筛选文本

此案例主要通过在字符串的 contains()函数的参数值中使用"|"或运算符连接多个筛选条件，实现根据多个条件筛选数据。当在 Jupyter Notebook 中运行此案例代码之后，将在 DataFrame 中筛选英文名称包含 College 或 University 的数据，效果分别如图 140-1 和图 140-2 所示。

	学校名称	英文名称	总得分
0	哈佛大学	Harvard university	99.2
1	剑桥大学	University of Cambridge	99.0
2	伦敦大学学院	UCL (University College London)	98.9
3	斯坦福大学	Stanford university	96.8
4	耶鲁大学	Yale university	96.5

图 140-1

	学校名称	英文名称	总得分
1	剑桥大学	University of Cambridge	99.0
2	伦敦大学学院	UCL (University College London)	98.9

图 140-2

主要代码如下。

```
import pandas as pd#导入pandas库，并使用pd重命名pandas
#导入regex正则表达式库，并使用re重命名regex
import regex as re
#读取myexcel.xlsx文件的Sheet1工作表
df=pd.read_excel('myexcel.xlsx',sheet_name='Sheet1')
df#输出df的所有数据
#在df中区分大小写字母筛选英文名称包含University或College的数据
df[df['英文名称'].str.contains('College|University')]
##在df中区分大小写字母筛选英文名称包含University或College或Yale的数据
#df[df['英文名称'].str.contains('College|University|Yale')]
##在df中不区分大小写字母筛选英文名称包含University或College的数据
#df[df['英文名称'].str.contains('College|University',flags=re.IGNORECASE)]
```

在上面这段代码中，df[df['英文名称'].str.contains('College|University')]表示在 df 中区分大小写字母筛选英文名称包含 University 或 College 的数据。

此案例的主要源文件是 MyCode\H807\H807.ipynb。

141 在 contains()中使用正则表达式筛选文本

此案例主要通过在字符串的 contains()函数中设置参数值为正则表达式，实现使用正则表达式作为条件筛选数据。当在 Jupyter Notebook 中运行此案例代码之后，将在 DataFrame 中使用正则表达式筛选成交量全部为数字的数据，效果分别如图 141-1 和图 141-2 所示。

主要代码如下。

	股票代码	股票名称	最新价	涨跌幅	涨跌额	成交量
0	688677	海泰新光	117.10	0.0264	3.01	9013
1	688676	金盘科技	16.99	0.0260	0.43	2.13万
2	688669	聚石化学	34.00	0.0029	0.10	5839
3	688668	鼎通科技	42.21	0.0000	0.00	零成交
4	688667	菱电电控	104.51	0.0215	2.20	6865

图 141-1

	股票代码	股票名称	最新价	涨跌幅	涨跌额	成交量
0	688677	海泰新光	117.10	0.0264	3.01	9013
2	688669	聚石化学	34.00	0.0029	0.10	5839
4	688667	菱电电控	104.51	0.0215	2.20	6865

图 141-2

```
import pandas as pd#导入pandas库，并使用pd重命名pandas
#导入regex正则表达式库，并使用re重命名regex
import regex as re
#读取myexcel.xlsx文件的Sheet1工作表
df=pd.read_excel('myexcel.xlsx',sheet_name='Sheet1')
df#输出df的所有数据
#在df中筛选成交量全部为数字的数据
df[df['成交量'].astype(str).str.contains('^[0-9]*$', regex=True)]
##在df中筛选成交量包含汉字的数据
#df[df['成交量'].astype(str).str.contains('[\u4e00-\u9fa5]', regex=True)]
##在df中筛选成交量全部是汉字的数据
#df[df['成交量'].astype(str).str.contains('^[\u4e00-\u9fa5]{0,}$', regex= True)]
```

在上面这段代码中，df[df['成交量'].astype(str).str.contains('^[0-9]*$',regex=True)]表示在 df 中筛选成交量全部为数字的数据，'^[0-9]*$'是一个正则表达式，即全部数字，当此参数被设置为正则表达式之后，则应该设置 regex 参数值为 True，否则正则表达式的内容将作为一个普通的字符串。

此案例的主要源文件是 MyCode\H806\H806.ipynb。

142 使用 endswith()根据结束字符筛选文本

此案例主要通过使用字符串的 endswith()函数，从而实现根据参数指定的结束字符筛选数据。当在 Jupyter Notebook 中运行此案例代码之后，将在 DataFrame 的成交额列中筛选结束字符是"亿"的股票，效果分别如图 142-1 和图 142-2 所示。

	股票代码	股票名称	涨跌幅	涨跌额	最新价	成交额
0	688677	海泰新光	0.0264	3.01	117.10	1.06亿
1	688676	金盘科技	0.0260	0.43	16.99	3574.24万
2	688669	聚石化学	0.0029	0.10	34.00	1977.47万
3	688668	鼎通科技	0.0730	2.87	42.21	1.43亿
4	688667	菱电电控	0.0215	2.20	104.51	7100.48万

图 142-1

	股票代码	股票名称	涨跌幅	涨跌额	最新价	成交额
0	688677	海泰新光	0.0264	3.01	117.10	1.06亿
3	688668	鼎通科技	0.0730	2.87	42.21	1.43亿

图 142-2

主要代码如下。

```
import pandas as pd#导入pandas库，并使用pd重命名pandas
#读取myexcel.xlsx文件的Sheet1工作表
df=pd.read_excel('myexcel.xlsx',sheet_name='Sheet1')
df#输出df的所有数据
#在df的成交额列中筛选最后一个字符是"亿"的股票
df[df['成交额'].str.endswith('亿')]
##在df的成交额列中筛选最后一个字符是"万"的股票
#df[df['成交额'].str.endswith('万')]
```

在上面这段代码中，df[df['成交额'].str.endswith('亿')]表示在df的成交额列中筛选结束字符是"亿"的股票。

此案例的主要源文件是MyCode\H809\H809.ipynb。

143 使用startswith()根据开始字符筛选文本

此案例主要通过使用字符串的startswith()函数，实现根据参数指定的开始字符筛选数据。当在Jupyter Notebook中运行此案例代码之后，将在DataFrame的公司名称（中文）列中筛选开始字符是"中国"的数据，效果分别如图143-1和图143-2所示。

	公司名称(中文)	营业收入(百万美元)	利润(百万美元)
0	中国石油化工集团公司	407008.8	6793.2
1	丰田汽车公司	275288.3	19096.2
2	中国建筑集团有限公司	205839.4	3333.0
3	中国平安保险(集团)股份有限公司	184280.3	21626.7
4	美国电话电报公司	181193.0	13903.0

图 143-1

	公司名称(中文)	营业收入(百万美元)	利润(百万美元)
0	中国石油化工集团公司	407008.8	6793.2
2	中国建筑集团有限公司	205839.4	3333.0
3	中国平安保险(集团)股份有限公司	184280.3	21626.7

图 143-2

主要代码如下。

```
import pandas as pd#导入pandas库，并使用pd重命名pandas
#读取myexcel.xlsx文件的Sheet1工作表
df=pd.read_excel('myexcel.xlsx',sheet_name='Sheet1')
df#输出df的所有数据
#在df的公司名称(中文)列中筛选开始字符是"中国"的数据
```

```
df[df['公司名称(中文)'].str.startswith('中国')]
##在 df 的公司名称(中文)列中筛选开始字符是"美国"的数据
#df[df['公司名称(中文)'].str.startswith('美国')]
```

在上面这段代码中，df[df['公司名称(中文)'].str.startswith('中国')]表示在 df 的公司名称(中文)列中筛选开始字符是"中国"的数据。

此案例的主要源文件是 MyCode\H810\H810.ipynb。

144　使用 match()根据多个开始字符筛选数据

此案例主要通过使用或（|）运算符连接的多个筛选条件设置字符串的 match()函数的默认参数值，实现根据参数设置的条件在指定列的开始字符中筛选数据。当在 Jupyter Notebook 中运行此案例代码之后，将在 DataFrame 中筛选出版社列的开始字符是"清华"或"人民"的数据，效果分别如图 144-1 和图 144-2 所示。

	书名	售价	出版社
0	Android炫酷应用300例	99.8	清华大学出版社
1	Bootstrap响应式Web开发	42.0	人民邮电出版社
2	HTML5+CSS3炫酷应用实例集锦	149.0	清华大学出版社
3	Visual Basic 2008开发经验与技巧宝典	78.0	中国水利水电出版社
4	Visual C++编程技巧精选500例	49.0	中国水利水电出版社

图 144-1

	书名	售价	出版社
0	Android炫酷应用300例	99.8	清华大学出版社
1	Bootstrap响应式Web开发	42.0	人民邮电出版社
2	HTML5+CSS3炫酷应用实例集锦	149.0	清华大学出版社

图 144-2

主要代码如下。

```
import pandas as pd#导入 pandas 库，并使用 pd 重命名 pandas
#读取 myexcel.xlsx 文件的 Sheet1 工作表
df=pd.read_excel('myexcel.xlsx',sheet_name='Sheet1')
df#输出 df 的所有数据
#在 df['出版社']中筛选开始字符包含"清华"或"人民"的数据
#df[df['出版社'].str.match('(清华)|(人民)')]
df[df['出版社'].str.match('清华|人民')]
##在 df['出版社']中筛选开始字符包含"清华""人民"或"中国"的数据
#df[df['出版社'].str.match('清华|人民|中国')]
##在 df['出版社']中的任意位置筛选包含"大学"或"邮电"的数据
#df[df['出版社'].str.contains('(大学)|(邮电)')]
```

在上面这段代码中，df[df['出版社'].str.match('清华|人民')]表示在 df 中筛选出版社列的开始字符是"清华"或"人民"的数据。

此案例的主要源文件是 MyCode\H812\H812.ipynb。

145　使用 isnumeric()筛选全部为数字的数据

此案例主要通过使用字符串的 isnumeric()函数，实现在指定列中筛选全部字符均为数字的数据。当在 Jupyter Notebook 中运行此案例代码之后，将在 DataFrame 的成交量列中筛选全部字符均为数字的数据，效果分别如图 145-1 和图 145-2 所示。

	股票代码	股票名称	最新价	涨跌额	成交量
0	688677	海泰新光	117.10	3.01	9013
1	688676	金盘科技	16.99	0.43	2.13万
2	688669	聚石化学	34.00	0.10	5839
3	688668	鼎通科技	42.21	0.00	零成交
4	688667	菱电电控	104.51	2.20	6865

图 145-1

	股票代码	股票名称	最新价	涨跌额	成交量
0	688677	海泰新光	117.10	3.01	9013
2	688669	聚石化学	34.00	0.10	5839
4	688667	菱电电控	104.51	2.20	6865

图 145-2

主要代码如下。

```
import pandas as pd#导入 pandas 库，并使用 pd 重命名 pandas
#读取 myexcel.xlsx 文件的 Sheet1 工作表
df=pd.read_excel('myexcel.xlsx',sheet_name='Sheet1')
df#输出 df 的所有数据
#在 df 的成交量列中筛选全部为数字的数据
df[df['成交量'].astype(str).str.isnumeric()]
##结果为空白，因为小数点、负号等都不是数字字符，虽然涨跌额列全部是浮点数
#df[df['涨跌额'].astype(str).str.isnumeric()]
```

在上面这段代码中，df[df['成交量'].astype(str).str.isnumeric()]表示在 df 的成交量列中筛选全部字符均为数字的数据。下面是 str 判断字符的函数说明。

（1）isalnum()函数，如果字符串至少包含一个字符且所有字符都是字母（汉字）或数字，则该函数返回 True。

（2）isalpha()函数，如果字符串至少包含一个字符且所有字符都是字母（汉字），则该函数返回 True。

（3）isdigit()函数，如果字符串只包含数字，则该函数返回 True。

（4）isspace()函数，如果字符串只包含空白符，则该函数返回 True。

（5）islower()函数，如果字符串至少包含一个小写字母，且不包含大写字母，则该函数返回 True。

（6）isupper()函数，如果字符串至少包含一个大写字母，且不包含小写字母，则该函数返回

True。

（7）istitle()函数，如果字符串的所有单词都是大写开头且其余小写，则该函数返回 True。

（8）isnumeric()函数，如果字符串只包含数字字符，则该函数返回 True。

（9）isdecimal()函数，如果字符串只包含数字（包括 Unicode 字符，全角字符），则该函数返回 True。

此案例的主要源文件是 MyCode\H818\H818.ipynb。

146　使用 isin()筛选在指定列表中的数据

此案例主要演示了使用 isin()函数在指定列中筛选列表列出的数据。当在 Jupyter Notebook 中运行此案例代码之后，将在 DataFrame 中筛选昊志机电和广汇能源这两种股票，效果分别如图 146-1 和图 146-2 所示。

	股票代码	股票名称	最新价	涨跌额	行业	操作策略
0	300095	华伍股份	12.23	0.24	机械	买入
1	300503	昊志机电	11.45	0.16	机械	观望
2	600256	广汇能源	3.63	0.13	石油	卖出
3	600583	海油工程	4.26	0.06	石油	观望
4	600688	上海石化	3.45	0.03	石油	卖出

图 146-1

	股票代码	股票名称	最新价	涨跌额	行业	操作策略
1	300503	昊志机电	11.45	0.16	机械	观望
2	600256	广汇能源	3.63	0.13	石油	卖出

图 146-2

主要代码如下。

```
import pandas as pd#导入pandas库，并使用pd重命名pandas
#读取myexcel.xlsx文件的Sheet1工作表
df=pd.read_excel('myexcel.xlsx',sheet_name='Sheet1')
df#输出df的所有数据
#在df的股票名称列中筛选列表列出的股票
df[df.股票名称.isin(['昊志机电','广汇能源'])]
```

在上面这段代码中，df[df.股票名称.isin(['昊志机电','广汇能源'])]表示在 df 中筛选列表['昊志机电','广汇能源']列出的股票，即昊志机电和广汇能源。

此案例的主要源文件是 MyCode\H084\H084.ipynb。

147　使用 isin()筛选未在指定列表中的数据

此案例主要通过使用取反操作符（~）对 isin()函数的筛选结果取反，实现在 DataFrame 中筛选未在指定列表中的数据。当在 Jupyter Notebook 中运行此案例代码之后，将在 DataFrame 中筛选未在列表['昊志机电','广汇能源']中列出的股票，效果分别如图 147-1 和图 147-2 所示。

	股票代码	股票名称	最新价	涨跌额	行业	操作策略
0	300095	华伍股份	12.23	0.24	机械	买入
1	300503	昊志机电	11.45	0.16	机械	观望
2	600256	广汇能源	3.63	0.13	石油	卖出
3	600583	海油工程	4.26	0.06	石油	观望
4	600688	上海石化	3.45	0.03	石油	卖出

图 147-1

	股票代码	股票名称	最新价	涨跌额	行业	操作策略
0	300095	华伍股份	12.23	0.24	机械	买入
3	600583	海油工程	4.26	0.06	石油	观望
4	600688	上海石化	3.45	0.03	石油	卖出

图 147-2

主要代码如下。

```
import pandas as pd#导入pandas库, 并使用pd重命名pandas
#读取myexcel.xlsx文件的Sheet1工作表
df=pd.read_excel('myexcel.xlsx',sheet_name='Sheet1')
df#输出df的所有数据
#在df中筛选未在列表['昊志机电','广汇能源']中列出的股票
df[~df.股票名称.isin(['昊志机电','广汇能源'])]
```

在上面这段代码中, df[~df.股票名称.isin(['昊志机电','广汇能源'])]表示在df中筛选未在列表['昊志机电','广汇能源']中列出的股票, "~"是取反操作符。

此案例的主要源文件是MyCode\H085\H085.ipynb。

148　使用 isin()筛选指定列最大的前 n 行数据

此案例主要通过在isin()函数的参数中使用nlargest()函数, 实现在DataFrame中筛选指定列最大的前n行数据。当在Jupyter Notebook中运行此案例代码之后, 将在DataFrame中筛选最新价最大(最高)的前两行数据, 效果分别如图148-1和图148-2所示。

	股票代码	股票名称	最新价	昨收价	最高价	最低价
0	300767	震安科技	106.07	103.74	113.88	105.30
1	300422	博世科	9.12	8.92	9.37	8.88
2	600623	华谊集团	12.00	11.74	12.67	11.75
3	600150	中国船舶	17.63	17.25	17.98	17.08
4	600029	南方航空	5.60	5.48	5.85	5.48

图 148-1

	股票代码	股票名称	最新价	昨收价	最高价	最低价
0	300767	震安科技	106.07	103.74	113.88	105.30
3	600150	中国船舶	17.63	17.25	17.98	17.08

图 148-2

主要代码如下。

```
import pandas as pd#导入pandas库, 并使用pd重命名pandas
#读取myexcel.xlsx文件的Sheet1工作表
df=pd.read_excel('myexcel.xlsx',sheet_name='Sheet1')
df#输出df的所有数据
#在df中筛选最新价最高的前两种股票
```

```
df[df.index.isin(df.最新价.nlargest(2).index)]
#df.nlargest(2,'最新价')
##在 df 中筛选最新价最高的前三种股票
#df[df.index.isin(df.最新价.nlargest(3).index)]
```

在上面这段代码中，df[df.index.isin(df.最新价.nlargest(2).index)]表示在 df 中筛选最新价最大（最高）的前两行数据（前两种股票），该代码也可以写成 df.nlargest(2,'最新价').

此案例的主要源文件是 MyCode\H168\H168.ipynb。

149　使用 isin()筛选指定列最小的前 n 行数据

此案例主要通过在 isin()函数的参数中使用 nsmallest()函数，实现在 DataFrame 中筛选指定列最小的前 n 行数据。当在 Jupyter Notebook 中运行此案例代码之后，将在 DataFrame 中筛选最新价最小（最低）的前两行数据，效果分别如图 149-1 和图 149-2 所示。

	股票代码	股票名称	最新价	昨收价	最高价	最低价
0	300767	震安科技	106.07	103.74	113.88	105.30
1	300422	博世科	9.12	8.92	9.37	8.88
2	600623	华谊集团	12.00	11.74	12.67	11.75
3	600150	中国船舶	17.63	17.25	17.98	17.08
4	600029	南方航空	5.60	5.48	5.85	5.48

图 149-1

	股票代码	股票名称	最新价	昨收价	最高价	最低价
1	300422	博世科	9.12	8.92	9.37	8.88
4	600029	南方航空	5.60	5.48	5.85	5.48

图 149-2

主要代码如下。

```
import pandas as pd#导入 pandas 库，并使用 pd 重命名 pandas
#读取 myexcel.xlsx 文件的 Sheet1 工作表
df=pd.read_excel('myexcel.xlsx',sheet_name='Sheet1')
df#输出 df 的所有数据
#在 df 中筛选最新价最低的前两种股票
df[df.index.isin(df.最新价.nsmallest(2).index)]
#df.nsmallest(2,'最新价')
##在 df 中筛选最新价最低的前三种股票
#df[df.index.isin(df.最新价.nsmallest(3).index)]
```

在上面这段代码中，df[df.index.isin(df.最新价.nsmallest(2).index)]表示在 df 中筛选最新价最小（最低）的前两行数据（前两种股票），该代码也可以写成 df.nsmallest(2,'最新价').

此案例的主要源文件是 MyCode\H716\H716.ipynb。

150　在 apply()中调用自定义函数筛选数据

此案例主要通过在 apply()函数的参数中传递自定义函数，实现调用自定义函数对指定列数据进行筛选。当在 Jupyter Notebook 中运行此案例代码之后，将在 DataFrame 中筛选售价大于

100 且小于 150 的图书，效果分别如图 150-1 和图 150-2 所示。

	书名	售价	出版社
0	Android炫酷应用300例	99.8	清华大学出版社
1	HTML5+CSS3炫酷应用实例集锦	149.0	清华大学出版社
2	Web前端工程师修炼之道	199.0	机械工业出版社
3	HTML5与CSS网页设计基础	118.0	清华大学出版社
4	利用Python进行数据分析	119.0	机械工业出版社

图 150-1

	书名	售价	出版社
1	HTML5+CSS3炫酷应用实例集锦	149.0	清华大学出版社
3	HTML5与CSS网页设计基础	118.0	清华大学出版社
4	利用Python进行数据分析	119.0	机械工业出版社

图 150-2

主要代码如下。

```
import pandas as pd#导入 pandas 库，并使用 pd 重命名 pandas
#读取 myexcel.xlsx 文件的第 1 个工作表
df=pd.read_excel('myexcel.xlsx')
df#输出 df 的所有数据
##创建根据售价筛选图书的自定义函数
#def myFuncPrice(price):
#return 100<price<150
#创建根据售价筛选图书的自定义函数，这两个自定义函数的功能相同
def myFuncPrice(price):
    return 100<price and price<150
#在 df 中筛选售价大于 100 且小于 150 的图书
df.loc[df.售价.apply(myFuncPrice)]
```

在上面这段代码中，df.loc[df.售价.apply(myFuncPrice)]表示根据自定义函数 myFuncPrice()设置的筛选条件(100<price and price<150)在 df 中筛选售价大于 100 且小于 150 的图书。需要说明的是：虽然 myFuncPrice(price)自定义函数有一个 price 参数，但是在 apply()函数中调用该自定义函数时，只需写入函数名称 myFuncPrice，apply()函数将自动把 df['售价']列的每行数据传递给 price 参数处理。

此案例的主要源文件是 MyCode\H352\H352.ipynb。

151 在链式语句中调用自定义函数筛选数据

此案例主要通过采用链式语句在两个 apply()函数的参数中传递自定义函数，实现根据自定义函数设置的筛选条件对指定的两列数据进行筛选。当在 Jupyter Notebook 中运行此案例代码之后，将在 DataFrame 中筛选售价为 100～150，且清华大学出版社出版的图书，效果分别如图 151-1 和图 151-2 所示。

主要代码如下。

```
import pandas as pd#导入 pandas 库，并使用 pd 重命名 pandas
#读取 myexcel.xlsx 文件的第 1 个工作表
```

```
df=pd.read_excel('myexcel.xlsx')
df#输出 df 的所有数据
#创建根据售价筛选图书的自定义函数
def myFuncPrice(price):
    return 100<price<150
#创建根据出版社筛选图书的自定义函数
def myFuncPress(press):
    return '清华大学出版社' in press
#在 df 中筛选售价为100～150，且清华大学出版社出版的图书
df.loc[df.售价.apply(myFuncPrice)].loc[df.出版社.apply(myFuncPress)]
```

	书名	售价	出版社
0	Android炫酷应用300例	99.8	清华大学出版社
1	HTML5+CSS3炫酷应用实例集锦	149.0	清华大学出版社
2	Web前端工程师修炼之道	199.0	机械工业出版社
3	HTML5与CSS网页设计基础	118.0	清华大学出版社
4	OpenGL编程指南	139.0	机械工业出版社

图 151-1

	书名	售价	出版社
1	HTML5+CSS3炫酷应用实例集锦	149.0	清华大学出版社
3	HTML5与CSS网页设计基础	118.0	清华大学出版社

图 151-2

在上面这段代码中，df.loc[df.售价.apply(myFuncPrice)].loc[df.出版社.apply(myFuncPress)]表示首先根据自定义函数 myFuncPrice()在 df 中筛选售价为 100～150 的图书，然后根据自定义函数 myFuncPress()在返回的结果集中筛选由清华大学出版社出版的图书。

此案例的主要源文件是 MyCode\H353\H353.ipynb。

152 在 apply()中使用 lambda 筛选数据

此案例主要通过在 apply()函数中使用 lambda 表达式，从而实现根据 lambda 表达式设置的条件筛选数据。当在 Jupyter Notebook 中运行此案例代码之后，将在 DataFrame 中筛选单日涨跌额（最新价−昨收价）超过 1 元的股票，效果分别如图 152-1 和图 152-2 所示。

	股票代码	股票名称	最高价	最低价	最新价	昨收价
0	688677	海泰新光	120.59	110.20	117.10	114.09
1	688676	金盘科技	16.99	16.43	16.99	16.56
2	688669	聚石化学	34.30	33.52	34.00	33.90
3	688668	鼎通科技	42.88	38.44	42.21	39.34
4	688667	姜电电控	105.01	100.67	104.51	102.31

图 152-1

	股票代码	股票名称	最高价	最低价	最新价	昨收价
0	688677	海泰新光	120.59	110.20	117.10	114.09
3	688668	鼎通科技	42.88	38.44	42.21	39.34
4	688667	姜电电控	105.01	100.67	104.51	102.31

图 152-2

主要代码如下。

```
import pandas as pd#导入 pandas 库，并使用 pd 重命名 pandas
```

```
#读取 myexcel.xlsx 文件的第 1 个工作表
df=pd.read_excel('myexcel.xlsx')
df#输出 df 的所有数据
#使用 lambda 表达式在 df 中筛选单日涨跌额超过 1 元的股票
df[df.apply(lambda x:(x.最新价-x.昨收价)>1,axis=1)]
```

在上面这段代码中，df[df.apply(lambda x:(x.最新价-x.昨收价)>1,axis=1)]表示使用 lambda 表达式在 df 中筛选单日涨跌额(x.最新价-x.昨收价)超过 1 元的股票。

此案例的主要源文件是 MyCode\H355\H355.ipynb。

153　在链式语句中调用 lambda 筛选数据

此案例主要通过采用链式语句在两个 apply()函数的参数中传递 lambda 表达式，实现根据 lambda 表达式设置的条件筛选数据。当在 Jupyter Notebook 中运行此案例代码之后，将在 DataFrame 中筛选售价为 100～150，并且是清华大学出版社出版的图书，效果分别如图 153-1 和图 153-2 所示。

	书　名	售价	出版社
0	Android炫酷应用300例	99.8	清华大学出版社
1	HTML5+CSS3炫酷应用实例集锦	149.0	清华大学出版社
2	Web前端工程师修炼之道	199.0	机械工业出版社
3	jQuery炫酷应用实例集锦	99.0	清华大学出版社
4	利用Python进行数据分析	119.0	机械工业出版社

图 153-1

	书　名	售价	出版社
1	HTML5+CSS3炫酷应用实例集锦	149.0	清华大学出版社

图 153-2

主要代码如下。

```
import pandas as pd#导入 pandas 库，并使用 pd 重命名 pandas
#读取 myexcel.xlsx 文件的第 1 个工作表
df=pd.read_excel('myexcel.xlsx')
df#输出 df 的所有数据
#在 df 中筛选售价为 100～150，并且是清华大学出版社出版的图书
df.loc[df.售价.apply(lambda price:100<price<150)]\
.loc[df.出版社.apply(lambda press:'清华大学出版社' in press)]
```

在上面这段代码中，df.loc[df.售价.apply(lambda price:100<price<150)].loc[df.出版社.apply (lambda press:'清华大学出版社' in press)]表示首先根据 lambda 表达式在 df 中筛选售价为 100～150 的图书，然后再根据 lambda 表达式在返回的结果集中筛选由清华大学出版社出版的图书。

此案例的主要源文件是 MyCode\H351\H351.ipynb。

154 在 applymap()中使用 lambda 筛选数据

此案例主要演示了在 applymap()函数中使用 lambda 表达式在多个列中筛选数据。当在 Jupyter Notebook 中运行此案例代码之后，将在 DataFrame 的学校中文名列和国家列中筛选包含牛津大学、剑桥大学和美国的数据，效果分别如图 154-1 和图 154-2 所示。

	学校中文名	学校英文名	国家
0	哈佛大学	Harvard University	美国
1	剑桥大学	University of Cambridge	英国
2	帝国理工学院	Imperial College London	英国
3	牛津大学	University of Oxford	英国
4	斯坦福大学	Stanford University	美国

图 154-1

	学校中文名	学校英文名	国家
0	哈佛大学	Harvard University	美国
1	剑桥大学	University of Cambridge	英国
3	牛津大学	University of Oxford	英国
4	斯坦福大学	Stanford University	美国

图 154-2

主要代码如下。

```
import pandas as pd#导入pandas库，并使用pd重命名pandas
#读取myexcel.xlsx文件的第1个工作表
df=pd.read_excel('myexcel.xlsx')
df#输出df的所有数据
#在df的学校中文名列和国家列中筛选包含牛津大学、剑桥大学和美国的数据
#即筛选牛津大学、剑桥大学和美国的所有大学
df[df[['学校中文名', '国家']].applymap(lambda x:
                 x in ['牛津大学','剑桥大学','美国']).any(1)]
```

在上面这段代码中，df[df[['学校中文名','国家']].applymap(lambda x:x in ['牛津大学','剑桥大学','美国']).any(1)]表示在 df 的学校中文名列和国家列中筛选包含牛津大学、剑桥大学和美国的所有大学。

此案例的主要源文件是 MyCode\H540\H540.ipynb。

155 使用 apply()筛选指定列首次出现的数据

此案例主要演示了使用 apply()函数调用自定义函数在指定列中筛选首次出现的数据。当在 Jupyter Notebook 中运行此案例代码之后，将在 DataFrame 的行业列中筛选各个行业首次出现的股票，效果分别如图 155-1 和图 155-2 所示。

主要代码如下。

```
import pandas as pd#导入pandas库，并使用pd重命名pandas
#读取myexcel.xlsx文件的Sheet1工作表
df=pd.read_excel('myexcel.xlsx',sheet_name='Sheet1')
df#输出df的所有数据
```

```
#创建自定义函数 myfunc()
def myfunc(s):
    s=s.copy()
    mylist=df.行业.loc[:s.name-1].to_list()
    return s.行业 not in mylist
#调用自定义函数 myfunc()在 df 的行业列中筛选每个行业第一次出现的股票
df.loc[df.assign(是否首次=df.apply(myfunc,axis=1)).是否首次]
```

	股票名称	成交额	流通市值	总市值	净利润	行业
0	工商银行	9.55	12800	16900	1634.0	金融
1	贵州茅台	86.31	20800	20800	246.5	白酒
2	中国平安	46.67	5601	9452	580.0	金融
3	中国石化	10.45	4166	5278	391.5	石油
4	中国石油	9.09	8177	9242	530.3	石油

图 155-1

	股票名称	成交额	流通市值	总市值	净利润	行业
0	工商银行	9.55	12800	16900	1634.0	金融
1	贵州茅台	86.31	20800	20800	246.5	白酒
3	中国石化	10.45	4166	5278	391.5	石油

图 155-2

在上面这段代码中,df.loc[df.assign(是否首次=df.apply(myfunc,axis=1)).是否首次]表示调用自定义函数 myfunc()在 df 的行业列中筛选每个行业第一次出现的股票。

此案例的主要源文件是 MyCode\H546\H546.ipynb。

156 使用 apply()根据日期范围筛选数据

此案例主要演示了使用 apply()函数根据指定的日期范围在 DataFrame 中筛选数据。当在 Jupyter Notebook 中运行此案例代码之后,将在 DataFrame 中筛选上市日期为 2021 年 2 月 9 日到 2021 年 3 月 29 日的股票,效果分别如图 156-1 和图 156-2 所示。

	股票代码	股票名称	涨跌幅	涨跌额	最新价	上市日期
0	688677	海泰新光	0.0264	3.01	117.10	2021-02-26
1	688668	鼎通科技	0.0730	2.87	42.21	2020-12-21
2	688667	姜电电控	0.0215	2.20	104.51	2021-03-12
3	688665	四方光电	-0.0198	-2.32	114.98	2021-02-09
4	688661	和林微纳	0.0387	3.64	97.69	2021-03-29

图 156-1

	股票代码	股票名称	涨跌幅	涨跌额	最新价	上市日期
0	688677	海泰新光	0.0264	3.01	117.10	2021-02-26
2	688667	姜电电控	0.0215	2.20	104.51	2021-03-12
3	688665	四方光电	-0.0198	-2.32	114.98	2021-02-09
4	688661	和林微纳	0.0387	3.64	97.69	2021-03-29

图 156-2

主要代码如下。

```
import pandas as pd#导入pandas库，并使用pd重命名pandas
#读取myexcel.xlsx文件的Sheet1工作表
df=pd.read_excel('myexcel.xlsx',sheet_name='Sheet1')
df#输出df的所有数据
#使用apply()函数在df中筛选上市日期为2021年2月9日至2021年3月29日的股票
df[df.上市日期.apply(lambda x:
                pd.Timestamp('2021-03-29')>=x>=pd.Timestamp('2021-02-09'))]
#df[df.上市日期.apply(lambda x:(x.year==2021) and
#                (x.month>=2 and x.month<=3) and
#                (x.day>=9 and x.day<=29))]
```

在上面这段代码中，df[df.上市日期.apply(lambda x: pd.Timestamp('2021-03-29')>=x>=pd.Timestamp('2021-02-09'))]表示在df中筛选上市日期为2021年2月9日至2021年3月29日的股票。

此案例的主要源文件是MyCode\H081\H081.ipynb。

157　使用apply()根据数值范围筛选数据

此案例主要通过在apply()函数的参数中传递lambda表达式，实现根据lambda表达式对指定列的数据进行筛选。当在Jupyter Notebook中运行此案例代码之后，将在DataFrame中筛选售价大于99且小于150的图书，效果分别如图157-1和图157-2所示。

	书名	售价	出版社
0	Android炫酷应用300例	99.8	清华大学出版社
1	Bootstrap响应式Web开发	42.0	人民邮电出版社
2	HTML5+CSS3炫酷应用实例集锦	149.0	清华大学出版社
3	Web前端工程师修炼之道	199.0	机械工业出版社
4	HTML5+CSS3网页布局任务教程	39.0	中国铁道出版社

图157-1

	书名	售价	出版社
0	Android炫酷应用300例	99.8	清华大学出版社
2	HTML5+CSS3炫酷应用实例集锦	149.0	清华大学出版社

图157-2

主要代码如下。

```
import pandas as pd#导入pandas库，并使用pd重命名pandas
df=pd.read_excel('myexcel.xlsx')#读取myexcel.xlsx文件的第1个工作表
df#输出df的所有数据
#在df中筛选售价大于99且小于150的图书
df.loc[df.售价.apply(lambda price:99<price<150)]
#df.loc[(df.售价>99)&(df.售价<150)]
```

在上面这段代码中，df.loc[df.售价.apply(lambda price:99<price<150)]表示在df中筛选售价大于99且小于150的图书。

此案例的主要源文件是MyCode\H350\H350.ipynb。

158 使用 select_dtypes() 根据类型筛选列

此案例主要通过在 select_dtypes() 函数中设置 include 参数值，实现在 DataFrame 中筛选该参数指定类型的列。当在 Jupyter Notebook 中运行此案例代码之后，将在 DataFrame 中筛选数据类型是 float64 或 object 类型的列，效果分别如图 158-1 和图 158-2 所示。

	股票代码	股票名称	涨跌幅	最高价	最低价	今开价	最新价
0	688677	海泰新光	2.64%	120.59	110.20	114.09	117.10
1	688676	金盘科技	2.60%	16.99	16.43	16.50	16.99
2	688669	聚石化学	0.29%	34.30	33.52	33.90	34.00

图 158-1

	股票名称	涨跌幅	最高价	最低价	今开价	最新价
0	海泰新光	2.64%	120.59	110.20	114.09	117.10
1	金盘科技	2.60%	16.99	16.43	16.50	16.99
2	聚石化学	0.29%	34.30	33.52	33.90	34.00

图 158-2

主要代码如下。

```
import pandas as pd#导入pandas库,并使用pd重命名pandas
df=pd.read_csv('myCSV.csv')#读取以逗号分隔的文本文件(myCSV.csv)
df#输出df的所有数据
#在df中根据float64和object筛选列(股票名称、涨跌幅、最高价、最低价、今开价、最新价)
df.select_dtypes(include=['float64','object'])
##在df中根据number筛选列(股票代码、最高价、最低价、今开价、最新价)
#df.select_dtypes(include=['number'])
##在df中根据float64筛选列(最高价、最低价、今开价、最新价)
#df.select_dtypes(include='float64')
##输出df所有列的数据类型
#df.dtypes
```

在上面这段代码中，df.select_dtypes(include=['float64','object'])表示在 df 中筛选 float64 或 object 类型的所有列，参数 include=['float64','object'] 表示筛选列的数据类型，如果只筛选 float64 类型的列，也可以写成 include='float64'。如果是 df.select_dtypes(include=['number'])，则表示在 df 中筛选所有数值型的列，即股票代码、最高价、最低价、今开价、最新价这 5 列。可以使用 df.dtypes 属性查看 df 所有列的数据类型。

此案例的主要源文件是 MyCode\H612\H612.ipynb。

159 使用 select_dtypes() 根据类型反向筛选列

此案例主要通过在 select_dtypes() 函数中设置 exclude 参数值，实现在 DataFrame 中排除该参数指定类型的列，即反向筛选。当在 Jupyter Notebook 中运行此案例代码之后，将在 DataFrame 中排除 object 类型的列，即排除股票名称列和涨跌幅列，效果分别如图 159-1 和图 159-2 所示。

主要代码如下。

```
import pandas as pd#导入pandas库,并使用pd重命名pandas
#读取以逗号分隔的文本文件(myCSV.csv)
```

```
df=pd.read_csv('myCSV.csv')
df#输出df的所有数据
#在df中排除object类型的列，即排除股票名称列和涨跌幅列
df.select_dtypes(exclude='object')
##在df中排除Int64和object类型的列，即排除股票代码列、股票名称列、涨跌幅列
#df.select_dtypes(exclude=['object','Int64'])
##输出df所有列的数据类型
#df.dtypes
```

	股票代码	股票名称	涨跌幅	最高价	最低价	今开价	最新价
0	688677	海泰新光	2.64%	120.59	110.20	114.09	117.10
1	688676	金盘科技	2.60%	16.99	16.43	16.50	16.99
2	688669	聚石化学	0.29%	34.30	33.52	33.90	34.00

图 159-1

	股票代码	最高价	最低价	今开价	最新价
0	688677	120.59	110.20	114.09	117.10
1	688676	16.99	16.43	16.50	16.99
2	688669	34.30	33.52	33.90	34.00

图 159-2

在上面这段代码中，df.select_dtypes(exclude='object')表示在df中排除object类型的所有列，参数 exclude='object'表示排除列的数据类型。如果 df.select_dtypes(exclude=['object','Int64'])，则表示在df中排除object和Int64这两种类型的所有列。可以使用df.dtypes属性查看df所有列的数据类型。

此案例的主要源文件是 MyCode\H162\H162.ipynb。

160　使用filter()根据指定的列名筛选列

此案例主要通过在filter()函数中设置items参数值，实现根据指定的列名筛选列。当在Jupyter Notebook 中运行此案例代码之后，将在 DataFrame 中筛选股票代码、股票名称、昨收价、最新价这4列，效果分别如图160-1和图160-2所示。

	股票代码	股票名称	最高价	最低价	今开价	最新价	昨收价
0	688677	海泰新光	120.59	110.20	114.09	117.10	114.09
1	688676	金盘科技	16.99	16.43	16.50	16.99	16.56
2	688669	聚石化学	34.30	33.52	33.90	34.00	33.90

图 160-1

	股票代码	股票名称	昨收价	最新价
0	688677	海泰新光	114.09	117.10
1	688676	金盘科技	16.56	16.99
2	688669	聚石化学	33.90	34.00

图 160-2

主要代码如下。

```
import pandas as pd#导入pandas库，并使用pd重命名pandas
#读取myexcel.xlsx文件的Sheet1工作表
df=pd.read_excel('myexcel.xlsx',sheet_name='Sheet1',dtype={'股票代码':str})
df#输出df的所有数据
#在df中筛选股票代码列、股票名称列、昨收价列、最新价列
df.filter(items=['股票代码','股票名称','昨收价','最新价'])
```

在上面这段代码中，df.filter(items=['股票代码','股票名称','昨收价', '最新价'])表示在df中筛

选股票代码列、股票名称列、昨收价列、最新价列。

此案例的主要源文件是 MyCode\H505\H505.ipynb。

161 使用 filter() 根据指定的条件筛选列

此案例主要通过在 filter() 函数中将筛选条件设置为 like 参数值，同时设置 axis 参数值为 1，实现根据列名筛选列。当在 Jupyter Notebook 中运行此案例代码之后，将在 DataFrame 中筛选列名包含"价"字的列，效果分别如图 161-1 和图 161-2 所示。

	股票代码	股票名称	最高价	最低价	今开价	最新价	昨收价
0	688677	海泰新光	120.59	110.20	114.09	117.10	114.09
1	688676	金盘科技	16.99	16.43	16.50	16.99	16.56
2	688669	聚石化学	34.30	33.52	33.90	34.00	33.90

	最高价	最低价	今开价	最新价	昨收价
0	120.59	110.20	114.09	117.10	114.09
1	16.99	16.43	16.50	16.99	16.56
2	34.30	33.52	33.90	34.00	33.90

图 161-1　　　　　　　　　　　　　　　　图 161-2

主要代码如下。

```
import pandas as pd#导入 pandas 库，并使用 pd 重命名 pandas
#读取 myexcel.xlsx 文件的 Sheet1 工作表
df=pd.read_excel('myexcel.xlsx',sheet_name='Sheet1')
df#输出 df 的所有数据
#在 df 中筛选列名包含"价"字的列
df.filter(like='价',axis=1)
#df.filter(regex='价',axis=1)
```

在上面这段代码中，df.filter(like='价',axis=1)表示在 df 中筛选列名包含"价"字的列，该代码也可以写成：df.filter(regex='价',axis=1)。

此案例的主要源文件是 MyCode\H602\H602.ipynb。

162 使用 filter() 根据正则表达式筛选列

此案例主要通过在 filter() 函数中使用正则表达式设置 regex 参数值，实现使用正则表达式筛选列。当在 Jupyter Notebook 中运行此案例代码之后，将在 DataFrame 中根据正则表达式(regex='年$')筛选列名的结束字符是"年"的列，效果分别如图 162-1 和图 162-2 所示。

	会计科目	2020年	2019年	2018年	2017年
0	营业总收入	2432.0000	2360.0000	1946.0000	1467.0000
1	营业收入	2431.0000	2359.0000	1945.0000	1466.0000
2	利息收入	0.5906	0.3672	0.3714	0.2952
3	手续费及佣金收入	0.5394	0.1075	0.0450	0.0606

	2020年	2019年	2018年	2017年
0	2432.0000	2360.0000	1946.0000	1467.0000
1	2431.0000	2359.0000	1945.0000	1466.0000
2	0.5906	0.3672	0.3714	0.2952
3	0.5394	0.1075	0.0450	0.0606

图 162-1　　　　　　　　　　　　　　　　图 162-2

主要代码如下。

```
import pandas as pd#导入pandas库，并使用pd重命名pandas
#读取myexcel.xlsx文件的Sheet1工作表
df=pd.read_excel('myexcel.xlsx',sheet_name='Sheet1')
df#输出df的所有数据
##在df中筛选列名全部是汉字的列
#df.filter(regex='^[\u4e00-\u9fa5]{0,}$')
##在df中筛选列名全部是数字的列
#df.filter(regex='^\d{0,}$')
##在df中筛选列名开始字符是4位数字的列
#df.filter(regex='^\d{4}')
##在df中筛选列名开始字符是'年'的列
#df.filter(regex='^年')
##在df中筛选列名包含'年'的列
#df.filter(regex='年')
#在df中筛选列名结束字符是'年'的列
df.filter(regex='年$')
```

在上面这段代码中，df.filter(regex='年$')表示在 df 中筛选列名的结束字符是'年'的列，参数 regex='年$'表示结束字符是'年'，可以在正则表达式在线测试工具（https://c.runoob.com/front-end/854）中自定义各种正则表达式，并在线测试结果。如果 df=df.filter(regex='^[\u4e00-\u9fa5]{0,}$')，则表示筛选列名的全部字符是汉字的列。

此案例的主要源文件是 MyCode\H604\H604.ipynb。

163　使用 filter()根据指定的行标签筛选行

此案例主要通过在 filter()函数中将筛选条件设置为 like 参数值，同时设置 axis 参数值为 0，实现在 DataFrame 的行标签中筛选行。当在 Jupyter Notebook 中运行此案例代码之后，将在 DataFrame 的行标签（会计科目）中筛选包含"费用"的行，效果分别如图 163-1 和图 163-2 所示。

	2020年	2019年	2018年
会计科目			
营业收入	2431.00	2359.00	1945.00
销售费用	68.77	66.81	59.12
管理费用	43.15	42.33	34.95
财务费用	31.60	25.82	25.85

图 163-1

	2020年	2019年	2018年
会计科目			
销售费用	68.77	66.81	59.12
管理费用	43.15	42.33	34.95
财务费用	31.60	25.82	25.85

图 163-2

主要代码如下。

```
import pandas as pd#导入pandas库，并使用pd重命名pandas
#读取myexcel.xlsx文件的Sheet1工作表
df=pd.read_excel('myexcel.xlsx',sheet_name='Sheet1')
```

```
#在 df 中设置会计科目列为行标签
df=df.set_index('会计科目')
df#输出 df 的所有数据
#在 df 的行标签中筛选标签名称包含"费用"的行
df.filter(like='费用',axis=0)
```

在上面这段代码中，df.filter(like='费用',axis=0)表示在 df 的行标签中筛选包含"费用"的行。此案例的主要源文件是 MyCode\H603\H603.ipynb。

164 使用 filter()根据正则表达式筛选行

此案例主要通过在 filter()函数中将正则表达式作为筛选条件设置为 regex 参数值，同时设置 axis 参数值为 0，实现在 DataFrame 的行标签中根据正则表达式筛选行。当在 Jupyter Notebook 中运行此案例代码之后，将根据正则表达式(regex='^营业')在 DataFrame 的行标签（会计科目）中筛选开始字符是"营业"的行，效果分别如图 164-1 和图 164-2 所示。

会计科目	2020年	2019年	2018年
营业收入	2431.0000	2359.0000	1945.0000
利息收入	0.5906	0.3672	0.3714
营业成本	1640.0000	1534.0000	1313.0000
管理费用	43.1500	42.3300	34.9500
财务费用	31.6000	25.8200	25.8500

图 164-1

会计科目	2020年	2019年	2018年
营业收入	2431.0	2359.0	1945.0
营业成本	1640.0	1534.0	1313.0

图 164-2

主要代码如下。

```
import pandas as pd#导入 pandas 库，并使用 pd 重命名 pandas
#读取 myexcel.xlsx 文件的 Sheet1 工作表
df=pd.read_excel('myexcel.xlsx',sheet_name='Sheet1')
#在 df 中设置会计科目列为行标签
df=df.set_index('会计科目')
df#输出 df 的所有数据
#在 df 的行标签中筛选开始字符是"营业"的行
df.filter(regex='^营业',axis=0)
##在 df 的行标签中筛选结束字符是"费用"的行
#df.filter(regex='费用$',axis=0)
```

在上面这段代码中，df.filter(regex='^营业',axis=0)表示在 df 的行标签中筛选开始字符是"营业"的行，参数 regex='^营业'表示开始字符是"营业"，参数 axis=0 表示在行方向执行筛选。在正则表达式在线测试工具（https://c.runoob.com/front-end/854）中可以自定义各种正则表达式，并在线测试结果。

此案例的主要源文件是 MyCode\H605\H605.ipynb。

165　在 query()中使用比较运算符筛选数据

此案例主要演示了在 query()函数中使用比较运算符筛选数据。当在 Jupyter Notebook 中运行此案例代码之后，将在 DataFrame 中筛选最新价大于 12.23 的股票，效果分别如图 165-1 和图 165-2 所示。

	股票代码	股票名称	最新价	涨跌额	行业	操作策略
0	300095	华伍股份	12.23	0.24	机械	买入
1	601318	中国平安	58.54	0.46	保险	观望
2	601319	中国人保	5.83	0.05	保险	观望
3	601628	中国人寿	31.42	0.49	保险	卖出
4	601857	中国石油	4.74	0.06	石油	买入

图 165-1

	股票代码	股票名称	最新价	涨跌额	行业	操作策略
1	601318	中国平安	58.54	0.46	保险	观望
3	601628	中国人寿	31.42	0.49	保险	卖出

图 165-2

主要代码如下。

```
import pandas as pd#导入pandas库，并使用pd重命名pandas
#读取myexcel.xlsx文件的Sheet1工作表
df=pd.read_excel('myexcel.xlsx',sheet_name='Sheet1',dtype={'股票代码':str})
df#输出df的所有数据
#在query()中使用比较运算符(>)筛选最新价大于12.23的股票
df.query('最新价>12.23')
##在query()中使用比较运算符(>=)筛选最新价大于或等于12.23的股票
#df.query('最新价>=12.23')
##在query()中使用比较运算符(<)筛选最新价小于12.23的股票
#df.query('最新价<12.23')
##在query()中使用比较运算符(<=)筛选最新价小于或等于12.23的股票
#df.query('最新价<=12.23')
##在query()中使用比较运算符(==)筛选最新价等于12.23的股票
#df.query('最新价==12.23')
##在query()中使用比较运算符(!=)筛选最新价不等于12.23的股票
#df.query('最新价!=12.23')
```

在上面这段代码中，df.query('最新价>12.23')表示在 df 中筛选最新价大于 12.23 的股票。此案例的主要源文件是 MyCode\H086\H086.ipynb。

166　在 query()中使用多个运算符筛选数据

此案例主要演示了在 query()函数中使用多个比较运算符筛选数据。当在 Jupyter Notebook 中运行此案例代码之后，将在 DataFrame 中筛选最新价在[5.83,31.42]区间的股票，效果分别如图 166-1 和图 166-2 所示。

	股票代码	股票名称	最新价	涨跌额	行业	操作策略
0	300095	华伍股份	12.23	0.24	机械	买入
1	601318	中国平安	58.54	0.46	保险	观望
2	601319	中国人保	5.83	0.05	保险	观望
3	601628	中国人寿	31.42	0.49	保险	卖出
4	601857	中国石油	4.74	0.06	石油	买入

图 166-1

	股票代码	股票名称	最新价	涨跌额	行业	操作策略
0	300095	华伍股份	12.23	0.24	机械	买入
2	601319	中国人保	5.83	0.05	保险	观望
3	601628	中国人寿	31.42	0.49	保险	卖出

图 166-2

主要代码如下。

```
import pandas as pd #导入 pandas 库，并使用 pd 重命名 pandas
#读取 myexcel.xlsx 文件的 Sheet1 工作表
df=pd.read_excel('myexcel.xlsx',sheet_name='Sheet1',dtype={'股票代码':str})
df #输出 df 的所有数据
#在 query() 中使用比较运算符筛选最新价在[5.83,31.42]区间的股票
df.query('5.83<=最新价<=31.42')
#df.query('(5.83<=最新价)&(最新价<=31.42)')
#df[(5.83<=df.最新价)&(df.最新价<=31.42)]
```

在上面这段代码中，df.query('5.83<=最新价<=31.42')表示在 df 中筛选最新价在[5.83,31.42]区间的股票，该代码也可以写成 df.query('(5.83<=最新价)&(最新价<=31.42)')。

此案例的主要源文件是 MyCode\H087\H087.ipynb。

167 使用 query()根据平均值筛选数据

此案例主要演示了在 query()函数中使用 mean()函数根据平均值筛选数据。当在 Jupyter Notebook 中运行此案例代码之后，将在 DataFrame 中筛选最新价小于平均最新价的股票，效果分别如图 167-1 和图 167-2 所示。

	股票代码	股票名称	涨跌幅	涨跌额	最新价	上市日期
0	688677	海泰新光	0.0264	3.01	117.10	2021-02-26
1	688676	金盘科技	0.0260	0.43	16.99	2021-03-09
2	688669	聚石化学	0.0029	0.10	34.00	2021-01-25
3	688668	鼎通科技	0.0730	2.87	42.21	2020-12-21
4	688667	菱电电控	0.0215	2.20	104.51	2021-03-12

图 167-1

	股票代码	股票名称	涨跌幅	涨跌额	最新价	上市日期
1	688676	金盘科技	0.0260	0.43	16.99	2021-03-09
2	688669	聚石化学	0.0029	0.10	34.00	2021-01-25
3	688668	鼎通科技	0.0730	2.87	42.21	2020-12-21

图 167-2

主要代码如下。

```
import pandas as pd#导入 pandas 库，并使用 pd 重命名 pandas
#读取 myexcel.xlsx 文件的 Sheet1 工作表
df=pd.read_excel('myexcel.xlsx',sheet_name='Sheet1')
```

```
df#输出 df 的所有数据
#在 df 中筛选最新价小于平均最新价的股票
df.query("最新价<最新价.mean()")
#df[df.最新价<df.最新价.mean()]
```

在上面这段代码中，df.query("最新价<最新价.mean()")表示在 df 中筛选最新价小于平均最新价(62.962)的股票。

此案例的主要源文件是 MyCode\H094\H094.ipynb。

168　使用 query()根据两列差值筛选数据

此案例主要演示了在 query()函数中使用算术运算符和比较运算符根据两列差值筛选数据。当在 Jupyter Notebook 中运行此案例代码之后，将在 DataFrame 中筛选涨跌额（最新价-昨收价）大于 1 的股票，效果分别如图 168-1 和图 168-2 所示。

	股票代码	股票名称	最新价	昨收价	上市日期
0	688677	海泰新光	117.10	114.09	2021-02-26
1	688669	聚石化学	34.00	33.90	2021-01-25
2	688668	鼎通科技	42.21	39.34	2020-12-21
3	688667	姜电电控	104.51	102.31	2021-03-12
4	688665	四方光电	114.98	117.30	2021-02-09

图 168-1

	股票代码	股票名称	最新价	昨收价	上市日期
0	688677	海泰新光	117.10	114.09	2021-02-26
2	688668	鼎通科技	42.21	39.34	2020-12-21
3	688667	姜电电控	104.51	102.31	2021-03-12

图 168-2

主要代码如下。

```
import pandas as pd#导入 pandas 库，并使用 pd 重命名 pandas
#读取 myexcel.xlsx 文件的 Sheet1 工作表
df=pd.read_excel('myexcel.xlsx',sheet_name='Sheet1')
df#输出 df 的所有数据
#在 query()中使用算术运算符和比较运算符，在 df 中
#筛选涨跌额（即最新价-昨收价）大于 1 的股票
df.query('最新价-昨收价>1')
```

在上面这段代码中，df.query('最新价-昨收价>1')表示在 df 中筛选涨跌额（最新价-昨收价）大于 1 的股票，例如，海泰新光股票的涨跌额是 117.10-114.09=3.01，大于 1，因此入选；四方光电股票的涨跌额是 114.98-117.30=-2.32，小于 1，因此落选。

此案例的主要源文件是 MyCode\H090\H090.ipynb。

169　使用 query()根据多列数值大小筛选数据

此案例主要演示了在 query()函数中使用多个比较运算符根据多列数据的数值大小筛选数据。当在 Jupyter Notebook 中运行此案例代码之后，将在 DataFrame 中筛选昨收价<最新价<最高价的

股票，效果分别如图 169-1 和图 169-2 所示。

	股票代码	股票名称	最高价	最低价	最新价	昨收价
0	688677	海泰新光	120.59	110.20	117.10	114.09
1	688676	金盘科技	16.99	16.43	16.99	16.56
2	688669	聚石化学	34.30	33.52	34.00	33.90
3	688668	鼎通科技	42.88	38.44	42.21	39.34
4	688667	菱电电控	105.01	100.67	104.51	102.31

图 169-1

	股票代码	股票名称	最高价	最低价	最新价	昨收价
0	688677	海泰新光	120.59	110.20	117.10	114.09
2	688669	聚石化学	34.30	33.52	34.00	33.90
3	688668	鼎通科技	42.88	38.44	42.21	39.34
4	688667	菱电电控	105.01	100.67	104.51	102.31

图 169-2

主要代码如下。

```
import pandas as pd#导入pandas库，并使用pd重命名pandas
#读取myexcel.xlsx文件的Sheet1工作表
df=pd.read_excel('myexcel.xlsx',sheet_name='Sheet1')
df#输出df的所有数据
#在df中筛选昨收价<最新价<最高价的股票
df.query('昨收价<最新价<最高价')
#df.query('昨收价<最新价 and 最新价<最高价')
#df.query('昨收价<最新价 & 最新价<最高价')
#df[(df.昨收价<df.最新价)&(df.最新价<df.最高价)]
#df[(df.昨收价<df.最新价)and(df.最新价<df.最高价)] #报错
#df[(df.昨收价<df.最新价<df.最高价)]#报错
```

在上面这段代码中，df.query('昨收价<最新价<最高价')表示在 df 中筛选昨收价<最新价<最高价的股票。

此案例的主要源文件是 MyCode\H098\H098.ipynb。

170　使用 query()筛选多列均存在的数据

此案例主要演示了使用 query()函数在多列中筛选相同的数据。当在 Jupyter Notebook 中运行此案例代码之后，将在 DataFrame 中筛选最高价即是最新价的股票，效果分别如图 170-1 和图 170-2 所示。

	股票代码	股票名称	最高价	最低价	最新价	昨收价
0	688677	海泰新光	120.59	110.20	117.10	114.09
1	688676	金盘科技	16.99	16.43	16.99	16.56
2	688669	聚石化学	34.30	33.52	34.00	33.90
3	688668	鼎通科技	42.88	38.44	42.21	39.34
4	688667	菱电电控	105.01	100.67	104.51	102.31

图 170-1

	股票代码	股票名称	最高价	最低价	最新价	昨收价
1	688676	金盘科技	16.99	16.43	16.99	16.56

图 170-2

主要代码如下。

```
import pandas as pd#导入pandas库，并使用pd重命名pandas
#读取myexcel.xlsx文件的Sheet1工作表
df=pd.read_excel('myexcel.xlsx',sheet_name='Sheet1')
df#输出df的所有数据
#在df中筛选最高价即是最新价的股票
df.query('最高价 in 最新价')
#df[df.最高价.isin(df.最新价)]
##在df中筛选最高价不是最新价的股票
#df.query('最高价 not in 最新价')
#df[~df.最高价.isin(df.最新价)]
```

在上面这段代码中，df.query('最高价 in 最新价')表示在df中筛选最高价即是最新价的股票。
此案例的主要源文件是MyCode\H100\H100.ipynb。

171 使用query()根据指定列表筛选数据

此案例主要演示了在query()函数中根据列表筛选数据。当在Jupyter Notebook中运行此案
例代码之后，将在DataFrame中根据列表['海泰新光','鼎通科技','和林微纳']筛选这三种股票，效
果分别如图171-1和图171-2所示。

	股票代码	股票名称	最高价	最低价	最新价	昨收价
0	688677	海泰新光	120.59	110.20	117.10	114.09
1	688669	聚石化学	34.30	33.52	34.00	33.90
2	688668	鼎通科技	42.88	38.44	42.21	39.34
3	688661	和林微纳	97.91	92.08	97.69	94.05
4	688660	电气风电	8.96	8.81	8.94	8.98

图 171-1

	股票代码	股票名称	最高价	最低价	最新价	昨收价
0	688677	海泰新光	120.59	110.20	117.10	114.09
2	688668	鼎通科技	42.88	38.44	42.21	39.34
3	688661	和林微纳	97.91	92.08	97.69	94.05

图 171-2

主要代码如下。

```
import pandas as pd#导入pandas库，并使用pd重命名pandas
#读取myexcel.xlsx文件的Sheet1工作表
df=pd.read_excel('myexcel.xlsx',sheet_name='Sheet1')
df#输出df的所有数据
#在df中筛选在mylist中列出的股票
mylist=['海泰新光','鼎通科技','和林微纳']
df.query('股票名称 in @mylist')
#df.query('股票名称 == @mylist')
#df.query('@mylist in 股票名称')
#df[df.股票名称.isin(mylist)]
#在df中筛选不在mylist中列出的股票
#df.query('股票名称 not in @mylist')
#df.query('股票名称 != @mylist')
```

```
#df.query('@mylist not in 股票名称')
#df[~df.股票名称.isin(mylist)]
```

在上面这段代码中，df.query('股票名称 in @mylist')表示在 df 中筛选在 mylist 中列出的股票。此案例的主要源文件是 MyCode\H099\H099.ipynb。

172　使用 query()根据外部变量筛选数据

此案例主要通过使用外部变量设置筛选条件，实现使用 query()函数在 DataFrame 中筛选日期类型的数据。当在 Jupyter Notebook 中运行此案例代码之后，将在 DataFrame 中筛选在 2021-02-09 之前上市的股票，效果分别如图 172-1 和图 172-2 所示。

	股票代码	股票名称	涨跌幅	涨跌额	最新价	上市日期
0	688677	海泰新光	0.0264	3.01	117.10	2021-02-26
1	688676	金盘科技	0.0260	0.43	16.99	2021-03-09
2	688669	聚石化学	0.0029	0.10	34.00	2021-01-25
3	688668	鼎通科技	0.0730	2.87	42.21	2020-12-21
4	688667	菱电电控	0.0215	2.20	104.51	2021-03-12

图 172-1

	股票代码	股票名称	涨跌幅	涨跌额	最新价	上市日期
2	688669	聚石化学	0.0029	0.10	34.00	2021-01-25
3	688668	鼎通科技	0.0730	2.87	42.21	2020-12-21

图 172-2

主要代码如下。

```
import pandas as pd#导入 pandas 库，并使用 pd 重命名 pandas
#读取 myexcel.xlsx 文件的 Sheet1 工作表
df=pd.read_excel('myexcel.xlsx',sheet_name='Sheet1',parse_dates=['上市日期'])
df#输出 df 的所有数据
import datetime#导入 datetime 库
myDate=pd.Timestamp(datetime.datetime.strptime('2021-02-09','%Y-%m-%d').date())
#在 query()中使用外部变量指定日期作为筛选条件，
#然后在 df 中筛选上市日期小于外部变量(即 2021-02-09 之前)的股票
df.query("上市日期<@myDate")
##在 df 中筛选上市日期小于或等于外部变量(即 2021-02-09 或之前)的股票
#df.query("上市日期<=@myDate")
#df.query("上市日期<='2021-02-09'")
```

在上面这段代码中，df.query("上市日期<@myDate")表示在 df 中筛选上市日期小于 myDate 变量的股票，即在 df 中筛选上市日期在 2021-02-09 之前的股票。

此案例的主要源文件是 MyCode\H091\H091.ipynb。

173　使用 query()根据日期范围筛选数据

此案例主要通过使用多个外部变量设置筛选条件，实现使用 query()函数在 DataFrame 中筛选指定日期范围的数据。当在 Jupyter Notebook 中运行此案例代码之后，将在 DataFrame 中筛选上市日期在 2021-02-09 到 2021-03-29 范围的股票，效果分别如图 173-1 和图 173-2 所示。

	股票代码	股票名称	涨跌幅	涨跌额	最新价	上市日期
0	688677	海泰新光	0.0264	3.01	117.10	2021-02-26
1	688668	鼎通科技	0.0730	2.87	42.21	2020-12-21
2	688665	四方光电	-0.0198	-2.32	114.98	2021-02-09
3	688662	富信科技	-0.0465	-1.94	39.80	2021-04-01
4	688661	和林微纳	0.0387	3.64	97.69	2021-03-29

图 173-1

	股票代码	股票名称	涨跌幅	涨跌额	最新价	上市日期
0	688677	海泰新光	0.0264	3.01	117.10	2021-02-26
2	688665	四方光电	-0.0198	-2.32	114.98	2021-02-09
4	688661	和林微纳	0.0387	3.64	97.69	2021-03-29

图 173-2

主要代码如下。

```
import pandas as pd#导入pandas库，并使用pd重命名pandas
#读取myexcel.xlsx文件的Sheet1工作表
df=pd.read_excel('myexcel.xlsx',sheet_name='Sheet1',parse_dates=['上市日期'])
df#输出df的所有数据
import datetime#导入datetime库
myDateFrom=pd.Timestamp(datetime.datetime.strptime('2021-02-09','%Y-%m-%d').date())
myDateTo=pd.Timestamp(datetime.datetime.strptime('2021-03-29','%Y-%m-%d').date())
#在query()中使用两个外部变量指定开始日期和结束日期作为筛选条件，
#然后在df中筛选上市日期在2021-02-09到2021-03-29的股票
df.query("@myDateFrom<=上市日期<=@myDateTo")
#df.query("'2021-02-09'<=上市日期<='2021-03-29'")
```

在上面这段代码中，df.query("@myDateFrom<=上市日期<=@myDateTo")表示在 df 中筛选上市日期在@myDateFrom 和@myDateTo 两个外部变量限定范围的股票，该代码也可以写成 df.query("'2021-02-09'<=上市日期<='2021-03-29'")。

此案例的主要源文件是 MyCode\H092\H092.ipynb。

174　使用 query()筛选包含指定字符的数据

此案例主要演示了在 query()函数中使用字符串的 contains()函数在 DataFrame 中筛选指定字符的数据。当在 Jupyter Notebook 中运行此案例代码之后，将在 DataFrame 中筛选股票名称含有"科技"的股票，效果分别如图 174-1 和图 174-2 所示。

	股票代码	股票名称	涨跌幅	涨跌额	最新价	上市日期
0	688677	海泰新光	2.64%	3.01	117.10	2021-02-26
1	688676	金盘科技	2.60%	0.43	16.99	2021-03-09
2	688669	聚石化学	0.29%	0.10	34.00	2021-01-25
3	688668	鼎通科技	7.30%	2.87	42.21	2020-12-21
4	688667	菱电电控	2.15%	2.20	104.51	2021-03-12

图 174-1

	股票代码	股票名称	涨跌幅	涨跌额	最新价	上市日期
1	688676	金盘科技	2.60%	0.43	16.99	2021-03-09
3	688668	鼎通科技	7.30%	2.87	42.21	2020-12-21

图 174-2

主要代码如下。

```
import pandas as pd#导入pandas库，并使用pd重命名pandas
#读取myexcel.xlsx文件的Sheet1工作表
df=pd.read_excel('myexcel.xlsx',sheet_name='Sheet1')
df #输出df的所有数据
#在df中筛选股票名称包含"科技"的股票
df.query("股票名称.str.contains('科技')",engine='python')
##在df中筛选股票名称是"金盘科技"的股票
#df.query("股票名称=='金盘科技'")
```

在上面这段代码中，df.query("股票名称.str.contains('科技')",engine='python')表示在 df 中筛选股票名称含有"科技"的股票，参数 engine='python'不能省略，否则将报错。

此案例的主要源文件是 MyCode\H093\H093.ipynb。

175 使用 query()根据行标签筛选数据

此案例主要通过在 query()函数中使用 index，实现在 DataFrame 中根据行标签筛选数据。当在 Jupyter Notebook 中运行此案例代码之后，将在 DataFrame 中筛选行标签大于 2 的股票，效果分别如图 175-1 和图 175-2 所示。

	股票代码	股票名称	最高价	最低价	最新价	昨收价
4	688677	海泰新光	120.59	110.20	117.10	114.09
2	688676	金盘科技	16.99	16.43	16.99	16.56
0	688669	聚石化学	34.30	33.52	34.00	33.90
1	688668	鼎通科技	42.88	38.44	42.21	39.34
3	688667	菱电电控	105.01	100.67	104.51	102.31

图 175-1

	股票代码	股票名称	最高价	最低价	最新价	昨收价
4	688677	海泰新光	120.59	110.20	117.10	114.09
3	688667	菱电电控	105.01	100.67	104.51	102.31

图 175-2

主要代码如下。

```
import pandas as pd #导入pandas库，并使用pd重命名pandas
#读取myexcel.xlsx文件的Sheet1工作表
df=pd.read_excel('myexcel.xlsx',sheet_name='Sheet1')
#自定义df的行标签
df.index=[4,2,0,1,3]
df #输出df的所有数据
#在df中筛选行标签大于2的股票
df.query("index>2")
##在df中筛选行标签为2～4的股票
#df.query("4>=index>=2")
```

在上面这段代码中，df.query("index>2")表示在 df 中筛选行标签大于 2 的股票。如果 df.query("4>=index>=2")，则表示在 df 中筛选行标签为 2～4 的股票。

此案例的主要源文件是 MyCode\H097\H097.ipynb。

176　使用 query()组合多个条件筛选数据

此案例主要演示了在 query()函数中使用逻辑运算符组合多个条件在 DataFrame 中筛选数据。当在 Jupyter Notebook 中运行此案例代码之后，将在 DataFrame 中筛选最新价大于平均最新价且昨收价大于平均昨收价的股票，效果分别如图 176-1 和图 176-2 所示。

	股票代码	股票名称	最高价	最低价	最新价	昨收价
0	688677	海泰新光	120.59	110.20	117.10	114.09
1	688676	金盘科技	16.99	16.43	16.99	16.56
2	688669	聚石化学	34.30	33.52	34.00	33.90
3	688668	鼎通科技	42.88	38.44	42.21	39.34
4	688667	姜电电控	105.01	100.67	104.51	102.31

图 176-1

	股票代码	股票名称	最高价	最低价	最新价	昨收价
0	688677	海泰新光	120.59	110.20	117.10	114.09
4	688667	姜电电控	105.01	100.67	104.51	102.31

图 176-2

主要代码如下。

```
import pandas as pd#导入pandas库，并使用pd重命名pandas
#读取myexcel.xlsx文件的Sheet1工作表
df=pd.read_excel('myexcel.xlsx',sheet_name='Sheet1')
df#输出df的所有数据
#在df中筛选最新价大于平均最新价且昨收价大于平均昨收价的股票
df.query("(最新价>最新价.mean())and(昨收价>昨收价.mean())")
#df.query("(最新价>最新价.mean())&(昨收价>昨收价.mean())")
#df[(df.最新价>df.最新价.mean())&(df.昨收价>df.昨收价.mean())]
#df[(df.最新价>df.最新价.mean())and(df.昨收价>df.昨收价.mean())]  #报错
```

在上面这段代码中，df.query("(最新价>最新价.mean())and(昨收价>昨收价.mean())")表示在 df 中筛选最新价大于平均最新价且昨收价大于平均昨收价的股票，该代码也可以写成 df.query("(最新价>最新价.mean())&(昨收价>昨收价.mean())")。

此案例的主要源文件是 MyCode\H096\H096.ipynb。

177　使用 query()以链式风格筛选数据

此案例主要演示了使用多个 query()函数以链式风格根据指定的多个条件在 DataFrame 中筛选数据。当在 Jupyter Notebook 中运行此案例代码之后，将在 DataFrame 中筛选最新价在[11.45,31.42]区间且涨跌额小于或等于 0.24 的股票，效果分别如图 177-1 和图 177-2 所示。

主要代码如下。

```
import pandas as pd#导入pandas库，并使用pd重命名pandas
#读取myexcel.xlsx文件的Sheet1工作表
```

```
df=pd.read_excel('myexcel.xlsx',sheet_name='Sheet1',dtype={'股票代码':str})
df#输出df的所有数据
#在query()中使用比较运算符在df中筛选最新价在[11.45,31.42]区间的股票,
#且股票的涨跌额小于或等于0.24
df.query('11.45<=最新价<=31.42').query('涨跌额<=0.24')
#df.query('(11.45<=最新价<=31.42)&(涨跌额<=0.24)')
```

	股票代码	股票名称	最新价	涨跌额	行业	操作策略
0	300095	华伍股份	12.23	0.24	机械	买入
1	300503	昊志机电	11.45	0.16	机械	观望
2	601319	中国人保	5.83	0.05	保险	观望
3	601628	中国人寿	31.42	0.49	保险	卖出
4	601857	中国石油	4.74	0.06	石油	买入

图 177-1

	股票代码	股票名称	最新价	涨跌额	行业	操作策略
0	300095	华伍股份	12.23	0.24	机械	买入
1	300503	昊志机电	11.45	0.16	机械	观望

图 177-2

在上面这段代码中，df.query('11.45<=最新价<=31.42').query('涨跌额<=0.24')表示以链式风格使用多个 query()函数在 df 中筛选最新价在[11.45,31.42]区间的股票，且这些股票的涨跌额小于或等于 0.24；该代码也可以写成 df.query('(11.45<=最新价<=31.42)&(涨跌额<=0.24)')。

此案例的主要源文件是 MyCode\H088\H088.ipynb。

178 使用 eval()组合多个条件筛选数据

此案例主要演示了在 eval()函数中使用多个比较运算符在 DataFrame 中筛选指定范围的数据。当在 Jupyter Notebook 中运行此案例代码之后，将在 DataFrame 中筛选昨收价为 23～100 的股票，效果分别如图 178-1 和图 178-2 所示。

	股票代码	股票名称	最高价	最低价	最新价	昨收价
0	688677	海泰新光	120.59	110.20	117.10	114.09
1	688663	新风光	24.93	22.60	23.92	23.00
2	688662	富信科技	42.02	39.67	39.80	41.74
3	688661	和林微纳	97.91	92.08	97.69	94.05
4	688660	电气风电	8.96	8.81	8.94	8.98

图 178-1

	股票代码	股票名称	最高价	最低价	最新价	昨收价
1	688663	新风光	24.93	22.60	23.92	23.00
2	688662	富信科技	42.02	39.67	39.80	41.74
3	688661	和林微纳	97.91	92.08	97.69	94.05

图 178-2

主要代码如下。

```
import pandas as pd#导入pandas库,并使用pd重命名pandas
#读取myexcel.xlsx文件的Sheet1工作表
df=pd.read_excel('myexcel.xlsx',sheet_name='Sheet1')
df#输出df的所有数据
#在df中筛选昨收价为23～100的股票
df[df.eval("23<=昨收价<=100")]
```

```
#df[df.eval("(23<=昨收价)and(昨收价<=100)")]
#df[df.eval("(23<=昨收价)&(昨收价<=100)")]
##在 df 中筛选昨收价不在 23～100 范围的股票
#df[df.eval("not 23<=昨收价<=100")]
#df[df.eval("not ((23<=昨收价)and(昨收价<=100))")]
#df[df.eval("not ((23<=昨收价)&(昨收价<=100))")]
```

在上面这段代码中，df[df.eval("23<=昨收价<=100")]表示在 df 中筛选昨收价为 23～100 的股票，该代码也可以写成 df[df.eval("(23<=昨收价)and(昨收价<=100)")]或 df[df.eval("(23<=昨收价)&(昨收价<=100)")]。

此案例的主要源文件是 MyCode\H101\H101.ipynb。

179　使用 rolling()根据样本筛选数据

此案例主要演示了使用 rolling()函数根据样本在 DataFrame 的指定列中筛选数据。当在 Jupyter Notebook 中运行此案例代码之后，将在 DataFrame 的楼号列中根据样本[5,7]筛选数据，即在 DataFrame 中筛选连续两天分别销售 5 号楼和 7 号楼这种情形的数据，效果分别如图 179-1 和图 179-2 所示。

	日期	销售收入	套数	建筑面积	楼号
0	2021-09-01	4800000	2	240	5
1	2021-09-02	1800000	1	60	7
2	2021-09-03	5400000	3	300	12
3	2021-09-04	8000000	6	480	7
4	2021-09-05	3600000	2	180	5
5	2021-09-06	6000000	4	320	7
6	2021-09-07	8540000	6	420	6
7	2021-09-08	6800000	4	360	5
8	2021-09-09	3800000	2	210	4
9	2021-09-10	7180000	2	360	11

图 179-1

	日期	销售收入	套数	建筑面积	楼号
0	2021-09-01	4800000	2	240	5
4	2021-09-05	3600000	2	180	5
1	2021-09-02	1800000	1	60	7
5	2021-09-06	6000000	4	320	7

图 179-2

主要代码如下。

```
import pandas as pd#导入 pandas 库，并使用 pd 重命名 pandas
#读取 myexcel.xlsx 文件的 Sheet1 工作表
df=pd.read_excel('myexcel.xlsx',sheet_name='Sheet1')
df#输出 df 的所有数据
#在 df 的楼号列中根据样本[5,7]筛选数据，
#即在 df 中筛选连续两天分别销售 5 号楼和 7 号楼这种情形的数据
myindex=df.楼号.rolling(window=len([5,7])).apply(lambda x:
                  (x==[5,7]).all()).loc[lambda x:x==1].index
df.iloc[myindex-1].append(df.iloc[myindex])
```

在上面这段代码中，df.楼号.rolling(window=len([5,7])).apply(lambda x:(x==[5,7]).all()).loc [lambda x:x==1].index 表示在 df 的楼号列中根据样本[5,7]筛选数据，即在 df 中筛选连续两天分别销售 5 号楼和 7 号楼这种情形的数据。

此案例的主要源文件是 MyCode\H554\H554.ipynb。

180　使用 sample()根据占比筛选随机子集

此案例主要演示了使用 sample()函数在 DataFrame 中筛选指定占比的随机子集。当在 Jupyter Notebook 中运行此案例代码之后，将在 DataFrame 中筛选占比 30%的随机子集，效果分别如图 180-1 和图 180-2 所示；因为是随机子集，所以每次运行结果可能都不相同。

	股票代码	股票名称	最新价	昨收价	最高价	最低价
0	300767	震安科技	106.07	103.74	113.88	105.30
1	300422	博世科	9.12	8.92	9.37	8.88
2	600623	华谊集团	12.00	11.74	12.67	11.75
3	600150	中国船舶	17.63	17.25	17.98	17.08
4	600029	南方航空	5.60	5.48	5.85	5.48
5	300374	中铁装配	12.22	11.96	12.59	11.78
6	688099	晶晨股份	112.05	109.70	115.93	108.50
7	603568	伟明环保	27.95	27.37	28.66	27.08
8	300953	震裕科技	104.77	102.61	110.27	103.37
9	603663	三祥新材	21.44	21.00	21.44	20.18

图 180-1

	股票代码	股票名称	最新价	昨收价	最高价	最低价
4	600029	南方航空	5.60	5.48	5.85	5.48
3	600150	中国船舶	17.63	17.25	17.98	17.08
2	600623	华谊集团	12.00	11.74	12.67	11.75

图 180-2

主要代码如下。

```
import pandas as pd#导入pandas库，并使用pd重命名pandas
#读取myexcel.xlsx文件的Sheet1工作表
df=pd.read_excel('myexcel.xlsx',sheet_name='Sheet1')
df#输出df的所有数据
#在df中筛选占比30%的随机子集
df.sample(frac=0.3)
##在df中筛选占比40%的随机子集
#df.sample(frac=0.4)
##随机筛选df的1行数据
#df.sample()
##随机筛选df的4行数据
#df.sample(4)
```

在上面这段代码中，df.sample(frac=0.3)表示在 df 中筛选占比 30%的随机子集，每次执行结果可能都不相同，但占比始终是 30%，即 10 条数据随机取 3 条数据。如果 df.sample(frac=0.4)，则表示在 df 中筛选占比 40%的随机子集。

此案例的主要源文件是 MyCode\H167\H167.ipynb。

181　使用 apply()根据指定条件筛选数据

此案例主要通过在 apply()函数中使用 findall()函数，从而实现在 DataFrame 中根据指定的条件筛选数据。当在 Jupyter Notebook 中运行此案例代码之后，将在 DataFrame 中筛选数字，即过滤掉所有的 "人" "元" "家" 等汉字，效果分别如图 181-1 和图 181-2 所示。

	员工人数	营业费用	营业收入	客户数量
新南路店	15人	120000元	200000元	60家
长江路店	8人	80000元	60000元	40家
航空港店	12人	150000元	180000元	50家

图 181-1

	员工人数	营业费用	营业收入	客户数量
新南路店	15	120000	200000	60
长江路店	8	80000	60000	40
航空港店	12	150000	180000	50

图 181-2

主要代码如下。

```
import pandas as pd#导入pandas库，并使用pd重命名pandas
#读取myexcel.xlsx文件的Sheet1工作表
df=pd.read_excel('myexcel.xlsx',sheet_name='Sheet1',index_col=0)
df#输出df的所有数据
#在df中筛选所有的数字，即过滤掉汉字
df.apply(lambda s: s.astype(str).str.findall(r'\d+').map('+'.join))
```

在上面这段代码中，df.apply(lambda s: s.astype(str).str.findall(r'\d+').map('+'.join))表示在 df 中筛选所有的数字，即过滤掉汉字。

此案例的主要源文件是 MyCode\H543\H543.ipynb。

182　在 DataFrame 中筛选所有数据

此案例主要演示了使用比较运算符(<)在 DataFrame 中筛选所有数据。当在 Jupyter Notebook 中运行此案例代码之后，将在 DataFrame 中筛选所有小于 60 的数据，效果分别如图 182-1 和图 182-2 所示。

姓名	离散数学	逻辑电路	操作系统	数据结构	计算机网络
刘恭德	90	66	72	80	59
吴多	59	55	84	96	60
王勇	68	52	48	60	55
汤小敏	88	72	56	59	64
史维维	40	68	50	53	72

图 182-1

	离散数学	逻辑电路	操作系统	数据结构	计算机网络
姓名					
刘恭德	-	-	-	-	59.0
吴多	59.0	55.0	-	-	-
王勇	-	52.0	48.0	-	55.0
汤小敏	-	-	56.0	59.0	-
史维维	40.0	-	50.0	53.0	-

图 182-2

主要代码如下。

```
import pandas as pd#导入 pandas 库，并使用 pd 重命名 pandas
#读取 myexcel.xlsx 文件的 Sheet1 工作表
df=pd.read_excel('myexcel.xlsx',sheet_name='Sheet1',index_col='姓名')
df#输出 df 的所有数据
#在 df 中筛选小于 60 的所有数据
df[df<60].fillna('-')
##在 df 中筛选大于 60 的所有数据
#df[df>60].fillna('-')
##在 df 中将所有小于 60 的数据修改为“不合格”
#df[df<60]='不合格'
#df  #输出 df 在修改之后的所有数据
```

在上面这段代码中，df[df<60].fillna('-')表示在 df 中筛选所有小于 60 的数据，并将其他数据设置为“-”。如果 df[df<60]='不合格'，则表示在 df 中筛选所有小于 60 的数据，并将其修改为“不合格”。

此案例的主要源文件是 MyCode\H267\H267.ipynb。

183　根据在列表中指定的多个列名筛选列

此案例主要通过在列表中指定多个列名，从而实现在 DataFrame 中按序筛选多列数据。当在 Jupyter Notebook 中运行此案例代码之后，将在 DataFrame 中筛选会计科目、2020 年、2019 年和 2018 年这 4 列数据，效果分别如图 183-1 和图 183-2 所示。

	会计科目	2020年	2019年	2018年	2017年
0	营业总收入	2432.0000	2360.0000	1946.0000	1467.0000
1	营业收入	2431.0000	2359.0000	1945.0000	1466.0000
2	利息收入	0.5906	0.3672	0.3714	0.2952
3	手续费及佣金收入	0.5394	0.1075	0.0450	0.0606

图 183-1

	会计科目	2020年	2019年	2018年
0	营业总收入	2432.0000	2360.0000	1946.0000
1	营业收入	2431.0000	2359.0000	1945.0000
2	利息收入	0.5906	0.3672	0.3714
3	手续费及佣金收入	0.5394	0.1075	0.0450

图 183-2

主要代码如下。

```
import pandas as pd#导入pandas库，并使用pd重命名pandas
#读取myexcel.xlsx文件的Sheet1工作表
df=pd.read_excel('myexcel.xlsx',sheet_name='Sheet1')
df#输出df的全部数据
#在df中按照列表指定的列名筛选多列数据，
#即筛选会计科目列、2020年列、2019年列、2018年列
df[['会计科目','2020年','2019年','2018年']]
```

在上面这段代码中，df[['会计科目','2020年','2019年','2018年']]表示在df中筛选会计科目、2020年、2019年和2018年这4列数据。

此案例的主要源文件是MyCode\H675\H675.ipynb。

184　根据在集合中指定的多个列名筛选列

此案例主要通过在集合中指定列名，从而实现在 DataFrame 中无序筛选多列数据。当在 Jupyter Notebook 中运行此案例代码之后，将在 DataFrame 中无序筛选会计科目列、2020年列、2019年列和2018年列这4列数据，效果分别如图 184-1 和图 184-2 所示。

	会计科目	2020年	2019年	2018年	2017年
0	营业总收入	2432.0000	2360.0000	1946.0000	1467.0000
1	营业收入	2431.0000	2359.0000	1945.0000	1466.0000
2	利息收入	0.5906	0.3672	0.3714	0.2952
3	手续费及佣金收入	0.5394	0.1075	0.0450	0.0606

图 184-1

	会计科目	2019年	2020年	2018年
0	营业总收入	2360.0000	2432.0000	1946.0000
1	营业收入	2359.0000	2431.0000	1945.0000
2	利息收入	0.3672	0.5906	0.3714
3	手续费及佣金收入	0.1075	0.5394	0.0450

图 184-2

主要代码如下。

```
import pandas as pd#导入pandas库，并使用pd重命名pandas
#读取myexcel.xlsx文件的Sheet1工作表
df=pd.read_excel('myexcel.xlsx',sheet_name='Sheet1')
df#输出df的全部数据
#在df中根据集合指定的列名无序筛选多列数据，
#即无序筛选会计科目列、2020年列、2019年列、2018年列这4列数据
df[{'会计科目','2020年','2019年','2018年'}]
```

在上面这段代码中，df[{'会计科目','2020年','2019年','2018年'}]表示在df中无序筛选会计科目列、2020年列、2019年列、2018年列这4列数据。

此案例的主要源文件是MyCode\H125\H125.ipynb。

第4章

清洗数据

185　统计 DataFrame 每列的 NaN 数量

此案例主要通过使用 isna() 函数和 sum() 函数，实现在 DataFrame 中按列统计每列的 NaN 数量。NaN 在 Excel 的工作表中通常就是一个空白的单元格，在 Pandas 中通常称作缺失值。当在 Jupyter Notebook 中运行此案例代码之后，将输出 DataFrame 每列的 NaN 数量，效果分别如图 185-1 和图 185-2 所示。

	股票代码	股票名称	最新价	昨收价	最高价	最低价
0	300767	震安科技	106.07	NaN	113.88	105.3
1	300422	NaN	9.12	NaN	9.37	NaN
2	600623	华谊集团	12.00	11.74	NaN	NaN
3	600150	中国船舶	NaN	NaN	NaN	NaN
4	600029	NaN	5.60	5.48	5.85	NaN

图 185-1

	股票代码	股票名称	最新价	昨收价	最高价	最低价
NaN数量	0	2	1	3	2	4

图 185-2

主要代码如下。

```
import pandas as pd #导入pandas库，并使用pd重命名pandas
#读取myexcel.xlsx文件的Sheet1工作表
df=pd.read_excel('myexcel.xlsx',sheet_name='Sheet1')
df #输出df的所有数据
#按列统计df每列的NaN数量
df1=pd.DataFrame(df.isna().sum()).transpose()
df1.index=['NaN数量']
df1 #输出df每列的NaN数量
```

在上面这段代码中，pd.DataFrame(df.isna().sum()).transpose() 表示按列统计 df 每列的 NaN 数量。

此案例的主要源文件是 MyCode\H169\H169.ipynb。

186 统计 DataFrame 每行的 NaN 数量

此案例主要通过使用 isna()函数和 sum()函数，且在 sum()函数中设置 axis 参数值为 1，实现在 DataFrame 中按行统计每行的 NaN 数量。当在 Jupyter Notebook 中运行此案例代码之后，将按行统计 DataFrame 每行的 NaN 数量，效果分别如图 186-1 和图 186-2 所示。

	股票代码	股票名称	最新价	昨收价	最高价	最低价
0	300767	震安科技	106.07	NaN	113.88	105.3
1	300422	NaN	9.12	NaN	9.37	NaN
2	600623	华谊集团	12.00	11.74	NaN	NaN
3	600150	中国船舶	NaN	NaN	NaN	NaN
4	600029	NaN	5.60	5.48	5.85	NaN

图 186-1

	股票代码	股票名称	最新价	昨收价	最高价	最低价	NaN数量
0	300767	震安科技	106.07	NaN	113.88	105.3	1
1	300422	NaN	9.12	NaN	9.37	NaN	3
2	600623	华谊集团	12.00	11.74	NaN	NaN	2
3	600150	中国船舶	NaN	NaN	NaN	NaN	4
4	600029	NaN	5.60	5.48	5.85	NaN	2

图 186-2

主要代码如下。

```
import pandas as pd #导入pandas库，并使用pd重命名pandas
#读取myexcel.xlsx文件的Sheet1工作表
df=pd.read_excel('myexcel.xlsx',sheet_name='Sheet1')
df  #输出df的所有数据
#按行统计df每行的NaN数量
df['NaN数量']=df.isna().sum(axis=1)
#df['NaN数量']=df.isna().sum(1)
df  #输出df在统计每行NaN数量之后的所有数据
```

在上面这段代码中，df.isna().sum(axis=1)表示按行统计 df 每行的 NaN 数量。

此案例的主要源文件是 MyCode\H841\H841.ipynb。

187 统计 DataFrame 每行的非 NaN 数量

此案例主要通过使用 notna()函数和 sum()函数，且在 sum()函数中设置 axis 参数值为 1，实现在 DataFrame 中按行统计每行的非 NaN 数量。当在 Jupyter Notebook 中运行此案例代码之后，将按行统计 DataFrame 每行的非 NaN 数量，效果分别如图 187-1 和图 187-2 所示。

	股票代码	股票名称	最新价	昨收价	最高价	最低价
0	300767	震安科技	106.07	NaN	113.88	105.3
1	300422	NaN	9.12	NaN	9.37	NaN
2	600623	华谊集团	12.00	11.74	NaN	NaN
3	600150	中国船舶	NaN	NaN	NaN	NaN
4	600029	NaN	5.60	5.48	5.85	NaN

图 187-1

	股票代码	股票名称	最新价	昨收价	最高价	最低价	非NaN数量
0	300767	震安科技	106.07	NaN	113.88	105.3	5
1	300422	NaN	9.12	NaN	9.37	NaN	3
2	600623	华谊集团	12.00	11.74	NaN	NaN	4
3	600150	中国船舶	NaN	NaN	NaN	NaN	2
4	600029	NaN	5.60	5.48	5.85	NaN	4

图 187-2

主要代码如下。

```
import pandas as pd #导入 pandas 库，并使用 pd 重命名 pandas
#读取 myexcel.xlsx 文件的 Sheet1 工作表
df=pd.read_excel('myexcel.xlsx',sheet_name='Sheet1')
df  #输出 df 的所有数据
#按行统计 df 每行的非 NaN 数量
df['非 NaN 数量']=df.notna().sum(axis=1)
#df['非 NaN 数量']=df.notna().sum(1)
df  #输出 df 在统计每行非 NaN 数量之后的所有数据
##统计 df 所有的非 NaN 数量
#df.notna().sum().sum()
##按列统计 df 的非 NaN 数量
#df.notna().sum()
```

在上面这段代码中，df.notna().sum(axis=1)表示按行统计 df 每行的非 NaN 数量。如果df.notna().sum()，则表示按列统计 df 每列的非 NaN 数量。如果 df.notna().sum().sum()，则表示统计 df 所有的非 NaN 数量。

此案例的主要源文件是 MyCode\H845\H845.ipynb。

188 统计 DataFrame 每列的 NaN 数量占比

此案例主要通过使用 isna()函数和 mean()函数，实现在 DataFrame 中按列统计每列 NaN 的数量在该列中的占比。当在 Jupyter Notebook 中运行此案例代码之后，将在 DataFrame 中按列统计每列 NaN 的数量在该列中的占比，效果分别如图 188-1 和图 188-2 所示。

	股票代码	股票名称	最新价	昨收价	最高价	最低价
0	300767	震安科技	106.07	NaN	113.88	105.3
1	300422	NaN	9.12	NaN	9.37	NaN
2	600623	华谊集团	12.00	11.74	NaN	NaN
3	600150	中国船舶	NaN	NaN	NaN	NaN
4	600029	NaN	5.60	5.48	5.85	NaN

图 188-1

	股票代码	股票名称	最新价	昨收价	最高价	最低价
NaN数量占比	0%	40%	20%	60%	40%	80%

图 188-2

主要代码如下。

```
import pandas as pd #导入 pandas 库，并使用 pd 重命名 pandas
#读取 myexcel.xlsx 文件的 Sheet1 工作表
df=pd.read_excel('myexcel.xlsx',sheet_name='Sheet1')
```

```
df  #输出 df 的所有数据
#按列统计 df 每列 NaN 在该列中的数量占比
df1=pd.DataFrame((df.isna().mean()*100).map('{:,.0f}%'.format)).transpose()
df1.index=['NaN 数量占比']
df1  #输出 df 每列 NaN 在该列中的数量占比
```

在上面这段代码中，df.isna().mean()表示按列统计 df 每列 NaN 的数量在该列的占比。
此案例的主要源文件是 MyCode\H842\H842.ipynb。

189 统计 DataFrame 每行的 NaN 数量占比

此案例主要通过使用 isna()函数和 mean()函数，且在 mean()函数中设置 axis 参数值为 1，实现在 DataFrame 中按行统计每行 NaN 的数量在该行中的占比。当在 Jupyter Notebook 中运行此案例代码之后，将在 DataFrame 中按行统计每行 NaN 的数量在该行中的占比，效果分别如图 189-1和图 189-2 所示。

	股票代码	股票名称	最新价	昨收价	最高价	最低价
0	300767	震安科技	106.07	NaN	113.88	105.3
1	300422	NaN	9.12	NaN	9.37	NaN
2	600623	华谊集团	12.00	11.74	NaN	NaN
3	600150	中国船舶	NaN	NaN	NaN	NaN
4	600029	NaN	5.60	5.48	5.85	NaN

图 189-1

	股票代码	股票名称	最新价	昨收价	最高价	最低价	NaN数量占比
0	300767	震安科技	106.07	NaN	113.88	105.3	17%
1	300422	NaN	9.12	NaN	9.37	NaN	50%
2	600623	华谊集团	12.00	11.74	NaN	NaN	33%
3	600150	中国船舶	NaN	NaN	NaN	NaN	67%
4	600029	NaN	5.60	5.48	5.85	NaN	33%

图 189-2

主要代码如下。

```
import pandas as pd  #导入 pandas 库，并使用 pd 重命名 pandas
#读取 myexcel.xlsx 文件的 Sheet1 工作表
df=pd.read_excel('myexcel.xlsx',sheet_name='Sheet1')
df  #输出 df 的所有数据
#统计 df 每行 NaN 在该行中的数量占比
df['NaN 数量占比']=(df.isna().mean(axis=1)*100).map('{:,.0f}%'.format)
#df['NaN 数量占比']=(df.isna().mean(1)*100).map('{:,.0f}%'.format)
df  #输出 df 每行 NaN 在该行中的数量占比
```

在上面这段代码中，df.isna().mean(axis=1)表示按行统计 df 每行 NaN 的数量在该行的占比。
此案例的主要源文件是 MyCode\H843\H843.ipynb。

190 统计 DataFrame 每行的非 NaN 数量占比

此案例主要通过使用 notna()函数和 mean()函数，且在 mean()函数中设置 axis 参数值为 1，
实现在 DataFrame 中按行统计每行非 NaN 的数量在该行中的占比。当在 Jupyter Notebook 中运
行此案例代码之后，将在 DataFrame 中按行统计每行非 NaN 的数量在该行中的占比，效果分别
如图 190-1 和图 190-2 所示。

	股票代码	股票名称	最新价	昨收价	最高价	最低价
0	300767	震安科技	106.07	NaN	113.88	105.3
1	300422	NaN	9.12	NaN	9.37	NaN
2	600623	华谊集团	12.00	11.74	NaN	NaN
3	600150	中国船舶	NaN	NaN	NaN	NaN
4	600029	NaN	5.60	5.48	5.85	NaN

图 190-1

	股票代码	股票名称	最新价	昨收价	最高价	最低价	非NaN数量占比
0	300767	震安科技	106.07	NaN	113.88	105.3	83%
1	300422	NaN	9.12	NaN	9.37	NaN	50%
2	600623	华谊集团	12.00	11.74	NaN	NaN	67%
3	600150	中国船舶	NaN	NaN	NaN	NaN	33%
4	600029	NaN	5.60	5.48	5.85	NaN	67%

图 190-2

主要代码如下。

```
import pandas as pd #导入pandas库，并使用pd重命名pandas
#读取myexcel.xlsx文件的Sheet1工作表
df=pd.read_excel('myexcel.xlsx',sheet_name='Sheet1')
df #输出df的所有数据
#统计df每行非NaN在该行中的数量占比
df['非NaN数量占比']=(df.notna().mean(axis=1)*100).map('{:,.0f}%'.format)
#df['非NaN数量占比']=(df.notna().mean(1)*100).map('{:,.0f}%'.format)
df #输出df每行非NaN在该行中的数量占比
##统计df每列非NaN在该列中的数量占比
#df.notna().mean()
```

在上面这段代码中，df.notna().mean(axis=1)表示按行统计 df 每行非 NaN 的数量在该行的占
比。如果 df.notna().mean()，则表示按列统计 df 每列非 NaN 的数量在该列的占比。
此案例的主要源文件是 MyCode\H844\H844.ipynb。

191　使用 isna()在列中筛选包含 NaN 的行

此案例主要演示了使用 isna()函数在指定列中筛选包含 NaN 的行。当在 Jupyter Notebook 中运行此案例代码之后，将在 DataFrame 的股票名称列中筛选包含 NaN 的行，效果分别如图 191-1 和图 191-2 所示。

	股票代码	股票名称	最新价	昨收价	最高价	最低价
0	300767	震安科技	106.07	103.74	113.88	105.30
1	300422	NaN	9.12	NaN	9.37	NaN
2	600623	华谊集团	12.00	11.74	NaN	11.75
3	600150	中国船舶	17.63	NaN	NaN	17.08
4	600029	NaN	5.60	5.48	5.85	5.48

图 191-1

	股票代码	股票名称	最新价	昨收价	最高价	最低价
1	300422	NaN	9.12	NaN	9.37	NaN
4	600029	NaN	5.60	5.48	5.85	5.48

图 191-2

主要代码如下。

```python
import pandas as pd #导入pandas库，并使用pd重命名pandas
#读取myexcel.xlsx文件的Sheet1工作表
df=pd.read_excel('myexcel.xlsx',sheet_name='Sheet1')
df  #输出df的所有数据
#在df的股票名称列中筛选包含NaN的行
df[df.股票名称.isna()]
```

在上面这段代码中，df[df.股票名称.isna()]表示在 df 的股票名称列中筛选包含 NaN 的行。此案例的主要源文件是 MyCode\H761\H761.ipynb。

192　使用 notna()在列中筛选不包含 NaN 的行

此案例主要演示了使用 notna()函数在指定列中筛选不包含 NaN 的行。当在 Jupyter Notebook 中运行此案例代码之后，将在 DataFrame 的股票名称列中筛选不包含 NaN 的行，效果分别如图 192-1 和图 192-2 所示。

	股票代码	股票名称	最新价	昨收价	最高价	最低价
0	300767	震安科技	106.07	103.74	113.88	105.30
1	300422	NaN	9.12	NaN	9.37	NaN
2	600623	华谊集团	12.00	11.74	NaN	11.75
3	600150	中国船舶	17.63	NaN	NaN	17.08
4	600029	NaN	5.60	5.48	5.85	5.48

图 192-1

	股票代码	股票名称	最新价	昨收价	最高价	最低价
0	300767	震安科技	106.07	103.74	113.88	105.30
2	600623	华谊集团	12.00	11.74	NaN	11.75
3	600150	中国船舶	17.63	NaN	NaN	17.08

图 192-2

主要代码如下。

```
import pandas as pd #导入pandas库，并使用pd重命名pandas
#读取myexcel.xlsx文件的Sheet1工作表
df=pd.read_excel('myexcel.xlsx',sheet_name='Sheet1')
df #输出df的所有数据
#在df的股票名称列中筛选不包含NaN的行
df[df.股票名称.notna()]
#df[~df.股票名称.isna()]
```

在上面这段代码中，df[df.股票名称.notna()]表示在df的股票名称列中筛选不包含NaN的行。
此案例的主要源文件是MyCode\H846\H846.ipynb。

193 使用isnull()在列中筛选包含NaN的行

此案例主要演示了使用isnull()函数在指定列中筛选包含NaN的行。当在Jupyter Notebook
中运行此案例代码之后，将在DataFrame的行业列中筛选NaN数据，效果分别如图193-1和
图193-2所示。

	股票代码	股票名称	最新价	涨跌额	行业	操作策略
0	300095	华伍股份	12.23	0.24	机械	买入
1	300503	昊志机电	11.45	0.16	NaN	观望
2	600256	广汇能源	3.63	0.13	石油	卖出
3	600583	海油工程	4.26	0.06	NaN	观望
4	600688	上海石化	3.45	0.03	石油	卖出

图193-1

	股票代码	股票名称	最新价	涨跌额	行业	操作策略
1	300503	昊志机电	11.45	0.16	NaN	观望
3	600583	海油工程	4.26	0.06	NaN	观望

图193-2

主要代码如下。

```
import pandas as pd#导入pandas库，并使用pd重命名pandas
#读取myexcel.xlsx文件的Sheet1工作表
df=pd.read_excel('myexcel.xlsx',sheet_name='Sheet1')
df#输出df的所有数据
#在df中筛选行业为NaN的股票
df[df.行业.isnull()]
```

在上面这段代码中，df[df.行业.isnull()]表示在df中筛选行业为NaN的股票。
此案例的主要源文件是MyCode\H523\H523.ipynb。

194 使用isnull()在列中筛选不包含NaN的行

此案例主要演示了使用isnull()函数和取反操作符（~）在指定列中筛选不包含NaN的行。
当在Jupyter Notebook中运行此案例代码之后，将在DataFrame的行业列中筛选行业不是NaN

的股票，效果分别如图 194-1 和图 194-2 所示。

	股票代码	股票名称	最新价	涨跌额	行业	操作策略
0	300095	华伍股份	12.23	0.24	机械	买入
1	300503	昊志机电	11.45	0.16	NaN	观望
2	600256	广汇能源	3.63	0.13	石油	卖出
3	600583	海油工程	4.26	0.06	NaN	观望
4	600688	上海石化	3.45	0.03	石油	卖出

图 194-1

	股票代码	股票名称	最新价	涨跌额	行业	操作策略
0	300095	华伍股份	12.23	0.24	机械	买入
2	600256	广汇能源	3.63	0.13	石油	卖出
4	600688	上海石化	3.45	0.03	石油	卖出

图 194-2

主要代码如下。

```
import pandas as pd #导入pandas库，并使用pd重命名pandas
#读取myexcel.xlsx文件的Sheet1工作表
df=pd.read_excel('myexcel.xlsx',sheet_name='Sheet1')
df  #输出df的所有数据
#在df中筛选行业不是NaN的股票
df[~df.行业.isnull()]
```

在上面这段代码中，df[~df.行业.isnull()]表示在 df 中筛选行业不是 NaN 的股票。
此案例的主要源文件是 MyCode\H851\H851.ipynb。

195 在 DataFrame 中筛选包含 NaN 的列

此案例主要演示了使用 isna()函数和 any()函数，从而实现在 DataFrame 中筛选包含一个或多个 NaN 的列。当在 Jupyter Notebook 中运行此案例代码之后，将在 DataFrame 中筛选包含一个或多个 NaN 的列，效果分别如图 195-1 和图 195-2 所示。

	股票代码	股票名称	最新价	昨收价	最高价	最低价
0	300767	震安科技	106.07	103.74	113.88	105.30
1	300422	NaN	9.12	NaN	9.37	NaN
2	600623	华谊集团	12.00	11.74	NaN	11.75
3	600150	中国船舶	17.63	NaN	NaN	17.08
4	600029	NaN	5.60	5.48	5.85	5.48

图 195-1

	股票名称	昨收价	最高价	最低价
0	震安科技	103.74	113.88	105.30
1	NaN	NaN	9.37	NaN
2	华谊集团	11.74	NaN	11.75
3	中国船舶	NaN	NaN	17.08
4	NaN	5.48	5.85	5.48

图 195-2

主要代码如下。

```
import pandas as pd #导入pandas库，并使用pd重命名pandas
#读取myexcel.xlsx文件的Sheet1工作表
df=pd.read_excel('myexcel.xlsx',sheet_name='Sheet1')
```

```
df #输出df的所有数据
#在df中筛选包含一个或多个NaN的列
df.loc[:,df.isna().any()]
```

在上面这段代码中，df.loc[:,df.isna().any()]表示在df中筛选包含一个或多个NaN的列。

此案例的主要源文件是MyCode\H849\H849.ipynb。

196　在 DataFrame 中筛选包含 NaN 的行

此案例主要演示了使用 isna()函数和 any()函数，且在 any()函数中设置 axis 参数值为 1，实现在 DataFrame 中筛选包含一个或多个 NaN 的行。当在 Jupyter Notebook 中运行此案例代码之后，将在 DataFrame 中筛选包含一个或多个 NaN 的行，效果分别如图 196-1 和图 196-2所示。

	股票代码	股票名称	最新价	昨收价	最高价	最低价
0	300767	震安科技	106.07	103.74	113.88	105.30
1	300422	NaN	9.12	NaN	9.37	NaN
2	600623	华谊集团	12.00	11.74	NaN	11.75
3	600150	中国船舶	17.63	NaN	NaN	17.08
4	600029	NaN	5.60	5.48	5.85	5.48

图 196-1

	股票代码	股票名称	最新价	昨收价	最高价	最低价
1	300422	NaN	9.12	NaN	9.37	NaN
2	600623	华谊集团	12.00	11.74	NaN	11.75
3	600150	中国船舶	17.63	NaN	NaN	17.08
4	600029	NaN	5.60	5.48	5.85	5.48

图 196-2

主要代码如下。

```
import pandas as pd #导入pandas库，并使用pd重命名pandas
#读取myexcel.xlsx文件的Sheet1工作表
df=pd.read_excel('myexcel.xlsx',sheet_name='Sheet1')
df #输出df的所有数据
#在df中筛选包含一个或多个NaN的行
df.loc[df.isna().any(axis=1)]
```

在上面这段代码中，df.loc[df.isna().any(axis=1)]表示在 df 中筛选包含一个或多个 NaN 的行。

此案例的主要源文件是 MyCode\H847\H847.ipynb。

197　在 DataFrame 中筛选不包含 NaN 的列

此案例主要演示了使用 notna()函数和 all()函数，实现在 DataFrame 中筛选不包含 NaN 的列。当在 Jupyter Notebook 中运行此案例代码之后，将在 DataFrame 中筛选不包含 NaN 的列，效果分别如图 197-1 和图 197-2 所示。

	股票代码	股票名称	最新价	昨收价	最高价	最低价
0	300767	震安科技	106.07	103.74	113.88	105.30
1	300422	NaN	9.12	NaN	9.37	NaN
2	600623	华谊集团	12.00	11.74	NaN	11.75
3	600150	中国船舶	17.63	NaN	NaN	17.08
4	600029	NaN	5.60	5.48	5.85	5.48

图 197-1

	股票代码	最新价
0	300767	106.07
1	300422	9.12
2	600623	12.00
3	600150	17.63
4	600029	5.60

图 197-2

主要代码如下。

```
import pandas as pd #导入pandas库，并使用pd重命名pandas
#读取myexcel.xlsx文件的Sheet1工作表
df=pd.read_excel('myexcel.xlsx',sheet_name='Sheet1')
df #输出df的所有数据
#在df中筛选不包含NaN的列
df.loc[:,df.notna().all()]
#df.loc[:,~df.isna().any()]
```

在上面这段代码中，df.loc[:,df.notna().all()]表示在df中筛选不包含NaN的列。
此案例的主要源文件是 MyCode\H850\H850.ipynb。

198 在 DataFrame 中筛选不包含 NaN 的行

此案例主要演示了使用 notna()函数和 all()函数，且在 all()函数中设置 axis 参数值为 1，实现在 DataFrame 中筛选不包含 NaN 的行。当在 Jupyter Notebook 中运行此案例代码之后，将在 DataFrame 中筛选不包含 NaN 的行，效果分别如图 198-1 和图 198-2 所示。

	股票代码	股票名称	最新价	昨收价	最高价	最低价
0	300767	震安科技	106.07	103.74	113.88	105.30
1	300422	NaN	9.12	NaN	9.37	NaN
2	600623	华谊集团	12.00	11.74	NaN	11.75
3	600150	中国船舶	17.63	NaN	NaN	17.08
4	600029	NaN	5.60	5.48	5.85	5.48

图 198-1

	股票代码	股票名称	最新价	昨收价	最高价	最低价
0	300767	震安科技	106.07	103.74	113.88	105.3

图 198-2

主要代码如下。

```
import pandas as pd #导入pandas库，并使用pd重命名pandas
#读取myexcel.xlsx文件的Sheet1工作表
df=pd.read_excel('myexcel.xlsx',sheet_name='Sheet1')
df #输出df的所有数据
```

```
#在 df 中筛选不包含 NaN 的行
df.loc[df.notna().all(axis=1)]
# df.loc[~df.isna().any(axis=1)]
```

在上面这段代码中，df.loc[df.notna().all(axis=1)]表示在 df 中筛选不包含 NaN 的行。

此案例的主要源文件是 MyCode\H848\H848.ipynb。

199　在 DataFrame 中删除包含 NaN 的行

此案例主要演示了使用 dropna()函数在 DataFrame 中删除包含 NaN 的行。当在 Jupyter Notebook 中运行此案例代码之后，将在 DataFrame 中删除包含 NaN 的行，效果分别如图 199-1 和图 199-2 所示。

	股票代码	股票名称	最新价	昨收价	最高价	最低价
0	300767	震安科技	106.07	103.74	113.88	NaN
1	600150	中国船舶	17.63	NaN	NaN	17.08
2	603568	伟明环保	27.95	NaN	28.66	27.08
3	300953	震裕科技	104.77	102.61	NaN	103.37
4	603663	三祥新材	21.44	21.00	21.44	20.18

图 199-1

	股票代码	股票名称	最新价	昨收价	最高价	最低价
4	603663	三祥新材	21.44	21.0	21.44	20.18

图 199-2

主要代码如下。

```
import pandas as pd#导入 pandas 库，并使用 pd 重命名 pandas
#读取 myexcel.xlsx 文件的 Sheet1 工作表
df=pd.read_excel('myexcel.xlsx',sheet_name='Sheet1')
df#输出 df 的所有数据
#在 df 中删除包含 NaN 的行
df.dropna()
```

在上面这段代码中，df.dropna()表示在 df 中删除包含 NaN 的行，删除结果保存在该函数的返回值中。如果 df.dropna(inplace=True)，则表示在 df 中删除包含 NaN 的行，删除结果保存在 df 中。

此案例的主要源文件是 MyCode\H264\H264.ipynb。

200　在 DataFrame 中删除包含 NaN 的列

此案例主要通过在 dropna()函数中设置 axis 参数值为 columns，实现在 DataFrame 中删除包含 NaN 的列。当在 Jupyter Notebook 中运行此案例代码之后，将在 DataFrame 中删除包含 NaN 的列，效果分别如图 200-1 和图 200-2 所示。

	股票代码	股票名称	最新价	昨收价	最高价	最低价
0	300767	震安科技	106.07	103.74	113.88	NaN
1	600150	中国船舶	17.63	NaN	NaN	17.08
2	603568	伟明环保	27.95	NaN	28.66	27.08
3	300953	震裕科技	104.77	102.61	NaN	103.37
4	603663	三祥新材	21.44	21.00	21.44	20.18

图 200-1

	股票代码	股票名称	最新价
0	300767	震安科技	106.07
1	600150	中国船舶	17.63
2	603568	伟明环保	27.95
3	300953	震裕科技	104.77
4	603663	三祥新材	21.44

图 200-2

主要代码如下。

```
import pandas as pd#导入pandas库，并使用pd重命名pandas
#读取myexcel.xlsx文件的Sheet1工作表
df=pd.read_excel('myexcel.xlsx',sheet_name='Sheet1')
df#输出df的所有数据
#在df中删除包含NaN的列
df.dropna(axis='columns')
#df.dropna(axis=1)
#df.dropna(axis='columns',inplace=True)
```

在上面这段代码中，df.dropna(axis='columns')表示在 df 中删除包含 NaN 的列，删除结果保存在该函数的返回值中。

此案例的主要源文件是 MyCode\H265\H265.ipynb。

201　在 DataFrame 中删除全部是 NaN 的行

此案例主要通过在 dropna()函数中设置 how 参数值为 all，实现在 DataFrame 中删除全部是 NaN 的行。当在 Jupyter Notebook 中运行此案例代码之后，将在 DataFrame 中删除全部是 NaN 的行，即第 2 行，效果分别如图 201-1 和图 201-2 所示。

	股票代码	股票名称	最新价	昨收价	最高价	最低价
0	300767.0	震安科技	106.07	NaN	113.88	NaN
1	NaN	NaN	NaN	NaN	NaN	NaN
2	603568.0	伟明环保	27.95	NaN	28.66	27.08
3	300953.0	震裕科技	104.77	NaN	NaN	103.37
4	603663.0	三祥新材	21.44	NaN	21.44	20.18

图 201-1

	股票代码	股票名称	最新价	昨收价	最高价	最低价
0	300767.0	震安科技	106.07	NaN	113.88	NaN
2	603568.0	伟明环保	27.95	NaN	28.66	27.08
3	300953.0	震裕科技	104.77	NaN	NaN	103.37
4	603663.0	三祥新材	21.44	NaN	21.44	20.18

图 201-2

主要代码如下。

```
import pandas as pd#导入pandas库，并使用pd重命名pandas
#读取myexcel.xlsx文件的Sheet1工作表
df=pd.read_excel('myexcel.xlsx',sheet_name='Sheet1')
```

```
df#输出df的所有数据
#在df中删除全部是NaN的行
df.dropna(how='all')
```

在上面这段代码中，df.dropna(how='all')表示在df中删除全部是NaN的行。

此案例的主要源文件是MyCode\H735\H735.ipynb。

202　在DataFrame中删除全部是NaN的列

此案例主要通过在dropna()函数中设置how参数值为all，且设置axis参数值为1，实现在DataFrame中删除全部是NaN的列。当在Jupyter Notebook中运行此案例代码之后，将在DataFrame中删除全部是NaN的列，即第4列，效果分别如图202-1和图202-2所示。

	股票代码	股票名称	最新价	昨收价	最高价	最低价
0	300767.0	震安科技	106.07	NaN	113.88	NaN
1	NaN	NaN	NaN	NaN	NaN	NaN
2	603568.0	伟明环保	27.95	NaN	28.66	27.08
3	300953.0	震裕科技	104.77	NaN	NaN	103.37
4	603663.0	三祥新材	21.44	NaN	21.44	20.18

图202-1

	股票代码	股票名称	最新价	最高价	最低价
0	300767.0	震安科技	106.07	113.88	NaN
1	NaN	NaN	NaN	NaN	NaN
2	603568.0	伟明环保	27.95	28.66	27.08
3	300953.0	震裕科技	104.77	NaN	103.37
4	603663.0	三祥新材	21.44	21.44	20.18

图202-2

主要代码如下。

```
import pandas as pd #导入pandas库，并使用pd重命名pandas
#读取myexcel.xlsx文件的Sheet1工作表
df=pd.read_excel('myexcel.xlsx',sheet_name='Sheet1')
df #输出df的所有数据
#在df中删除全部是NaN的列
df.dropna(how='all',axis=1)
```

在上面这段代码中，df.dropna(how='all',axis=1)表示在df中删除全部是NaN的列，即第4列。

此案例的主要源文件是MyCode\H852\H852.ipynb。

203　在DataFrame中根据NaN占比删除列

此案例主要通过在dropna()函数中设置thresh参数值和axis参数值，实现根据NaN占比在DataFrame中删除列。当在Jupyter Notebook中运行此案例代码之后，将在DataFrame中删除NaN占比超过40%的列，即删除昨收价列（NaN占比100%）和最高价列（NaN占比60%），效果分别如图203-1和图203-2所示。

	股票代码	股票名称	最新价	昨收价	最高价	最低价
0	300767	震安科技	106.07	NaN	NaN	105.30
1	300422	NaN	9.12	NaN	9.37	NaN
2	600623	华谊集团	12.00	NaN	NaN	11.75
3	600150	中国船舶	17.63	NaN	NaN	17.08
4	600029	NaN	5.60	NaN	5.85	5.48

图 203-1

	股票代码	股票名称	最新价	最低价
0	300767	震安科技	106.07	105.30
1	300422	NaN	9.12	NaN
2	600623	华谊集团	12.00	11.75
3	600150	中国船舶	17.63	17.08
4	600029	NaN	5.60	5.48

图 203-2

主要代码如下。

```
import pandas as pd #导入pandas库,并使用pd重命名pandas
#读取myexcel.xlsx文件的Sheet1工作表
df=pd.read_excel('myexcel.xlsx',sheet_name='Sheet1')
df #输出df的所有数据
#在df中获取每列的NaN占比
pd.DataFrame(df.isna().mean()).transpose()
#在df中删除NaN占比超过40%的列
df.dropna(thresh=len(df)*0.6,axis='columns')
```

在上面这段代码中,df.dropna(thresh=len(df)*0.6,axis='columns')表示在 df 中删除 NaN 占比超过 40%的列。

此案例的主要源文件是 MyCode\H170\H170.ipynb。

204　在指定的列中删除包含 NaN 的行

此案例主要通过在 dropna()函数中设置 subset 参数值,实现在 DataFrame 的指定列中删除包含 NaN 的行。当在 Jupyter Notebook 中运行此案例代码之后,将在 DataFrame 的昨收价列和最高价列中删除包含 NaN 的行,效果分别如图 204-1 和图 204-2 所示。

	股票代码	股票名称	最新价	昨收价	最高价	最低价
0	300767	震安科技	106.07	103.74	113.88	NaN
1	600150	中国船舶	17.63	NaN	NaN	17.08
2	603568	伟明环保	27.95	NaN	28.66	27.08
3	300953	震裕科技	104.77	102.61	NaN	103.37
4	603663	三祥新材	21.44	21.00	21.44	20.18

图 204-1

	股票代码	股票名称	最新价	昨收价	最高价	最低价
0	300767	震安科技	106.07	103.74	113.88	NaN
4	603663	三祥新材	21.44	21.00	21.44	20.18

图 204-2

主要代码如下。

```
import pandas as pd#导入pandas库,并使用pd重命名pandas
#读取myexcel.xlsx文件的Sheet1工作表
df=pd.read_excel('myexcel.xlsx',sheet_name='Sheet1')
```

```
df#输出 df 的所有数据
#在 df 的昨收价列和最高价列中删除包含 NaN 的行
df.dropna(axis=0,subset=["昨收价","最高价"])
```

在上面这段代码中，df.dropna(axis=0,subset=["昨收价","最高价"])表示在 df 的昨收价列和最高价列中删除包含 NaN 的行。

此案例的主要源文件是 MyCode\H516\H516.ipynb。

205　在指定的行中删除包含 NaN 的列

此案例主要通过在 dropna()函数中设置 subset 参数值为指定的行标签，且设置 axis 参数值为 1，从而实现在 DataFrame 的指定行中删除包含 NaN 的列。当在 Jupyter Notebook 中运行此案例代码之后，将在 DataFrame 的行标签分别为 1、3 的行中删除包含 NaN 的列，效果分别如图 205-1 和图 205-2 所示。

	股票代码	股票名称	最新价	昨收价	最高价	最低价
0	300767	震安科技	106.07	103.74	113.88	NaN
1	600150	中国船舶	17.63	NaN	NaN	17.08
2	603568	伟明环保	27.95	NaN	28.66	27.08
3	300953	震裕科技	104.77	102.61	NaN	103.37
4	603663	三祥新材	21.44	21.00	21.44	20.18

图 205-1

	股票代码	股票名称	最新价	最低价
0	300767	震安科技	106.07	NaN
1	600150	中国船舶	17.63	17.08
2	603568	伟明环保	27.95	27.08
3	300953	震裕科技	104.77	103.37
4	603663	三祥新材	21.44	20.18

图 205-2

主要代码如下。

```
import pandas as pd #导入 pandas 库，并使用 pd 重命名 pandas
#读取 myexcel.xlsx 文件的 Sheet1 工作表
df=pd.read_excel('myexcel.xlsx',sheet_name='Sheet1')
df #输出 df 的所有数据
#在 df 的行标签分别为 1、3 的行中删除包含 NaN 的列
df.dropna(axis=1,subset=[1,3])
```

在上面这段代码中，df.dropna(axis=1,subset=[1,3])表示在 df 的行标签分别为 1、3 的行中删除包含 NaN 的列。

此案例的主要源文件是 MyCode\H853\H853.ipynb。

206　使用 fillna()根据指定值填充 NaN

此案例主要演示了使用 fillna()函数根据指定值填充 NaN。当在 Jupyter Notebook 中运行此案例代码之后，将在 DataFrame 中使用 0 填充所有 NaN，效果分别如图 206-1 和图 206-2 所示。

	股票代码	股票名称	最高价	最低价	今开价	最新价	昨收价
0	688677	海泰新光	120.59	110.20	114.09	117.10	114.09
1	688676	金盘科技	16.99	16.43	16.50	16.99	16.56
2	688669	聚石化学	34.30	33.52	33.90	34.00	33.90
3	688668	鼎通科技	NaN	NaN	NaN	NaN	NaN
4	688667	姜电电控	NaN	NaN	NaN	NaN	NaN

图 206-1

	股票代码	股票名称	最高价	最低价	今开价	最新价	昨收价
0	688677	海泰新光	120.59	110.20	114.09	117.10	114.09
1	688676	金盘科技	16.99	16.43	16.50	16.99	16.56
2	688669	聚石化学	34.30	33.52	33.90	34.00	33.90
3	688668	鼎通科技	0.00	0.00	0.00	0.00	0.00
4	688667	姜电电控	0.00	0.00	0.00	0.00	0.00

图 206-2

主要代码如下。

```
import pandas as pd#导入pandas库，并使用pd重命名pandas
#读取myexcel.xlsx文件的Sheet1工作表
df=pd.read_excel('myexcel.xlsx',sheet_name='Sheet1')
df#输出df的所有数据
#使用数字0填充df的所有NaN
df.fillna(value=0)
##使用字符0填充df的所有NaN
#df.fillna(value="0")
```

在上面这段代码中，df.fillna(value=0)表示使用数字 0 填充 df 的所有 NaN。如果 df.fillna(value="0", inplace=True)，则表示使用字符 0 替换 df 的所有 NaN。

此案例的主要源文件是 MyCode\H403\H403.ipynb。

207　使用 fillna()在指定列中填充 NaN

此案例主要通过使用字典设置 fillna()函数的替换参数值，实现在指定列中使用不同的数据替换 NaN。当在 Jupyter Notebook 中运行此案例代码之后，将在 DataFrame 的最高价列中使用 1替换 NaN、使用 0 替换最低价列的 NaN，效果分别如图 207-1 和图 207-2 所示。

主要代码如下。

```
import pandas as pd#导入pandas库，并使用pd重命名pandas
#读取myexcel.xlsx文件的Sheet1工作表
df=pd.read_excel('myexcel.xlsx',sheet_name='Sheet1')
df#输出df的所有数据
```

```
#在df中将最高价列的NaN填充为1,将最低价列的NaN填充为0
df.fillna(value={'最高价': 1, '最低价': 0})
##在df中将最高价列的NaN填充为1
#import numpy as np
#df.replace({'最高价': {np.nan:1}})
```

	股票代码	股票名称	最高价	最低价	今开价	最新价	昨收价
0	688677	海泰新光	120.59	110.20	114.09	117.10	114.09
1	688676	金盘科技	16.99	16.43	16.50	16.99	16.56
2	688669	聚石化学	34.30	33.52	33.90	34.00	33.90
3	688668	鼎通科技	NaN	NaN	NaN	NaN	NaN
4	688667	菱电电控	NaN	NaN	NaN	NaN	NaN

图 207-1

	股票代码	股票名称	最高价	最低价	今开价	最新价	昨收价
0	688677	海泰新光	120.59	110.20	114.09	117.10	114.09
1	688676	金盘科技	16.99	16.43	16.50	16.99	16.56
2	688669	聚石化学	34.30	33.52	33.90	34.00	33.90
3	688668	鼎通科技	1.00	0.00	NaN	NaN	NaN
4	688667	菱电电控	1.00	0.00	NaN	NaN	NaN

图 207-2

在上面这段代码中，df.fillna(value={'最高价': 1, '最低价': 0})表示在df中使用1填充最高价列的NaN、使用0填充最低价列的NaN。

此案例的主要源文件是MyCode\H736\H736.ipynb。

208 使用 fillna()根据列平均值填充 NaN

此案例主要通过使用 mean()函数作为 fillna()函数的参数值，实现在 DataFrame 中使用各列的平均值填充各列的 NaN。当在 Jupyter Notebook 中运行此案例代码之后，将在 DataFrame 中使用各列的平均值填充各列的 NaN，效果分别如图 208-1 和图 208-2 所示。

	开盘价	最高价	最低价	收盘价
2021-09-13	9.38	9.43	9.34	9.39
2021-09-14	NaN	9.43	9.17	9.21
2021-09-15	9.21	9.26	NaN	9.19
2021-09-16	9.20	NaN	9.11	9.12
2021-09-17	9.11	9.17	9.08	NaN

图 208-1

	开盘价	最高价	最低价	收盘价
2021-09-13	9.38	9.43	9.34	9.39
2021-09-14	9.23	9.43	9.17	9.21
2021-09-15	9.21	9.26	9.17	9.19
2021-09-16	9.20	9.32	9.11	9.12
2021-09-17	9.11	9.17	9.08	9.23

图 208-2

主要代码如下。

```
import pandas as pd#导入pandas库，并使用pd重命名pandas
#读取 myexcel.xlsx 文件的 Sheet1 工作表
df=pd.read_excel('myexcel.xlsx',sheet_name='Sheet1',index_col=0)
df#输出 df 的所有数据
#使用 df 各列的平均值填充各列的 NaN
df.fillna(df.mean()).round(2)
##使用开盘列的平均值填充开盘价列的 NaN
#df[df.开盘价.isna()]=df.mean()
#df.round(2)
```

在上面这段代码中，df.fillna(df.mean()).round(2)表示使用 df 各列的平均值填充各列的 NaN。例如，开盘价列的平均值是(9.38+9.21+9.20+9.11)/4=9.225，因此开盘价列被填充为 9.225，保留两位小数则为 9.23，其余以此类推。

此案例的主要源文件是 MyCode\H763\H763.ipynb。

209 使用 fillna()填充指定列的首个 NaN

此案例主要通过在 fillna()函数中设置 limit 参数值为 1，实现使用指定的数据填充指定列的首个 NaN。当在 Jupyter Notebook 中运行此案例代码之后，将在 DataFrame 中使用 1 填充最高价列的首个 NaN、使用 0 填充最低价列的首个 NaN，效果分别如图 209-1 和图 209-2 所示。

	股票代码	股票名称	最高价	最低价	今开价	最新价	昨收价
0	688677	海泰新光	120.59	110.2	114.09	117.1	114.09
1	688676	金盘科技	NaN	NaN	NaN	NaN	NaN
2	688669	聚石化学	NaN	NaN	NaN	NaN	NaN
3	688668	鼎通科技	NaN	NaN	NaN	NaN	NaN
4	688667	菱电电控	NaN	NaN	NaN	NaN	NaN

图 209-1

	股票代码	股票名称	最高价	最低价	今开价	最新价	昨收价
0	688677	海泰新光	120.59	110.2	114.09	117.1	114.09
1	688676	金盘科技	1.00	0.0	NaN	NaN	NaN
2	688669	聚石化学	NaN	NaN	NaN	NaN	NaN
3	688668	鼎通科技	NaN	NaN	NaN	NaN	NaN
4	688667	菱电电控	NaN	NaN	NaN	NaN	NaN

图 209-2

主要代码如下。

```
import pandas as pd #导入pandas库,并使用pd重命名pandas
#读取myexcel.xlsx文件的Sheet1工作表
df=pd.read_excel('myexcel.xlsx',sheet_name='Sheet1')
df #输出df的所有数据
#在df中将最高价列的首个NaN填充为1,将最低价列的首个NaN填充为0
df.fillna(value={'最高价': 1, '最低价': 0},limit=1)
##在df中将最高价列的前两个NaN填充为1,将最低价列的前两个NaN填充为0
#df.fillna(value={'最高价': 1, '最低价': 0},limit=2)
##在df中将每列的首个NaN填充为0
#df.fillna(value=0,limit=1)
```

在上面这段代码中，df.fillna(value={'最高价': 1,'最低价': 0},limit=1)表示在df中使用1填充最高价列的首个NaN、使用0填充最低价列的首个NaN。如果是df.fillna(value=0,limit=1)，则表示在df中将每列的首个NaN填充为0。

此案例的主要源文件是MyCode\H737\H737.ipynb。

210 使用fillna()实现自动向下填充NaN

此案例主要通过设置fillna()函数的method参数值为ffill，实现在DataFrame中使用NaN相邻的上一个数据填充NaN，即向下（前）填充NaN。当在Jupyter Notebook中运行此案例代码之后，将在DataFrame中按照向下填充的规则自动填充NaN，例如，NaN上面的数据是3.45，则NaN就被填充为3.45，效果分别如图210-1和图210-2所示。

	股票代码	股票名称	最新价	涨跌额	行业	操作策略
0	600688	上海石化	3.45	0.03	石油	卖出
1	600256	广汇能源	NaN	0.13	石油	卖出
2	603701	德宏股份	9.27	0.09	机械	买入
3	300503	昊志机电	NaN	0.16	机械	观望
4	300095	华伍股份	NaN	0.24	机械	买入

图 210-1

	股票代码	股票名称	最新价	涨跌额	行业	操作策略
0	600688	上海石化	3.45	0.03	石油	卖出
1	600256	广汇能源	3.45	0.13	石油	卖出
2	603701	德宏股份	9.27	0.09	机械	买入
3	300503	昊志机电	9.27	0.16	机械	观望
4	300095	华伍股份	9.27	0.24	机械	买入

图 210-2

主要代码如下。

```
import pandas as pd#导入pandas库,并使用pd重命名pandas
#读取myexcel.xlsx文件的Sheet1工作表
df=pd.read_excel('myexcel.xlsx',sheet_name='Sheet1',dtype={'股票代码':str})
df#输出df的所有数据
#在df中向下(向前)自动填充NaN
df.fillna(method='ffill',inplace=True)
#df['最新价']=df.最新价.fillna(method='ffill')
#df['最新价']=df.最新价.fillna(method='pad')
#df.fillna(method='pad',inplace=True)
df #输出df在自动填充NaN之后的所有数据
```

在上面这段代码中，df.fillna(method='ffill',inplace=True)表示在 df 中按照自动向下填充的规则填充 NaN，即如果 NaN 上面的数据是 3.45，则 NaN 就被自动填充为 3.45。

此案例的主要源文件是 MyCode\H073\H073.ipynb。

211　使用 fillna()实现自动向上填充 NaN

此案例主要通过设置 fillna()函数的 method 参数值为 bfill，实现在 DataFrame 中使用 NaN 相邻的下一个数据填充 NaN，即向上（向后）填充 NaN。当在 Jupyter Notebook 中运行此案例代码之后，将在 DataFrame 中按照向上（向后）填充的规则自动填充 NaN，例如，NaN 下面的数据是 9.27，则 NaN 就被填充为 9.27，效果分别如图 211-1 和图 211-2 所示。

	股票代码	股票名称	最新价	涨跌额	行业	操作策略
0	600688	上海石化	3.45	0.03	石油	卖出
1	600256	广汇能源	NaN	0.13	石油	卖出
2	603701	德宏股份	9.27	0.09	机械	买入
3	300503	昊志机电	NaN	0.16	机械	观望
4	300095	华伍股份	NaN	0.24	机械	买入

图 211-1

	股票代码	股票名称	最新价	涨跌额	行业	操作策略
0	600688	上海石化	3.45	0.03	石油	卖出
1	600256	广汇能源	9.27	0.13	石油	卖出
2	603701	德宏股份	9.27	0.09	机械	买入
3	300503	昊志机电	NaN	0.16	机械	观望
4	300095	华伍股份	NaN	0.24	机械	买入

图 211-2

主要代码如下。

```
import pandas as pd#导入 pandas 库，并使用 pd 重命名 pandas
#读取 myexcel.xlsx 文件的 Sheet1 工作表
df=pd.read_excel('myexcel.xlsx',sheet_name='Sheet1',dtype={'股票代码':str})
df#输出 df 的所有数据
#在 df 中向上(向后)自动填充 NaN
df.fillna(method='bfill',inplace=True)
#df.fillna(method='backfill',inplace=True)
#df['最新价']=df.最新价.fillna(method='bfill')
#df['最新价']=df.最新价.fillna(method='backfill')
df  #输出 df 在自动填充 NaN 之后的所有数据
```

在上面这段代码中，df.fillna(method='bfill',inplace=True)表示在 df 中按照自动向上（向后）填充的规则填充 NaN，即如果 NaN 下面的数据是 9.27，则 NaN 就被自动填充为 9.27；该代码也可以写成 df.fillna(method='backfill',inplace=True)，效果完全相同。

此案例的主要源文件是 MyCode\H074\H074.ipynb。

212　使用 applymap()填充 DataFrame 的 NaN

此案例主要演示了使用 applymap()函数将 DataFrame 的所有 NaN 填充为指定值。当在 Jupyter Notebook 中运行此案例代码之后，将使用 0 填充 DataFrame 的所有 NaN，效果分别如图 212-1 和图 212-2 所示。

	股票代码	股票名称	最新价	涨跌额	成交量	行业
0	300095	华伍股份	NaN	0.24	112.82	NaN
1	300503	昊志机电	11.45	NaN	109.75	机械
2	600256	广汇能源	3.63	0.13	2986.00	石油

图 212-1

	股票代码	股票名称	最新价	涨跌额	成交量	行业
0	300095	华伍股份	0.00	0.24	112.82	0
1	300503	昊志机电	11.45	0.00	109.75	机械
2	600256	广汇能源	3.63	0.13	2986.00	石油

图 212-2

主要代码如下。

```
import pandas as pd#导入pandas库，并使用pd重命名pandas
#读取myexcel.xlsx文件的Sheet1工作表
df=pd.read_excel('myexcel.xlsx',sheet_name='Sheet1')
df#输出df的所有数据
#在df中将所有NaN填充为0
df.applymap(lambda x: 0 if(pd.isnull(x)) else x)
```

在上面这段代码中，df.applymap(lambda x: 0 if(pd.isnull(x)) else x)表示使用 0 填充 df 的所有 NaN，pd.isnull(x)函数用于判断 x 是否是 NaN，如果 x 是 NaN，则返回值为 True，否则为 False。此案例的主要源文件是 MyCode\H513\H513.ipynb。

213　使用 mask()填充 DataFrame 的 NaN

此案例主要通过在 mask()函数中设置 cond 参数值为 isna()，且设置 other 参数值为指定的符号，实现使用指定的符号填充 DataFrame 的所有 NaN。当在 Jupyter Notebook 中运行此案例代码之后，将使用*号填充 DataFrame 的所有 NaN，效果分别如图 213-1 和图 213-2 所示。

	行业	操作策略	股票代码	股票名称	最新价	涨跌额
0	石油	NaN	600688.0	上海石化	3.45	NaN
1	石油	买入	NaN	中国石油	NaN	0.06
2	机械	买入	603701.0	NaN	9.27	0.09
3	机械	买入	300095.0	华伍股份	NaN	NaN
4	NaN	卖出	601628.0	中国人寿	31.42	0.49

图 213-1

	行业	操作策略	股票代码	股票名称	最新价	涨跌额
0	石油	*	600688.0	上海石化	3.45	*
1	石油	买入	*	中国石油	*	0.06
2	机械	买入	603701.0	*	9.27	0.09
3	机械	买入	300095.0	华伍股份	*	*
4	*	卖出	601628.0	中国人寿	31.42	0.49

图 213-2

主要代码如下。

```
import pandas as pd#导入pandas库，并使用pd重命名pandas
#读取myexcel.xlsx文件的Sheet1工作表
df=pd.read_excel('myexcel.xlsx',sheet_name='Sheet1')
df#输出df的所有数据
#使用*号填充df的所有NaN
df.mask(cond=df.isna(),other='*')
```

```
#df.fillna(value='*')
```

在上面这段代码中，df.mask(cond=df.isna(),other='*')表示使用*号填充 df 的所有 NaN。当然，使用 df.fillna(value='*')也能取得同样的效果。

此案例的主要源文件是 MyCode\H031\H031.ipynb。

214 根据分组已存在的数据填充分组的 NaN

此案例主要通过使用 groupby()、apply()、fillna()等函数，实现在 DataFrame 中根据指定列进行分组并在各个分组中根据已经存在的数据填充 NaN。当在 Jupyter Notebook 中运行此案例代码之后，将在 DataFrame 中根据楼号列进行分组，然后在各个分组中根据已经存在的数据填充 NaN，效果分别如图 214-1 和图 214-2 所示。

	楼号	单间配套	一室一厅	二室一厅	三室二厅
0	一号楼	20000.0	NaN	NaN	17800.0
1	一号楼	NaN	NaN	18000.0	NaN
2	一号楼	NaN	19000.0	NaN	NaN
3	二号楼	NaN	NaN	23000.0	NaN
4	二号楼	24000.0	NaN	NaN	22000.0
5	二号楼	NaN	23500.0	NaN	NaN

图 214-1

	楼号	单间配套	一室一厅	二室一厅	三室二厅
0	一号楼	20000.0	19000.0	18000.0	17800.0
1	一号楼	20000.0	19000.0	18000.0	17800.0
2	一号楼	20000.0	19000.0	18000.0	17800.0
3	二号楼	24000.0	23500.0	23000.0	22000.0
4	二号楼	24000.0	23500.0	23000.0	22000.0
5	二号楼	24000.0	23500.0	23000.0	22000.0

图 214-2

主要代码如下。

```
import pandas as pd#导入pandas库，并使用pd重命名pandas
#读取myexcel.xlsx文件的Sheet1工作表
df=pd.read_excel('myexcel.xlsx',sheet_name='Sheet1')
df#输出df的所有数据
#在df中根据楼号列进行分组，并在各个分组中使用已经存在的数据填充NaN
df.groupby('楼号').apply(lambda x: x.fillna(method='bfill').fillna(method=
'ffill'))
```

在上面这段代码中，df.groupby('楼号').apply(lambda x: x.fillna(method='bfill').fillna(method='ffill')) 表示在 df 中根据楼号列进行分组，并在各个分组中使用已经存在的数据填充 NaN。例如，一号楼的单间配套列已经存在的数据是 20000，因此该分组该列的 NaN 均使用 20000 填充，bfill 表示向后填充，ffill 表示向前填充。

此案例的主要源文件是 MyCode\H559\H559.ipynb。

215 使用 transform()根据分组平均值填充 NaN

此案例主要通过使用 groupby()函数和 transform()函数，实现在 DataFrame 中根据指定列进行分组并使用分组平均值填充 NaN。当在 Jupyter Notebook 中运行此案例代码之后，将在

DataFrame 中首先根据行业列进行分组，然后使用各个分组涨跌额列的平均值填充该分组涨跌额列的所有 NaN，效果分别如图 215-1 和图 215-2 所示。

	股票代码	股票名称	最新价	涨跌额	行业	操作策略
0	300095	华伍股份	12.23	0.24	机械	买入
1	300503	昊志机电	11.45	NaN	机械	观望
2	600256	广汇能源	3.63	0.13	石油	卖出
3	600583	海油工程	4.26	0.06	石油	观望
4	600688	上海石化	3.45	NaN	石油	卖出
5	601318	中国平安	58.54	0.46	保险	观望
6	601319	中国人保	5.83	0.05	保险	观望
7	601628	中国人寿	31.42	0.49	保险	卖出
8	601857	中国石油	4.74	0.08	石油	买入
9	603701	德宏股份	9.27	0.08	机械	买入

图 215-1

	股票代码	股票名称	最新价	涨跌额	行业	操作策略
0	300095	华伍股份	12.23	0.24	机械	买入
1	300503	昊志机电	11.45	0.16	机械	观望
2	600256	广汇能源	3.63	0.13	石油	卖出
3	600583	海油工程	4.26	0.06	石油	观望
4	600688	上海石化	3.45	0.09	石油	卖出
5	601318	中国平安	58.54	0.46	保险	观望
6	601319	中国人保	5.83	0.05	保险	观望
7	601628	中国人寿	31.42	0.49	保险	卖出
8	601857	中国石油	4.74	0.08	石油	买入
9	603701	德宏股份	9.27	0.08	机械	买入

图 215-2

主要代码如下。

```
import pandas as pd#导入pandas库,并使用pd重命名pandas
#读取myexcel.xlsx文件的Sheet1工作表
df=pd.read_excel('myexcel.xlsx',sheet_name='Sheet1',dtype={'股票代码':str})
df#输出df的所有数据
#在df中根据行业列进行分组,并使用各个分组的平均值填充NaN
df['涨跌额']=df.groupby('行业')['涨跌额'].transform(lambda x: x.fillna(x.mean()))
#df=df.apply(lambda x: x.fillna(df.groupby('行业').涨跌额.mean()[x.行业]),axis=1)
#df=df.apply(lambda x: x.fillna(df.groupby('行业').mean().at[x.行业,'涨跌额']),
axis=1)
#df.assign(涨跌额=df.涨跌额.mask(df.涨跌额.isna(),
#                    df.涨跌额.groupby(df.行业).transform(lambda x: x.mean())))
df #输出df在填充NaN之后的所有数据
```

在上面这段代码中，df['涨跌额']=df.groupby('行业')['涨跌额'].transform(lambda x: x.fillna(x.mean()))表示在 df 中根据行业列进行分组，并使用各个分组涨跌额列的平均值填充 NaN。例如，石油分组涨跌额列的平均值是(0.13+0.06+0.08)/3=0.09，因此上海石化对应的涨跌额 NaN 被填充为 0.09；机械分组涨跌额列的平均值是(0.24+0.08)/2=0.16，因此昊志机电对应的涨跌额 NaN 被填充为 0.16。

此案例的主要源文件是 MyCode\H068\H068.ipynb。

216　将小数点前后有空格的数据修改为 NaN

此案例主要通过在 replace()函数中设置 regex 参数值为筛选小数点前后包含空格的正则表达式，实现将所有小数点前后包含空格的数据替换成 NaN。当在 Jupyter Notebook 中运行此案例代码之后，将在 DataFrame 中把小数点前后包含空格的数据替换成 NaN，效果分别如图 216-1 和图 216-2 所示。

	日期	西红柿	青椒	豆角	空心菜	黄瓜	洋葱
0	2021-08-30	5.0	3.5	4	3.5	4.0	3.5
1	2021-08-31	4.8	4	4.2	4.0	4.8	5
2	2021-09-01	4.6	4.6	4.4	4.8	4.2	4.6
3	2021-09-02	4.9	4.2	4.6	4.2	4.4	4.4
4	2021-09-03	4.8	4.6	4.2	4.4	4.8	4.2

图 216-1

	日期	西红柿	青椒	豆角	空心菜	黄瓜	洋葱
0	2021-08-30	5.0	3.5	4.0	3.5	4.0	NaN
1	2021-08-31	4.8	4.0	4.2	4.0	4.8	5.0
2	2021-09-01	4.6	4.6	NaN	4.8	4.2	NaN
3	2021-09-02	4.9	NaN	4.6	4.2	4.4	4.4
4	2021-09-03	4.8	4.6	4.2	4.4	4.8	NaN

图 216-2

主要代码如下。

```
import pandas as pd#导入 pandas 库，并使用 pd 重命名 pandas
#读取 myexcel.xlsx 文件的 Sheet1 工作表
df=pd.read_excel('myexcel.xlsx',sheet_name='Sheet1')
df#输出 df 的所有数据
#导入 numpy 库，并使用 np 重命名 numpy
import numpy as np
##在 df 中，如果洋葱列数据的小数点前后有空格，则该数据被替换成 NaN
# df.replace(regex={'洋葱': {r'\s*\.\s*': np.nan}})
#在 df 中，如果某个数据的小数点前后有空格，则该数据被替换成 NaN
df.replace(regex={r'\s*\.\s*': np.nan})
```

在上面这段代码中，df.replace(regex={r'\s*\.\s*': np.nan})表示如果 df 某个数据的小数点前后有空格，则该数据将被替换成 NaN；"\s"在正则表达式中是一个空白字符（可能是空格、制表符、其他空白）。

此案例的主要源文件是 MyCode\H765\H765.ipynb。

217　在 format()中使用指定字符标注 NaN

此案例主要通过在 format()函数中设置 na_rep 参数值，从而实现使用指定的字符标注所有的 NaN。当在 Jupyter Notebook 中运行此案例代码之后，将在 DataFrame 中使用"空白啊"标注所有的 NaN，效果分别如图 217-1 和图 217-2 所示。

	行业	操作策略	股票代码	股票名称	最新价	涨跌额
0	石油	NaN	600688	上海石化	3.45	NaN
1	石油	买入	NaN	中国石油	NaN	0.06
2	NaN	买入	603701	NaN	9.27	0.09

图 217-1

	行业	操作策略	股票代码	股票名称	最新价	涨跌额
0	石油	空白啊	600688	上海石化	3.45	空白啊
1	石油	买入	空白啊	中国石油	空白啊	0.06
2	空白啊	买入	603701	空白啊	9.27	0.09

图 217-2

主要代码如下。

```
import pandas as pd#导入pandas库，并使用pd重命名pandas
#读取myexcel.xlsx文件的Sheet1工作表
df=pd.read_excel('myexcel.xlsx',sheet_name='Sheet1',dtype={'股票代码':str})
df#输出df的所有数据
#使用"空白啊"标注df的所有NaN
df.style.format(precision=2,na_rep='空白啊')
```

在上面这段代码中，df.style.format(precision=2,na_rep='空白啊')表示使用"空白啊"标注df的所有NaN。

此案例的主要源文件是MyCode\H022\H022.ipynb。

218 使用指定的颜色高亮显示所有的NaN

此案例主要通过设置highlight_null()函数的null_color参数值，实现使用指定的颜色高亮显示所有的NaN。当在Jupyter Notebook中运行此案例代码之后，将在DataFrame中使用青色高亮显示所有NaN，效果分别如图218-1和图218-2所示。

	行业	操作策略	股票代码	股票名称	最新价	涨跌额
0	石油	NaN	600688	上海石化	3.45	NaN
1	石油	买入	NaN	中国石油	NaN	0.06
2	机械	买入	603701	NaN	9.27	0.09
3	机械	买入	300095	华伍股份	NaN	NaN
4	NaN	卖出	601628	中国人寿	31.42	0.49

图218-1

	行业	操作策略	股票代码	股票名称	最新价	涨跌额
0	石油	NaN	600688	上海石化	3.45	NaN
1	石油	买入	NaN	中国石油	NaN	0.06
2	机械	买入	603701	NaN	9.27	0.09
3	机械	买入	300095	华伍股份	NaN	NaN
4	NaN	卖出	601628	中国人寿	31.42	0.49

图218-2

主要代码如下。

```
import pandas as pd#导入pandas库，并使用pd重命名pandas
#读取myexcel.xlsx文件的Sheet1工作表
df=pd.read_excel('myexcel.xlsx',sheet_name='Sheet1')
df#输出df的所有数据
#使用青色高亮显示df的所有NaN
df.style.format(precision=2).highlight_null(null_color='cyan')
##使用浅粉色高亮显示df的所有NaN
#df.style.format(precision=2).highlight_null(null_color='lightpink')
```

在上面这段代码中，df.style.format(precision=2).highlight_null(null_color='cyan')表示使用青色高亮显示df的所有NaN。

此案例的主要源文件是MyCode\H012\H012.ipynb。

219 自定义函数设置NaN的颜色

此案例主要演示了创建自定义函数使用指定的颜色设置所有NaN的颜色。当在Jupyter

Notebook 中运行此案例代码之后，将在 DataFrame 中使用红色设置所有 NaN 的颜色，效果分别如图 219-1 和图 219-2 所示。

	行业	操作策略	股票代码	股票名称	最新价	涨跌额
0	石油	NaN	600688	上海石化	3.45	NaN
1	石油	买入	NaN	中国石油	NaN	0.06
2	机械	买入	603701	NaN	9.27	0.09
3	机械	买入	300095	华伍股份	NaN	NaN
4	NaN	卖出	601628	中国人寿	31.42	0.49

图 219-1

	行业	操作策略	股票代码	股票名称	最新价	涨跌额
0	石油	NaN	600688	上海石化	3.45	NaN
1	石油	买入	NaN	中国石油	NaN	0.06
2	机械	买入	603701	nan	9.27	0.09
3	机械	买入	300095	华伍股份	NaN	NaN
4	NaN	卖出	601628	中国人寿	31.42	0.49

图 219-2

主要代码如下。

```
import pandas as pd#导入 pandas 库，并使用 pd 重命名 pandas
#读取 myexcel.xlsx 文件的 Sheet1 工作表
df=pd.read_excel('myexcel.xlsx',sheet_name='Sheet1')
df#输出 df 的所有数据
#创建自定义函数 myfunc()
def myfunc(value):
    #如果 value 是 NaN，则使用红色设置 NaN 颜色，否则使用黑色设置 NaN 颜色
    myColor='red' if pd.isnull(value) else 'black'
    return 'color:%s' % myColor
#调用自定义函数 myfunc()使用红色设置 df 的所有 NaN 的颜色
df.style.format(precision=2).applymap(myfunc)
```

在上面这段代码中，df.style.format(precision=2).applymap(myfunc)表示调用自定义函数 myfunc()设置 df 的所有 NaN 的颜色为红色。

此案例的主要源文件是 MyCode\H013\H013.ipynb。

220　自定义函数设置 NaN 的背景颜色

此案例主要演示了创建自定义函数使用指定的颜色设置所有 NaN 的背景颜色。当在 Jupyter Notebook 中运行此案例代码之后，将在 DataFrame 中使用粉色设置所有 NaN 的背景颜色，效果分别如图 220-1 和图 220-2 所示。

	行业	操作策略	股票代码	股票名称	最新价	涨跌额
0	石油	NaN	600688.0	上海石化	3.45	NaN
1	石油	买入	NaN	中国石油	NaN	0.06
2	机械	买入	603701.0	NaN	9.27	0.09
3	机械	买入	300095.0	华伍股份	NaN	NaN
4	NaN	卖出	601628.0	中国人寿	31.42	0.49

图 220-1

	行业	操作策略	股票代码	股票名称	最新价	涨跌额
0	石油	NaN	600688.00	上海石化	3.45	NaN
1	石油	买入	NaN	中国石油	NaN	0.06
2	机械	买入	603701.00	NaN	9.27	0.09
3	机械	买入	300095.00	华伍股份	NaN	NaN
4	NaN	卖出	601628.00	中国人寿	31.42	0.49

图 220-2

主要代码如下。

```
import pandas as pd #导入pandas库，并使用pd重命名pandas
#读取myexcel.xlsx文件的Sheet1工作表
df=pd.read_excel('myexcel.xlsx',sheet_name='Sheet1')
df #输出df的所有数据
#创建自定义函数myfunc()
def myfunc(value):
    #如果value是NaN，则使用粉色设置背景颜色，否则使用白色设置背景颜色
    myColor='pink' if pd.isnull(value) else 'white'
    return 'background-color:%s' % myColor
#调用自定义函数myfunc()使用粉色设置df的所有NaN的背景颜色
df.style.format(precision=2).applymap(myfunc)
```

在上面这段代码中，df.style.format(precision=2).applymap(myfunc)表示调用自定义函数myfunc()设置df的所有NaN的背景颜色为粉色。

此案例的主要源文件是MyCode\H854\H854.ipynb。

221　自定义函数设置非NaN的颜色

此案例主要通过在自定义函数中设置 color 属性值，实现使用指定的颜色设置所有非 NaN 的颜色。当在 Jupyter Notebook 中运行此案例代码之后，将在 DataFrame 中使用蓝色设置所有非 NaN 的颜色，效果分别如图 221-1 和图 221-2 所示。

	行业	操作策略	股票代码	股票名称	最新价	涨跌额
0	石油	NaN	600688.0	上海石化	3.45	NaN
1	石油	买入	NaN	中国石油	NaN	0.06
2	机械	买入	603701.0	NaN	9.27	0.09
3	机械	买入	300095.0	华伍股份	NaN	NaN
4	NaN	卖出	601628.0	中国人寿	31.42	0.49

图 221-1

	行业	操作策略	股票代码	股票名称	最新价	涨跌额
0	石油	NaN	600688.00	上海石化	3.45	NaN
1	石油	买入	NaN	中国石油	NaN	0.06
2	机械	买入	603701.00	NaN	9.27	0.09
3	机械	买入	300095.00	华伍股份	NaN	NaN
4	NaN	卖出	601628.00	中国人寿	31.42	0.49

图 221-2

主要代码如下。

```
import pandas as pd #导入pandas库，并使用pd重命名pandas
#读取myexcel.xlsx文件的Sheet1工作表
df=pd.read_excel('myexcel.xlsx',sheet_name='Sheet1')
df #输出df的所有数据
#创建自定义函数myfunc()
def myfunc(value):
    #如果value是NaN，则使用默认颜色，否则使用蓝色
    myColor='' if pd.isnull(value) else 'blue'
    return 'color:%s' % myColor
#调用自定义函数myfunc()使用蓝色设置df的所有非NaN的颜色
```

```
df.style.format(precision=2).applymap(myfunc)
```

在上面这段代码中，df.style.format(precision=2).applymap(myfunc)表示调用自定义函数myfunc()设置df的所有非NaN的颜色为蓝色。

此案例的主要源文件是MyCode\H855\H855.ipynb。

222　自定义函数设置非NaN的背景颜色

此案例主要通过在自定义函数中设置background-color属性值，实现使用指定的颜色设置所有非NaN的背景颜色。当在Jupyter Notebook中运行此案例代码之后，将在DataFrame中使用青色设置所有非NaN的背景颜色，效果分别如图222-1和图222-2所示。

	行业	操作策略	股票代码	股票名称	最新价	涨跌额
0	石油	NaN	600688	上海石化	3.45	NaN
1	石油	买入	NaN	中国石油	NaN	0.06
2	机械	买入	603701	NaN	9.27	0.09
3	机械	买入	300095	华伍股份	NaN	NaN
4	NaN	卖出	601628	中国人寿	31.42	0.49

图222-1

	行业	操作策略	股票代码	股票名称	最新价	涨跌额
0	石油	NaN	600688	上海石化	3.45	NaN
1	石油	买入	NaN	中国石油	NaN	0.06
2	机械	买入	603701	NaN	9.27	0.09
3	机械	买入	300095	华伍股份	NaN	NaN
4	NaN	卖出	601628	中国人寿	31.42	0.49

图222-2

主要代码如下。

```
import pandas as pd#导入pandas库，并使用pd重命名pandas
#读取myexcel.xlsx文件的Sheet1工作表
df=pd.read_excel('myexcel.xlsx',sheet_name='Sheet1')
df#输出df的所有数据
#创建自定义函数myfunc()
def myfunc(value):
    #如果value是NaN，则使用默认颜色设置背景颜色，否则使用青色设置背景颜色
    myColor='' if pd.isnull(value) else 'cyan'
    return 'background-color:%s' % myColor
#调用自定义函数myfunc()使用青色设置df的所有非NaN的背景颜色
df.style.format(precision=2).applymap(myfunc)
```

在上面这段代码中，df.style.format(precision=2).applymap(myfunc)表示调用自定义函数myfunc()使用青色设置df的所有非NaN的背景颜色。

此案例的主要源文件是MyCode\H014\H014.ipynb。

223　在DataFrame中强制NaN排在首位

此案例主要通过在sort_values()函数中设置na_position参数值为first，实现在DataFrame中排序时，强制将NaN所在行排在首位。当在Jupyter Notebook中运行此案例代码之后，在

DataFrame 中将按照从小到大的顺序进行升序排列近一周增长率，且将 NaN 排在首位，效果分别如图 223-1 和图 223-2 所示。

	基金名称	基金类型	近一周增长率	近一月增长率
0	前海开源公用事业股票	股票型	0.0798	0.3250
1	前海开源新经济混合	混合型	NaN	0.3338
2	泰达转型机遇	股票型	0.0554	0.2075
3	泰达高研发创新6个月混合A	混合型	0.0593	0.2106
4	泰达高研发创新6个月混合C	混合型	0.0592	0.2104

图 223-1

	基金名称	基金类型	近一周增长率	近一月增长率
1	前海开源新经济混合	混合型	NaN	0.3338
2	泰达转型机遇	股票型	0.0554	0.2075
4	泰达高研发创新6个月混合C	混合型	0.0592	0.2104
3	泰达高研发创新6个月混合A	混合型	0.0593	0.2106
0	前海开源公用事业股票	股票型	0.0798	0.3250

图 223-2

主要代码如下。

```
import pandas as pd#导入pandas库，并使用pd重命名pandas
#读取myexcel.xlsx文件的第1个工作表
df=pd.read_excel('myexcel.xlsx')
df#输出df的所有数据
#根据近一周增长率的大小对df进行升序排序，且将NaN所在行排在首位
df.sort_values(by='近一周增长率', na_position='first',ascending=True)
```

在上面这段代码中，df.sort_values(by='近一周增长率', na_position='first',ascending=True)表示在 df 中升序排列近一周增长率，且将 NaN 所在行放在排序结果的开始位置；默认情况下，NaN 所在行放在排序结果的结束位置。

此案例的主要源文件是 MyCode\H342\H342.ipynb。

224　读取 Excel 文件并设置 NaN 的对应值

此案例主要通过在 read_excel()函数中设置 na_values 参数值，实现读取 Excel 文件的工作表，并据此在创建 DataFrame 时自动使用 NaN 替换所有行列的指定数据。当在 Jupyter Notebook 中运行此案例代码之后，将读取 Excel 文件（myexcel.xlsx）的 Sheet1 工作表数据，并据此在创建 DataFrame 时使用 NaN 替换所有行列的"卖出"和"金融"，效果分别如图 224-1 和图 224-2 所示。

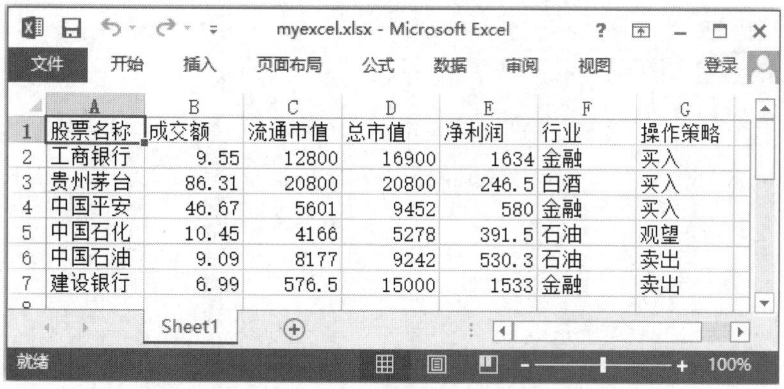

图 224-1

图 224-2

主要代码如下。

```
import pandas as pd  #导入 pandas 库，并使用 pd 重命名 pandas
df=pd.read_excel('myexcel.xlsx',sheet_name='Sheet1',
    na_values=['卖出','金融'])  #读取 myexcel.xlsx 文件的 Sheet1 工作表
df  #输出 df 的所有数据
```

在上面这段代码中，pd.read_excel('myexcel.xlsx',sheet_name='Sheet1',na_values=['卖出','金融']) 表示读取 Excel 文件（myexcel.xlsx）的 Sheet1 工作表，并据此在创建 DataFrame 时自动将所有行列的"卖出"和"金融"替换成 NaN。参数 na_values=['卖出','金融']用于设置 NaN 对应的数据。

此案例的主要源文件是 MyCode\H856\H856.ipynb。

225 读取 Excel 文件并按列设置 NaN 的对应值

此案例主要通过使用字典设置 read_excel()函数的 na_values 参数值，实现读取 Excel 文件的工作表，并据此在创建 DataFrame 时使用 NaN 替换指定列的对应数据。当在 Jupyter Notebook 中运行此案例代码之后，将读取 Excel 文件（myexcel.xlsx）的 Sheet1 工作表，并据此在创建 DataFrame 时使用 NaN 替换行业列的"金融"和"白酒"，效果分别如图 225-1 和图 225-2 所示。

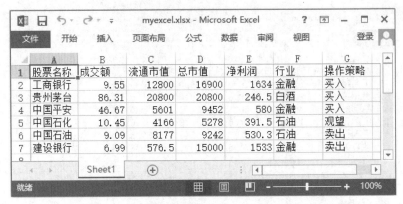

图 225-1

	股票名称	成交额	流通市值	总市值	净利润	行业	操作策略
0	工商银行	9.55	12800.0	16900	1634.0	NaN	买入
1	贵州茅台	86.31	20800.0	20800	246.5	NaN	买入
2	中国平安	46.67	5601.0	9452	580.0	NaN	买入
3	中国石化	10.45	4166.0	5278	391.5	石油	观望
4	中国石油	9.09	8177.0	9242	530.3	石油	卖出
5	建设银行	6.99	576.5	15000	1533.0	NaN	卖出

图 225-2

主要代码如下。

```
import pandas as pd  #导入pandas库，并使用pd重命名pandas
df=pd.read_excel('myexcel.xlsx',sheet_name='Sheet1',
    na_values={'行业': ['金融','白酒']}) #读取myexcel.xlsx文件的Sheet1工作表
df  #输出df的所有数据
```

在上面这段代码中，pd.read_excel('myexcel.xlsx',sheet_name='Sheet1',na_values={'行业': ['金融','白酒']})表示读取 Excel 文件(myexcel.xlsx)的 Sheet1 工作表，并据此在创建 DataFrame 时使用 NaN 替换行业列的"金融"和"白酒"。参数 na_values={'行业':['金融','白酒']}用于设置将被 NaN 替换的指定列的对应数据。

此案例的主要源文件是 MyCode\H857\H857.ipynb。

226　读取文本文件并设置 NaN 的对应值

此案例主要通过在 read_csv()函数中设置 na_values 参数值，实现读取以空格分隔数据的文本文件，并据此在创建 DataFrame 时自动使用 NaN 替换所有行列的指定数据。当在 Jupyter Notebook 中运行此案例代码之后，将读取文本文件(myspace.txt)，并据此在创建 DataFrame 时使用 NaN 替换所有行列的"卖出"和"金融"，效果分别如图 226-1 和图 226-2 所示。

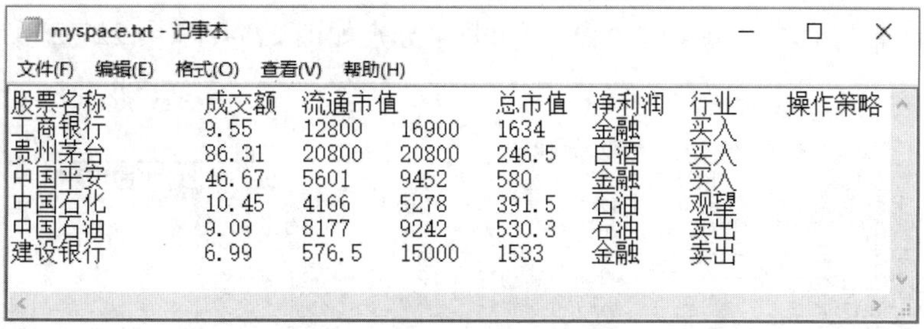

股票名称	成交额	流通市值	总市值	净利润	行业	操作策略
工商银行	9.55	12800	16900	1634	金融	买入
贵州茅台	86.31	20800	20800	246.5	白酒	买入
中国平安	46.67	5601	9452	580	金融	买入
中国石化	10.45	4166	5278	391.5	石油	观望
中国石油	9.09	8177	9242	530.3	石油	卖出
建设银行	6.99	576.5	15000	1533	金融	卖出

图 226-1

	股票名称	成交额	流通市值	总市值	净利润	行业	操作策略
0	工商银行	9.55	12800.0	16900	1634.0	NaN	买入
1	贵州茅台	86.31	20800.0	20800	246.5	白酒	买入
2	中国平安	46.67	5601.0	9452	580.0	NaN	买入
3	中国石化	10.45	4166.0	5278	391.5	石油	观望
4	中国石油	9.09	8177.0	9242	530.3	石油	NaN
5	建设银行	6.99	576.5	15000	1533.0	NaN	NaN

图 226-2

主要代码如下。

```
import pandas as pd #导入pandas库，并使用pd重命名pandas
#读取以空格分隔数据的文本文件(myspace.txt),
#并据此在创建DataFrame时使用NaN替换所有行列的“卖出”和“金融”
pd.read_csv('myspace.txt',delim_whitespace=True,
            na_values=['卖出','金融'])
##读取以空格分隔数据的文本文件(myspace.txt),
##并据此在创建DataFrame时使用NaN替换所有行列的“卖出”
#pd.read_csv('myspace.txt',delim_whitespace=True,
#             na_values='卖出')
```

在上面这段代码中，pd.read_csv('myspace.txt',delim_whitespace=True, na_values=['卖出','金融'])表示读取以空格分隔数据的文本文件(myspace.txt)，并据此在创建 DataFrame 时自动将所有行列的“卖出”和“金融”替换成 NaN。参数 na_values=['卖出','金融']用于设置 NaN 对应的数据。

此案例的主要源文件是 MyCode\H194\H194.ipynb。

227 读取文本文件并按列设置 NaN 的对应值

此案例主要通过使用字典设置 read_csv()函数的 na_values 参数值，实现读取以空格分隔数据的文本文件，并据此在创建 DataFrame 时使用 NaN 替换指定列的对应数据。当在 Jupyter Notebook 中运行此案例代码之后，将读取文本文件（myspace.txt），并据此在创建 DataFrame 时使用 NaN 替换行业列的“金融”和“白酒”，效果分别如图 227-1 和图 227-2 所示。

```
myspace.txt - 记事本
文件(F) 编辑(E) 格式(O) 查看(V) 帮助(H)
股票名称	成交额	流通市值	总市值	净利润	行业	操作策略
工商银行	9.55	12800	16900	1634	金融	买入
贵州茅台	86.31	20800	20800	246.5	白酒	买入
中国平安	46.67	5601	9452	580	金融	买入
中国石化	10.45	4166	5278	391.5	石油	观望
中国石油	9.09	8177	9242	530.3	石油	卖出
建设银行	6.99	576.5	15000	1533	金融	卖出
```

图 227-1

	股票名称	成交额	流通市值	总市值	净利润	行业	操作策略
0	工商银行	9.55	12800.0	16900	1634.0	NaN	买入
1	贵州茅台	86.31	20800.0	20800	246.5	NaN	买入
2	中国平安	46.67	5601.0	9452	580.0	NaN	买入
3	中国石化	10.45	4166.0	5278	391.5	石油	观望
4	中国石油	9.09	8177.0	9242	530.3	石油	卖出
5	建设银行	6.99	576.5	15000	1533.0	NaN	卖出

图 227-2

主要代码如下。

```
import pandas as pd #导入pandas库，并使用pd重命名pandas
#读取以空格分隔数据的文本文件(myspace.txt),并据此在
#创建DataFrame时使用NaN替换行业列的“金融”和“白酒”
pd.read_csv('myspace.txt',delim_whitespace=True,na_values={'行业':['金融','白酒']})
```

在上面这段代码中，pd.read_csv('myspace.txt',delim_whitespace=True,na_values={'行业': ['金融','白酒']})表示读取以空格分隔数据的文本文件（myspace.txt），并据此在创建 DataFrame 时使用 NaN 替换行业列的“金融”和“白酒”。参数 na_values={'行业':['金融','白酒']}用于设置将被 NaN 替换的指定列的对应数据。

此案例的主要源文件是 MyCode\H195\H195.ipynb。

第5章

整理数据

228　使用 apply()转换指定列的数据类型

此案例主要演示了使用 apply()函数强制转换指定列的数据类型。当在 Jupyter Notebook 中运行此案例代码之后，将在 DataFrame 中把收盘价列的数据类型从 float64 强制转换成 int64，效果分别如图 228-1 和图 228-2 所示。

	股票代码	股票名称	收盘价	昨收价	流通市值	净利润
0	002006	精功科技	16.26	14.78	74.01亿	6690万
1	603217	元利科技	42.20	38.36	19.29亿	8198万
2	002772	众兴菌业	12.53	11.39	50.87亿	1253万

图 228-1

	股票代码	股票名称	收盘价	昨收价	流通市值	净利润
0	002006	精功科技	16	14.78	74.01亿	6690万
1	603217	元利科技	42	38.36	19.29亿	8198万
2	002772	众兴菌业	12	11.39	50.87亿	1253万

图 228-2

主要代码如下。

```
import pandas as pd#导入pandas库，并使用pd重命名pandas
#读取myexcel.xlsx文件的Sheet1工作表
df=pd.read_excel('myexcel.xlsx',sheet_name='Sheet1',dtype={'股票代码':str})
#df.dtypes#输出df所有列的数据类型
df#输出df的所有数据
#将df的收盘价列的数据类型强制转换为int64
df.收盘价=df.收盘价.apply('int64')
##将df的股票代码列的数据类型强制转换为int64
#df.股票代码=df.股票代码.apply('int64')
df #输出df在转换数据类型之后的所有数据
```

在上面这段代码中，df.收盘价=df.收盘价.apply('int64')表示将 df 的收盘价列的数制类型强制转换为 int64。Pandas、Python 与 Numpy 之间的数据类型对应关系如表 228-1 所示。

此案例的主要源文件是 MyCode\H045\H045.ipynb。

表 228-1　数据类型对应关系

Pandas 类型	Python 类型	Numpy 类型	说明
object	str	string_,unicode_	文本
int64	int	int_,int8,int16,int32,int64,uint8,uint16,uint32,uint64	整数
float64	float	float_,float16,float32,float64	浮点数
bool	bool	bool_	布尔值
datetime64	NA	NA	日期时间
timedelta	NA	NA	时间差
category	NA	NA	有限文本值

229　使用 apply()转换所有列的数据类型

此案例主要通过设置 apply()函数的 func 参数值为 to_numeric()函数，实现将 DataFrame 所有列的数据类型强制转换成 numeric 类型（如 float64、int64 等）。当在 Jupyter Notebook 中运行此案例代码之后，将把 DataFrame 所有列的数据类型强制转换成 numeric 类型（如 float64、int64 等），不能转换的数据强制设置为 0，效果分别如图 229-1 和图 229-2 所示。

	股票代码	股票名称	最高价	最低价	最新价	昨收价
0	688677	海泰新光	120.59	110.20	117.1	114.09
1	688676	金盘科技	16.99	16.43	16.99	***
2	688669	聚石化学	34.30	33.52	***	33.9

图 229-1

	股票代码	股票名称	最高价	最低价	最新价	昨收价
0	688677	0.0	120.59	110.20	117.10	114.09
1	688676	0.0	16.99	16.43	16.99	0.00
2	688669	0.0	34.30	33.52	0.00	33.90

图 229-2

主要代码如下。

```
import pandas as pd#导入pandas库，并使用pd重命名pandas
#读取myexcel.xlsx文件的Sheet1工作表
df=pd.read_excel('myexcel.xlsx',sheet_name='Sheet1')
df#输出df的所有数据
#在df中将所有列的数据类型强制转换为numeric,并将***设置为0
df.apply(func=pd.to_numeric,errors='coerce').fillna(0)
```

在上面这段代码中，df.apply(func=pd.to_numeric,errors='coerce').fillna(0)表示把 df 所有列的数据类型强制转换为 numeric，不能强制转换的数据（如***）强制设置为 0。可以使用 df.dtypes 查看转换前后所有列的数据类型。

此案例的主要源文件是 MyCode\H164\H164.ipynb。

230　使用 to_numeric()转换列的数据类型

此案例主要演示了使用 to_numeric()函数强制将指定列的数据类型转换成数字类型。当在 Jupyter Notebook 中运行此案例代码之后，将在 DataFrame 中把收盘价列的数据类型强制转换成数字类型，不能转换的数据强制设置为 0.00，效果分别如图 230-1 和图 230-2 所示。

	股票代码	股票名称	收盘价	昨收价	流通市值	净利润
0	002006	精功科技	16.26	14.78	74.01亿	6690万
1	603217	元利科技	42.2	38.36	19.29亿	8198万
2	002772	众兴菌业	12.53	11.39	50.87亿	1253万
3	603611	诺力股份	***	15.09	44.35亿	6667万

图 230-1

	股票代码	股票名称	收盘价	昨收价	流通市值	净利润
0	002006	精功科技	16.26	14.78	74.01亿	6690万
1	603217	元利科技	42.20	38.36	19.29亿	8198万
2	002772	众兴菌业	12.53	11.39	50.87亿	1253万
3	603611	诺力股份	0.00	15.09	44.35亿	6667万

图 230-2

主要代码如下。

```
import pandas as pd#导入pandas库，并使用pd重命名pandas
#读取myexcel.xlsx文件的Sheet1工作表
df=pd.read_excel('myexcel.xlsx',sheet_name='Sheet1',
            dtype={'股票代码':str,'收盘价':str})
#df.dtypes#输出df所有列的数据类型
df#输出df的所有数据
#在df中将收盘价列的数据类型强制转换为numeric,并将***设置为0
df['收盘价']=pd.to_numeric(df['收盘价'],errors='coerce').fillna(0)
df #输出df在转换列数据类型之后的所有数据
```

在上面这段代码中，df['收盘价']=pd.to_numeric(df['收盘价'],errors='coerce').fillna(0)表示在 df 中把收盘价列的数据类型强制转换为 numeric(float64)，并将该列不能转换的数据（***）强制设置为 0。

此案例的主要源文件是 MyCode\H163\H163.ipynb。

231　使用 astype()转换指定列的数据类型

此案例主要演示了使用 astype()函数强制转换指定列的数据类型。当在 Jupyter Notebook 中运行此案例代码之后，将在 DataFrame 中把股票代码列和收盘价列的数据类型强制转换成 int64，效果分别如图 231-1 和图 231-2 所示。

	股票代码	股票名称	收盘价	昨收价	流通市值	净利润
0	002006	精功科技	16.26	14.78	74.01亿	6690万
1	603217	元利科技	42.20	38.36	19.29亿	8198万
2	002772	众兴菌业	12.53	11.39	50.87亿	1253万

图 231-1

	股票代码	股票名称	收盘价	昨收价	流通市值	净利润
0	2006	精功科技	16	14.78	74.01亿	6690万
1	603217	元利科技	42	38.36	19.29亿	8198万
2	2772	众兴菌业	12	11.39	50.87亿	1253万

图 231-2

主要代码如下。

```
import pandas as pd#导入pandas库，并使用pd重命名pandas
#读取myexcel.xlsx文件的Sheet1工作表
```

```
df=pd.read_excel('myexcel.xlsx',sheet_name='Sheet1',dtype={'股票代码':str})
#df.dtypes#输出 df 所有列的数据类型
df #输出 df 的所有数据
#在 df 中把股票代码列和收盘价列的数据类型强制转换为 int64
df=df.astype({'股票代码':'int64','收盘价':'int64'})
df #输出 df 在转换列数据类型之后的所有数据
```

在上面这段代码中，df=df.astype({'股票代码':'int64','收盘价':'int64'})表示在 df 中把股票代码列和收盘价列的数据类型强制转换为 int64，如果转换失败，则将报错。如果仅强制转换一列的数据类型，则也可以写成 df['股票代码']=df['股票代码'].astype('int64')。

此案例的主要源文件是 MyCode\H140\H140.ipynb。

232 使用 astype()将百分数转换为浮点数

此案例主要演示了使用 astype()函数将指定列的百分数转换为浮点数。当在 Jupyter Notebook 中运行此案例代码之后，将在 DataFrame 中把涨跌幅列和振幅列的百分数转换为浮点数，效果分别如图 232-1 和图 232-2 所示。

	股票名称	收盘价	涨跌幅	振幅	最高价	最低价
0	芯能科技	10.49	5.85%	11.60%	10.79	9.64
1	华软科技	11.09	5.82%	10.02%	11.28	10.23
2	有研新材	15.89	5.79%	8.85%	16.10	14.77

图 232-1

	股票名称	收盘价	涨跌幅	振幅	最高价	最低价
0	芯能科技	10.49	0.0585	0.1160	10.79	9.64
1	华软科技	11.09	0.0582	0.1002	11.28	10.23
2	有研新材	15.89	0.0579	0.0885	16.10	14.77

图 232-2

主要代码如下。

```
import pandas as pd#导入 pandas 库，并使用 pd 重命名 pandas
#读取 myexcel.xlsx 文件的 Sheet1 工作表
df=pd.read_excel('myexcel.xlsx',sheet_name='Sheet1')
df #输出 df 的所有数据
#把 df 的涨跌幅列和振幅列的百分数转换为浮点数
df['涨跌幅']=df['涨跌幅'].str[:-1].astype(float)/100
df['振幅']=df['振幅'].str[:-1].astype(float)/100
df #输出 df 在将百分数转换为浮点数之后的所有数据
```

在上面这段代码中，df['涨跌幅']=df['涨跌幅'].str[:-1].astype(float)/100 表示将 df 的涨跌幅列的百分数转换为浮点数，df['涨跌幅'].str[:-1]表示获取百分号（%）之前（左边）的所有数字。

此案例的主要源文件是 MyCode\H536\H536.ipynb。

233 使用 astype()转换千分位符的数字

此案例主要演示了使用 replace()函数和 astype()函数将指定列的千分位符的数字转换为标准类型的数字。当在 Jupyter Notebook 中运行此案例代码之后，将在 DataFrame 中把总手列和成交金额列的千分位符数字分别转换为整数或浮点数，效果分别如图 233-1 和图 233-2 所示。

	股票名称	当前价	涨跌额	总手	成交金额
0	三峡能源	5.95	-0.30	10,667,396	640,602.00
1	包钢股份	1.53	0.00	4,352,856	66,772.00
2	中国一重	3.58	-0.15	4,193,773	154,145.00

图 233-1

	股票名称	当前价	涨跌额	总手	成交金额
0	三峡能源	5.95	-0.30	10667396	640602.0
1	包钢股份	1.53	0.00	4352856	66772.0
2	中国一重	3.58	-0.15	4193773	154145.0

图 233-2

主要代码如下。

```
import pandas as pd#导入pandas库，并使用pd重命名pandas
#读取myexcel.xlsx文件的Sheet1工作表
df=pd.read_excel('myexcel.xlsx',sheet_name='Sheet1')
df  #输出df的所有数据
#在df中删除总手列的千分位符，且将其转换为整数
df['总手']=df['总手'].str.replace(',','').astype(int)
#在df中删除成交金额列的千分位符，且将其转换为浮点数
df['成交金额']=df['成交金额'].str.replace(',','').astype(float)
df  #输出df在转换千分位符数字之后的所有数据
```

在上面这段代码中，df['总手']=df['总手'].str.replace(',','').astype(int)表示删除 df 的总手列的千分位符并将其转换为整数。

此案例的主要源文件是 MyCode\H537\H537.ipynb。

234　使用 astype()将其他时间转为北京时间

此案例主要演示了使用 astype()函数将 UTC 时间转换为北京时间。北京时区是东八区，领先 UTC 8 小时，UTC+时区差＝北京时间，时区差东为正，西为负；UTC 又称世界统一时间、世界标准时间等。当在 Jupyter Notebook 中运行此案例代码之后，将在 DataFrame 中把 UTC 时间转换为北京时间，效果分别如图 234-1 和图 234-2 所示。

	开始时间(UTC+0)	结束时间(UTC+0)
0	2020-08-03 23:50:27	2020-08-03 23:51:01
1	2020-08-03 11:02:27	2020-08-03 11:03:31
2	2020-08-01 12:17:48	2020-08-01 12:17:53

图 234-1

	开始时间	结束时间
0	2020-08-03 23:50:27+08:00	2020-08-03 23:51:01+08:00
1	2020-08-03 11:02:27+08:00	2020-08-03 11:03:31+08:00
2	2020-08-01 12:17:48+08:00	2020-08-01 12:17:53+08:00

图 234-2

主要代码如下。

```
import pandas as pd#导入pandas库，并使用pd重命名pandas
#读取myexcel.xlsx文件的Sheet1工作表
df=pd.read_excel('myexcel.xlsx',sheet_name='Sheet1')
df#输出df的所有数据
```

```
#在df中将UTC时间转换为北京时间
df.rename(lambda x:x.replace('(UTC+0)',''),
                    axis=1).astype('datetime64[ns, Asia/Shanghai]')
```

在上面这段代码中，df.rename(lambda x:x.replace('(UTC+0)',''),axis=1).astype('datetime64[ns, Asia/Shanghai]')表示在df中将UTC时间转换为北京时间。

此案例的主要源文件是MyCode\H550\H550.ipynb。

235　根据日期类型列的日期解析星期

此案例主要通过使用dayofweek属性，实现根据日期类型列的日期解析星期。当在Jupyter Notebook中运行此案例代码之后，在DataFrame中将根据上市日期列的日期解析该日期是星期几，效果分别如图235-1和图235-2所示。

	股票代码	股票名称	涨跌额	最新价	上市日期
0	688677	海泰新光	3.01	117.10	2021-02-26
1	688676	金盘科技	0.43	16.99	2021-03-09
2	688669	聚石化学	0.10	34.00	2021-01-25

图235-1

	股票代码	股票名称	涨跌额	最新价	上市日期	星期
0	688677	海泰新光	3.01	117.10	2021-02-26	星期五
1	688676	金盘科技	0.43	16.99	2021-03-09	星期二
2	688669	聚石化学	0.10	34.00	2021-01-25	星期一

图235-2

主要代码如下。

```
import pandas as pd#导入pandas库，并使用pd重命名pandas
#读取以空格分隔的文本文件,并转换上市日期列的数据类型为 datetime64[ns]
df=pd.read_csv('myspace.txt',delim_whitespace=True,parse_dates=['上市日期'])
df#输出df的全部数据
#在df中根据上市日期列的日期解析星期几,此时星期几是数字
df['星期']=df['上市日期'].dt.dayofweek
#使用map()将数字星期几映射为字符串星期几
df['星期']=df['星期'].map({0:'星期一',1:'星期二',2:'星期三',
                    3:'星期四',4:'星期五',5:'星期六',6:'星期天'})
df#输出df在解析日期之后的全部数据
```

在上面这段代码中，df['星期']=df['上市日期'].dt.dayofweek表示根据df['上市日期']的日期解析该日期是星期几并据此在df中新增星期列。df['星期']=df['星期'].map({0:'星期一',1:'星期二',2:'星期三',3:'星期四',4:'星期五',5:'星期六',6:'星期天'})表示根据df['星期']的数字（0、1、2、3、4、5、6）映射（转换成）成普通的字符串星期几表示形式。

此案例的主要源文件是MyCode\H302\H302.ipynb。

236　根据日期类型列的日期解析季度

此案例主要通过使用quarter属性，实现根据日期类型列的日期解析季度。当在Jupyter Notebook中运行此案例代码之后，在DataFrame中将根据上市日期列的日期解析该日期在哪个

季度，效果分别如图 236-1 和图 236-2 所示。

	股票代码	股票名称	涨跌额	最新价	上市日期
0	688668	鼎通科技	2.87	42.21	2020-12-21
1	688661	和林微纳	3.64	97.69	2021-03-29
2	688660	电气风电	-0.04	8.94	2021-05-19

图 236-1

	股票代码	股票名称	涨跌额	最新价	上市日期	上市季度
0	688668	鼎通科技	2.87	42.21	2020-12-21	四季度
1	688661	和林微纳	3.64	97.69	2021-03-29	一季度
2	688660	电气风电	-0.04	8.94	2021-05-19	二季度

图 236-2

主要代码如下。

```
import pandas as pd#导入pandas库,并使用pd重命名pandas
#读取以空格分隔的文本文件,并转换上市日期列的数据类型为 datetime64[ns]
df=pd.read_csv('myspace.txt',delim_whitespace=True,parse_dates=['上市日期'])
df #输出df的全部数据
#在df中根据上市日期列的日期解析该日期在哪个季度,此时季度是数字
df['上市季度']=df['上市日期'].dt.quarter
#使用map()将数字季度映射为字符串季度
df['上市季度']=df['上市季度'].map({1:'一季度',2:'二季度',3:'三季度',4:'四季度'})
df #输出解析之后的df的全部数据
```

在上面这段代码中，df['上市季度']=df['上市日期'].dt.quarter 表示根据 df['上市日期']的日期解析该日期在哪个季度并据此在 df 中新增上市季度列。df['上市季度']=df['上市季度'].map({1:'一季度',2:'二季度',3:'三季度',4:'四季度'})表示根据 df['上市季度']的数字（1、2、3、4）映射（转换成）成普通的字符串季度表示形式。

此案例的主要源文件是 MyCode\H303\H303.ipynb。

237　使用 lower()将指定列的字母变为小写

此案例主要演示了使用字符串的 lower()函数将指定列的所有英文字母变为小写。当在 Jupyter Notebook 中运行此案例代码之后，将在 DataFrame 中使英文名称列的所有英文字母变为小写，效果分别如图 237-1 和图 237-2 所示。

	学校名称	英文名称	总得分
0	哈佛大学	Harvard University	99.2
1	伦敦大学学院	UCL (University College London)	98.9
2	帝国理工学院	Imperial College London	98.8

图 237-1

	学校名称	英文名称	总得分
0	哈佛大学	harvard university	99.2
1	伦敦大学学院	ucl (university college london)	98.9
2	帝国理工学院	imperial college london	98.8

图 237-2

主要代码如下。

```
import pandas as pd   #导入pandas库,并使用pd重命名pandas
#读取myexcel.xlsx文件的Sheet1工作表
```

```
df=pd.read_excel('myexcel.xlsx',sheet_name='Sheet1')
df  #输出 df 的所有数据
#在 df 中小写英文名称列的所有字母
df['英文名称']=df['英文名称'].str.lower()
##在 df 中大写英文名称列的所有字母
#df['英文名称']=df['英文名称'].str.upper()
##在 df 中大写英文名称列的单词首字母
#df['英文名称']=df['英文名称'].str.title()
##在 df 中大写英文名称列的第一个单词的首字母
#df['英文名称']=df['英文名称'].str.capitalize()
##在 df 中反向英文名称列的所有字母，即大写变小写，小写变大写
#df['英文名称']=df['英文名称'].str.swapcase()
df  #输出 df 在小写字母之后的所有数据
```

在上面这段代码中，df['英文名称']=df['英文名称'].str.lower()表示在 df 中使英文名称列的所有英文字母变为小写。

此案例的主要源文件是 MyCode\H803\H803.ipynb。

238 使用 rjust()在指定列左端补充字符

此案例主要演示了使用字符串的 rjust()函数在指定列的左端补充字符。当在 Jupyter Notebook 中运行此案例代码之后，将在 DataFrame 的股票代码列的左端补 0，从而将不足 6 位数的股票代码修改成 6 位数，效果分别如图 238-1 和图 238-2 所示。

	股票代码	股票名称	收盘价	买入总额	卖出总额
0	831	五矿稀土	28.09	23411.27	5405.61
1	300752	隆利科技	27.66	6997.09	152.46
2	2920	德赛西威	108.93	10673.55	4684.62

图 238-1

	股票代码	股票名称	收盘价	买入总额	卖出总额
0	000831	五矿稀土	28.09	23411.27	5405.61
1	300752	隆利科技	27.66	6997.09	152.46
2	002920	德赛西威	108.93	10673.55	4684.62

图 238-2

主要代码如下。

```
import pandas as pd #导入 pandas 库，并使用 pd 重命名 pandas
#读取 myexcel.xlsx 文件的 Sheet1 工作表
df=pd.read_excel('myexcel.xlsx',sheet_name='Sheet1')
df  #输出 df 的所有数据
#在少于 6 位数的股票代码左端补 0
df['股票代码']=df['股票代码'].astype(str).str.rjust(width=6, fillchar='0')
#df['股票代码']=df['股票代码'].astype(str).str.zfill(width=6)
#df['股票代码']=df['股票代码'].astype(str).str.pad(width=6, side='left',
fillchar='0')
df  #输出 df 在补 0 之后的所有数据
```

在上面这段代码中，df['股票代码'].astype(str).str.rjust(width=6, fillchar='0')表示在 df 的股票代码列中对少于 6 位数的股票代码的左端补 0，从而使所有股票代码均为 6 位数。

此案例的主要源文件是 MyCode\H813\H813.ipynb。

239 使用 ljust()在指定列右端补充字符

此案例主要演示了使用字符串的 ljust()函数在指定列的右端补充字符。当在 Jupyter Notebook 中运行此案例代码之后，如果 DataFrame 的星级列的实心星号数量小于 5 个，则在其右端补上若干个空心星号，使星号总数等于 5 个，效果分别如图 239-1 和图 239-2 所示。

	书名	售价	星级
0	Android炫酷应用300例	99.8	★
1	HTML5+CSS3炫酷应用实例集锦	149.0	★★★
2	jQuery炫酷应用实例集锦	199.0	★★

图 239-1

	书名	售价	星级
0	Android炫酷应用300例	99.8	★☆☆☆☆
1	HTML5+CSS3炫酷应用实例集锦	149.0	★★★☆☆
2	jQuery炫酷应用实例集锦	199.0	★★☆☆☆

图 239-2

主要代码如下。

```
import pandas as pd #导入pandas库，并使用pd重命名pandas
#读取myexcel.xlsx文件的Sheet1工作表
df=pd.read_excel('myexcel.xlsx',sheet_name='Sheet1')
df #输出df的所有数据
#如果df的星级列的星号个数小于5个，则在其右端补上若干个空心星号，使星号总数等于5个
df['星级']=df['星级'].astype(str).str.ljust(width=5,fillchar='☆')
#df['星级']=df['星级'].astype(str).str.pad(width=5,side='right',fillchar='☆')
df #输出df在补充空心星号之后的所有数据
```

在上面这段代码中，df['星级'].astype(str).str.ljust(width=5,fillchar='☆')表示如果 df 的星级列的实心星号小于 5 个，则在其右端补上若干个空心星号，使其星号总数等于 5 个。

此案例的主要源文件是 MyCode\H814\H814.ipynb。

240 使用 center()在指定列两端补充字符

此案例主要演示了使用字符串的 center()函数在指定列的左右两端补充指定的字符。当在 Jupyter Notebook 中运行此案例代码之后，在 DataFrame 中如果影片名称列的字符数量小于 10 个，则在其左右两端补上若干个"□"，使其字符总数等于 10 个，效果分别如图 240-1 和图 240-2 所示。

	影片名称	实时票房	累计票房	上映天数
0	中国医生	3080.4	57968.3	7
1	新大头儿子和小头爸爸	359.0	5977.3	7
2	守岛人	167.3	10418.0	28

图 240-1

	影片名称	实时票房	累计票房	上映天数
0	□□□中国医生□□□	3080.4	57968.3	7
1	新大头儿子和小头爸爸	359.0	5977.3	7
2	□□□守岛人□□□□	167.3	10418.0	28

图 240-2

主要代码如下。

```
import pandas as pd #导入pandas库，并使用pd重命名pandas
#读取myexcel.xlsx文件的Sheet1工作表
df=pd.read_excel('myexcel.xlsx',sheet_name='Sheet1')
df #输出df的所有数据
#如果df的影片名称列的字符数量小于10个，则在其左右两端补上若干个口，
#使字符总数等于10，且此前的字符始终处于中心位置
df['影片名称']=df['影片名称'].astype(str).str.center(width=10,fillchar='口')
#df['影片名称']=df['影片名称'].astype(str).str.pad(width=10,side='both',
fillchar='口')
df #输出df在补充字符之后的所有数据
```

在上面这段代码中，df['影片名称'].astype(str).str.center(width=10,fillchar='口')表示如果 df 的影片名称列的字符数量小于 10 个，则在其左右两端补上若干 "口"，使字符总数等于 10，且此前的字符始终处于中心位置。

此案例的主要源文件是 MyCode\H815\H815.ipynb。

241　使用 lstrip()删除指定列左端字符

此案例主要演示了使用字符串的 lstrip()函数在指定列中删除左端的若干字符。当在 Jupyter Notebook 中运行此案例代码之后，将在 DataFrame 中删除利润分配列左端的 "✪✪✪不分配"，效果分别如图 241-1 和图 241-2 所示。

	股票代码	股票简称	每股收益	利润分配
0	601168	西部矿业	0.59	✪✪✪不分配 不转增✪✪✪
1	838983	波尔电子	-0.25	✪✪✪10派2.50✪✪✪
2	839553	环美科技	-0.12	✪✪✪不分配 不转增✪✪✪

	股票代码	股票简称	每股收益	利润分配
0	601168	西部矿业	0.59	不转增✪✪✪
1	838983	波尔电子	-0.25	10派2.50✪✪✪
2	839553	环美科技	-0.12	不转增✪✪✪

图 241-1　　　　　　　　　　　　　　　　图 241-2

主要代码如下。

```
import pandas as pd #导入pandas库，并使用pd重命名pandas
#读取myexcel.xlsx文件的Sheet1工作表
df=pd.read_excel('myexcel.xlsx',sheet_name='Sheet1')
df #输出df的所有数据
#在df中删除利润分配列左端的 "✪✪✪不分配"
df['利润分配']=df['利润分配'].astype(str).str.lstrip('✪✪✪不分配')
#df['利润分配']=df['利润分配'].astype(str).str.lstrip('✪不分配')
#df['利润分配']=df['利润分配'].astype(str).str.lstrip('不分配✪')
#df['利润分配']=df['利润分配'].astype(str).str.lstrip('不配✪分')
#df['利润分配']=df['利润分配'].astype(str).str.lstrip('配✪分不')
df #输出df在删除指定字符之后的所有数据
```

在上面这段代码中，df['利润分配']=df['利润分配'].astype(str).str.lstrip('✪✪✪不分配')表示在

df 中删除利润分配列左端的"❀❀❀不分配"。

此案例的主要源文件是 MyCode\H277\H277.ipynb。

242　使用 rstrip()删除指定列右端字符

此案例主要演示了使用字符串的 rstrip()函数在指定列中删除右端的若干字符。当在 Jupyter Notebook 中运行此案例代码之后，将在 DataFrame 中删除利润分配列右端的"不转增❀❀❀"，效果分别如图 242-1 和图 242-2 所示。

	股票代码	股票简称	每股收益	利润分配
0	838983	波尔电子	-0.25	❀❀❀10派2.50❀❀❀
1	830765	协盛科技	0.15	❀❀❀10派1.55❀❀❀
2	839553	环美科技	-0.12	❀❀❀不分配 不转增❀❀❀

图 242-1

	股票代码	股票简称	每股收益	利润分配
0	838983	波尔电子	-0.25	❀❀❀10派2.50
1	830765	协盛科技	0.15	❀❀❀10派1.55
2	839553	环美科技	-0.12	❀❀❀不分配

图 242-2

主要代码如下。

```
import pandas as pd  #导入pandas库，并使用pd重命名pandas
#读取myexcel.xlsx文件的Sheet1工作表
df=pd.read_excel('myexcel.xlsx',sheet_name='Sheet1')
df  #输出df的所有数据
#在df中删除利润分配列右端的"不转增❀❀❀"
df['利润分配']=df['利润分配'].astype(str).str.rstrip('不转增❀❀❀')
#df['利润分配']=df['利润分配'].astype(str).str.rstrip('不转增❀')
#df['利润分配']=df['利润分配'].astype(str).str.rstrip('不增转❀')
#df['利润分配']=df['利润分配'].astype(str).str.rstrip('转不增❀')
#df['利润分配']=df['利润分配'].astype(str).str.rstrip('增转不❀')
df  #输出df在删除指定字符之后的所有数据
```

在上面这段代码中，df['利润分配']=df['利润分配'].astype(str).str.rstrip('不转增❀❀❀')表示在 df 中删除利润分配列右端的"不转增❀❀❀"。

此案例的主要源文件是 MyCode\H822\H822.ipynb。

243　使用 strip()删除指定列左右两端字符

此案例主要演示了使用字符串的 strip()函数在指定列的左右两端删除若干字符。当在 Jupyter Notebook 中运行此案例代码之后，将在 DataFrame 的利润分配列的左右两端删除"❀❀❀"，效果分别如图 243-1 和图 243-2 所示。

主要代码如下。

```
import pandas as pd  #导入pandas库，并使用pd重命名pandas
#读取myexcel.xlsx文件的Sheet1工作表
df=pd.read_excel('myexcel.xlsx',sheet_name='Sheet1')
df  #输出df的所有数据
```

```
#在df的利润分配列的左右两端删除"❂❂❂"
df['利润分配']=df['利润分配'].astype(str).str.strip('❂❂❂')
#df['利润分配']=df['利润分配'].astype(str).str.strip('❂')
df #输出df在删除指定字符之后的所有数据
```

	股票代码	股票简称	每股收益	利润分配
0	838983	波尔电子	-0.25	❂❂❂10派2.50❂❂❂
1	831142	易讯通	0.25	❂❂❂不分配 不转增❂❂❂
2	830765	协盛科技	0.15	❂❂❂10派1.55❂❂❂

图 243-1

	股票代码	股票简称	每股收益	利润分配
0	838983	波尔电子	-0.25	10派2.50
1	831142	易讯通	0.25	不分配 不转增
2	830765	协盛科技	0.15	10派1.55

图 243-2

在上面这段代码中，df['利润分配']=df['利润分配'].astype(str).str.strip('❂❂❂')表示在 df 的利润分配列左右两端删除"❂❂❂"。

此案例的主要源文件是 MyCode\H278\H278.ipynb。

244　使用 get()提取指定列指定位置的字符

此案例主要演示了使用字符串的 get()函数在指定列中根据索引位置提取字符。当在 Jupyter Notebook 中运行此案例代码之后，将在 DataFrame 中提取成交额列的最后一个字符，并据此添加单位列，效果分别如图 244-1 和图 244-2 所示。

	股票代码	股票名称	涨跌幅	涨跌额	成交额
0	688677	海泰新光	2.64%	3.01	1.06亿
1	688676	金盘科技	2.60%	0.43	3574.24万
2	688668	鼎通科技	7.30%	2.87	1.43亿

图 244-1

	股票代码	股票名称	涨跌幅	涨跌额	成交额	单位
0	688677	海泰新光	2.64%	3.01	1.06	亿
1	688676	金盘科技	2.60%	0.43	3574.24	万
2	688668	鼎通科技	7.30%	2.87	1.43	亿

图 244-2

主要代码如下。

```
import pandas as pd  #导入pandas库，并使用pd重命名pandas
#读取myexcel.xlsx文件的Sheet1工作表
df=pd.read_excel('myexcel.xlsx',sheet_name='Sheet1')
df  #输出df的所有数据
#提取df的成交额列的最后一个字符，并据此添加单位列
df['单位']=df['成交额'].astype(str).str.get(-1)
#删除在df的成交额列中的"亿"或"万"
df['成交额']=df['成交额'].str.replace('亿|万','',regex=True)
#df['成交额']=df['成交额'].str.replace('[亿万]','',regex=True)
df  #输出df在修改之后的所有数据
```

在上面这段代码中，df['单位']=df['成交额'].astype(str).str.get(-1)表示在 df 的成交额列中提取最后一个字符（"亿"或"万"），并据此在 df 中添加单位列，参数-1 表示最后一个字符。

此案例的主要源文件是 MyCode\H823\H823.ipynb。

245 使用 slice() 提取指定列的多个字符

此案例主要演示了使用字符串的 slice() 函数在指定列中提取多个字符。当在 Jupyter Notebook 中运行此案例代码之后，将在 DataFrame 的上市日期列中提取第 6 个及之后的所有字符，效果分别如图 245-1 和图 245-2 所示。

	股票代码	股票名称	涨跌额	最新价	上市日期
0	688677	海泰新光	3.01	117.10	2021-02-26
1	688676	金盘科技	0.43	16.99	2021-03-09
2	688669	聚石化学	0.10	34.00	2021-01-25

图 245-1

	股票代码	股票名称	涨跌额	最新价	上市日期
0	688677	海泰新光	3.01	117.10	02-26
1	688676	金盘科技	0.43	16.99	03-09
2	688669	聚石化学	0.10	34.00	01-25

图 245-2

主要代码如下。

```
import pandas as pd #导入pandas库,并使用pd重命名pandas
#读取以空格分隔的文本文件,并转换上市日期列的数据类型为 datetime64[ns]
df=pd.read_csv('myspace.txt',delim_whitespace=True,parse_dates=['上市日期'])
df #输出df的所有数据
#在df的上市日期列中提取第6个及之后的字符
df['上市日期']=df['上市日期'].astype(str).str.slice(start=5)
#df['上市日期']=df['上市日期'].astype(str).str.slice(5)
##在df的上市日期列中提取最后1个字符
#df['上市日期']=df['上市日期'].astype(str).str.slice(-1)
##在df上市日期列中,每间隔1个字符提取1个字符
#df['上市日期']=df['上市日期'].astype(str).str.slice(start=0, stop=-1, step=2)
df #输出df在修改之后的所有数据
```

在上面这段代码中，df['上市日期']=df['上市日期'].astype(str).str.slice(start=5)表示在 df 的上市日期列中提取第 6 个及之后的所有字符。

此案例的主要源文件是 MyCode\H828\H828.ipynb。

246 使用 count() 统计指定列的字符个数

此案例主要演示了使用字符串的 count() 函数统计指定列的指定字符的出现次数。当在 Jupyter Notebook 中运行此案例代码之后，将在 DataFrame 中根据星级列的★号的出现次数添加得分列，效果分别如图 246-1 和图 246-2 所示。

	书名	售价	星级
0	Android炫酷应用300例	99.8	★★★
1	HTML5+CSS3炫酷应用实例集锦	149.0	★★★★★
2	jQuery炫酷应用实例集锦	99.0	★★

图 246-1

	书名	售价	星级	得分
0	Android炫酷应用300例	99.8	★★★	3
1	HTML5+CSS3炫酷应用实例集锦	149.0	★★★★★	5
2	jQuery炫酷应用实例集锦	99.0	★★	2

图 246-2

主要代码如下。

```
import pandas as pd  #导入pandas库，并使用pd重命名pandas
#读取myexcel.xlsx文件的Sheet1工作表
df=pd.read_excel('myexcel.xlsx',sheet_name='Sheet1')
df  #输出df的所有数据
#在df中根据星级列的★号个数添加得分列
df['得分']=df['星级'].str.count('★')
df  #输出df在添加新列之后的所有数据
```

在上面这段代码中，df['得分']=df['星级'].str.count('★')表示在df的星级列中统计★号的出现次数，并据此添加得分列。

此案例的主要源文件是MyCode\H808\H808.ipynb。

247 使用repeat()在指定列中重复字符

此案例主要演示了使用字符串的repeat()函数按照指定的次数重复指定列的字符。当在Jupyter Notebook中运行此案例代码之后，将把DataFrame的热销指数列的字符（图形符号）重复5次，效果分别如图247-1和图247-2所示。

	书 名	售价	热销指数
0	Android炫酷应用300例	99.8	★
1	jQuery炫酷应用实例集锦	42.0	♥
2	HTML5+CSS3炫酷应用实例集锦	149.0	☼

图 247-1

	书 名	售价	热销指数
0	Android炫酷应用300例	99.8	★★★★★
1	jQuery炫酷应用实例集锦	42.0	♥♥♥♥♥
2	HTML5+CSS3炫酷应用实例集锦	149.0	☼☼☼☼☼

图 247-2

主要代码如下。

```
import pandas as pd #导入pandas库，并使用pd重命名pandas
#读取myexcel.xlsx文件的Sheet1工作表
df=pd.read_excel('myexcel.xlsx',sheet_name='Sheet1')
df  #输出df的所有数据
#将df的热销指数列的字符(图形符号)重复5次
df['热销指数']=df['热销指数'].astype(str).str.repeat(5)
##将df的热销指数列的字符(图形符号)根据每行指定的次数进行重复
#df['热销指数']=df['热销指数'].astype(str).str.repeat(repeats=[1,2,3])
df  #输出df在修改之后的所有数据
```

在上面这段代码中，df['热销指数']=df['热销指数'].astype(str).str.repeat(5)表示将df的热销指数列的字符（图形符号）重复5次。

此案例的主要源文件是MyCode\H817\H817.ipynb。

248 使用 replace()在指定列中替换文本

此案例主要演示了使用字符串的 replace()函数在指定列中替换指定的文本。当在 Jupyter Notebook 中运行此案例代码之后，将在 DataFrame 的出版社列中把所有的"大学出版社"替换成"大学出版社(北京)"，效果分别如图 248-1 和图 248-2 所示。

	书名	售价	出版社
0	Android炫酷应用300例	99.8	清华大学出版社
1	HTML5+CSS3炫酷应用实例集锦	149.0	清华大学出版社
2	Visual C++编程技巧精选500例	49.0	中国水利水电出版社

图 248-1

	书名	售价	出版社
0	Android炫酷应用300例	99.8	清华大学出版社(北京)
1	HTML5+CSS3炫酷应用实例集锦	149.0	清华大学出版社(北京)
2	Visual C++编程技巧精选500例	49.0	中国水利水电出版社

图 248-2

主要代码如下。

```
import pandas as pd #导入pandas库，并使用pd重命名pandas
#读取myexcel.xlsx文件的Sheet1工作表
df=pd.read_excel('myexcel.xlsx',sheet_name='Sheet1')
df #输出df的所有数据
#在df的出版社列中使用"大学出版社(北京)"替换"大学出版社"
df['出版社']=df['出版社'].astype(str).str.replace("大学出版社","大学出版社(北京)")
df #输出df在执行替换操作之后的所有数据
```

在上面这段代码中，df['出版社']=df['出版社'].astype(str).str.replace("大学出版社","大学出版社(北京)")表示在 df 的出版社列中把所有的"大学出版社"替换成"大学出版社(北京)"。

此案例的主要源文件是 MyCode\H820\H820.ipynb。

249 使用 replace()在指定列中替换字母

此案例主要演示了使用字符串的replace()函数在指定列中替换所有大小写字母。当在Jupyter Notebook 中运行此案例代码之后，将在 DataFrame 的公司名称列中使用空值替换所有的英文字母及括号，即删除这些内容，效果分别如图 249-1 和图 249-2 所示。

	公司名称	营业收入	利润
0	沃尔玛（WALMART）	523964.0	14881
1	国家电网公司（State Grid）	383906.0	7970
2	大众公司（VOLKSWAGEN）	282760.2	15542

图 249-1

	公司名称	营业收入	利润
0	沃尔玛	523964.0	14881
1	国家电网公司	383906.0	7970
2	大众公司	282760.2	15542

图 249-2

主要代码如下。

```
import pandas as pd #导入pandas库，并使用pd重命名pandas
#读取myexcel.xlsx文件的Sheet1工作表
```

```
df=pd.read_excel('myexcel.xlsx',sheet_name='Sheet1')
df #输出 df 的所有数据
#在 df 的公司名称列中使用空值替换所有的英文字母及括号
df['公司名称']=df['公司名称'].astype(str).str.replace("[A-z]",
    "",regex=True).str.replace(")","",regex=True).str.replace("（","",regex=True)
##在 df 的公司名称列中使用空值替换所有的英文大写字母及括号
#df['公司名称']=df['公司名称'].astype(str).str.replace("[A-Z]","",
#    regex=True).str.replace(")","",regex=True).str.replace("（","",regex=True)
df #输出 df 在执行替换操作之后的所有数据
```

在上面这段代码中，df['公司名称']=df['公司名称'].astype(str).str.replace("[A-z]","",regex=True).str.replace(")","",regex=True).str.replace("","",regex=True)表示在 df 的公司名称列中使用空值替换所有的英文字母及括号，[A-z]是所有大小写英文字母的正则表达式写法。

此案例的主要源文件是 MyCode\H821\H821.ipynb。

250 在 replace()中使用正则表达式替换

此案例主要演示了在字符串的 replace()函数中使用正则表达式替换指定列的指定位置的若干不确定（不相同）的字符。当在 Jupyter Notebook 中运行此案例代码之后，将在 DataFrame 的成交额列中使用空值替换小数点及后面的三位小数，但是保留单位（亿或万），效果分别如图 250-1 和图 250-2 所示。

	股票代码	股票名称	最新价	成交额	流通市值
0	688621	阳光诺和	102.25	1.010亿	17.64亿
1	688639	华恒生物	58.86	3848.500万	13.95亿
2	601888	中国中免	228.05	34.724亿	4452亿

图 250-1

	股票代码	股票名称	最新价	成交额	流通市值
0	688621	阳光诺和	102.25	1亿	17.64亿
1	688639	华恒生物	58.86	3848万	13.95亿
2	601888	中国中免	228.05	34亿	4452亿

图 250-2

主要代码如下。

```
import pandas as pd #导入 pandas 库，并使用 pd 重命名 pandas
#读取 myexcel.xlsx 文件的 Sheet1 工作表
df=pd.read_excel('myexcel.xlsx',sheet_name='Sheet1')
df #输出 df 的所有数据
#在 df 的成交额列中使用空值替换小数点及后面的三位小数，但保留单位(亿或万)
df['成交额']=df['成交额'].astype(str).str.replace("\....","",regex=True)
## 在 df 的成交额列中使用空值替换 4 及后面的 4 个字符
#df['成交额']=df['成交额'].astype(str).str.replace("4....","",regex=True)
df #输出 df 在执行替换操作之后的所有数据
```

在上面这段代码中，df['成交额']=df['成交额'].astype(str).str.replace("\....","",regex=True)表示在 df 的成交额列中使用空值替换小数点及后面的三位小数，但是保留单位（亿或万），在这里，"\."表示小数点，"\...."表示小数点及后面的三个任意字符。

此案例的主要源文件是 MyCode\H279\H279.ipynb。

251　在 replace() 中使用 lambda 替换

此案例主要通过使用 lambda 表达式设置字符串的 replace() 函数的参数值,实现在指定列中通过替换操作删除小数点后面无意义(只起占位作用)的 0。当在 Jupyter Notebook 中运行此案例代码之后,将在 DataFrame 的成交额列中删除小数点后面无意义(只起占位作用)的 0,效果分别如图 251-1 和图 251-2 所示。

	股票代码	股票名称	最新价	成交额	流通市值
0	688621	阳光诺和	102.25	1.0100亿	17.64亿
1	688639	华恒生物	58.86	3848.5000万	13.95亿
2	601888	中国中免	228.05	34.7240亿	4452亿

图 251-1

	股票代码	股票名称	最新价	成交额	流通市值
0	688621	阳光诺和	102.25	1.01亿	17.64亿
1	688639	华恒生物	58.86	3848.5万	13.95亿
2	601888	中国中免	228.05	34.724亿	4452亿

图 251-2

主要代码如下。

```
import pandas as pd #导入pandas库,并使用pd重命名pandas
#读取myexcel.xlsx文件的Sheet1工作表
df=pd.read_excel('myexcel.xlsx',sheet_name='Sheet1')
df  #输出df的所有数据
#在df的成交额列中使用空值替换小数点后面无意义(只起占位作用)的0
df['成交额']=df['成交额'].str.replace(r"\d\.\d*[1-9]+0+",
                    lambda m:m.group(0).rstrip("0"),regex=True)
##在df的成交额列中使用空值替换小数点及后面的数字,即无条件取整
#df['成交额']=df['成交额'].str.replace(r"\.\d*[0-9]","",regex=True)
df  #输出df在执行替换操作之后的所有数据
```

在上面这段代码中,df['成交额']=df['成交额'].str.replace(r"\d\.\d*[1-9]+0+",lambda m: m.group(0).rstrip("0"),regex=True)表示在 df 的成交额列中替换(删除)小数点后面无意义(只起占位作用)的 0,参数 "\d\.\d*[1-9]+0+" 是一个正则表达式,因此必须设置 regex=True。

此案例的主要源文件是 MyCode\H285\H285.ipynb。

252　使用 slice_replace() 替换指定切片

此案例主要演示了使用 slice_replace() 函数在指定列中使用指定内容替换切片。当在 Jupyter Notebook 中运行此案例代码之后,将在 DataFrame 的上市日期列中使用"年"替换所有的非年份内容,效果分别如图 252-1 和图 252-2 所示。

	股票代码	股票名称	涨跌额	最新价	上市日期
0	688677	海泰新光	3.01	117.10	2021/2/27
1	688668	鼎通科技	2.87	42.21	2020/12/21
2	688667	菱电电控	2.20	104.51	2021/3/12

图 252-1

	股票代码	股票名称	涨跌额	最新价	上市日期
0	688677	海泰新光	3.01	117.10	2021年
1	688668	鼎通科技	2.87	42.21	2020年
2	688667	菱电电控	2.20	104.51	2021年

图 252-2

主要代码如下。

```
import pandas as pd #导入pandas库，并使用pd重命名pandas
#读取myexcel.xlsx文件的Sheet1工作表
df=pd.read_excel('myexcel.xlsx',sheet_name='Sheet1',dtype={'上市日期':str})
df #输出df的所有数据
#在df的上市日期列中使用"年"替换第4个字符之后的所有字符
df.上市日期=df.上市日期.str.slice_replace(4, repl='年')
##在df的上市日期列中使用空值替换第5个字符之前的所有字符
#df.上市日期=df.上市日期.str.slice_replace(stop=5, repl='')
##在df的上市日期列中使用"年"替换左端第1个"/"
#df.上市日期=df.上市日期.str.slice_replace(start=4, stop=5, repl='年')
df #输出df在执行替换操作之后的所有数据
```

在上面这段代码中，df.上市日期=df.上市日期.str.slice_replace(4, repl='年')表示在df的上市日期列中使用"年"替换第4个字符之后的所有字符。

此案例的主要源文件是MyCode\H829\H829.ipynb。

253　在apply()中调用自定义函数修改数据

此案例主要通过在 apply()函数的参数中传递自定义函数，实现修改指定列的数据。当在Jupyter Notebook 中运行此案例代码之后，将在 DataFrame 中根据自定义函数制定的打折规则修改图书售价，效果分别如图 253-1 和图 253-2 所示。

	书名	售价	出版社
0	Android炫酷应用300例	99.8	清华大学出版社
1	HTML5+CSS3炫酷应用实例集锦	149.0	清华大学出版社
2	Visual C++编程技巧精选500例	49.0	中国水利水电出版社

图 253-1

	书名	售价	出版社
0	Android炫酷应用300例	79.84	清华大学出版社
1	HTML5+CSS3炫酷应用实例集锦	104.30	清华大学出版社
2	Visual C++编程技巧精选500例	44.10	中国水利水电出版社

图 253-2

主要代码如下。

```
import pandas as pd#导入pandas库，并使用pd重命名pandas
#读取myexcel.xlsx文件的第1个工作表
df=pd.read_excel('myexcel.xlsx')
df#输出df的所有数据
#创建图书售价打折规则的自定义函数myFunc()
```

```
def myFunc(value):
    newValue=value
    #如果售价大于 100，打 7 折
    if value>100: newValue=value*0.7
    #如果售价大于 80，打 8 折
    elif value>80: newValue=value*0.8
    #否则，打 9 折
    else: newValue=value*0.9
    return newValue
#在 df 中根据自定义函数的打折规则修改图书的打折价格
df['售价']=df['售价'].apply(myFunc)
df#输出 df 在修改之后的所有数据
```

在上面这段代码中，df['售价']=df['售价'].apply(myFunc)表示在 df 中根据自定义函数 myFunc()
修改售价列的数据，虽然 myFunc(value)自定义函数有一个 value 参数，但是在 apply()函数中调
用自定义函数 myFunc()时，只需写入函数名称 myFunc，apply()函数将自动把售价列的每行数据
传递给 value 参数处理。

此案例的主要源文件是 MyCode\H326\H326.ipynb。

254 在 apply()中调用 lambda 修改数据

此案例主要通过在 apply()函数的参数中传递 lambda 表达式，实现修改指定列的数据。当在
Jupyter Notebook 中运行此案例代码之后，将在 DataFrame 中根据 lambda 表达式制定的打折规则
修改图书售价，效果分别如图 254-1 和图 254-2 所示。

	书名	售价	出版社
0	Android炫酷应用300例	99.8	清华大学出版社
1	HTML5+CSS3炫酷应用实例集锦	149.0	清华大学出版社
2	Visual C++编程技巧精选500例	49.0	中国水利水电出版社

图 254-1

	书名	售价	出版社
0	Android炫酷应用300例	79.84	清华大学出版社
1	HTML5+CSS3炫酷应用实例集锦	104.30	清华大学出版社
2	Visual C++编程技巧精选500例	44.10	中国水利水电出版社

图 254-2

主要代码如下。

```
import pandas as pd#导入 pandas 库，并使用 pd 重命名 pandas
#读取 myexcel.xlsx 文件的第 1 个工作表
df=pd.read_excel('myexcel.xlsx')
```

```
df#输出 df 的所有数据
#在 df 中根据 lambda 表达式制定的打折规则修改图书售价
#即如果图书售价大于 100，打 7 折；如果售价大于 80，打 8 折；否则，打 9 折
df['售价']=df['售价'].apply(lambda x:x*0.7 if x>100 else x*0.8 if x>80 else x*0.9)
df#输出 df 在修改之后的所有数据
```

在上面这段代码中，df['售价']=df['售价'].apply(lambda x:x*0.7 if x>100 else x*0.8 if x>80 else x*0.9)表示在 df 中根据 lambda 表达式制定的打折规则修改售价列的数据，lambda 表达式的 x 对应售价列的每个数据。

此案例的主要源文件是 MyCode\H327\H327.ipynb。

255 使用 apply()删除%符号并转换数据

此案例主要演示了使用 apply()函数在指定列中删除百分比符号（%）并转换为等值的浮点数。当在 Jupyter Notebook 中运行此案例代码之后，将在 DataFrame 中删除涨跌幅列和换手率列的百分比符号（%），并转换为等值的浮点数，效果分别如图 255-1 和图 255-2 所示。

	股票代码	股票名称	收盘价	涨跌幅	成交额	换手率
0	600260	凯乐科技	4.58	-10.02%	2795.80	1.10%
1	600260	凯乐科技	4.58	-10.02%	7103.02	1.10%
2	600328	中盐化工	15.42	-9.98%	39712.21	20.09%

	股票代码	股票名称	收盘价	涨跌幅	成交额	换手率
0	600260	凯乐科技	4.58	-0.1002	2795.80	0.0110
1	600260	凯乐科技	4.58	-0.1002	7103.02	0.0110
2	600328	中盐化工	15.42	-0.0998	39712.21	0.2009

图 255-1   图 255-2

主要代码如下。

```
import pandas as pd#导入 pandas 库，并使用 pd 重命名 pandas
#读取 myexcel.xlsx 文件的 Sheet1 工作表
df=pd.read_excel('myexcel.xlsx',sheet_name='Sheet1')
df#输出 df 的所有数据
#在 df 的涨跌幅列中删除百分比符号(%)，并将该列数据转换为 float 类型，然后除以 100
df["涨跌幅"]=df["涨跌幅"].apply(lambda x: x.replace("%","")).astype("float")/100
#在 df 的换手率列中删除百分比符号(%)，并将该列数据转换为 float 类型，然后除以 100
df["换手率"]=df["换手率"].apply(lambda x: x.replace("%","")).astype("float")/100
df#输出 df 在删除百分比符号之后的所有数据
```

在上面这段代码中，df["涨跌幅"]=df["涨跌幅"].apply(lambda x: x.replace("%","")).astype("float")/100 表示在 df 的涨跌幅列中删除百分比符号（%），并将其转换为等值的浮点数。

此案例的主要源文件是 MyCode\H674\H674.ipynb。

256 使用 mask()根据指定条件修改数据

此案例主要演示了使用 mask()函数根据指定的条件在 DataFrame 中修改数据。当在 Jupyter Notebook 中运行此案例代码之后，将在 DataFrame 中把所有小于 60 的数据修改为"不合格"，

效果分别如图 256-1 和图 256-2 所示。

	离散数学	逻辑电路	操作系统	数据结构	计算机网络
刘恭德	90	66	72	80	59
吴多	59	55	84	96	60
汤小敏	88	72	56	59	64

图 256-1

	离散数学	逻辑电路	操作系统	数据结构	计算机网络
刘恭德	90	66	72	80	不合格
吴多	不合格	不合格	84	96	60
汤小敏	88	72	不合格	不合格	64

图 256-2

主要代码如下。

```
import pandas as pd#导入 pandas 库，并使用 pd 重命名 pandas
#读取 myexcel.xlsx 文件的 Sheet1 工作表
df=pd.read_excel('myexcel.xlsx',sheet_name='Sheet1',index_col=0)
df#输出 df 的所有数据
#如果 df 的某个数据小于 60，则将其修改为"不合格"
df=df.mask(cond=df<60,other='不合格')
##如果 df 的操作系统列的某个数据小于 60，则将其修改为"不合格"
#df.操作系统=df.操作系统.mask(cond=df.操作系统<60,other='不合格')
##如果 df 的某个数据大于或等于 60，则将其修改为"合格"
#df=df.mask(~(df<60),'合格')
df  #输出 df 在修改之后的所有数据
```

在上面这段代码中，df=df.mask(cond=df<60,other='不合格')表示如果 df 的某个数据小于 60，则将其修改为"不合格"。

此案例的主要源文件是 MyCode\H032\H032.ipynb。

257 使用 where()根据指定条件修改数据

此案例主要演示了使用 where()函数根据指定的条件在 DataFrame 中修改数据。当在 Jupyter Notebook 中运行此案例代码之后，将在 DataFrame 中把所有大于或等于 60 的数据修改为"合格"，效果分别如图 257-1 和图 257-2 所示。

	离散数学	逻辑电路	操作系统	数据结构	计算机网络
刘恭德	90	66	72	80	59
吴多	59	55	84	96	60
汤小敏	88	72	56	59	64

图 257-1

	离散数学	逻辑电路	操作系统	数据结构	计算机网络
刘恭德	合格	合格	合格	合格	59
吴多	59	55	合格	合格	合格
汤小敏	合格	合格	56	59	合格

图 257-2

主要代码如下。

```
import pandas as pd#导入 pandas 库，并使用 pd 重命名 pandas
#读取 myexcel.xlsx 文件的 Sheet1 工作表
df=pd.read_excel('myexcel.xlsx',sheet_name='Sheet1',index_col=0)
```

```
df#输出df的所有数据
#在df中将所有大于或等于60的数据修改为"合格"
df=df.where(cond=df<60,other='合格')
##在df中将所有大于或等于60的数据修改为"NaN"
#df=df.where(cond=df<60)
##在df的操作系统列中将所有大于或等于60的数据修改为"合格"
#df.操作系统=df.操作系统.where(cond=df.操作系统<60,other='合格')
df  #输出df在修改之后的所有数据
```

在上面这段代码中，df=df.where(cond=df<60,other='合格')表示在 df 中将所有大于或等于 60 的数据修改为 "合格"。

此案例的主要源文件是 MyCode\H033\H033.ipynb。

258 使用 replace()在指定列中替换数据

此案例主要演示了使用 replace()函数根据新旧数据在指定列中执行替换操作。当在 Jupyter Notebook 中运行此案例代码之后，将在 DataFrame 的豆角列和空心菜列中将 4.2 替换成 4.28，效果分别如图 258-1 和图 258-2 所示。

	日期	西红柿	青椒	豆角	空心菜	黄瓜	洋葱
0	2021-08-30	5.0	3.5	4.0	3.5	4.0	3.5
1	2021-08-31	4.8	4.0	4.2	4.0	4.8	5.0
2	2021-09-02	4.9	4.2	4.6	4.2	4.4	4.4

图 258-1

	日期	西红柿	青椒	豆角	空心菜	黄瓜	洋葱
0	2021-08-30	5.0	3.5	4.00	3.50	4.0	3.5
1	2021-08-31	4.8	4.0	4.28	4.00	4.8	5.0
2	2021-09-02	4.9	4.2	4.60	4.28	4.4	4.4

图 258-2

主要代码如下。

```
import pandas as pd#导入pandas库，并使用pd重命名pandas
#读取myexcel.xlsx文件的Sheet1工作表
df=pd.read_excel('myexcel.xlsx',sheet_name='Sheet1')
df  #输出df的所有数据
#在df的豆角列和空心菜列中将4.2替换成4.28
df[['豆角','空心菜']]=df[['豆角','空心菜']].replace(to_replace=4.2,value=4.28)
#df.replace({'豆角': 4.2, '空心菜': 4.2},4.28,inplace=True)
#df[['豆角','空心菜']]=df[['豆角','空心菜']].replace(4.2,4.28)
##在df的豆角列中将4.2替换成4.28
#df['豆角']=df['豆角'].replace(to_replace=4.2,value=4.28)
#df.replace({'豆角': {4.2:4.28}},inplace=True)
## df['豆角']=df['豆角'].replace(4.2,4.28)
##在df的豆角列中将4.2替换成420，将4.0替换成400
#df.replace({'豆角': {4.2: 420, 4.0: 400}},inplace=True)
df  #输出df在替换之后的所有数据
```

在上面这段代码中，df[['豆角','空心菜']]=df[['豆角','空心菜']].replace(to_replace=4.2,value=4.28)表示在 df 的豆角列和空心菜列中将 4.2 替换成 4.28。

此案例的主要源文件是 MyCode\H281\H281.ipynb。

259 使用 replace()在指定行中替换数据

此案例主要演示了使用 replace()函数根据新旧数据在指定行中执行替换操作。当在 Jupyter Notebook 中运行此案例代码之后，将在 DataFrame 的第 0、1、2 行中将 4.2 替换成 4.28，效果分别如图 259-1 和图 259-2 所示。

	日期	西红柿	青椒	豆角	空心菜	黄瓜	洋葱
0	2021-08-30	5.0	3.5	4.0	3.5	4.0	3.5
1	2021-08-31	4.8	4.0	4.2	4.0	4.8	5.0
2	2021-09-01	4.6	4.6	4.4	4.8	4.2	4.6
3	2021-09-02	4.9	4.2	4.6	4.2	4.4	4.4
4	2021-09-03	4.8	4.6	4.2	4.4	4.8	4.2

图 259-1

	日期	西红柿	青椒	豆角	空心菜	黄瓜	洋葱
0	2021-08-30	5.0	3.5	4.00	3.5	4.00	3.5
1	2021-08-31	4.8	4.0	4.28	4.0	4.80	5.0
2	2021-09-01	4.6	4.6	4.40	4.8	4.28	4.6
3	2021-09-02	4.9	4.2	4.60	4.2	4.40	4.4
4	2021-09-03	4.8	4.6	4.20	4.4	4.80	4.2

图 259-2

主要代码如下。

```
import pandas as pd#导入pandas库，并使用pd重命名pandas
#读取myexcel.xlsx文件的Sheet1工作表
df=pd.read_excel('myexcel.xlsx',sheet_name='Sheet1')
df #输出df的所有数据
#在df的第0、1、2行中将4.2替换成4.28，df.iloc[0:3]本质上是df.iloc[0:3]
df.iloc[0:3]=df.iloc[0:3].replace(to_replace=4.2,value=4.28)
##在df的第3行中将4.2替换成4.28
#df.iloc[3]=df.iloc[3].replace(to_replace=4.2,value=4.28)
df #输出df在替换之后的所有数据
```

在上面这段代码中，df.iloc[0:3]=df.iloc[0:3].replace(to_replace=4.2,value=4.28)表示在 df 的第 0、1、2 行中将 4.2 替换成 4.28。

此案例的主要源文件是 MyCode\H282\H282.ipynb。

260 在 map()中使用字典修改数据

此案例主要通过使用字典设置 map()函数的参数值，实现在指定列中修改数据。当在 Jupyter Notebook 中运行此案例代码之后，将在 DataFrame 中修改评分列的数据，效果分别如图 260-1 和图 260-2 所示。

	书名	售价	出版社	评分
0	Android炫酷应用300例	99.8	清华大学出版社	1
1	HTML5+CSS3炫酷应用实例集锦	149.0	清华大学出版社	2
2	jQuery炫酷应用实例集锦	99.0	清华大学出版社	3

图 260-1

	书名	售价	出版社	评分
0	Android炫酷应用300例	99.8	清华大学出版社	差评
1	HTML5+CSS3炫酷应用实例集锦	149.0	清华大学出版社	中评
2	jQuery炫酷应用实例集锦	99.0	清华大学出版社	好评

图 260-2

主要代码如下。

```
import pandas as pd#导入pandas库，并使用pd重命名pandas
#读取myexcel.xlsx文件的Sheet1工作表
df=pd.read_excel('myexcel.xlsx',sheet_name='Sheet1')
df  #输出df的所有数据
#根据字典修改df的评分列数据
df['评分']=df.评分.map({1:'差评', 2:'中评', 3:'好评'})
df  #输出df在修改之后的所有数据
```

在上面这段代码中，df['评分']=df.评分.map({1:'差评', 2:'中评', 3:'好评'})表示根据字典设置的键值对修改df的评分列，即如果评分列的数据为1，则修改为"差评"；如果评分列的数据为2，则修改为"中评"；如果评分列的数据为3，则修改为"好评"。

此案例的主要源文件是MyCode\H748\H748.ipynb。

261 在map()中使用lambda修改数据

此案例主要通过使用lambda表达式设置map()函数的参数值，实现根据关系映射（修改）指定列的数据。当在Jupyter Notebook中运行此案例代码之后，将在DataFrame中把性别列的0或1映射（修改）为男或女，效果分别如图261-1和图261-2所示。

	考生编号	性别	姓名	总分	录取专业
0	2904	0	张作豪	602	电气工程及其自动化
1	2522	1	肖蔓婷	607	电子信息工程
2	2709	0	王晓宇	605	通信工程

图 261-1

	考生编号	性别	姓名	总分	录取专业
0	2904	男	张作豪	602	电气工程及其自动化
1	2522	女	肖蔓婷	607	电子信息工程
2	2709	男	王晓宇	605	通信工程

图 261-2

主要代码如下。

```
import pandas as pd#导入pandas库，并使用pd重命名pandas
#读取myexcel.xlsx文件的Sheet1工作表
df=pd.read_excel('myexcel.xlsx',sheet_name='Sheet1',dtype={'考生编号':str})
df  #输出df的所有数据
##使用字典实现映射
#df['性别']=df.性别.map({0:'男',1:'女'})
#使用lambda表达式实现映射
df['性别']=df.性别.map(lambda x: '男' if (x==0) else '女' if (x==1) else '')
df  #输出df在映射之后的所有数据
```

在上面这段代码中，df['性别']=df.性别.map(lambda x: '男' if (x==0) else '女' if (x==1) else '')表示在df的性别列中，将0或1映射（修改）为"男"或"女"。

此案例的主要源文件是MyCode\H050\H050.ipynb。

262 使用 map()格式化指定列的数据

此案例主要演示了使用 map()函数将指定列的数据格式化为字符串。当在 Jupyter Notebook 中运行此案例代码之后，将在 DataFrame 中根据要求格式化售价列的数据，效果分别如图 262-1 和图 262-2 所示。

	书名	售价
0	Android炫酷应用300例	99.8
1	Visual Basic 2008开发经验与技巧宝典	78.0
2	Visual C++编程技巧精选500例	49.0

图 262-1

	书名	售价
0	Android炫酷应用300例	人民币99.8元
1	Visual Basic 2008开发经验与技巧宝典	人民币78.0元
2	Visual C++编程技巧精选500例	人民币49.0元

图 262-2

主要代码如下。

```
import pandas as pd#导入 pandas 库，并使用 pd 重命名 pandas
#读取 myexcel.xlsx 文件的 Sheet1 工作表
df=pd.read_excel('myexcel.xlsx',sheet_name='Sheet1')
df  #输出 df 的所有数据
#对 df 的售价列数据进行格式化
df.售价=df.售价.map('人民币{}元'.format)
df  #输出 df 在修改之后的所有数据
```

在上面这段代码中，df.售价=df.售价.map('人民币{}元'.format)表示将 df 的售价列的数据格式化为字符串。

此案例的主要源文件是 MyCode\H512\H512.ipynb。

263 使用 map()将浮点数转换为百分数

此案例主要演示了使用 map()函数将指定列的浮点数转换为百分数。当在 Jupyter Notebook 中运行此案例代码之后，将在 DataFrame 中把涨跌幅列和振幅列的浮点数转换为百分数，效果分别如图 263-1 和图 263-2 所示。

	股票名称	收盘价	涨跌幅	振幅	最高价	最低价
0	芯能科技	10.49	0.0585	0.1160	10.79	9.64
1	华软科技	11.09	0.0582	0.1002	11.28	10.23
2	有研新材	15.89	0.0579	0.0885	16.10	14.77

图 263-1

	股票名称	收盘价	涨跌幅	振幅	最高价	最低价
0	芯能科技	10.49	5.85%	11.60%	10.79	9.64
1	华软科技	11.09	5.82%	10.02%	11.28	10.23
2	有研新材	15.89	5.79%	8.85%	16.10	14.77

图 263-2

主要代码如下。

```
import pandas as pd#导入 pandas 库，并使用 pd 重命名 pandas
```

```
#读取 myexcel.xlsx 文件的 Sheet1 工作表
df=pd.read_excel('myexcel.xlsx',sheet_name='Sheet1')
df  #输出 df 的所有数据
#把 df 的涨跌幅列和振幅列的浮点数转换为百分数
df['涨跌幅']=(df['涨跌幅']*100).map('{:,.2f}%'.format)
df['振幅']=(df['振幅']*100).map('{:,.2f}%'.format)
df  #输出 df 在转换百分数之后的所有数据
```

在上面这段代码中，df['涨跌幅']=(df['涨跌幅']*100).map('{:,.2f}%'.format)表示将 df 的涨跌幅列的浮点数转换为百分数。

此案例的主要源文件是 MyCode\H531\H531.ipynb。

264　使用 map()根据时间差计算天数

此案例主要演示了使用 map()函数根据时间差计算天数。当在 Jupyter Notebook 中运行此案例代码之后，将在 DataFrame 中根据上市日期和当前日期计算上市天数，并据此在 DataFrame 中添加上市天数列，效果分别如图 264-1 和图 264-2 所示。

	股票代码	股票名称	涨跌额	最新价	上市日期
0	688677	海泰新光	3.01	117.10	2021-02-26
1	688676	金盘科技	0.43	16.99	2021-03-09
2	688669	聚石化学	0.10	34.00	2021-01-25

图 264-1

	股票代码	股票名称	涨跌额	最新价	上市日期	上市天数
0	688677	海泰新光	3.01	117.10	2021-02-26	228
1	688676	金盘科技	0.43	16.99	2021-03-09	217
2	688669	聚石化学	0.10	34.00	2021-01-25	260

图 264-2

主要代码如下。

```
import pandas as pd#导入 pandas 库，并使用 pd 重命名 pandas
#读取以空格分隔的文本文件,并转换上市日期列的数据类型为 datetime64[ns]
df=pd.read_csv('myspace.txt',delim_whitespace=True,parse_dates=['上市日期'])
df#输出 df 的所有数据
#根据 df 的上市日期列的日期和当前日期计算上市天数，即新增上市天数列
df['上市天数']=pd.Timestamp.now()-df.上市日期
#df['上市天数']=pd.Timestamp.now()-pd.to_datetime(df.上市日期)
import numpy as np
#将上市天数全部转换为整数
df['上市天数']=df['上市天数'].map(lambda x:x/np.timedelta64(1,'D')).astype(int)
df#输出 df 在添加上市天数之后的所有数据
```

在上面这段代码中，df['上市天数']=df['上市天数'].map(lambda x:x/np.timedelta64(1,'D')).astype(int)表示将 df['上市天数']从时间差类型转换为整数类型，即从时间差转换为天数。

此案例的主要源文件是 MyCode\H532\H532.ipynb。

265 在 DataFrame 的末尾增加新行

此案例主要演示了使用 loc 直接在 DataFrame 的末尾增加一行数据。当在 Jupyter Notebook 中运行此案例代码之后，将在 DataFrame 的末尾增加一行数据，效果分别如图 265-1 和图 265-2 所示。

	股票代码	股票名称	最高价	最低价	今开价	最新价
0	688677	海泰新光	120.59	110.20	114.09	117.10
1	688676	金盘科技	16.99	16.43	16.50	16.99
2	688669	聚石化学	34.30	33.52	33.90	34.00

图 265-1

	股票代码	股票名称	最高价	最低价	今开价	最新价
0	688677	海泰新光	120.59	110.2	114.09	117.1
1	688676	金盘科技	16.99	16.43	16.5	16.99
2	688669	聚石化学	34.3	33.52	33.9	34.0
4	688668	鼎通科技	42.88	38.44	38.5	42.21

图 265-2

主要代码如下。

```
import pandas as pd#导入pandas库，并使用pd重命名pandas
#读取myexcel.xlsx文件的Sheet1工作表
df=pd.read_excel('myexcel.xlsx',sheet_name='Sheet1',dtype={'股票代码':str})
df #输出df的所有数据
#在df的末尾增加一行数据
df.loc[df.shape[0]+1]=['688668','鼎通科技','42.88','38.44','38.5','42.21']
#在df的末尾增加一行数据，新行未设置的列自动为NaN
#df.loc[df.shape[0]+1]={'股票代码':'688668','股票名称':'鼎通科技','最高价':42.88}
#df.loc[len(df)+1]={'股票代码':'688668','股票名称':'鼎通科技','最高价':42.88}
#df.append(pd.DataFrame({'股票代码':'688668','股票名称':
#                        '鼎通科技','最高价':42.88},index=['3']))
df #输出df在增加新行之后的所有数据
#df.shape#输出df的行数和列数
```

在上面这段代码中，df.loc[df.shape[0]+1]=['688668','鼎通科技','42.88','38.44','38.5','42.21']表示在 df 的末尾增加一行数据。

此案例的主要源文件是 MyCode\H262\H262.ipynb。

266 在 DataFrame 的中间插入新行

此案例主要通过使用 reindex()函数在指定位置插入新行标签（空白行），然后根据预置的数据修改空白行，实现在 DataFrame 的指定位置插入一行数据。当在 Jupyter Notebook 中运行此案例代码之后，在 DataFrame 中将在行标签 0、1 之间插入一行数据，效果分别如图 266-1 和图 266-2 所示。

	股票代码	股票名称	最高价	最低价	今开价	最新价
0	688677	海泰新光	120.59	110.20	114.09	117.10
1	688676	金盘科技	16.99	16.43	16.50	16.99
2	688669	聚石化学	34.30	33.52	33.90	34.00

图 266-1

	股票代码	股票名称	最高价	最低价	今开价	最新价
0	688677	海泰新光	120.59	110.2	114.09	117.1
9	688668	鼎通科技	42.88	38.44	38.5	42.21
1	688676	金盘科技	16.99	16.43	16.5	16.99
2	688669	聚石化学	34.3	33.52	33.9	34.0

图 266-2

主要代码如下。

```
import pandas as pd#导入pandas库，并使用pd重命名pandas
#读取myexcel.xlsx文件的Sheet1工作表
df=pd.read_excel('myexcel.xlsx',sheet_name='Sheet1',dtype={'股票代码':str})
df #输出df的所有数据
#在df中插入行标签9，即空白行
df=df.reindex([0,9,1,2])
#在空白行中修改数据
df.loc[9]=['688668','鼎通科技','42.88','38.44','38.5','42.21']
df #输出df在插入新行之后的所有数据
```

在上面这段代码中，df=df.reindex([0,9,1,2])表示在df的行标签0与1之间插入行标签9，即在行标签0与1之间插入空白行。df.loc[9]=['688668','鼎通科技','42.88','38.44','38.5','42.21']表示在df中根据列表修改插入的空白行数据。

此案例的主要源文件是 MyCode\H263\H263.ipynb。

267 根据行标签在 DataFrame 中删除行

此案例主要演示了使用 drop()函数根据行标签在 DataFrame 中删除指定行。当在 Jupyter Notebook 中运行此案例代码之后，将在 DataFrame 中删除行标签是'B'的这行数据，效果分别如图 267-1 和图 267-2 所示。

	股票代码	股票名称	收盘价	昨收价	流通市值	净利润
A	002006	精功科技	16.26	14.78	74.01亿	6690万
B	603217	元利科技	42.20	38.36	19.29亿	8198万
C	002772	众兴菌业	12.53	11.39	50.87亿	1253万
D	603611	诺力股份	16.60	15.09	44.35亿	6667万

图 267-1

	股票代码	股票名称	收盘价	昨收价	流通市值	净利润
A	002006	精功科技	16.26	14.78	74.01亿	6690万
C	002772	众兴菌业	12.53	11.39	50.87亿	1253万
D	603611	诺力股份	16.60	15.09	44.35亿	6667万

图 267-2

主要代码如下。

```
import pandas as pd #导入pandas库，并使用pd重命名pandas
#读取myexcel.xlsx文件的Sheet1工作表
df=pd.read_excel('myexcel.xlsx',sheet_name='Sheet1',dtype={'股票代码':str})
```

```
#在 df 中自定义行标签['A','B','C','D']
df.index=list('ABCD')
df #输出 df 的所有数据
#在 df 中根据指定的行标签('B')删除这 1 行数据
df.drop('B')
##在 df 中根据指定的行标签('A','B','C')删除这 3 行数据
#df.drop(['A','B','C'])
```

在上面这段代码中，df.drop('B')表示在 df 中根据指定的行标签('B')删除这 1 行数据。

此案例的主要源文件是 MyCode\H142\H142.ipynb。

268 根据条件在 DataFrame 中删除行

此案例主要通过在 drop()函数的参数中设置条件，实现根据条件在 DataFrame 中删除多行数据。当在 Jupyter Notebook 中运行此案例代码之后，将在 DataFrame 中删除收盘价大于 30 的股票，效果分别如图 268-1 和图 268-2 所示。

	股票代码	股票名称	收盘价	昨收价	流通市值	净利润
0	002006	精功科技	16.26	14.78	74.01亿	6690万
1	603217	元利科技	42.20	38.36	19.29亿	8198万
2	002772	众兴菌业	12.53	11.39	50.87亿	1253万
3	000739	普洛药业	30.90	28.09	364.1亿	2.17亿

图 268-1

	股票代码	股票名称	收盘价	昨收价	流通市值	净利润
0	002006	精功科技	16.26	14.78	74.01亿	6690万
2	002772	众兴菌业	12.53	11.39	50.87亿	1253万

图 268-2

主要代码如下。

```
import pandas as pd#导入 pandas 库，并使用 pd 重命名 pandas
#读取 myexcel.xlsx 文件的 Sheet1 工作表
df=pd.read_excel('myexcel.xlsx',sheet_name='Sheet1',dtype={'股票代码':str})
df#输出 df 的所有数据
#在 df 中删除收盘价大于 30 的所有股票
df.drop(df[df.收盘价>30].index)
#df.drop(df[df.收盘价>30].index,axis=0)
#df.drop(df[df['收盘价']>30].index)
```

在上面这段代码中，df.drop(df[df.收盘价>30].index)表示在 df 中删除收盘价大于 30 的所有股票。

此案例的主要源文件是 MyCode\H143\H143.ipynb。

269 在多层索引的 DataFrame 中删除行

此案例主要通过在 drop()函数中设置 index 参数值，实现在多层索引的 DataFrame 中删除指定行。当在 Jupyter Notebook 中运行此案例代码之后，将在多层索引的 DataFrame 中删除行业为

金融且操作策略为买入的股票，效果分别如图 269-1 和图 269-2 所示。

		股票名称	成交额	流通市值	总市值
行业	操作策略				
白酒	买入	贵州茅台	86.31	20800.0	20800
金融	卖出	建设银行	6.99	576.5	15000
	买入	中国平安	46.67	5601.0	9452
	买入	工商银行	9.55	12800.0	16900

图 269-1

		股票名称	成交额	流通市值	总市值
行业	操作策略				
白酒	买入	贵州茅台	86.31	20800.0	20800
金融	卖出	建设银行	6.99	576.5	15000

图 269-2

主要代码如下。

```
import pandas as pd#导入pandas库，并使用pd重命名pandas
#读取myexcel.xlsx文件的第1个工作表
df=pd.read_excel('myexcel.xlsx')
#设置df的行索引为多层索引
df.set_index(['行业','操作策略'],inplace=True)
df  #输出df的所有数据
#在df中删除行业为金融且操作策略为买入的股票
df=df.drop(index=[('金融', '买入')])
#在df中删除行业为白酒且操作策略为买入的股票
#df=df.drop(index=[('白酒', '买入')])
##在df中删除行业为金融的所有股票
#df=df.drop(index='金融',level=0)
##在df中删除操作策略为买入的所有股票
#df=df.drop(index='买入',level=1)
df  #输出df在删除指定行之后的所有数据
```

在上面这段代码中，df=df.drop(index=[('金融','买入')])表示在 df 中删除行业为金融且操作策略为买入的股票，"金融"代表第一层索引，"买入"代表第二层索引。

此案例的主要源文件是 MyCode\H744\H744.ipynb。

270 使用 duplicated()筛选重复行

此案例主要演示了使用 duplicated()函数在 DataFrame 中筛选重复行。当在 Jupyter Notebook 中运行此案例代码之后，将在 DataFrame 中筛选重复的行，效果分别如图 270-1 和图 270-2 所示。

	股票代码	股票简称	货币资金	应收账款	存货
0	605056	咸亨国际	2.51亿元	5.69亿元	1.64亿元
1	603518	锦泓集团	5.04亿元	3.62亿元	7.55亿元
2	601168	西部矿业	84.91亿元	4.56亿元	37.17亿元
3	605056	咸亨国际	2.51亿元	5.69亿元	1.64亿元

图 270-1

	股票代码	股票简称	货币资金	应收账款	存货
3	605056	咸亨国际	2.51亿元	5.69亿元	1.64亿元

图 270-2

主要代码如下。

```
import pandas as pd#导入pandas库，并使用pd重命名pandas
#读取myexcel.xlsx文件的Sheet1工作表
df=pd.read_excel('myexcel.xlsx',sheet_name='Sheet1')
df #输出df的所有数据
#在df中筛选重复行，重复行在首次出现时不显示
df[df.duplicated()]
##在df中筛选重复行，重复行在首次出现时也显示
#df[df.duplicated(keep=False)]
##筛选在df的股票代码列中的重复数据(股票代码)
#df[df.duplicated(subset='股票代码')]
```

在上面这段代码中，df[df.duplicated()]表示在df中筛选重复行，重复行在首次出现时不显示，仅显示第二次及以后出现的部分。如果df[df.duplicated(keep=False)]，则表示在df中筛选重复行，重复行在首次出现时也显示，即所有行。

此案例的主要源文件是MyCode\H610\H610.ipynb。

271　使用 drop_duplicates()删除重复行

此案例主要演示了使用 drop_duplicates()函数在 DataFrame 中删除重复行。当在 Jupyter Notebook 中运行此案例代码之后，将在 DataFrame 中删除重复行，效果分别如图 271-1 和图 271-2 所示。

	股票代码	股票简称	货币资金	应收账款	存货
0	605056	咸亨国际	2.51亿元	5.69亿元	1.64亿元
1	600131	国网信通	13.41亿元	61.48亿元	4.61亿元
2	603100	川仪股份	13.67亿元	9.93亿元	9.45亿元
3	605056	咸亨国际	2.51亿元	5.69亿元	1.64亿元

图 271-1

	股票代码	股票简称	货币资金	应收账款	存货
0	605056	咸亨国际	2.51亿元	5.69亿元	1.64亿元
1	600131	国网信通	13.41亿元	61.48亿元	4.61亿元
2	603100	川仪股份	13.67亿元	9.93亿元	9.45亿元

图 271-2

主要代码如下。

```
import pandas as pd#导入pandas库，并使用pd重命名pandas
#读取myexcel.xlsx文件的Sheet1工作表
df=pd.read_excel('myexcel.xlsx',sheet_name='Sheet1')
df #输出df的所有数据
#在df中删除重复行，且删尾不删头
df.drop_duplicates()
##在df中删除重复行，且删头不删尾
#df.drop_duplicates(keep='last')
```

在上面这段代码中，df.drop_duplicates()表示在df中删除重复行，且删尾不删除头。

此案例的主要源文件是MyCode\H769\H769.ipynb。

272 在指定列中使用 drop_duplicates()

此案例主要演示了使用 drop_duplicates()函数在指定列中删除重复的数据。当在 Jupyter Notebook 中运行此案例代码之后，将在 DataFrame 的股票代码列中删除重复的数据（605056），效果分别如图 272-1 和图 272-2 所示。

	股票代码	股票简称	货币资金(元)	应收账款(元)	总资产(元)
0	605056	咸亨国际	2.51亿	5.69亿	15.54亿
1	603518	锦泓集团	5.04亿	3.62亿	54.22亿
2	601168	西部矿业	84.91亿	4.56亿	513.7亿
3	605056	咸亨国际	2.51万万	5.69亿	15.54亿

图 272-1

	股票代码	股票简称	货币资金(元)	应收账款(元)	总资产(元)
0	605056	咸亨国际	2.51亿	5.69亿	15.54亿
1	603518	锦泓集团	5.04亿	3.62亿	54.22亿
2	601168	西部矿业	84.91亿	4.56亿	513.7亿

图 272-2

主要代码如下。

```
import pandas as pd#导入pandas库，并使用pd重命名pandas
#读取myexcel.xlsx文件的Sheet1工作表
df=pd.read_excel('myexcel.xlsx',sheet_name='Sheet1')
df  #输出df的全部数据
#在df中删除股票代码列的重复数据
df.drop_duplicates(subset='股票代码')
##在df中删除在股票代码列和股票简称列中均重复的数据
#df.drop_duplicates(subset=['股票代码','股票简称'])
##在df中删除在股票代码列中(前面)的重复数据
#df.drop_duplicates(subset='股票代码',keep='last')
```

在上面这段代码中，df.drop_duplicates(subset='股票代码')表示在 df 的股票代码列中删除重复的数据。如果需要在多列中删除同时重复的数据，则应该以列表的形式设置 subset 参数值，如 df.drop_duplicates(subset=['股票代码','股票简称'])即可删除在股票代码列和股票简称列中均重复的数据。默认情况下，将删除指定列后面的重复内容，保留前面的内容。如果需要删除指定列前面的重复内容，保留后面的内容，则应该设置keep参数值为last，如 df.drop_duplicates(subset='股票代码',keep='last')即可删除在股票代码列中前面的重复数据。

此案例的主要源文件是 MyCode\H611\H611.ipynb。

273 根据表达式初始化 DataFrame 的新增列

此案例主要演示了在 loc 中使用表达式初始化 DataFrame 的新列。当在 Jupyter Notebook 中运行此案例代码之后，将在 DataFrame 中增加操作策略列，并在 loc 中根据不同表达式设置操作策略列的数据，如卖出、观望、买入等，效果分别如图 273-1 和图 273-2 所示。

	股票代码	股票名称	最新价	涨跌幅	换手率	振幅
0	300688	创业黑马	37.18	13.67	28.92	24.43
1	300809	华辰装备	60.28	5.77	47.62	19.42
2	300927	江天化学	54.30	11.13	62.54	19.71
3	301012	扬电科技	41.60	9.21	34.91	13.65

图 273-1

	股票代码	股票名称	最新价	涨跌幅	换手率	振幅	操作策略
0	300688	创业黑马	37.18	13.67	28.92	24.43	卖出
1	300809	华辰装备	60.28	5.77	47.62	19.42	观望
2	300927	江天化学	54.30	11.13	62.54	19.71	买入
3	301012	扬电科技	41.60	9.21	34.91	13.65	观望

图 273-2

主要代码如下。

```
import pandas as pd#导入pandas库，并使用pd重命名pandas
#读取myexcel.xlsx文件的Sheet1工作表
df=pd.read_excel('myexcel.xlsx',sheet_name='Sheet1')
df  #输出df的所有数据
#在df中添加操作策略列，并根据表达式设置该列数据
df.loc[df.换手率>=50,'操作策略']='买入'
df.loc[(df.换手率<50)&(df.换手率>30),'操作策略']='观望'
df.loc[df.换手率<=30,'操作策略']='卖出'
df  #输出df在添加操作策略列之后的所有数据
```

在上面这段代码中，df.loc[df.换手率>=50,'操作策略']='买入'表示如果在 df 中不存在操作策略列，则添加操作策略列；如果在 df 中存在操作策略列，且换手率列的数据大于或等于 50，则设置操作策略列的数据为"买入"。

此案例的主要源文件是 MyCode\H741\H741.ipynb。

274 使用 map() 初始化 DataFrame 的新增列

此案例主要演示了在 map() 函数中使用 lambda 表达式初始化在 DataFrame 中的新增列。当在 Jupyter Notebook 中运行此案例代码之后，将在 DataFrame 中增加操作策略列，并设置操作策

略列的数据，如卖出、观望、买入等，效果分别如图 274-1 和图 274-2 所示。

	股票代码	股票名称	最新价	涨跌幅	换手率	振幅
0	300688	创业黑马	37.18	13.67	28.92	24.43
1	300809	华辰装备	60.28	5.77	47.62	19.42
2	300927	江天化学	54.30	11.13	62.54	19.71
3	300967	晓鸣股份	20.23	19.99	52.29	20.34
4	301012	扬电科技	41.60	9.21	34.91	13.65

图 274-1

	股票代码	股票名称	最新价	涨跌幅	换手率	振幅	操作策略
0	300688	创业黑马	37.18	13.67	28.92	24.43	卖出
1	300809	华辰装备	60.28	5.77	47.62	19.42	观望
2	300927	江天化学	54.30	11.13	62.54	19.71	买入
3	300967	晓鸣股份	20.23	19.99	52.29	20.34	买入
4	301012	扬电科技	41.60	9.21	34.91	13.65	观望

图 274-2

主要代码如下。

```
import pandas as pd#导入pandas库，并使用pd重命名pandas
#读取myexcel.xlsx文件的Sheet1工作表
df=pd.read_excel('myexcel.xlsx',sheet_name='Sheet1')
df#输出df的所有数据
#在df中添加操作策略列，并根据表达式设置该列数据
df['操作策略']=df.换手率.map(lambda x: (x>=50 and '买入')
                    or (30<x<50 and '观望') or (x<=30 and '卖出'))
df#输出df在添加操作策略列之后的所有数据
```

在上面这段代码中，df['操作策略']=df.换手率.map(lambda x: (x>=50 and '买入') or (30<x<50 and '观望') or (x<=30 and '卖出'))表示如果在 df 中不存在操作策略列，则添加操作策略列；如果在 df 中存在操作策略列，且换手率列的数据大于或等于 50，则设置操作策略列的数据为"买入"；如果换手率列的数据大于 30 且小于 50，则设置操作策略列的数据为"观望"；如果换手率列的数据小于或等于 30，则设置操作策略列的数据为"卖出"。

此案例的主要源文件是 MyCode\H747\H747.ipynb。

275 计算 DataFrame 的单列数据并新增列

此案例主要演示了以整列方式将单列数据与常数进行算术运算，并据此在 DataFrame 中增加新列。当在 Jupyter Notebook 中运行此案例代码之后，在 DataFrame 中将把昨收价列的数据乘以 1.1，并据此增加最高报价列，效果分别如图 275-1 和图 275-2 所示。

	股票名称	最高价	最低价	今开价	最新价	昨收价
0	佳禾食品	27.05	29.76	27.18	27.18	29.76
1	南方汇通	7.79	8.57	7.95	7.95	8.57
2	德才股份	45.45	50.00	50.00	50.00	50.00

图 275-1

	股票名称	最高价	最低价	今开价	最新价	昨收价	最高报价
0	佳禾食品	27.05	29.76	27.18	27.18	29.76	32.74
1	南方汇通	7.79	8.57	7.95	7.95	8.57	9.43
2	德才股份	45.45	50.00	50.00	50.00	50.00	55.00

图 275-2

主要代码如下。

```
import pandas as pd#导入pandas库，并使用pd重命名pandas
#读取myexcel.xlsx文件的Sheet1工作表
df=pd.read_excel('myexcel.xlsx',sheet_name='Sheet1')
df#输出df的所有数据
#在df中根据昨收价列的数据乘以1.1计算最高报价，并据此增加最高报价列
df['最高报价']=(df['昨收价']*1.1).round(2)
df#输出df在增加新列之后的所有数据
```

在上面这段代码中，df['最高报价']=(df['昨收价']*1.1).round(2)表示在df中根据昨收价列的数据乘以1.1，并据此在df中增加最高报价列。

此案例的主要源文件是MyCode\H321\H321.ipynb。

276 计算 DataFrame 的多列数据并新增列

此案例主要演示了采用算术运算符以整列方式在 DataFrame 中计算多列数据并据此增加新列。当在 Jupyter Notebook 中运行此案例代码之后，将在 DataFrame 中计算每种股票的最新价与昨收价之差，并据此增加涨跌额列，效果分别如图 276-1 和图 276-2 所示。

	股票名称	最高价	最低价	今开价	最新价	昨收价
0	三丰智能	4.66	4.06	4.10	4.47	4.04
1	三维化学	5.78	5.20	5.20	5.78	5.25
2	青岛金王	4.80	4.37	4.37	4.80	4.36

图 276-1

	股票名称	最高价	最低价	今开价	最新价	昨收价	涨跌额
0	三丰智能	4.66	4.06	4.10	4.47	4.04	0.43
1	三维化学	5.78	5.20	5.20	5.78	5.25	0.53
2	青岛金王	4.80	4.37	4.37	4.80	4.36	0.44

图 276-2

主要代码如下。

```
import pandas as pd#导入pandas库，并使用pd重命名pandas
#读取myexcel.xlsx文件的Sheet1工作表
df=pd.read_excel('myexcel.xlsx',sheet_name='Sheet1')
df #输出df的所有数据
#根据每种股票最新价与昨收价之差在df中增加涨跌额列
df['涨跌额']=df['最新价']-df['昨收价']
#df['涨跌额']=df.eval('最新价-昨收价')
#df.eval('涨跌额=最新价-昨收价',inplace=True)
df #输出df在增加新列之后的所有数据
```

在上面这段代码中，df['涨跌额']=df['最新价']-df['昨收价']表示以整列方式计算每种股票的最新价与昨收价之差，并据此在 df 中增加涨跌额列。

此案例的主要源文件是 MyCode\H320\H320.ipynb。

277　使用 assign()在 DataFrame 中新增列

此案例主要演示了使用 assign()函数在 DataFrame 中新增列并使用 map()函数设置列数据。当在 Jupyter Notebook 中运行此案例代码之后，将在 DataFrame 中增加操作策略列，并使用 map()函数设置操作策略列的数据，如卖出、买入等，效果分别如图 277-1 和图 277-2 所示。

	股票代码	股票名称	最新价	涨跌幅	换手率	振幅
0	300688	创业黑马	37.18	13.67	28.92	24.43
1	300809	华辰装备	60.28	5.77	47.62	19.42
2	300927	江天化学	54.30	11.13	62.54	19.71

图 277-1

	股票代码	股票名称	最新价	涨跌幅	换手率	振幅	操作策略
0	300688	创业黑马	37.18	13.67	28.92	24.43	卖出
1	300809	华辰装备	60.28	5.77	47.62	19.42	卖出
2	300927	江天化学	54.30	11.13	62.54	19.71	买入

图 277-2

主要代码如下。

```
import pandas as pd#导入pandas库，并使用pd重命名pandas
#读取myexcel.xlsx文件的Sheet1工作表
df=pd.read_excel('myexcel.xlsx',sheet_name='Sheet1')
df#输出df的所有数据
#在df中添加操作策略列，并使用map()函数设置该列数据
df=df.assign(操作策略=(df.换手率>=50)).map({True:'买入',False:'卖出'}))
df#输出df在添加操作策略列之后的所有数据
```

在上面这段代码中，df=df.assign(操作策略=(df.换手率>=50).map({True:'买入',False:'卖出'}))表示如果在 df 中不存在操作策略列，则添加操作策略列；如果在 df 中存在操作策略列，且换手率列的数据大于或等于 50，则设置操作策略列的数据为"买入"，否则设置操作策略列的数据为"卖出"。

此案例的主要源文件是 MyCode\H742\H742.ipynb。

278　使用 assign()根据 lambda 表达式新增列

此案例主要通过使用 lambda 表达式设置 assign()函数的参数值，实现在 DataFrame 中新增列。当在 Jupyter Notebook 中运行此案例代码之后，将在 DataFrame 中增加涨跌幅列，效果分别如图 278-1 和图 278-2 所示。

	股票名称	最新价	昨收价	今开价	最高价	最低价
0	浩通科技	88.39	84.00	84.62	88.80	84.62
1	保利发展	12.92	12.28	12.29	12.93	12.16
2	兴发集团	56.54	51.40	51.00	56.54	50.96

图 278-1

	股票名称	最新价	昨收价	今开价	最高价	最低价	涨跌幅
0	浩通科技	88.39	84.00	84.62	88.80	84.62	5.23%
1	保利发展	12.92	12.28	12.29	12.93	12.16	5.21%
2	兴发集团	56.54	51.40	51.00	56.54	50.96	10.0%

图 278-2

主要代码如下。

```
import pandas as pd#导入pandas库，并使用pd重命名pandas
#读取myexcel.xlsx文件的Sheet1工作表
df=pd.read_excel('myexcel.xlsx',sheet_name='Sheet1')
df#输出df的所有数据
#在df中根据lambda表达式添加涨跌幅列
df=df.assign(涨跌幅=lambda x:(((x.最新价
                       -x.昨收价)/x.昨收价)*100).round(2).astype(str)+'%')
df#输出df在添加涨跌幅列之后的所有数据
```

在上面这段代码中，df=df.assign(涨跌幅=lambda x:(((x.最新价-x.昨收价)/x.昨收价)*100).round(2).astype(str)+'%')表示如果在df中不存在涨跌幅列，则添加涨跌幅列；如果在df中存在涨跌幅列，则根据lambda表达式计算涨跌幅列的数据。

此案例的主要源文件是MyCode\H743\H743.ipynb。

279 使用列表初始化DataFrame的新增列

此案例主要演示了使用列表在DataFrame中初始化新增列。当在Jupyter Notebook中运行此案例代码之后，将在DataFrame中增加操作策略列，并根据列表数据初始化该列数据，效果分别如图279-1和图279-2所示。

	股票代码	股票名称	最新价	涨跌额	行业
0	300095	华伍股份	12.23	0.24	机械
1	600688	上海石化	3.45	0.03	石油
2	601318	中国平安	58.54	0.46	保险

图 279-1

	股票代码	股票名称	最新价	涨跌额	行业	操作策略
0	300095	华伍股份	12.23	0.24	机械	买入
1	600688	上海石化	3.45	0.03	石油	观望
2	601318	中国平安	58.54	0.46	保险	卖出

图 279-2

主要代码如下。

```
import pandas as pd#导入pandas库，并使用pd重命名pandas
#读取myexcel.xlsx文件的Sheet1工作表
df=pd.read_excel('myexcel.xlsx',sheet_name='Sheet1')
df #输出df的所有数据
#如果在df中不存在操作策略列，则使用列表增加操作策略列
df['操作策略']=['买入','观望', '卖出']
##如果在df中存在行业列，则使用列表修改已经存在的列数据
#df['行业']=['机械','石油','金融']
#df[2,2]='金融'
df #输出df在修改之后的所有数据
```

在上面这段代码中，df['操作策略']=['买入','观望', '卖出']表示在df中新增操作策略列，并使用列表数据初始化操作策略列的数据。

此案例的主要源文件是MyCode\H138\H138.ipynb。

280　使用 apply()根据列表成员增加新列

此案例主要通过在 apply()函数中使用 lambda 表达式，实现根据列表的多个成员在 DataFrame 中增加新列。当在 Jupyter Notebook 中运行此案例代码之后，将根据列表的多个成员在 DataFrame 中增加新列（交易日期、交易所），效果分别如图 280-1 和图 280-2 所示。

	股票代码	股票名称	最新价	成交量	成交额
0	688981	中芯国际	55.20	17.24万	9.54亿
1	688819	天能股份	43.88	22298	9773万
2	688799	华纳药厂	38.27	3307	1263万

图 280-1

	股票代码	股票名称	最新价	成交量	成交额	交易日期	交易所
0	688981	中芯国际	55.20	17.24万	9.54亿	2021-09-31	上海证券交易所
1	688819	天能股份	43.88	22298	9773万	2021-09-31	上海证券交易所
2	688799	华纳药厂	38.27	3307	1263万	2021-09-31	上海证券交易所

图 280-2

主要代码如下。

```
import pandas as pd#导入pandas库，并使用pd重命名pandas
#读取myexcel.xlsx文件的Sheet1工作表
df=pd.read_excel('myexcel.xlsx',sheet_name='Sheet1')
df #输出df的所有数据
#根据列表的多个成员在df中增加新列
df1=df.apply(lambda x: pd.Series(['2021-09-31','上海证券交易所'],
                        index=['交易日期','交易所']),axis=1)
# df1=df.apply(lambda x: ['2021-09-31','上海证券交易所'],
#                        axis=1, result_type='expand')
df=pd.concat([df,df1],axis=1)
df #输出df在增加新列之后的所有数据
```

在上面这段代码中，df.apply(lambda x: pd.Series(['2021-09-31','上海证券交易所'], index=['交易日期','交易所']),axis=1)表示在 df 中增加"交易日期"和"交易所"两列，并在 df 的每行中设置这两列的数据分别为"2021-09-31"和"上海证券交易所"。

此案例的主要源文件是 MyCode\H509\H509.ipynb。

281　使用 apply()计算多列数据增加新列

此案例主要通过在 apply()函数中使用 lambda 表达式，实现根据计算的多列数据增加新列。当在 Jupyter Notebook 中运行此案例代码之后，将在 DataFrame 中计算最新价列和昨收价列的差值并据此增加涨跌额列和涨跌幅列，效果分别如图 281-1 和图 281-2 所示。

	股票名称	最高价	最低价	最新价	昨收价
0	楚天科技	19.27	16.78	18.93	17.08
1	三丰智能	4.66	4.06	4.47	4.04
2	三维化学	5.78	5.20	5.78	5.25

图 281-1

	股票名称	最高价	最低价	最新价	昨收价	涨跌额	涨跌幅
0	楚天科技	19.27	16.78	18.93	17.08	1.85	10.83%
1	三丰智能	4.66	4.06	4.47	4.04	0.43	10.64%
2	三维化学	5.78	5.20	5.78	5.25	0.53	10.10%

图 281-2

主要代码如下。

```
import pandas as pd#导入pandas库，并使用pd重命名pandas
#读取myexcel.xlsx文件的Sheet1工作表
df=pd.read_excel('myexcel.xlsx',sheet_name='Sheet1')
df#输出df的所有数据
#在df中根据最新价列和昨收价列的数据增加涨跌额列和涨跌幅列
df1=df.apply(lambda x: pd.Series([x.最新价-x.昨收价,'{:.2f}%'.format(((x.最新价-
            x.昨收价)/x.昨收价)*100)],index=['涨跌额','涨跌幅']),axis=1)
df=pd.concat([df,df1],axis=1)
df#输出df在增加新列之后的所有数据
```

在上面这段代码中，df.apply(lambda x: pd.Series([x.最新价-x.昨收价, '{:.2f}%'.format(((x.最新价-x.昨收价)/x.昨收价)*100)],index=['涨跌额','涨跌幅']),axis=1)表示在 df 中增加涨跌额列和涨跌幅列，这两列的数据根据最新价列和昨收价列的数据通过公式计算获得。

此案例的主要源文件是 MyCode\H510\H510.ipynb。

282 使用 apply() 把列表成员扩展成多列

此案例主要演示了使用 apply() 函数把列表的多个成员扩展成多列。当在 Jupyter Notebook 中运行此案例代码之后，在 DataFrame 中将把图 282-1 中的各项收入列（每个数据均为一个列表）扩展成多列，即图 282-2 的劳务收入列、建材收入列和投资收入列。

	公司名称	各项收入
0	广州分公司	[78026, 25000, 9400]
1	重庆分公司	[64080, 32000, 13000]
2	西安分公司	[86450, 19000, 21000]

图 282-1

	公司名称	劳务收入	建材收入	投资收入
0	广州分公司	78026	25000	9400
1	重庆分公司	64080	32000	13000
2	西安分公司	86450	19000	21000

图 282-2

主要代码如下。

```
import pandas as pd#导入pandas库，并使用pd重命名pandas
#根据字典创建DataFrame
df=pd.DataFrame({'公司名称':['广州分公司','重庆分公司','西安分公司'],
'各项收入':[[78026,25000,9400],[64080,32000,13000],[86450,19000,21000]]})
```

```
df#输出df的所有数据
#在df中将各项收入列(数据是列表)扩展成多列
df1=df['各项收入'].apply(pd.Series)
#设置df1各列的列名
df1.columns=['劳务收入','建材收入','投资收入']
#将df和df1合并成一个DataFrame,然后删除各项收入列
pd.concat([df,df1],axis='columns').drop(columns=['各项收入'])
```

在上面这段代码中，df1=df['各项收入'].apply(pd.Series)表示将 df 的各项收入列的列表数据扩展成一个 DataFrame(df1)，也可以说根据 df 的各项收入列的列表数据新建一个 DataFrame。

此案例的主要源文件是 MyCode\H171\H171.ipynb。

283　使用 partition()将一列拆分成两列

此案例主要演示了使用字符串的 partition()函数在 DataFrame 中根据指定的分隔符将一列数据拆分为两列数据（不包含分隔符列）。当在 Jupyter Notebook 中运行此案例代码之后，将在 DataFrame 中指定 '-' 作为分隔符，把起止站列拆分为起点站列和终点站列，效果分别如图 283-1 和图 283-2 所示。

	轨道名称	里程	起止站
0	重庆轨道交通4号线（二期）	32.60	唐家沱站-石船站
1	重庆轨道交通9号线（二期）	7.81	兴科大道站-花石沟站
2	重庆轨道交通10号线（二期）	9.81	兰花路站-鲤鱼池站

图 283-1

	轨道名称	里程	起点站	终点站
0	重庆轨道交通4号线（二期）	32.60	唐家沱站	石船站
1	重庆轨道交通9号线（二期）	7.81	兴科大道站	花石沟站
2	重庆轨道交通10号线（二期）	9.81	兰花路站	鲤鱼池站

图 283-2

主要代码如下。

```
import pandas as pd #导入pandas库,并使用pd重命名pandas
#读取myexcel.xlsx文件的Sheet1工作表
df=pd.read_excel('myexcel.xlsx',sheet_name='Sheet1')
df #输出df的所有数据
#在df中从左端开始根据分隔符('-')将起止站列拆分为起点站、-、终点站三列
df1=df['起止站'].astype(str).str.partition('-')
#在df中添加起点站列和终点站列
df['起点站']=df1[0]
df['终点站']=df1[2]
```

```
#在 df 中删除不需要的起止站列
df.drop(columns=['起止站'],inplace=True)
df  #输出 df 在拆分列之后的所有数据
```

在上面这段代码中，df['起止站'].astype(str).str.partition('-')表示在 df 中从左端开始根据分隔符('-')将起止站列拆分为起点站、-、终点站三列。如果需要从右端开始根据分隔符实现拆分，则使用 rpartition()函数。

此案例的主要源文件是 MyCode\H790\H790.ipynb。

284 使用 split()将一列拆分成多列

此案例主要演示了使用字符串的 split()函数根据指定的分隔符将一列数据拆分为多列数据。当在 Jupyter Notebook 中运行此案例代码之后，将在 DataFrame 中使用'-'作为分隔符，把站点设置列拆分为起点站列、途经站列和终点站列，效果分别如图 284-1 和图 284-2 所示。

	轨道名称	里程	站点设置
0	重庆轨道交通1号线	45.34km	朝天门站-石桥铺站-璧山站
1	重庆轨道交通2号线	31.36 km	较场口站-大坪站-鱼洞站
2	重庆轨道交通3号线	67.09 km	鱼洞站-回兴站-江北机场站

图 284-1

	轨道名称	里程	起点站	途经站	终点站
0	重庆轨道交通1号线	45.34km	朝天门站	石桥铺站	璧山站
1	重庆轨道交通2号线	31.36 km	较场口站	大坪站	鱼洞站
2	重庆轨道交通3号线	67.09 km	鱼洞站	回兴站	江北机场站

图 284-2

主要代码如下。

```
import pandas as pd  #导入 pandas 库,并使用 pd 重命名 pandas
#读取 myexcel.xlsx 文件的 Sheet1 工作表
df=pd.read_excel('myexcel.xlsx',sheet_name='Sheet1')
df  #输出 df 的所有数据
#在 df 中根据分隔符'-'将站点设置列拆分为起点站列、途经站列和终点站列
df[['起点站','途经站','终点站']]= df['站点设置'].astype(str).str.split('-',expand
=True)
##根据分隔符'-'将站点设置列拆分为 3 列,但是只取第 1 列的数据
#df[['起点站']]= df['站点设置'].astype(str).str.split('-',expand=True)[0]
#在 df 中删除不需要的站点设置列
df.drop(columns=['站点设置'],inplace=True)
df  #输出 df 在拆分列之后的所有数据
```

在上面这段代码中，df[['起点站','途经站','终点站']]=df['站点设置'].astype(str).str.split('-', expand=True)表示在 df 中根据分隔符'-'将站点设置列拆分为起点站列、途经站列和终点站列，参数 expand=True 表示自动将拆分的内容作为一列。

此案例的主要源文件是 MyCode\H800\H800.ipynb。

285　使用 extract()将一列拆分成两列

此案例主要演示了使用字符串的 extract()函数根据特定的条件将一列数据拆分为两列数据。当在 Jupyter Notebook 中运行此案例代码之后，将在 DataFrame 中将成交额列拆分为成交额列和单位列，效果分别如图 285-1 和图 285-2 所示。

	股票代码	股票名称	涨跌幅	涨跌额	成交额
0	688677	海泰新光	2.64%	3.01	1.06亿
1	688668	鼎通科技	7.30%	2.87	1.43亿
2	688667	菱电电控	2.15%	2.20	7100.48万

图 285-1

	股票代码	股票名称	涨跌幅	涨跌额	成交额	单位
0	688677	海泰新光	2.64%	3.01	1.06	亿
1	688668	鼎通科技	7.30%	2.87	1.43	亿
2	688667	菱电电控	2.15%	2.20	7100.48	万

图 285-2

主要代码如下。

```
import pandas as pd #导入pandas库，并使用pd重命名pandas
#读取myexcel.xlsx文件的Sheet1工作表
df=pd.read_excel('myexcel.xlsx',sheet_name='Sheet1')
df #输出df的所有数据
#将df的成交额列的数据拆分为成交额列和单位列
df1=df['成交额'].astype(str).str.extract('(.*)([亿万])')
df['成交额'],df['单位']=df1[0],df1[1]
df #输出df在拆分列之后的所有数据
```

在上面这段代码中，df['成交额'].astype(str).str.extract('(.*)([亿万])')表示在 df 中拆分成交额列的数据，(.*)表示成交额的数字，([亿万])是一个可选项，表示单位列的数据或者是亿或者是万。

此案例的主要源文件是 MyCode\H819\H819.ipynb。

286　使用 extract()将一列拆分成多列

此案例主要演示了使用字符串的 extract()函数根据特定的条件将一列数据拆分为多列数据。当在 Jupyter Notebook 中运行此案例代码之后，将在 DataFrame 中将成交额列拆分为成交额列、单位列和货币列，效果分别如图 286-1 和图 286-2 所示。

	日期	公司名称	同比	成交额
0	2021-10-25	上海国际业务部	2.64%	1.06亿美元
1	2021-10-26	广州国际业务部	2.60%	3574.24万英镑
2	2021-10-27	深圳国际业务部	0.29%	1977.47万美元

图 286-1

	日期	公司名称	同比	成交额	单位	货币
0	2021-10-25	上海国际业务部	2.64%	1.06	亿	美元
1	2021-10-26	广州国际业务部	2.60%	3574.24	万	英镑
2	2021-10-27	深圳国际业务部	0.29%	1977.47	万	美元

图 286-2

主要代码如下。

```
import pandas as pd #导入pandas库,并使用pd重命名pandas
#读取myexcel.xlsx文件的Sheet1工作表
df=pd.read_excel('myexcel.xlsx',sheet_name='Sheet1')
df #输出df的所有数据
#将df的成交额列拆分为多列
df1=df['成交额'].astype(str).str.extract('(.*)([亿万])(.*)')
#根据拆分结果在df中修改成交额列,并增加单位列和货币列
df['成交额'],df['单位'],df['货币']=df1[0],df1[1],df1[2]
df #输出df在拆分列之后的所有数据
```

在上面这段代码中，df['成交额'].astype(str).str.extract('(.*)([亿万])(.*)')表示在 df 中拆分成交额列的数据，在此案例中，第一个(.*)表示新成交额列，([亿万])表示单位列，第二个(.*)表示货币列。

此案例的主要源文件是 MyCode\H276\H276.ipynb。

287　在 extract()中根据正则表达式拆分列

此案例主要通过使用正则表达式设置字符串的 extract()函数的参数值，从而实现根据特定的条件将一列数据拆分为多列数据。当在 Jupyter Notebook 中运行此案例代码之后，将在 DataFrame 中将发动机型号列拆分为发动机型号列、产地列、类别列和组别列，效果分别如图 287-1 和图 287-2 所示。

	商品名称	报价	排量	发动机型号
0	杰德	68000	1.8L	渝产RRR18Z6
1	艾力绅	78000	2.4L	津产KKK24Z5
2	思域	74000	2.0L	沪产RRR20A6

图 287-1

	商品名称	报价	排量	发动机型号	产地	类别	组别
0	杰德	68000	1.8L	RRR	渝产	18	Z6
1	艾力绅	78000	2.4L	KKK	津产	24	Z5
2	思域	74000	2.0L	RRR	沪产	20	A6

图 287-2

主要代码如下。

```
import pandas as pd #导入pandas库,并使用pd重命名pandas
#读取myexcel.xlsx文件的Sheet1工作表
df=pd.read_excel('myexcel.xlsx',sheet_name='Sheet1')
df #输出df的所有数据
```

```
#将df的发动机型号列的数据拆分为多列
df1=df['发动机型号'].astype(str).str.extract('(.*)([A-z]{3})([0-9]{2})(.*)')
#根据拆分结果在df中修改发动机型号列，并增加产地列、类别列和组别列
df['产地'],df['发动机型号'],df['类别'],df['组别']=df1[0],df1[1],df1[2],df1[3]
df  #输出df在拆分之后的所有数据
```

在上面这段代码中，df['发动机型号'].astype(str).str.extract('(.*)([A-z]{3})([0-9]{2})(.*)')表示在df中将发动机型号列拆分为4列；第一个(.*)表示产地列；([A-z]{3})表示新发动机型号列，该正则表达式代表3个大小写字母；([0-9]{2})表示类别列，该正则表达式代表2个数字；第二个(.*)表示组别列。

此案例的主要源文件是MyCode\H286\H286.ipynb。

288 使用cat()以拼接字符串方式合并列

此案例主要演示了使用字符串的cat()函数将多列数据拼接成一列数据。当在Jupyter Notebook中运行此案例代码之后，将在DataFrame中把成交额列、单位列和货币列拼接成新的成交额列，效果分别如图288-1和图288-2所示。

	日期	公司名称	同比	成交额	单位	货币
0	2021-10-25	上海国际业务部	0.0264	1.06	亿	美元
1	2021-10-26	广州国际业务部	0.0260	3574.24	万	英镑
2	2021-10-27	深圳国际业务部	0.0029	1977.47	万	美元

图288-1

	日期	公司名称	同比	成交额
0	2021-10-25	上海国际业务部	0.0264	1.06亿美元
1	2021-10-26	广州国际业务部	0.0260	3574.24万英镑
2	2021-10-27	深圳国际业务部	0.0029	1977.47万美元

图288-2

主要代码如下。

```
import pandas as pd#导入pandas库，并使用pd重命名pandas
#读取myexcel.xlsx文件的Sheet1工作表
df=pd.read_excel('myexcel.xlsx',sheet_name='Sheet1')
df  #输出df的所有数据
#在df中采用字符串形式拼接成交额列、单位列和货币列的数据(文本)
df['成交额']=df['成交额'].astype(str).str.cat(df['单位'].\
                        astype(str)).str.cat(df['货币'].astype(str))
#df['成交额']=df['成交额'].astype(str)+df['单位'].astype(str)+df['货币'].astype(str)
#在df中删除不需要的单位列和货币列
df.drop(columns=['单位','货币'],inplace=True)
df  #输出df在拼接之后的所有数据
```

在上面这段代码中，df['成交额']=df['成交额'].astype(str).str.cat(df['单位'].astype(str)).str.cat(df['货币'].astype(str))表示在df中将成交额列、单位列和货币列拼接成新的成交额列，cat()函数与字符串的"+"运算符特别相似，因此下列代码也能实现相同的功能：df['成交额']=df['成交额'].astype(str)+df['单位'].astype(str)+df['货币'].astype(str)。

此案例的主要源文件是MyCode\H801\H801.ipynb。

289 根据字符串日期列拆分年月日列

此案例主要演示了使用 split()函数将字符串类型的日期列拆分为年、月、日等列。当在 Jupyter Notebook 中运行此案例代码之后，在 DataFrame 中将把上市日期列拆分为上市年、上市月、上市日三列，效果分别如图 289-1 和图 289-2 所示。

	股票代码	股票名称	涨跌额	最新价	上市日期
0	688677	海泰新光	3.01	117.10	2021年2月26日
1	688676	金盘科技	0.43	16.99	2021年3月9日
2	688669	聚石化学	0.10	34.00	2021年1月25日

图 289-1

	股票代码	股票名称	涨跌额	最新价	上市年	上市月	上市日
0	688677	海泰新光	3.01	117.10	2021	2	26
1	688676	金盘科技	0.43	16.99	2021	3	9
2	688669	聚石化学	0.10	34.00	2021	1	25

图 289-2

主要代码如下。

```
import pandas as pd#导入pandas库，并使用pd重命名pandas
#读取myexcel.xlsx文件的Sheet1工作表
df=pd.read_excel('myexcel.xlsx',sheet_name='Sheet1')
df#输出df的所有数据
#在df中将上市日期列拆分为上市年、上市月、上市日三列
df1=df.assign(上市年=df.上市日期.str.split('年').str[0])
df2=df1.assign(上市月=df.上市日期.str.split('年').str[1].str.split('月').str[0])
df3=df2.assign(上市日=df.上市日期.str.split('年')\
                .str[1].str.split('月').str[1].str.split('日').str[0])
df3.drop(['上市日期'],axis=1)
```

在上面这段代码中，df.assign(上市年=df.上市日期.str.split('年').str[0])表示将 df 的上市日期列的字符串以年为分隔符拆分为左右两部分，并将左部分(str[0])作为新列（上市年）添加到 df 中。例如，"2021 年 2 月 26 日"将被拆分为"2021"和"2 月 26 日"两部分。

此案例的主要源文件是 MyCode\H548\H548.ipynb。

290 根据日期类型的列拆分年月日列

此案例主要通过解析 year、month、day 属性，实现将日期类型列拆分为年、月、日列。当在 Jupyter Notebook 中运行此案例代码之后，将在 DataFrame 中把上市日期列拆分为上市年列、上市月列和上市日列，效果分别如图 290-1 和图 290-2 所示。

	股票代码	股票名称	涨跌额	最新价	上市日期
0	688677	海泰新光	3.01	117.10	2021-02-26
1	688676	金盘科技	0.43	16.99	2021-03-09
2	688669	聚石化学	0.10	34.00	2021-01-25

图 290-1

	股票代码	股票名称	涨跌额	最新价	上市年	上市月	上市日
0	688677	海泰新光	3.01	117.10	2021	2	26
1	688676	金盘科技	0.43	16.99	2021	3	9
2	688669	聚石化学	0.10	34.00	2021	1	25

图 290-2

主要代码如下。

```
import pandas as pd#导入pandas库，并使用pd重命名pandas
#读取以空格分隔的文本文件，并转换上市日期列的数据类型为datetime64[ns]
df=pd.read_csv('myspace.txt',delim_whitespace=True,parse_dates=['上市日期'])
df #输出df的全部数据
#将df的上市日期列拆分为上市年列、上市月列和上市日列
df['上市年']=df['上市日期'].dt.year
df['上市月']=df['上市日期'].dt.month
df['上市日']=df['上市日期'].dt.day
#删除df的上市日期列
df=df.drop(['上市日期'],axis=1)
df #输出df在拆分上市日期列之后的全部数据
```

在上面这段代码中，df['上市年']=df['上市日期'].dt.year 表示在 df 中根据上市日期列的数据提取年份并据此新增上市年列。df['上市月']=df['上市日期'].dt.month 表示在 df 中根据上市日期列的数据提取月份并据此新增上市月列。df['上市日']=df['上市日期'].dt.day 表示在 df 中根据上市日期列的数据提取日期并据此新增上市日列。

此案例的主要源文件是 MyCode\H301\H301.ipynb。

291　使用加号运算符拼接年月日列

此案例主要演示了使用加号运算符合并年月日列。当在 Jupyter Notebook 中运行此案例代码之后，将在 DataFrame 中把上市年列、上市月列、上市日列合并为上市日期列，效果分别如图 291-1 和图 291-2 所示。

	股票代码	股票名称	涨跌额	最新价	上市年	上市月	上市日
0	688677	海泰新光	3.01	117.10	2021年	2月	26日
1	688676	金盘科技	0.43	16.99	2021年	3月	9日
2	688669	聚石化学	0.10	34.00	2021年	1月	25日

图 291-1

	股票代码	股票名称	涨跌额	最新价	上市日期
0	688677	海泰新光	3.01	117.10	2021年2月26日
1	688676	金盘科技	0.43	16.99	2021年3月9日
2	688669	聚石化学	0.10	34.00	2021年1月25日

图 291-2

主要代码如下。

```
import pandas as pd#导入pandas库，并使用pd重命名pandas
#读取myexcel.xlsx文件的Sheet1工作表
df=pd.read_excel('myexcel.xlsx',sheet_name='Sheet1')
df #输出df的所有数据
#在df中将上市年列、上市月列、上市日列合并为上市日期列
df['上市日期']=df['上市年']+df['上市月']+df['上市日']
#在df中删除上市年列、上市月列、上市日列
df.drop(columns=['上市年','上市月','上市日'],inplace=True)
df #输出df在合并年月日等列之后的所有数据
```

在上面这段代码中，df['上市日期']=df['上市年']+df['上市月']+df['上市日']表示在 df 中将上市年列、上市月列、上市日列合并为上市日期列。需要注意的是：只有当所有列的数据类型均为字符串类型时，才能执行这种方式的合并；如果所有列的数据类型均为数值类型，则使用 "+" 进行列相加将会执行算术意义上的加法运算。

此案例的主要源文件是 MyCode\H738\H738.ipynb。

292　使用 to_datetime()拼接年月日列

此案例主要演示了使用 to_datetime()函数合并年月日列。当在 Jupyter Notebook 中运行此案例代码之后，将在 DataFrame 中把上市年列、上市月列、上市日列合并为上市日期列，效果分别如图 292-1 和图 292-2 所示。

	股票代码	股票名称	涨跌幅	涨跌额	最新价	上市年	上市月	上市日
0	688677	海泰新光	0.0264	3.01	117.10	2021	2	26
1	688676	金盘科技	0.0260	0.43	16.99	2021	3	9
2	688669	聚石化学	0.0029	0.10	34.00	2021	1	25

图 292-1

	股票代码	股票名称	涨跌幅	涨跌额	最新价	上市日期
0	688677	海泰新光	0.0264	3.01	117.10	2021-02-26
1	688676	金盘科技	0.0260	0.43	16.99	2021-03-09
2	688669	聚石化学	0.0029	0.10	34.00	2021-01-25

图 292-2

主要代码如下。

```
import pandas as pd #导入 pandas 库，并使用 pd 重命名 pandas
#读取 myexcel.xlsx 文件的 Sheet1 工作表
df=pd.read_excel('myexcel.xlsx',sheet_name='Sheet1')
df  #输出 df 的所有数据
#在 df 中将上市年列、上市月列、上市日列更名为 year 列、month 列、day 列
df=df.rename(columns={'上市日':'day', '上市月':'month', '上市年': 'year'})
#在 df 中根据 year 列、month 列、day 列添加上市日期列
df['上市日期']=pd.to_datetime(df[['year','month','day']])
#在 df 中删除 year 列、month 列、day 列
df.drop(columns=['day','month','year'],inplace=True)
df  #输出 df 在合并列之后的所有数据
```

在上面这段代码中，df['上市日期']=pd.to_datetime(df[['year','month','day']])表示在 df 中根据 year 列、month 列、day 列添加上市日期列，year、month、day 是固定名称，如果 df 的列名不是 year 列、month 列、day 列，则应该首先重命名列名，再合并 year 列、month 列、day 列。

此案例的主要源文件是 MyCode\H500\H500.ipynb。

293　根据索引在 DataFrame 中插入列

此案例主要演示了使用 insert()函数根据列索引指定的位置在 DataFrame 中插入新列。当在 Jupyter Notebook 中运行此案例代码之后，将在 DataFrame 的第 6 列（昨收价列）之前插入涨跌额列，效果分别如图 293-1 和图 293-2 所示。

	股票名称	最高价	最低价	今开价	最新价	昨收价
0	三丰智能	4.66	4.06	4.10	4.47	4.04
1	三维化学	5.78	5.20	5.20	5.78	5.25
2	青岛金王	4.80	4.37	4.37	4.80	4.36

图 293-1

	股票名称	最高价	最低价	今开价	最新价	涨跌额	昨收价
0	三丰智能	4.66	4.06	4.10	4.47	0.43	4.04
1	三维化学	5.78	5.20	5.20	5.78	0.53	5.25
2	青岛金王	4.80	4.37	4.37	4.80	0.44	4.36

图 293-2

主要代码如下。

```
import pandas as pd#导入pandas库，并使用pd重命名pandas
#读取myexcel.xlsx文件的Sheet1工作表
df=pd.read_excel('myexcel.xlsx',sheet_name='Sheet1')
df #输出df的所有数据
#在df的第6列之前插入涨跌额列，其值为最新价列与昨收价列之差
df.insert(5,'涨跌额',df['最新价']-df['昨收价'])
##在df的第6列之前插入涨跌额列，并设置为0
#df.insert(5,'涨跌额',0)
df #输出df在插入新列之后的所有数据
```

在上面这段代码中，df.insert(5,'涨跌额',df['最新价']-df['昨收价'])表示在 df 的第 6 列之前插入涨跌额列，并设置其值为最新价列与昨收价列之差。

此案例的主要源文件是 MyCode\H044\H044.ipynb。

294　根据列名在 DataFrame 中删除列

此案例主要演示了使用 del 关键字根据列名在 DataFrame 中删除指定列。当在 Jupyter Notebook 中运行此案例代码之后，将在 DataFrame 中删除操作策略列，效果分别如图 294-1 和图 294-2 所示。

	股票代码	股票名称	最新价	涨跌额	行业	操作策略
0	600583	海油工程	4.26	0.06	石油	观望
1	600688	上海石化	3.45	0.03	石油	卖出
2	601318	中国平安	58.54	0.46	保险	观望

图 294-1

	股票代码	股票名称	最新价	涨跌额	行业
0	600583	海油工程	4.26	0.06	石油
1	600688	上海石化	3.45	0.03	石油
2	601318	中国平安	58.54	0.46	保险

图 294-2

主要代码如下。

```
import pandas as pd#导入pandas库，并使用pd重命名pandas
#读取myexcel.xlsx文件的Sheet1工作表
df=pd.read_excel('myexcel.xlsx',sheet_name='Sheet1')
df #输出df的所有数据
#在df中删除操作策略列
del df['操作策略']
#myColumn=df.pop('操作策略')
#df=df.drop(['操作策略'],axis=1)
##在df中同时删除行业列和操作策略列
#df=df.drop(['行业','操作策略'],axis=1)
#df=df.drop(columns=['行业','操作策略'])
df #输出df在删除列之后的所有数据
```

在上面这段代码中，del df['操作策略']表示在 df 中删除操作策略列。如果 df=df.drop(['行业','操作策略'],axis=1)，则表示在 df 中同时删除行业列和操作策略列。

此案例的主要源文件是 MyCode\H139\H139.ipynb。

295　根据条件在 DataFrame 中删除列

此案例主要通过在 drop()函数的参数中设置筛选列名的条件，从而实现根据条件在 DataFrame 中删除多列数据。当在 Jupyter Notebook 中运行此案例代码之后，将在 DataFrame 中删除列名包含"价"字的列，效果分别如图 295-1 和图 295-2 所示。

	股票代码	股票名称	收盘价	昨收价	流通市值	净利润
0	002006	精功科技	16.26	14.78	74.01亿	6690万
1	603217	元利科技	42.20	38.36	19.29亿	8198万
2	002772	众兴菌业	12.53	11.39	50.87亿	1253万

图 295-1

	股票代码	股票名称	流通市值	净利润
0	002006	精功科技	74.01亿	6690万
1	603217	元利科技	19.29亿	8198万
2	002772	众兴菌业	50.87亿	1253万

图 295-2

主要代码如下。

```
import pandas as pd#导入pandas库，并使用pd重命名pandas
#读取myexcel.xlsx文件的Sheet1工作表
df=pd.read_excel('myexcel.xlsx',sheet_name='Sheet1',dtype={'股票代码':str})
df#输出df的所有数据
#在df中删除列名包含"价"字的所有列
df.drop(df.filter(like='价',axis=1),axis=1)
##在df中删除列名包含"股票"的所有列数据
#df.drop(df.filter(like='股票',axis=1),axis=1)
```

在上面这段代码中，df.drop(df.filter(like='价',axis=1),axis=1)表示在 df 中删除列名包含"价"字的所有列。

此案例的主要源文件是 MyCode\H144\H144.ipynb。

296 使用 concat()按行拼接 DataFrame

此案例主要演示了使用 concat()函数按行将多个 DataFrame 拼接成一个 DataFrame。当在 Jupyter Notebook 中运行此案例代码之后，将把两个 DataFrame 按行拼接成一个 DataFrame，效果分别如图 296-1~图 296-3 所示。

	股票代码	股票名称	最新价	昨收价	最高价	最低价	操作策略
0	300767	震安科技	106.07	103.74	113.88	105.30	买入
1	300422	博世科	9.12	8.92	9.37	8.88	买入
2	600623	华谊集团	12.00	11.74	12.67	11.75	买入

图 296-1

	股票代码	股票名称	最新价	昨收价	最高价	最低价	操作策略
0	600150	中国船舶	17.63	17.25	17.98	17.08	卖出
1	600029	南方航空	5.60	5.48	5.85	5.48	卖出

图 296-2

	股票代码	股票名称	最新价	昨收价	最高价	最低价	操作策略
0	300767	震安科技	106.07	103.74	113.88	105.30	买入
1	300422	博世科	9.12	8.92	9.37	8.88	买入
2	600623	华谊集团	12.00	11.74	12.67	11.75	买入
3	600150	中国船舶	17.63	17.25	17.98	17.08	卖出
4	600029	南方航空	5.60	5.48	5.85	5.48	卖出

图 296-3

主要代码如下。

```
import pandas as pd#导入pandas库，并使用pd重命名pandas
#读取myexcel1.xlsx文件的Sheet1工作表
df1=pd.read_excel('myexcel1.xlsx',sheet_name="Sheet1")
df1   #输出df1的所有数据
#读取myexcel2.xlsx文件的Sheet1工作表
df2=pd.read_excel('myexcel2.xlsx',sheet_name="Sheet1")
df2   #输出df2的所有数据
#将df1、df2按行拼接成df
df=pd.concat([df1,df2])
#删除以前的行索引，并重置行索引
df=df.reset_index(drop=True)
df #输出df的所有数据
```

在上面这段代码中，df=pd.concat([df1,df2])表示将 df1、df2 这两个 DataFrame 按行拼接成一个 DataFrame，即 df。

此案例的主要源文件是 MyCode\H165\H165.ipynb。

297　使用 append()按行拼接 DataFrame

此案例主要演示了使用 append()函数按行将多个 DataFrame 拼接成一个 DataFrame。当在 Jupyter Notebook 中运行此案例代码之后，将把两个 DataFrame 按行拼接成一个 DataFrame,效果分别如图 297-1～图 297-3 所示。

	股票代码	股票名称	最新价	昨收价	最高价	最低价	操作策略
0	300767	震安科技	106.07	103.74	113.88	105.3	买入

图 297-1

	股票代码	股票名称	最新价	昨收价	最高价	最低价	操作策略
0	600150	中国船舶	17.63	17.25	17.98	17.08	卖出
1	600029	南方航空	5.60	5.48	5.85	5.48	卖出

图 297-2

	股票代码	股票名称	最新价	昨收价	最高价	最低价	操作策略
0	300767	震安科技	106.07	103.74	113.88	105.30	买入
1	600150	中国船舶	17.63	17.25	17.98	17.08	卖出
2	600029	南方航空	5.60	5.48	5.85	5.48	卖出

图 297-3

主要代码如下。

```
import pandas as pd#导入 pandas 库，并使用 pd 重命名 pandas
#读取 myexcel1.xlsx 文件的 Sheet1 工作表
df1=pd.read_excel('myexcel1.xlsx',sheet_name="Sheet1")
df1 #输出 df1 的所有数据
#读取 myexcel2.xlsx 文件的 Sheet1 工作表
df2=pd.read_excel('myexcel2.xlsx',sheet_name="Sheet1")
df2 #输出 df2 的所有数据
#将 df1、df2 按行拼接成 df
df=df1.append(df2,ignore_index=True)
df #输出 df 的所有数据
```

在上面这段代码中，df=df1.append(df2,ignore_index=True)表示将 df1、df2 这两个 DataFrame 按行拼接成一个 DataFrame，即 df；参数 ignore_index=True 表示在拼接时忽略行索引，即自动生成新的索引。

此案例的主要源文件是 MyCode\H292\H292.ipynb。

298　使用 concat()分组拼接 DataFrame

此案例主要通过在 concat()函数中设置 keys 参数值,实现将多个 DataFrame 按行并分组拼接成一个 DataFrame。当在 Jupyter Notebook 中运行此案例代码之后,将把两个 DataFrame 按行拼接成一个 DataFrame,并指定每个 DataFrame 的组名,如中信证券推荐、海通证券推荐等,效果分别如图 298-1~图 298-3 所示。

	股票名称	最新价	昨收价	最高价	最低价	操作策略
0	震安科技	106.07	103.74	113.88	105.30	买入
1	博世科	9.12	8.92	9.37	8.88	买入

图 298-1

	股票名称	最新价	昨收价	最高价	最低价	操作策略
0	中国船舶	17.63	17.25	17.98	17.08	卖出
1	南方航空	5.60	5.48	5.85	5.48	卖出
2	中铁装配	12.22	11.96	12.59	11.78	卖出

图 298-2

		股票名称	最新价	昨收价	最高价	最低价	操作策略
中信证券推荐	0	震安科技	106.07	103.74	113.88	105.30	买入
	1	博世科	9.12	8.92	9.37	8.88	买入
海通证券推荐	0	中国船舶	17.63	17.25	17.98	17.08	卖出
	1	南方航空	5.60	5.48	5.85	5.48	卖出
	2	中铁装配	12.22	11.96	12.59	11.78	卖出

图 298-3

主要代码如下。

```
import pandas as pd#导入pandas库,并使用pd重命名pandas
#读取myexcel1.xlsx文件的Sheet1工作表
df1=pd.read_excel('myexcel1.xlsx',sheet_name="Sheet1")
df1  #输出df1的所有数据
#读取myexcel2.xlsx文件的Sheet1工作表
df2=pd.read_excel('myexcel2.xlsx',sheet_name="Sheet1")
df2  #输出df2的所有数据
#将df1、df2按行拼接成df
df=pd.concat([df1,df2],keys=['中信证券推荐','海通证券推荐'])
#df=pd.concat({'中信证券推荐':df1,'海通证券推荐':df2})
df  #输出df的所有数据
```

在上面这段代码中,df=pd.concat([df1,df2],keys=['中信证券推荐','海通证券推荐'])表示按行将 df1、df2 这两个 DataFrame 拼接成一个 DataFrame,且指定各个 DataFrame 的组名分别为"中信证券推荐"和"海通证券推荐",该代码也可以以字典的形式写成 df=pd.concat({'中信证券推荐': df1,'海通证券推荐':df2})。需要注意的是:当设置 keys 参数拼接多个 DataFrame 之后,则拼接的

DataFrame 就不能再执行 reset_index(drop=True)，即不需要 df=df.reset_index(drop=True)这行代码，否则将使 keys 参数不起作用。

此案例的主要源文件是 MyCode\H289\H289.ipynb。

299　使用 concat()按列拼接 DataFrame

此案例主要通过在 concat()函数中设置 axis 参数值为 1，实现按列将多个 DataFrame 拼接成一个 DataFrame。当在 Jupyter Notebook 中运行此案例代码之后，将按列把两个 DataFrame 拼接成一个 DataFrame,效果分别如图 299-1～图 299-3 所示。

	最新价	昨收价
易联众	8.86	7.38
世纪瑞尔	5.03	4.19
鼎汉技术	9.65	8.04

图 299-1

	流通市值	总市值	每股收益
世纪瑞尔	29.43亿	29.43亿	-0.14
鼎汉技术	53.91亿	53.91亿	-0.86
万胜智能	9.53亿	38.13亿	0.87
中环海陆	11.18亿	47.14亿	1.77

图 299-2

	最新价	昨收价	流通市值	总市值	每股收益
易联众	8.86	7.38	-	-	-
世纪瑞尔	5.03	4.19	29.43亿	29.43亿	-0.14
鼎汉技术	9.65	8.04	53.91亿	53.91亿	-0.86
万胜智能	-	-	9.53亿	38.13亿	0.87
中环海陆	-	-	11.18亿	47.14亿	1.77

图 299-3

主要代码如下。

```
import pandas as pd#导入pandas库，并使用pd重命名pandas
#读取myexcel1.xlsx文件的Sheet1工作表
df1=pd.read_excel('myexcel1.xlsx',sheet_name="Sheet1",index_col=0)
df1 #输出df1的所有数据
#读取myexcel2.xlsx文件的Sheet1工作表
df2=pd.read_excel('myexcel2.xlsx',sheet_name="Sheet1",index_col=0)
df2 #输出df2的所有数据
#将df1、df2按列拼接成df，空白则使用"-"填充
df=pd.concat([df1,df2],axis=1).fillna('-')
df #输出df的所有数据
```

在上面这段代码中，df=pd.concat([df1,df2],axis=1).fillna('-')表示按列将 df1、df2 这两个 DataFrame 拼接成一个 DataFrame，空白则使用"-"填充；axis=1 表示按列拼接 DataFrame。

此案例的主要源文件是 MyCode\H290\H290.ipynb。

300　使用concat()提取两个DataFrame的交集

此案例主要通过在concat()函数中设置join参数值为inner，实现在按照列将多个DataFrame拼接成一个DataFrame时只提取其交集部分。当在Jupyter Notebook中运行此案例代码之后，将按列把两个DataFrame拼接成一个DataFrame，并且只提取其交集部分，效果分别如图300-1～图300-3所示。

	最新价	昨收价
易联众	8.86	7.38
世纪瑞尔	5.03	4.19
鼎汉技术	9.65	8.04

图300-1

	流通市值	总市值	每股收益
世纪瑞尔	29.43亿	29.43亿	-0.14
鼎汉技术	53.91亿	53.91亿	-0.86
万胜智能	9.53亿	38.13亿	0.87
中环海陆	11.18亿	47.14亿	1.77

图300-2

	最新价	昨收价	流通市值	总市值	每股收益
世纪瑞尔	5.03	4.19	29.43亿	29.43亿	-0.14
鼎汉技术	9.65	8.04	53.91亿	53.91亿	-0.86

图300-3

主要代码如下。

```
import pandas as pd#导入pandas库，并使用pd重命名pandas
#读取myexcel1.xlsx文件的Sheet1工作表
df1=pd.read_excel('myexcel1.xlsx',sheet_name="Sheet1",index_col=0)
df1 #输出df1的所有数据
#读取myexcel2.xlsx文件的Sheet1工作表
df2=pd.read_excel('myexcel2.xlsx',sheet_name="Sheet1",index_col=0)
df2  #输出df2的所有数据
#将df1、df2按列拼接成df,且只取交集
df=pd.concat([df1,df2],axis=1,join='inner')
##将df1、df2按列拼接成df,且只取df1相关的交集
#df=pd.concat([df1, df2],axis=1).reindex(df1.index)
#df=pd.concat([df1, df2.reindex(df1.index)],axis=1)
df #输出df的所有数据
```

在上面这段代码中，df=pd.concat([df1,df2],axis=1,join='inner')表示按列将df1、df2这两个DataFrame拼接成一个DataFrame，且只提取其交集部分；join='inner'表示提取多个DataFrame的交集。

此案例的主要源文件是MyCode\H291\H291.ipynb。

301 使用 merge()根据同名列合并 DataFrame

此案例主要演示了使用 merge()函数根据同名列合并两个 DataFrame。当在 Jupyter Notebook
中运行此案例代码之后，将根据同名列（股票代码和股票名称）合并两个 DataFrame，效果分别
如图 301-1～图 301-3 所示；如果一个 DataFrame 的股票名称在另一个 DataFrame 中不存在，则
自动舍弃这些不存在的数据，仅合并存在的数据。

	股票代码	股票名称	最新价	昨收价
0	688677	海泰新光	117.10	114.09
1	688676	金盘科技	16.99	16.56
2	688669	聚石化学	34.00	33.90
3	688668	鼎通科技	42.21	39.34
4	688667	姜电电控	104.51	102.31

图 301-1

	股票代码	股票名称	换手率	市盈率	市净率
0	688677	海泰新光	0.0508	97.45	9.82
1	688676	金盘科技	0.0620	37.93	3.07
2	688669	聚石化学	0.0314	30.17	2.17

图 301-2

	股票代码	股票名称	最新价	昨收价	换手率	市盈率	市净率
0	688677	海泰新光	117.10	114.09	0.0508	97.45	9.82
1	688676	金盘科技	16.99	16.56	0.0620	37.93	3.07
2	688669	聚石化学	34.00	33.90	0.0314	30.17	2.17

图 301-3

主要代码如下。

```
import pandas as pd#导入pandas库，并使用pd重命名pandas
#读取myexcel.xlsx文件的Sheet1工作表
df1=pd.read_excel('myexcel.xlsx',sheet_name='Sheet1')
df1 #输出df1的所有数据
#读取myexcel.xlsx文件的Sheet2工作表
df2=pd.read_excel('myexcel.xlsx',sheet_name='Sheet2')
df2 #输出df2的所有数据
#根据同名列(股票代码、股票名称)合并df1和df2，合并结果即是df3
df3=df1.merge(df2)
#df3=df1.merge(df2,on=['股票代码','股票名称'])
#df3=pd.merge(df1, df2, on=['股票代码','股票名称'], how='inner')
df3 #输出df3的所有数据
```

在上面这段代码中，df3=df1.merge(df2)表示根据同名列将 df1 和 df2 合并成 df3；也可以在
merge()函数中使用 on 参数显示指定同名列，如 df3=df1.merge(df2,on=['股票代码','股票名称'])。
如果 df1 和 df2 不存在同名列，则合并失败。

此案例的主要源文件是 MyCode\H400\H400.ipynb。

302　使用 merge()根据指定列合并 DataFrame

此案例主要通过在 merge()函数中设置 left_on 参数值和 right_on 参数值，实现根据指定的列名合并两个 DataFrame。当在 Jupyter Notebook 中运行此案例代码之后，将指定股票代码列和证券代码列为共同列，然后合并两个 DataFrame，效果分别如图 302-1～图 302-3 所示。

	股票代码	股票名称	最新价	昨收价
0	688677	海泰新光	117.10	114.09
1	688676	金盘科技	16.99	16.56
2	688669	聚石化学	34.00	33.90
3	688668	鼎通科技	42.21	39.34
4	688667	姜电电控	104.51	102.31

图 302-1

	证券代码	股票简称	换手率	市盈率	市净率
0	688677	海泰新光	0.0508	97.45	9.82
1	688676	金盘科技	0.0620	37.93	3.07
2	688669	聚石化学	0.0314	30.17	2.17

图 302-2

	股票代码	股票名称	最新价	昨收价	换手率	市盈率	市净率
0	688677	海泰新光	117.10	114.09	0.0508	97.45	9.82
1	688676	金盘科技	16.99	16.56	0.0620	37.93	3.07
2	688669	聚石化学	34.00	33.90	0.0314	30.17	2.17

图 302-3

主要代码如下。

```
import pandas as pd#导入pandas库，并使用pd重命名pandas
#读取myexcel.xlsx文件的Sheet1工作表
df1=pd.read_excel('myexcel.xlsx',sheet_name='Sheet1')
df1 #输出df1的所有数据
#读取myexcel.xlsx文件的Sheet2工作表
df2=pd.read_excel('myexcel.xlsx',sheet_name='Sheet2')
df2 #输出df2的所有数据
#根据df1的股票代码列和df2的证券代码列合并df1和df2，合并结果即是df3
df3=df1.merge(df2,left_on='股票代码',right_on='证券代码')
#在df3中删除不需要的证券代码列和股票简称列
df3.drop(columns=['证券代码','股票简称'],inplace=True)
df3 #输出df3的所有数据，即输出合并之后的数据
```

在上面这段代码中，df3=df1.merge(df2,left_on='股票代码',right_on='证券代码')表示根据 df1 的股票代码列和 df2 的证券代码列合并 df1 和 df2，合并结果即是 df3；如果 df1 的股票代码在 df2 的证券代码列中不存在，则自动舍弃这些不存在的数据，仅合并存在的数据。

此案例的主要源文件是 MyCode\H401\H401.ipynb。

303　使用 merge()以指定方式合并 DataFrame

此案例主要通过在 merge()函数中设置 how 参数值为 outer，实现以并集方式合并两个 DataFrame。当在 Jupyter Notebook 中运行此案例代码之后，将以并集方式合并两个 DataFrame，效果分别如图 303-1～图 303-3 所示。

	股票代码	股票名称	最新价	昨收价
0	688677	海泰新光	117.10	114.09
1	688676	金盘科技	16.99	16.56
2	688669	聚石化学	34.00	33.90
3	688668	鼎通科技	42.21	39.34
4	688667	菱电电控	104.51	102.31

图 303-1

	证券代码	股票简称	换手率	市盈率	市净率
0	688677	海泰新光	0.0508	97.45	9.82
1	688676	金盘科技	0.0620	37.93	3.07
2	688669	聚石化学	0.0314	30.17	2.17

图 303-2

	股票代码	股票名称	最新价	昨收价	换手率	市盈率	市净率
0	688677	海泰新光	117.10	114.09	0.0508	97.45	9.82
1	688676	金盘科技	16.99	16.56	0.062	37.93	3.07
2	688669	聚石化学	34.00	33.90	0.0314	30.17	2.17
3	688668	鼎通科技	42.21	39.34	-	-	-
4	688667	菱电电控	104.51	102.31	-	-	-

图 303-3

主要代码如下。

```
import pandas as pd#导入pandas库,并使用pd重命名pandas
#读取myexcel.xlsx文件的Sheet1工作表
df1=pd.read_excel('myexcel.xlsx',sheet_name='Sheet1')
df1 #输出df1的所有数据
#读取myexcel.xlsx文件的Sheet2工作表
df2=pd.read_excel('myexcel.xlsx',sheet_name='Sheet2')
df2 #输出df2的所有数据
#根据df1的股票代码列和df2的证券代码列以outer方式合并df1和df2,合并结果即是df3
df3=df1.merge(df2,left_on='股票代码',right_on='证券代码',how='outer').fillna('-')
##根据df1的股票代码列和df2的证券代码列以inner方式合并df1和df2,合并结果即是df3
#df3=df1.merge(df2,left_on='股票代码',right_on='证券代码',how='inner')
#在df3中删除不需要的证券代码列和股票简称列
df3.drop(columns=['证券代码','股票简称'],inplace=True)
df3 #输出df3的所有数据,即输出合并之后的数据
```

在上面这段代码中，df3=df1.merge(df2,left_on='股票代码',right_on='证券代码',how='outer').fillna('-')表示根据股票代码列和证券代码列以 outer 方式合并 df1 和 df2，合并结果即是 df3，如

果 df1 的股票代码在 df2 的证券代码列中不存在，则在合并之后的 df3 中使用"-"填充空白部分。merge()函数的 how 参数包括四个可选项：left、right、outer、inner，默认值是 inner，inner 表示取交集，outer 表示取并集；在大多数情况下，如果左 DataFrame 的数据多于右 DataFrame，则 left 与 outer 的作用相同，right 与 inner 的作用相同。

此案例的主要源文件是 MyCode\H402\H402.ipynb。

304 使用 join()根据索引列按列合并 DataFrame

此案例主要演示了使用 join()函数根据索引列合并两个 DataFrame。当在 Jupyter Notebook 中运行此案例代码之后，将根据索引列按列合并两个 DataFrame，效果分别如图 304-1～图 304-3 所示。

	股票名称	最新价	昨收价
688677	海泰新光	117.10	114.09
688676	金盘科技	16.99	16.56
688669	聚石化学	34.00	33.90
688668	鼎通科技	42.21	39.34
688667	菱电电控	104.51	102.31

图 304-1

	股票简称	换手率	市盈率	市净率
688676	金盘科技	0.0620	37.93	3.07
688677	海泰新光	0.0508	97.45	9.82
688669	聚石化学	0.0314	30.17	2.17

图 304-2

	股票名称	最新价	昨收价	换手率	市盈率	市净率
688677	海泰新光	117.10	114.09	0.0508	97.45	9.82
688676	金盘科技	16.99	16.56	0.0620	37.93	3.07
688669	聚石化学	34.00	33.90	0.0314	30.17	2.17
688668	鼎通科技	42.21	39.34	-	-	-
688667	菱电电控	104.51	102.31	-	-	-

图 304-3

主要代码如下。

```
import pandas as pd#导入pandas库，并使用pd重命名pandas
#读取myexcel.xlsx文件的Sheet1工作表，并设置第0列为索引列
df1=pd.read_excel('myexcel.xlsx',sheet_name='Sheet1',index_col=0)
df1  #输出df1的所有数据
#读取myexcel.xlsx文件的Sheet2工作表，并设置第0列为索引列
df2=pd.read_excel('myexcel.xlsx',sheet_name='Sheet2',index_col=0)
df2  #输出df2的所有数据
#根据df1和df2的索引列以左连接(并集)方式按列合并数据，且使用"-"填充空白
df3=df1.join(df2).fillna('-')
##根据df1和df2的索引列以右连接(交集)方式按列合并数据
#df3=df1.join(df2,how='right')
```

```
#在 df3 中删除不需要的股票简称列
df3.drop(columns=['股票简称'],inplace=True)
df3 #输出 df3 的所有数据，即输出合并之后的数据
```

在上面这段代码中，df3=df1.join(df2).fillna('-')表示根据 df1 和 df2 的索引列以左连接（并集）方式按列合并两个 DataFrame，合并结果即是 df3。如果 df3=df1.join(df2,how='right')，则表示根据 df1 和 df2 的索引列以右连接（交集）方式按列合并两个 DataFrame。

此案例的主要源文件是 MyCode\H404\H404.ipynb。

305　使用 combine_first()合并 DataFrame

此案例主要演示了使用 combine_first()函数合并两个 DataFrame。当在 Jupyter Notebook 中运行此案例代码之后，将把两个 DataFrame 合并成一个新的 DataFrame，效果分别如图 305-1～图 305-3 所示。

	股票代码	股票名称	最新价	昨收价
0	688677	海泰新光	117.10	114.09
1	688676	金盘科技	16.99	16.56
2	688669	聚石化学	34.00	33.90
3	688668	鼎通科技	42.21	39.34
4	688667	姜电电控	104.51	102.31

图 305-1

	股票代码	股票名称	换手率	市盈率	市净率
0	NaN	海泰新光	0.0508	97.45	9.82
1	688676	金盘科技	NaN	37.93	3.07
2	688669	NaN	0.0314	30.17	2.17

图 305-2

	市净率	市盈率	换手率	昨收价	最新价	股票代码	股票名称
0	9.82	97.45	0.0508	114.09	117.10	688677	海泰新光
1	3.07	37.93	NaN	16.56	16.99	688676	金盘科技
2	2.17	30.17	0.0314	33.90	34.00	688669	聚石化学
3	NaN	NaN	NaN	39.34	42.21	688668	鼎通科技
4	NaN	NaN	NaN	102.31	104.51	688667	姜电电控

图 305-3

主要代码如下。

```
import pandas as pd#导入 pandas 库，并使用 pd 重命名 pandas
#读取 myexcel.xlsx 文件的 Sheet1 工作表
df1=pd.read_excel('myexcel.xlsx',sheet_name='Sheet1',dtype={'股票代码':str})
df1 #输出 df1 的所有数据
#读取 myexcel.xlsx 文件的 Sheet2 工作表
df2=pd.read_excel('myexcel.xlsx',sheet_name='Sheet2',dtype={'股票代码':str})
df2 #输出 df2 的所有数据
#将 df1 和 df2 合并成 df3
```

```
df3=df1.combine_first(df2)
df3 #输出 df3 的所有数据，即合并之后的所有数据
```

在上面这段代码中，df3=df1.combine_first(df2)表示将 df1 和 df2 合并成 df3，在合并两个 DataFrame 时，将使用相同位置的值更新 NaN，如果两个 DataFrame 的结构不一致，则合并之后的 DataFrame 的行索引和列索引将是两者的并集。

此案例的主要源文件是 MyCode\H756\H756.ipynb。

306 使用 combine()根据参数合并 DataFrame

此案例主要演示了使用 combine()函数根据两个 DataFrame 对应位置的数据大小执行合并。当在 Jupyter Notebook 中运行此案例代码之后，将根据对应位置的数据大小（取大者）合并两个 DataFrame，效果分别如图 306-1～图 306-3 所示。

	交易日期	川菜馆	湘菜馆	鲁菜馆	苏菜馆
0	2021-09-06	9.22	9.31	9.20	9.21
1	2021-09-07	9.21	9.39	9.16	9.34
2	2021-09-08	9.34	9.39	9.29	9.34
3	2021-09-09	9.32	9.34	9.25	9.30
4	2021-09-10	9.32	9.48	9.31	9.41

图 306-1

	交易日期	川菜馆	湘菜馆	鲁菜馆	苏菜馆
0	2021-09-13	9.38	9.43	9.34	9.39
1	2021-09-14	9.39	9.43	9.17	9.21
2	2021-09-15	9.21	9.26	9.13	9.19
3	2021-09-16	9.20	9.23	9.11	9.12
4	2021-09-17	9.11	9.17	9.08	9.11

图 306-2

	交易日期	川菜馆	湘菜馆	鲁菜馆	苏菜馆
0	2021-09-13	9.38	9.43	9.34	9.39
1	2021-09-14	9.39	9.43	9.17	9.34
2	2021-09-15	9.34	9.39	9.29	9.34
3	2021-09-16	9.32	9.34	9.25	9.30
4	2021-09-17	9.32	9.48	9.31	9.41

图 306-3

主要代码如下。

```
import pandas as pd#导入 pandas 库，并使用 pd 重命名 pandas
#读取 myexcel.xlsx 文件的 Sheet1 工作表
df1=pd.read_excel('myexcel.xlsx',sheet_name='Sheet1')
df1 #输出 df1 的所有数据
#读取 myexcel.xlsx 文件的 Sheet2 工作表
df2=pd.read_excel('myexcel.xlsx',sheet_name='Sheet2')
df2 #输出 df2 的所有数据
#导入 numpy 库，并使用 np 重命名 numpy
import numpy as np
#根据 df1 和 df2 两个 DataFrame 对应位置的较大者合并(生)成一个新的 DataFrame，即 df3
```

```
df3=df1.combine(other=df2,func=np.maximum)
##根据df1和df2两个DataFrame对应位置的较小者合并(生)成一个新的DataFrame,即df3
#df3=df1.combine(other=df2,func=np.minimum)
df3 #输出df3的所有数据
```

在上面这段代码中,df3=df1.combine(other=df2,func=np.maximum)表示根据df1和df2两个DataFrame对应位置的较大者合并（生）成新的DataFrame,即df3;func=np.maximum表示在合并df1和df2时,提取两者的较大值。如果df3=df1.combine(other=df2,func=np.minimum),则表示根据df1和df2两个DataFrame对应位置的较小者合并（生）成新的DataFrame,即df3;func= np. minimum表示在合并df1和df2时,提取两者的较小值。

此案例的主要源文件是MyCode\H757\H757.ipynb。

307 使用Pandas的merge()合并DataFrame

此案例主要演示了使用Pandas的merge()函数根据同名列合并两个DataFrame。当在Jupyter Notebook中运行此案例代码之后,将根据同名列（产品组列）把两个DataFrame合并成新的DataFrame,效果分别如图307-1～图307-3所示;如果一个DataFrame的产品组名称在另一个DataFrame中不存在,则自动舍弃这些不存在的数据,仅合并存在的数据。

	员工姓名	产品组
0	罗斌	Python创作组
1	罗帅	Python创作组
2	刘功德	Java创作组
3	汪明云	Java创作组

图307-1

	产品组	产品名称
0	Python创作组	Python数据分析案例集锦
1	Python创作组	Python数据可视化案例集锦
2	Python创作组	Python图像开发案例集锦
3	Java创作组	Java数据库开发案例大全
4	Java创作组	Java网络开发案例大全
5	图像创作组	Photoshop图像特效案例大全

图307-2

	员工姓名	产品组	产品名称
0	罗斌	Python创作组	Python数据分析案例集锦
1	罗斌	Python创作组	Python数据可视化案例集锦
2	罗斌	Python创作组	Python图像开发案例集锦
3	罗帅	Python创作组	Python数据分析案例集锦
4	罗帅	Python创作组	Python数据可视化案例集锦
5	罗帅	Python创作组	Python图像开发案例集锦
6	刘功德	Java创作组	Java数据库开发案例大全
7	刘功德	Java创作组	Java网络开发案例大全
8	汪明云	Java创作组	Java数据库开发案例大全
9	汪明云	Java创作组	Java网络开发案例大全

图307-3

主要代码如下。

```
import pandas as pd#导入pandas库，并使用pd重命名pandas
#读取myexcel.xlsx文件的Sheet1工作表
df1=pd.read_excel('myexcel.xlsx',sheet_name='Sheet1')
df1 #输出df1的所有数据
#读取myexcel.xlsx文件的Sheet2工作表
df2=pd.read_excel('myexcel.xlsx',sheet_name='Sheet2')
df2 #输出df2的所有数据
#根据df1的产品组列和df2的产品组列合并df1和df2，合并结果即是df3
df3=pd.merge(df1,df2)
#df3=pd.merge(df1,df2,on='产品组')
#df3=pd.merge(df1,df2,on='产品组',how='outer')
#df3=pd.merge(df1,df2,on='产品组',how='inner')
df3 #输出df3的所有数据，即输出合并之后的数据
```

在上面这段代码中，df3=pd.merge(df1,df2)表示根据同名列（产品组列）将df1和df2合并成df3；也可以在merge()函数中使用on参数指定同名列，如df3=pd.merge(df1,df2,on='产品组')；如果df1和df2不存在同名列，则合并失败。如果是df3=pd.merge(df1,df2,on='产品组',how='outer')，则此种合并方式将导致在合并过程中产生NaN。

此案例的主要源文件是MyCode\H753\H753.ipynb。

308 使用 merge_ordered()合并 DataFrame

此案例主要演示了使用Pandas的merge_ordered()函数合并两个DataFrame。当在Jupyter Notebook中运行此案例代码之后，将按照默认方式把两个DataFrame合并成新的DataFrame，效果分别如图308-1～图308-3所示。

	日期	产品类别	收入
0	2021-09-01	家电	7800
1	2021-09-03	家电	6500
2	2021-09-05	家电	6700
3	2021-09-02	建材	6130
4	2021-09-04	建材	5950

图 308-1

	日期	支出
0	2021-09-02	4800
1	2021-09-03	4900
2	2021-09-04	5100

图 308-2

	日期	产品类别	收入	支出
0	2021-09-01	家电	7800	NaN
1	2021-09-02	建材	6130	4800.0
2	2021-09-03	家电	6500	4900.0
3	2021-09-04	建材	5950	5100.0
4	2021-09-05	家电	6700	NaN

图 308-3

主要代码如下。

```
import pandas as pd#导入pandas库，并使用pd重命名pandas
#读取myexcel.xlsx文件的Sheet1工作表
df1=pd.read_excel('myexcel.xlsx',sheet_name='Sheet1')
df1 #输出df1的所有数据
#读取myexcel.xlsx文件的Sheet2工作表
```

```
df2=pd.read_excel('myexcel.xlsx',sheet_name='Sheet2')
df2 #输出df2的所有数据
#将df1和df2合并为df3
df3=pd.merge_ordered(df1,df2)
#df3=pd.merge_ordered(df1,df2,fill_method='ffill')
#df3=pd.merge_ordered(df1,df2,fill_method='ffill',left_by='产品类别')
df3 #输出df3的所有数据
```

在上面这段代码中，df3=pd.merge_ordered(df1,df2)表示按照默认方式将df1和df2合并为df3，如果需要在合并时执行填充或插值等操作，则应设置fill_method等参数值，例如df3=pd.merge_ordered(df1,df2,fill_method='ffill')。

此案例的主要源文件是MyCode\H754\H754.ipynb。

309　使用merge_asof()合并DataFrame

此案例主要演示了使用Pandas的merge_asof()函数合并两个DataFrame。当在Jupyter Notebook中运行此案例代码之后，将按照指定方式把两个DataFrame合并成新的DataFrame，效果分别如图309-1～图309-3所示。

	日期	收入
0	2021-09-01	7800
1	2021-09-05	6700
2	2021-09-10	6130

图309-1

	日期	支出
0	2021-09-01	4800
1	2021-09-06	4600
2	2021-09-09	4700

图309-2

	日期	收入	支出
0	2021-09-01	7800	4800
1	2021-09-05	6700	4600
2	2021-09-10	6130	4700

图309-3

主要代码如下。

```
import pandas as pd#导入pandas库，并使用pd重命名pandas
#读取myexcel.xlsx文件的Sheet1工作表
df1=pd.read_excel('myexcel.xlsx',sheet_name='Sheet1')
df1 #输出df1的所有数据
#读取myexcel.xlsx文件的Sheet2工作表
df2=pd.read_excel('myexcel.xlsx',sheet_name='Sheet2')
df2 #输出df2的所有数据
#将df1和df2合并为df3
#df3=pd.merge_asof(df1,df2)
#df3=pd.merge_asof(df1,df2,on='日期')
df3=pd.merge_asof(df1,df2,on='日期',direction='nearest')
#df3=pd.merge_asof(df1,df2,on='日期',direction='forward')
df3 #输出df3的所有数据
```

在上面这段代码中，df3=pd.merge_asof(df1,df2,on='日期',direction='nearest')表示按照nearest方式将df1和df2合并为df3。需要说明的是：on参数对应的数据类型必须是可以排序的，否则可能出错。

此案例的主要源文件是 MyCode\H755\H755.ipynb。

310 使用 compare()比较两个 DataFrame

此案例主要演示了使用 compare()函数比较两个 DataFrame 对应位置的数据是否相同。当在 Jupyter Notebook 中运行此案例代码之后，将比较如图 310-1 和图 310-2 所示的两个 DataFrame 对应位置的数据是否相同，比较结果如图 310-3 所示；在图 310-3 中，self 表示如图 310-1 所示 DataFrame 的数据，other 表示如图 310-2 所示 DataFrame 的数据，NaN 表示两个 DataFrame 在此位置的数据没有变化，没有显示的交易日期列和开盘价列也表示它们的数据没有变化。

	交易日期	开盘价	最高价	最低价	最新价
0	2021-09-13	1665	1684	1640.1	1655.00
1	2021-09-14	1659	1683	1666.0	1657.00
2	2021-09-15	1650	1654	1620.0	1615.74
3	2021-09-16	1603	1639	1599.0	1632.00
4	2021-09-17	1620	1692	1638.0	1654.00

图 310-1

	交易日期	开盘价	最高价	最低价	最新价
0	2021-09-13	1665	1684.0	1640.1	1654.00
1	2021-09-14	1659	1683.0	1653.0	1657.00
2	2021-09-15	1650	1660.0	1610.0	1615.74
3	2021-09-16	1603	1644.0	1585.0	1638.07
4	2021-09-17	1620	1705.6	1620.0	1686.00

图 310-2

	最高价		最低价		最新价	
	self	other	self	other	self	other
0	NaN	NaN	NaN	NaN	1655.0	1654.00
1	NaN	NaN	1666.0	1653.0	NaN	NaN
2	1654.0	1660.0	1620.0	1610.0	NaN	NaN
3	1639.0	1644.0	1599.0	1585.0	1632.0	1638.07
4	1692.0	1705.6	1638.0	1620.0	1654.0	1686.00

图 310-3

主要代码如下。

```
import pandas as pd#导入pandas库，并使用pd重命名pandas
#读取myexcel.xlsx文件的Sheet1工作表
df1=pd.read_excel('myexcel.xlsx',sheet_name='Sheet1')
df1 #输出df1的所有数据
#读取myexcel.xlsx文件的Sheet2工作表
df2=pd.read_excel('myexcel.xlsx',sheet_name='Sheet2')
df2 #输出df2的所有数据
#比较df1和df2两个DataFrame对应位置的数据，self表示df1的数据，
#other表示df2的数据，NaN表示此位置的数据没有变化
df1.compare(df2)
#df1.equals(df2) #输出False
#df1.equals(df1) #输出True
```

在上面这段代码中，df1.compare(df2)表示比较 df1 和 df2 两个 DataFrame 对应位置的数据。需要注意的是：如果两个 DataFrame 的行列索引不一致，可能会报错。

此案例的主要源文件是 MyCode\H759\H759.ipynb。

311　使用 align()补齐两个 DataFrame 的列

此案例主要演示了使用 align()函数补齐两个 DataFrame 互缺的列，即对方有而自身没有的列。当在 Jupyter Notebook 中运行此案例代码之后，如图 311-1 所示的 DataFrame 将根据如图 311-2 所示的 DataFrame 补齐自身缺少的列，即添加流通市值列、总市值列和每股收益列，这些列的数据默认为 NaN，结果如图 311-3 所示；如图 311-2 所示的 DataFrame 将根据如图 311-1 所示的 DataFrame 补齐自身缺少的列，即添加最新价列、涨跌额列和振幅列，这些列的数据默认为 NaN，结果如图 311-4 所示。

	股票代码	股票名称	最新价	涨跌额	振幅
0	603126	中材节能	9.84	0.72	0.0822
1	605366	宏柏新材	16.14	1.16	0.1008
2	300992	泰福泵业	29.15	2.09	0.0769

图 311-1

	股票代码	股票名称	流通市值	总市值	每股收益
0	300653	正海生物	62.06亿	62.06亿	1.21
1	605366	宏柏新材	26.11亿	53.58亿	0.34
2	600132	重庆啤酒	649.2亿	649.2亿	3.01

图 311-2

	总市值	振幅	最新价	每股收益	流通市值	涨跌额	股票代码	股票名称
0	NaN	0.0822	9.84	NaN	NaN	0.72	603126	中材节能
1	NaN	0.1008	16.14	NaN	NaN	1.16	605366	宏柏新材
2	NaN	0.0769	29.15	NaN	NaN	2.09	300992	泰福泵业

图 311-3

	总市值	振幅	最新价	每股收益	流通市值	涨跌额	股票代码	股票名称
0	62.06亿	NaN	NaN	1.21	62.06亿	NaN	300653	正海生物
1	53.58亿	NaN	NaN	0.34	26.11亿	NaN	605366	宏柏新材
2	649.2亿	NaN	NaN	3.01	649.2亿	NaN	600132	重庆啤酒

图 311-4

主要代码如下。

```
import pandas as pd#导入pandas库，并使用pd重命名pandas
#读取myexcel.xlsx文件的Sheet1工作表
df1=pd.read_excel('myexcel.xlsx',sheet_name='Sheet1')
df1#输出df1的所有数据
#读取myexcel.xlsx文件的Sheet2工作表
df2=pd.read_excel('myexcel.xlsx',sheet_name='Sheet2')
df2#输出df2的所有数据
#相互补齐df1和df2两个DataFrame的列
```

```
df11, df22=df1.align(df2, join='outer', axis=1)
#输出执行补齐列操作之后的 df1，即 df11
pd.DataFrame(df11)
#输出执行补齐列操作之后的 df2，即 df22
pd.DataFrame(df22)
```

在上面这段代码中，df11,df22=df1.align(df2,join='outer',axis=1)表示 df1 和 df2 两个 DataFrame 相互补齐自身缺少的列。

此案例的主要源文件是 MyCode\H760\H760.ipynb。

312　在 DataFrame 中垂直移动指定的行数

此案例主要演示了使用 shift()函数在 DataFrame 中向下或向上移动指定的行数。当在 Jupyter Notebook 中运行此案例代码之后，在 DataFrame 中将向下移动两行数据，效果分别如图 312-1 和图 312-2 所示。

	开盘价	最高价	最低价	收盘价
2021/10/29	8.96	9.00	8.93	8.94
2021/10/28	8.99	9.01	8.95	8.96
2021/10/27	9.01	9.02	8.96	8.99
2021/10/26	9.06	9.09	9.01	9.03
2021/10/25	9.03	9.06	9.02	9.03

图 312-1

	开盘价	最高价	最低价	收盘价
2021/10/29	NaN	NaN	NaN	NaN
2021/10/28	NaN	NaN	NaN	NaN
2021/10/27	8.96	9.00	8.93	8.94
2021/10/26	8.99	9.01	8.95	8.96
2021/10/25	9.01	9.02	8.96	8.99

图 312-2

主要代码如下。

```
import pandas as pd #导入 pandas 库，并使用 pd 重命名 pandas
#读取 myexcel.xlsx 文件的 Sheet1 工作表
df=pd.read_excel('myexcel.xlsx',sheet_name='Sheet1',index_col=0)
df #输出 df 的所有数据
#在 df 中向下移动 2 行数据
df.shift(2)
##在 df 中向上移动 2 行数据
#df.shift(-2)
```

在上面这段代码中，df.shift(2)表示在 df 中向下移动两行数据，2 表示移动的行数。如果 df.shift(-2)，则表示在 df 中向上移动两行数据。

此案例的主要源文件是 MyCode\H268\H268.ipynb。

313　在 DataFrame 中水平移动指定的列数

此案例主要通过在 shift()函数中设置 axis 参数值为 1，实现在 DataFrame 中向右或向左移动指定的列数。当在 Jupyter Notebook 中运行此案例代码之后，将在 DataFrame 中向右移动两列，效果分别如图 313-1 和图 313-2 所示。

	29日	28日	27日	26日	25日
开盘价	8.96	8.99	9.01	9.06	9.03
最高价	9.00	9.01	9.02	9.09	9.06
最低价	8.93	8.95	8.96	9.01	9.02
收盘价	8.94	8.96	8.99	9.03	9.03

图 313-1

	29日	28日	27日	26日	25日
开盘价	NaN	NaN	8.96	8.99	9.01
最高价	NaN	NaN	9.00	9.01	9.02
最低价	NaN	NaN	8.93	8.95	8.96
收盘价	NaN	NaN	8.94	8.96	8.99

图 313-2

主要代码如下。

```
import pandas as pd#导入 pandas 库，并使用 pd 重命名 pandas
#读取 myexcel.xlsx 文件的 Sheet1 工作表
df=pd.read_excel('myexcel.xlsx',sheet_name='Sheet1',index_col=0)
df #输出 df 的所有数据
#在 df 中向右移动 2 列
df.shift(2,axis=1)
##在 df 中向左移动 2 列
#df.shift(-2,axis=1)
```

在上面这段代码中，df.shift(2,axis=1)表示在 df 中向右移动两列，2 表示移动的列数，axis=1 表示按列移动，axis=0 表示按行移动。如果是 df.shift(-2,axis=1)，则表示在 df 中向左移动两列。

此案例的主要源文件是 MyCode\H269\H269.ipynb。

314　使用 round()设置 DataFrame 的小数位数

此案例主要演示了使用 round()函数在 DataFrame 中设置所有数值列的小数（点后）的保留位数。当在 Jupyter Notebook 中运行此案例代码之后，将在 DataFrame 中设置所有数值列的小数保留 1 位小数，效果分别如图 314-1 和图 314-2 所示。

	开盘价	最高价	最低价	收盘价
2021-09-10	51.35	52.50	51.28	51.71
2021-09-09	51.40	51.72	51.01	51.62
2021-09-08	52.00	52.63	51.68	51.95

图 314-1

	开盘价	最高价	最低价	收盘价
2021-09-10	51.4	52.5	51.3	51.7
2021-09-09	51.4	51.7	51.0	51.6
2021-09-08	52.0	52.6	51.7	52.0

图 314-2

主要代码如下。

```
import pandas as pd#导入 pandas 库，并使用 pd 重命名 pandas
#读取 myexcel.xlsx 文件的 Sheet1 工作表
df=pd.read_excel('myexcel.xlsx',sheet_name='Sheet1',index_col=0)
df #输出 df 的所有数据
#设置 df 的所有列保留 1 位小数
```

```
df.round(1)
##d 设置 df 的所有列保留 2 位小数
#df.round(2)
##设置 df 的开盘价列和最高价列保留 1 位小数
#df[{'开盘价','最高价'}].round(1)
#df.round({'开盘价': 1,'最高价':1})
```

在上面这段代码中，df.round(1)表示设置 df 的所有列保留 1 位小数。如果 df.round(2)，则表示设置 df 的所有列保留 2 位小数。如果是 df.round({'开盘价': 1, '最高价':1})或 df[{'开盘价','最高价'}].round(1)，则表示设置 df 的开盘价列和最高价列保留 1 位小数。

此案例的主要源文件是 MyCode\H726\H726.ipynb。

315　使用 update()更新 DataFrame 的数据

此案例主要演示了使用 update()函数根据一个 DataFrame 的数据去更新另一个 DataFrame 的数据。当在 Jupyter Notebook 中运行此案例代码之后，将使用如图 315-2 所示的 DataFrame 去更新如图 315-1 所示的 DataFrame 对应的数据，更新结果如图 315-3 所示。

	星期	交易日期	开盘价	最高价	最低价	收盘价
0	星期一	2021-09-06	9.22	9.31	9.20	9.21
1	星期二	2021-09-07	9.21	9.39	9.16	9.34
2	星期三	2021-09-08	9.34	9.39	9.29	9.34
3	星期四	2021-09-09	9.32	9.34	9.25	9.30
4	星期五	2021-09-10	9.32	9.48	9.31	9.41

图 315-1

	交易日期	开盘价	最高价	最低价	收盘价	成交量
0	2021-09-13	9.38	9.43	9.34	9.39	293733手
1	2021-09-14	9.39	9.43	9.17	9.21	539347手
2	2021-09-15	9.21	9.26	9.13	9.19	380647手
3	2021-09-16	9.20	9.23	9.11	9.12	491998手
4	2021-09-17	9.11	9.17	9.08	9.11	302335手

图 315-2

	星期	交易日期	开盘价	最高价	最低价	收盘价
0	星期一	2021-09-13	9.38	9.43	9.34	9.39
1	星期二	2021-09-14	9.39	9.43	9.17	9.21
2	星期三	2021-09-15	9.21	9.26	9.13	9.19
3	星期四	2021-09-16	9.20	9.23	9.11	9.12
4	星期五	2021-09-17	9.11	9.17	9.08	9.11

图 315-3

主要代码如下。

```
import pandas as pd#导入 pandas 库, 并使用 pd 重命名 pandas
#读取 myexcel.xlsx 文件的 Sheet1 工作表
df1=pd.read_excel('myexcel.xlsx',sheet_name='Sheet1')
df1  #输出 df1 的所有数据
#读取 myexcel.xlsx 文件的 Sheet2 工作表
```

```
df2=pd.read_excel('myexcel.xlsx',sheet_name='Sheet2')
df2 #输出 df2 的所有数据
#使用 df2 的数据更新 df1 对应的数据，忽略 df1 和 df2 不对应的数据
df1.update(df2)
df1 #输出 df1 在更新之后的所有数据
```

在上面这段代码中，df1.update(df2)表示使用 df2 的数据更新 df1 对应的数据，忽略 df1 不对应的数据；即使用 df2 的交易日期列、开盘价列、最高价列、最低价列和收盘价列去覆盖 df1 对应的这些列的数据，忽略 df1 和 df2 不对应的数据。

此案例的主要源文件是 MyCode\H758\H758.ipynb。

316 使用 clip()修剪 DataFrame 的数据

此案例主要演示了使用 clip()函数修剪 DataFrame 的数据。当在 Jupyter Notebook 中运行此案例代码之后，在 DataFrame 中将把所有小于 4.19 的数据修改为 4.19，把所有大于 4.89 的数据修改为 4.89，效果分别如图 316-1 和图 316-2 所示。

	西红柿	青椒	豆角	空心菜	黄瓜	洋葱
2021-08-30	5.0	3.5	4.0	3.5	4.0	3.5
2021-08-31	4.8	4.0	4.2	4.0	4.8	5.0
2021-09-01	4.6	4.6	4.4	4.8	4.2	4.6

图 316-1

	西红柿	青椒	豆角	空心菜	黄瓜	洋葱
2021-08-30	4.89	4.19	4.19	4.19	4.19	4.19
2021-08-31	4.80	4.19	4.20	4.19	4.80	4.89
2021-09-01	4.60	4.60	4.40	4.80	4.20	4.60

图 316-2

主要代码如下。

```
import pandas as pd#导入 pandas 库，并使用 pd 重命名 pandas
#读取 myexcel.xlsx 文件的 Sheet1 工作表
df=pd.read_excel('myexcel.xlsx',sheet_name='Sheet1',index_col=0)
df #输出 df 的所有数据
#使用自定义最小值 4.19 和最大值 4.89 修剪 df 的所有数据
#即小于 4.19 的数据修改为 4.19,大于 4.89 的数据修改为 4.89
df=df.clip(4.19,4.89)
df #输出 df 在修改之后的所有数据
```

在上面这段代码中，df.clip(4.19,4.89)表示在 df 中将所有小于 4.19 的数据修改为 4.19,将所有大于 4.89 的数据修改为 4.89。

此案例的主要源文件是 MyCode\H767\H767.ipynb。

317 使用 clip()根据列表按列修剪数据

此案例主要演示了使用 clip()函数根据最小值列表和最大值列表按列修剪 DataFrame 的数据。当在 Jupyter Notebook 中运行此案例代码之后，将根据最小值列表和最大值列表按列修剪 DataFrame 的数据，效果分别如图 317-1 和图 317-2 所示。

	西红柿	青椒	豆角	空心菜	黄瓜
2021-08-30	5.0	3.5	4.0	3.5	4.0
2021-08-31	4.8	4.0	4.2	4.0	4.8
2021-09-01	4.6	4.6	4.4	4.8	4.2

图 317-1

	西红柿	青椒	豆角	空心菜	黄瓜
2021-08-30	4.99	4.19	4.59	4.29	4.39
2021-08-31	4.80	4.19	4.59	4.29	4.78
2021-09-01	4.60	4.60	4.59	4.80	4.39

图 317-2

主要代码如下。

```
import pandas as pd#导入 pandas 库，并使用 pd 重命名 pandas
#读取 myexcel.xlsx 文件的 Sheet1 工作表
df=pd.read_excel('myexcel.xlsx',sheet_name='Sheet1',index_col=0)
df  #输出 df 的所有数据
mymin=[3.59,4.19,4.59,4.29,4.39]
mymax=[4.99,4.89,4.76,4.88,4.78]
#根据自定义最小值列表和最大值列表按列修剪 df 的所有数据
df.clip(mymin,mymax,axis=1)
```

在上面这段代码中，df.clip(mymin,mymax,axis=1)表示根据最小值列表（mymin）和最大值列表（mymax）按列修剪 df 的数据，修剪说明如下：在西红柿列中，如果该列的任一数据小于 3.59（mymin[0]），则该数据将被修改为 3.59，如果该列的任一数据大于 4.99（mymax[0]），则该数据将被修改为 4.99，其他数据以此类推。

此案例的主要源文件是 MyCode\H768\H768.ipynb。

318　使用 replace()在 DataFrame 中替换数据

此案例主要演示了使用 replace()函数根据指定的新旧数据在 DataFrame 的所有行列中执行替换。当在 Jupyter Notebook 中运行此案例代码之后，将在 DataFrame 的所有行列中将 4.2 替换成 4.28，效果分别如图 318-1 和图 318-2 所示。

	日期	西红柿	青椒	豆角	空心菜	黄瓜	洋葱
0	2021-08-31	4.8	4.0	4.2	4.0	4.8	5.0
1	2021-09-01	4.6	4.6	4.4	4.8	4.2	4.6
2	2021-09-02	4.9	4.2	4.6	4.2	4.4	4.4

图 318-1

	日期	西红柿	青椒	豆角	空心菜	黄瓜	洋葱
0	2021-08-31	4.8	4.00	4.28	4.00	4.80	5.0
1	2021-09-01	4.6	4.60	4.40	4.80	4.28	4.6
2	2021-09-02	4.9	4.28	4.60	4.28	4.40	4.4

图 318-2

主要代码如下。

```
import pandas as pd#导入 pandas 库，并使用 pd 重命名 pandas
#读取 myexcel.xlsx 文件的 Sheet1 工作表
df=pd.read_excel('myexcel.xlsx',sheet_name='Sheet1')
df  #输出 df 的所有数据
#在 df 的所有行列中将 4.2 替换成 4.28
df=df.replace(to_replace=4.2,value=4.28)
```

```
#df=df.replace(4.2,4.28)
#df.replace(to_replace=4.2,value=4.28,inplace=True)
df #输出df在替换之后的所有数据
```

在上面这段代码中，df=df.replace(to_replace=4.2,value=4.28)表示在 df 的所有行列中将 4.2 替换成 4.28，to_replace=4.2 表示替换之前的数据，value=4.28 表示替换之后的数据。

此案例的主要源文件是 MyCode\H280\H280.ipynb。

319 使用 replace()执行多值对应替换

此案例主要演示了使用 replace()函数根据列表指定的多个新旧数据在 DataFrame 的所有行列中执行替换操作。当在 Jupyter Notebook 中运行此案例代码之后，将在 DataFrame 的所有行列中将 4.2 替换成 4.28、将 4.6 替换成 4.68，效果分别如图 319-1 和图 319-2 所示。

	日期	西红柿	青椒	豆角	空心菜	黄瓜	洋葱
0	2021-08-31	4.8	4.0	4.2	4.0	4.8	5.0
1	2021-09-01	4.6	4.6	4.4	4.8	4.2	4.6
2	2021-09-02	4.9	4.2	4.6	4.2	4.4	4.4

图 319-1

	日期	西红柿	青椒	豆角	空心菜	黄瓜	洋葱
0	2021-08-31	4.80	4.00	4.28	4.00	4.80	5.00
1	2021-09-01	4.68	4.68	4.40	4.80	4.28	4.68
2	2021-09-02	4.90	4.28	4.68	4.28	4.40	4.40

图 319-2

主要代码如下。

```
import pandas as pd#导入pandas库，并使用pd重命名pandas
#读取myexcel.xlsx文件的Sheet1工作表
df=pd.read_excel('myexcel.xlsx',sheet_name='Sheet1')
df #输出df的所有数据
#在df中将所有的4.2替换成4.28、所有的4.6替换成4.68
df=df.replace([4.2,4.6],[4.28,4.68])
#在df中将所有的4.2和4.6都替换成4.68
#df=df.replace([4.2,4.6],4.68)
df #输出df在替换之后的所有数据
```

在上面这段代码中，df=df.replace([4.2,4.6],[4.28,4.68])表示在 df 中将所有的 4.2 替换成 4.28、所有的 4.6 替换成 4.68。如果是 df=df.replace([4.2,4.6],4.68)，则表示在 df 中将所有的 4.2 和 4.6 都替换成 4.68。

此案例的主要源文件是 MyCode\H283\H283.ipynb。

320 使用 replace()替换所有行列的字母

此案例主要通过在 replace()函数中设置替换参数值为正则表达式，实现在 DataFrame 的所有行列中执行复杂的正则表达式替换。当在 Jupyter Notebook 中运行此案例代码之后，将在 DataFrame 的所有行列中使用空值替换所有的业主拼音，效果分别如图 320-1 和图 320-2 所示。

	日期	鑫城名都	民心佳园	海德山庄
0	2021-08-30	2-4-2luobin	12-14-1Yangbin	liuFeng1-14-1
1	2021-08-31	9-17-1	3-11-2Zhangli	liuling2-18-4
2	2021-09-01	9-28-2	liuYang7-25-1	8-18-2xiangfang

图 320-1

	日期	鑫城名都	民心佳园	海德山庄
0	2021-08-30	2-4-2	12-14-1	1-14-1
1	2021-08-31	9-17-1	3-11-2	2-18-4
2	2021-09-01	9-28-2	7-25-1	8-18-2

图 320-2

主要代码如下。

```
import pandas as pd#导入pandas库，并使用pd重命名pandas
#读取myexcel.xlsx文件的Sheet1工作表
df=pd.read_excel('myexcel.xlsx',sheet_name='Sheet1')
df  #输出df的所有数据
#在df中通过正则表达式使用空值替换所有行列的业主拼音
df=df.replace('[A-z]','',regex=True)
df  #输出df在替换之后的所有数据
```

在上面这段代码中，df=df.replace('[A-z]','',regex=True)表示在df中通过正则表达式使用空值替换所有的业主拼音，[A-z]是一个正则表达式，代表所有的大小写字母。注意：当使用正则表达式执行替换操作时，必须设置regex=True。

此案例的主要源文件是MyCode\H284\H284.ipynb。

321　在 replace()中使用正则表达式替换

此案例主要通过在 replace()函数中将 to_replace 参数和 value 参数均设置为正则表达式，实现在 DataFrame 中根据正则表达式查找数据并使用正则表达式替换数据。当在 Jupyter Notebook 中运行此案例代码之后，在 DataFrame 中如果数据的小数点前后包含空格，则将在该数据的小数点前后添加"？"，效果分别如图 321-1 和图 321-2 所示。

	日期	西红柿	青椒	豆角	空心菜	黄瓜	洋葱
0	2021-08-30	5.0	3.5	4	3.5	4.0	3.5
1	2021-08-31	4.8	4	4.2 5	4.0	4.8	5
2	2021-09-02	4.9	4. 2	4.6	4.2	4.4	4.4

图 321-1

	日期	西红柿	青椒	豆角	空心菜	黄瓜	洋葱
0	2021-08-30	5.0	3.5	4	3.5	4.0	3?.?5
1	2021-08-31	4.8	4	4?.?25	4.0	4.8	5
2	2021-09-02	4.9	4?.?2	4.6	4.2	4.4	4.4

图 321-2

主要代码如下。

```
import pandas as pd#导入 pandas 库,并使用 pd 重命名 pandas
#读取 myexcel.xlsx 文件的 Sheet1 工作表
df=pd.read_excel('myexcel.xlsx',sheet_name='Sheet1')
df  #输出 df 的所有数据
##在 df 中,如果洋葱列数据的小数点前后有空格,则在小数点前后添加"?"
#df=df.replace({'洋葱':r'\s*(\.)\s*'},{'洋葱':r'? \1? '},regex=True)
#在 df 中,如果任意数据的小数点前后有空格,则在小数点前后添加"?"
df=df.replace(to_replace={r'\s*(\.)\s*'},value={ r'? \1? '},regex=True)
##在 df 中,如果任意数据的小数点前有空格,则在小数点前后添加"?"
#df=df.replace({r'\s(\.)'},{ r'? \1? '},regex=True)
##在 df 中,如果任意数据的小数点后有空格,则在小数点前后添加"?"
#df=df.replace({r'(\.)\s'},{ r'? \1? '},regex=True)
df  #输出 df 在替换之后的所有数据
```

在上面这段代码中,df=df.replace(to_replace={r'\s*(\.)\s*'},value={ r'? \1? '},regex=True)表示在 df 中如果数据的小数点前后有空格,则在该数据的小数点前后添加"?";to_replace 参数的"\s"表示空格,(\.)表示小数点位置,对应 value 参数的"\1",或者说"\1"指向(\.)。

此案例的主要源文件是 MyCode\H766\H766.ipynb。

322 在 replace()中使用多个正则表达式

此案例主要通过在 replace()函数的 regex 参数值中以列表的形式设置多个正则表达式,从而实现在 DataFrame 中使用同一个值替换符合任意一个正则表达式的数据。当在 Jupyter Notebook 中运行此案例代码之后,在 DataFrame 中如果"移动开发"或"数据库开发"是开始字符,则将被替换为"科技",效果分别如图 322-1 和图 322-2 所示。

	书名	类别
0	Android炫酷应用300例	移动开发类
1	Visual C#2005管理系统开发经典案例	数据库开发类
2	揭开财富自由的底层逻辑	财经类

图 322-1

	书名	类别
0	Android炫酷应用300例	科技类
1	Visual C#2005管理系统开发经典案例	科技类
2	揭开财富自由的底层逻辑	财经类

图 322-2

主要代码如下。

```
import pandas as pd#导入 pandas 库,并使用 pd 重命名 pandas
#读取 myexcel.xlsx 文件的 Sheet1 工作表
df=pd.read_excel('myexcel.xlsx',sheet_name='Sheet1')
df#输出 df 的所有数据
##在 df 中将所有的"移动开发类"和"数据库开发类"替换成"科技类"
#df=df.replace(to_replace=['移动开发类','数据库开发类'], value='科技类')
#df=df.replace(regex={'^移动开发类':'科技类', '^数据库开发类':'科技类'})
##在 df 中如果"移动开发"或"数据库开发"是开始字符,则将被替换成"科技"
df=df.replace(regex=['^移动开发','^数据库开发'],value='科技')
```

```
df #输出 df 在替换之后的所有数据
```

在上面这段代码中，df=df.replace(regex=['^移动开发','^数据库开发'],value='科技')表示在 df 中如果"移动开发"或"数据库开发"是开始字符，则将被替换成"科技"；'^移动开发'是一个正则表达式，表示以"移动开发"开头；'^数据库开发'也是一个正则表达式，表示以"数据库开发"开头。

此案例的主要源文件是 MyCode\H764\H764.ipynb。

323　使用 apply()修改 DataFrame 的数据

此案例主要通过在 apply()函数中使用字符串的 replace()函数，实现在 DataFrame 中修改所有符合条件的数据。当在 Jupyter Notebook 中运行此案例代码之后，将在 DataFrame 中删除所有的"万"或"亿"字符，效果分别如图 323-1 和图 323-2 所示。

	股票名称	最新价	成交量	成交额	换手率	净利润
0	长电科技	33.25	43.54万	14.42亿	0.0272	13.22亿
1	鹏都农牧	3.21	428.3万	14.15亿	0.0781	7771万
2	中国能建	2.46	561.7万	13.85亿	0.0481	23.54亿

图 323-1

	股票名称	最新价	成交量	成交额	换手率	净利润
0	长电科技	33.25	43.54	14.42	0.0272	13.22
1	鹏都农牧	3.21	428.3	14.15	0.0781	7771
2	中国能建	2.46	561.7	13.85	0.0481	23.54

图 323-2

主要代码如下。

```
import pandas as pd#导入 pandas 库，并使用 pd 重命名 pandas
#读取 myexcel.xlsx 文件的 Sheet1 工作表
df=pd.read_excel('myexcel.xlsx',sheet_name='Sheet1')
df#输出 df 的所有数据
#在 df 中删除所有的"万"或"亿"字符
df.apply(lambda s: s.astype(str).replace('万|亿','',regex=True))
#df.apply(lambda s: s.astype(str).replace('万','',
#                       regex=True).replace('亿','',regex=True))
#df.replace('万|亿','',regex=True)
```

在上面这段代码中，df.apply(lambda s: s.astype(str).replace('万|亿','',regex=True))表示在 df 中删除所有的"万"或"亿"字符。

此案例的主要源文件是 MyCode\H542\H542.ipynb。

324　使用 applymap()修改 DataFrame

此案例主要通过使用 lambda 表达式设置 applymap()函数的参数值，实现根据设置的条件修改 DataFrame。当在 Jupyter Notebook 中运行此案例代码之后，在 DataFrame 中将把所有 float 类型的数据强制修改为保留一位小数，效果分别如图 324-1 和图 324-2 所示。

	股票代码	股票名称	最新价	涨跌额	成交量	行业
0	300095	华伍股份	12.23	0.24	112.82	机械
1	300503	昊志机电	11.45	0.16	109.75	机械
2	600256	广汇能源	3.63	0.13	2986.00	石油

图 324-1

	股票代码	股票名称	最新价	涨跌额	成交量	行业
0	300095	华伍股份	12.2	0.2	112.8	机械
1	300503	昊志机电	11.4	0.2	109.8	机械
2	600256	广汇能源	3.6	0.1	2986.0	石油

图 324-2

主要代码如下。

```
import pandas as pd#导入pandas库，并使用pd重命名pandas
#读取myexcel.xlsx文件的Sheet1工作表
df=pd.read_excel('myexcel.xlsx',sheet_name='Sheet1',dtype={'股票代码':str})
df #输出df的所有数据
#在df中将所有float类型的数据强制修改为保留一位小数
df=df.applymap(lambda x:"%.1f" % x if(isinstance(x,float)) else x)
#df=df.applymap(lambda x: "%.1f" % x if type(x) is float else x)
df #输出df在修改之后的所有数据
```

在上面这段代码中，df.applymap(lambda x:"%.1f" % x if(isinstance(x,float)) else x)表示在df中将所有float类型的数据强制修改为保留一位小数；lambda x:"%.1f" % x if(isinstance(x,float)) else x 表示如果x（df的每个成员）是float类型，则执行"%.1f" % x，即保留一位小数，否则（else x）不予理睬；该代码也可以写成 df=df.applymap(lambda x: "%.1f" % x if type(x) is float else x)。

此案例的主要源文件是 MyCode\H668\H668.ipynb。

325 使用 transform()修改 DataFrame

此案例主要演示了使用 transform()函数修改 DataFrame 的数据。当在 Jupyter Notebook 中运行此案例代码之后，将在 DataFrame 中把所有数据加 1，效果分别如图 325-1 和图 325-2 所示。

	盐水鸭	酱鸭	板鸭	烤鸭
2021/9/6	1800	1600	2400	1200
2021/9/7	2600	1800	2000	1800
2021/9/8	2400	2100	5900	2480

图 325-1

	盐水鸭	酱鸭	板鸭	烤鸭
2021/9/6	1801	1601	2401	1201
2021/9/7	2601	1801	2001	1801
2021/9/8	2401	2101	5901	2481

图 325-2

主要代码如下。

```
import pandas as pd#导入pandas库，并使用pd重命名pandas
import numpy as np#导入numpy库，并使用np重命名numpy
#读取myexcel.xlsx文件的Sheet1工作表
df=pd.read_excel('myexcel.xlsx',sheet_name='Sheet1',index_col=0)
df #输出df的所有数据
#将df的所有数据加1
df.transform(lambda x:x+1)
##获取df的所有数据的绝对值
```

```
#df.transform(lambda x:np.abs(x))
##将df的盐水鸭列和烤鸭列的数据加1
#df.transform({"盐水鸭":lambda x:x+1,"烤鸭":lambda x:x+1})
```

在上面这段代码中，df.transform(lambda x:x+1)表示在 df 中将所有数据加 1。如果
df.transform(lambda x:np.abs(x))，则表示在 df 中获取所有数据的绝对值。

此案例的主要源文件是 MyCode\H514\H514.ipynb。

326　使用 transform()按行修改 DataFrame

此案例主要演示了使用 transform()函数根据自定义规则按行修改 DataFrame 的数据。当在
Jupyter Notebook 中运行此案例代码之后，在 DataFrame 中将把第 1 行的所有数据加1、第 2 行
的所有数据加2、第 3 行的所有数据加3，效果分别如图 326-1 和图 326-2 所示。

	盐水鸭	酱鸭	板鸭	烤鸭
2021/9/6	1800	1600	2400	1200
2021/9/7	2600	1800	2000	1800
2021/9/8	2400	2100	5900	2480

图 326-1

	盐水鸭	酱鸭	板鸭	烤鸭
2021/9/6	1801	1601	2401	1201
2021/9/7	2602	1802	2002	1802
2021/9/8	2403	2103	5903	2483

图 326-2

主要代码如下。

```
import pandas as pd#导入pandas库，并使用pd重命名pandas
#读取myexcel.xlsx文件的Sheet1工作表
df=pd.read_excel('myexcel.xlsx',sheet_name='Sheet1',index_col=0)
df #输出df的所有数据
#在df中根据设置的行规则修改数据，即第1行的所有数据加1，
#第2行的所有数据加2，第3行的所有数据加3
df.transform({'2021/9/6':lambda x:x+1,'2021/9/7':lambda x:x+2,
          '2021/9/8':lambda x:x+3},axis=1)
##在df中根据设置的列规则修改数据，即第1列的所有数据加1，
##第2列的所有数据加2，第3列的所有数据加3,第4列的所有数据加4
#df.transform({'盐水鸭':lambda x:x+1,'酱鸭':lambda x:x+2,
#            '板鸭':lambda x:x+3,'烤鸭':lambda x:x+4})
```

在上面这段代码中，df.transform({'2021/9/6':lambda x:x+1,'2021/9/7':lambda x:x+2,'2021/9/8':
lambda x:x+3}, axis=1)表示在 df 中根据设置的行规则修改数据，即第 1 行的所有数据加 1、第 2
行的所有数据加 2，第 3 行的所有数据加 3。

此案例的主要源文件是 MyCode\H515\H515.ipynb。

327　在 DataFrame 中按列相加指定的列表

此案例主要通过设置 add()函数的 axis 参数值为 index，实现将 DataFrame 所有列的数据与
指定列表的数据按列相加。当在 Jupyter Notebook 中运行此案例代码之后，DataFrame 的最高价

列、最低价列、今开价列、最新价列、昨收价列的数据都将与指定列表[114.09,16.56,33.9]的数据按列相加，效果分别如图 327-1 和图 327-2 所示。

	最高价	最低价	今开价	最新价	昨收价
海泰新光	6.50	-3.89	0.00	3.01	0
金盘科技	0.43	-0.13	-0.06	0.43	0
聚石化学	0.40	-0.38	0.00	0.10	0

图 327-1

	最高价	最低价	今开价	最新价	昨收价
海泰新光	120.59	110.20	114.09	117.10	114.09
金盘科技	16.99	16.43	16.50	16.99	16.56
聚石化学	34.30	33.52	33.90	34.00	33.90

图 327-2

主要代码如下。

```
import pandas as pd #导入 pandas 库，并使用 pd 重命名 pandas
#读取 myexcel.xlsx 文件的 Sheet1 工作表
df=pd.read_excel('myexcel.xlsx',sheet_name='Sheet1',index_col=0)
df  #输出 df 的所有数据
#将 df 所有列的数据与指定列表的数据按列相加
df.add([114.09,16.56,33.9],axis='index')
```

在上面这段代码中，df.add([114.09,16.56,33.9],axis='index')表示将 df 所有列的数据与指定列表[114.09,16.56,33.9]的数据按列相加。

此案例的主要源文件是 MyCode\H271\H271.ipynb。

328　在 DataFrame 中按行相加指定的列表

此案例主要通过设置 add()函数的 axis 参数值为 columns，实现将 DataFrame 所有行的数据与指定列表的数据按行相加。当在 Jupyter Notebook 中运行此案例代码之后，DataFrame 的昨收价行、最高价行、最低价行、今开价行、最新价行的数据都将与指定列表[114.09,16.56,33.9,39.34,102.31]的数据按行相加，效果分别如图 328-1 和图 328-2 所示。

	海泰新光	金盘科技	聚石化学	鼎通科技	菱电电控
昨收价	0.00	0.00	0.00	0.00	0.00
最高价	6.50	0.43	0.40	3.54	2.70
最低价	-3.89	-0.13	-0.38	-0.90	-1.64
今开价	0.00	-0.06	0.00	-0.84	-0.80
最新价	3.01	0.43	0.10	2.87	2.20

图 328-1

	海泰新光	金盘科技	聚石化学	鼎通科技	菱电电控
昨收价	114.09	16.56	33.90	39.34	102.31
最高价	120.59	16.99	34.30	42.88	105.01
最低价	110.20	16.43	33.52	38.44	100.67
今开价	114.09	16.50	33.90	38.50	101.51
最新价	117.10	16.99	34.00	42.21	104.51

图 328-2

主要代码如下。

```
import pandas as pd#导入 pandas 库，并使用 pd 重命名 pandas
#读取 myexcel.xlsx 文件的 Sheet1 工作表
df=pd.read_excel('myexcel.xlsx',sheet_name='Sheet1',index_col=0)
```

```
df#输出 df 的所有数据
#将 df 所有行的数据与指定列表的数据按行相加
df.add([114.09,16.56,33.9,39.34,102.31],axis='columns')
#df.add([114.09,16.56,33.9,39.34,102.31])
#df+[114.09,16.56,33.9,39.34,102.31]
##将 df 的每个数据都增加 100000
#df+100000
```

在上面这段代码中，df.add([114.09,16.56,33.9,39.34,102.31],axis='columns')表示将 df 所有行的数据与指定列表[114.09,16.56,33.9,39.34,102.31]的数据按行相加，该代码也可以写成 df.add([114.09,16.56,33.9,39.34,102.31])或 df+[114.09,16.56,33.9,39.34,102.31]。如果 df+100000，则表示将 df 的每个数据都增加 100000。

此案例的主要源文件是 MyCode\H287\H287.ipynb。

329　在 DataFrame 中按列相减指定的列表

此案例主要通过设置 sub()函数的 axis 参数值为 index，实现在 DataFrame 中将所有列的数据按列相减指定列表的数据。当在 Jupyter Notebook 中运行此案例代码之后，DataFrame 的最高价列、最低价列、今开价列、最新价列、昨收价列都将按列减去指定列表[114.09,16.56,33.90]的数据，效果分别如图 329-1 和图 329-2 所示。

	最高价	最低价	今开价	最新价	昨收价
海泰新光	120.59	110.20	114.09	117.10	114.09
金盘科技	16.99	16.43	16.50	16.99	16.56
聚石化学	34.30	33.52	33.90	34.00	33.90

图 329-1

	最高价	最低价	今开价	最新价	昨收价
海泰新光	6.50	-3.89	0.00	3.01	0.0
金盘科技	0.43	-0.13	-0.06	0.43	0.0
聚石化学	0.40	-0.38	0.00	0.10	0.0

图 329-2

主要代码如下。

```
import pandas as pd#导入 pandas 库，并使用 pd 重命名 pandas
#读取 myexcel.xlsx 文件的 Sheet1 工作表
df=pd.read_excel('myexcel.xlsx',sheet_name='Sheet1',index_col=0)
df#输出 df 的所有数据
#将 df 所有列的数据按列相减指定列表的数据
df.sub([114.09,16.56,33.90],axis='index')
```

在上面这段代码中，df.sub([114.09,16.56,33.90],axis='index')表示将 df 的所有列的数据按列减去指定列表[114.09,16.56,33.90]的数据。注意：当在 df 中执行这种减法操作时，必须确保所有数据均为数值，若为其他类型（例如，字符串类型），可能会报错。

此案例的主要源文件是 MyCode\H270\H270.ipynb。

330 在 DataFrame 中按行相减指定的列表

此案例主要通过设置 sub()函数的 axis 参数值为 columns，实现将 DataFrame 所有行的数据按行相减指定列表的数据。当在 Jupyter Notebook 中运行此案例代码之后，DataFrame 的昨收价行、最高价行、最低价行、今开价行、最新价行的数据都将减去指定列表[114.09,16.56,33.90,39.34,102.31]的数据，效果分别如图 330-1 和图 330-2 所示。

	海泰新光	金盘科技	聚石化学	鼎通科技	菱电电控
昨收价	114.09	16.56	33.90	39.34	102.31
最高价	120.59	16.99	34.30	42.88	105.01
最低价	110.20	16.43	33.52	38.44	100.67
今开价	114.09	16.50	33.90	38.50	101.51
最新价	117.10	16.99	34.00	42.21	104.51

图 330-1

	海泰新光	金盘科技	聚石化学	鼎通科技	菱电电控
昨收价	0.00	0.00	0.00	0.00	0.00
最高价	6.50	0.43	0.40	3.54	2.70
最低价	-3.89	-0.13	-0.38	-0.90	-1.64
今开价	0.00	-0.06	0.00	-0.84	-0.80
最新价	3.01	0.43	0.10	2.87	2.20

图 330-2

主要代码如下。

```
import pandas as pd#导入pandas库，并使用pd重命名pandas
#读取myexcel.xlsx文件的Sheet1工作表
df=pd.read_excel('myexcel.xlsx',sheet_name='Sheet1',index_col=0)
df#输出df的所有数据
#将df所有行的数据按行减去指定列表的数据
df.sub([114.09,16.56,33.90,39.34,102.31],axis='columns')
#df.sub([114.09,16.56,33.90,39.34,102.31])
#df-[114.09,16.56,33.90,39.34,102.31]
##将df的每个数据都减去100000
#df-100000
##将df的每个数据都乘以100000
#df*100000
##将df的每个数据都除以100
#df/100
```

在上面这段代码中，df.sub([114.09,16.56,33.90,39.34,102.31],axis='columns')表示将 df 所有行的数据按行减去指定列表[114.09,16.56,33.9,39.34,102.31]的数据，该代码也可以写成 df.sub([114.09,16.56,33.90,39.34,102.31])或 df-[114.09,16.56,33.90,39.34,102.31]。

此案例的主要源文件是 MyCode\H288\H288.ipynb。

331 在 DataFrame 中按列相乘指定的列表

此案例主要通过在 mul()函数中设置 axis 参数值为 0，实现在 DataFrame 中将所有数据按列与指定的列表相乘。当在 Jupyter Notebook 中运行此案例代码之后，在 DataFrame 中将把所有数据与指定的列表([39,38,32,48])按列相乘，效果分别如图331-1和图331-2所示。

	2021-09-06	2021-09-07	2021-09-08
盐水鸭	1800	2600	2400
酱鸭	1600	1800	2100
板鸭	2400	2000	5900
烤鸭	1200	1800	2480

图 331-1

	2021-09-06	2021-09-07	2021-09-08
盐水鸭	70200	101400	93600
酱鸭	60800	68400	79800
板鸭	76800	64000	188800
烤鸭	57600	86400	119040

图 331-2

主要代码如下。

```
import pandas as pd #导入pandas库，并使用pd重命名pandas
#读取myexcel.xlsx文件的Sheet1工作表
df=pd.read_excel('myexcel.xlsx',sheet_name='Sheet1',index_col=0)
df #输出df的所有数据
#将df的所有数据按列乘以列表[39,38,32,48]
df.mul([39,38,32,48],axis=0)
```

在上面这段代码中，df.mul([39,38,32,48],axis=0)表示将df的所有数据按列乘以列表 [39,38,32,48]。相乘结果说明如下：70200=39×1800，60800=38×1600，76800=32×2400，57600= 48×1200，其他数据以此类推。

此案例的主要源文件是MyCode\H560\H560.ipynb。

332 在DataFrame中按行相乘指定的列表

此案例主要演示了使用mul()函数将DataFrame的所有数据按行与指定的列表相乘。当在 Jupyter Notebook中运行此案例代码之后，在DataFrame中的所有数据将与指定的列表 ([39,38,32,48])按行相乘，效果分别如图332-1和图332-2所示。

	盐水鸭	酱鸭	板鸭	烤鸭
2021-09-06	1800	1600	2400	1200
2021-09-07	2600	1800	2000	1800
2021-09-08	2400	2100	5900	2480

图 332-1

	盐水鸭	酱鸭	板鸭	烤鸭
2021-09-06	70200	60800	76800	57600
2021-09-07	101400	68400	64000	86400
2021-09-08	93600	79800	188800	119040

图 332-2

主要代码如下。

```
import pandas as pd #导入pandas库，并使用pd重命名pandas
#读取myexcel.xlsx文件的Sheet2工作表
df=pd.read_excel('myexcel.xlsx',sheet_name='Sheet2',index_col=0)
df #输出df的所有数据
#将df的所有数据按行乘以列表[39,38,32,48]
df.mul([39,38,32,48])
```

```
# df*[39,38,32,48]
```

在上面这段代码中，df.mul([39,38,32,48])表示将 df 的所有数据按行乘以列表[39,38,32,48]。该代码也可以直接写成：df*[39,38,32,48]。相乘结果说明如下：70200=39×1800，60800=38×1600，76800=32×2400，57600=48×1200，其他数据以此类推。

此案例的主要源文件是 MyCode\H729\H729.ipynb。

333　在 DataFrame 中实现各行数据连乘

此案例主要演示了使用 cumprod()函数在 DataFrame 中实现各行数据连乘。当在 Jupyter Notebook 中运行此案例代码之后，在 DataFrame 中各行数据连乘的效果分别如图 333-1 和图 333-2 所示。

	钢筋工	水电工	木工	泥水工
单价	600	400	300	500
人数	120	30	50	200
天数	28	12	10	40

图 333-1

	钢筋工	水电工	木工	泥水工
0	600	400	300	500
1	72000	12000	15000	100000
2	2016000	144000	150000	4000000

图 333-2

主要代码如下。

```
import pandas as pd#导入pandas库，并使用pd重命名pandas
#读取myexcel.xlsx文件的Sheet1工作表
df=pd.read_excel('myexcel.xlsx',sheet_name='Sheet1',index_col=0)
df #输出df的所有数据
#输出df各行数据在连乘之后的所有数据
df=df.reset_index(drop=True)
df.cumprod()
##输出df的钢筋工列在各行数据连乘之后的所有数据
#df.钢筋工.cumprod()
##输出df各列数据在连乘之后的所有数据
#df.cumprod(1)
```

在上面这段代码中，df.cumprod()表示将 df 各行数据连乘。如果 df.cumprod(1)，则表示将 df 各列数据连乘。

此案例的主要源文件是 MyCode\H762\H762.ipynb。

334　在 DataFrame 中按列除以指定的列表

此案例主要通过在 div()函数中设置 axis 参数值为 0，实现在 DataFrame 中按列除以指定的列表。当在 Jupyter Notebook 中运行此案例代码之后，将在 DataFrame 中按列除以指定的列表（[39,38,32,48]），效果分别如图 334-1 和图 334-2 所示。

	2021-09-06	2021-09-07	2021-09-08
盐水鸭	70200	101400	93600
酱鸭	60800	68400	79800
板鸭	76800	64000	188800
烤鸭	57600	86400	119040

图 334-1

	2021-09-06	2021-09-07	2021-09-08
盐水鸭	1800	2600	2400
酱鸭	1600	1800	2100
板鸭	2400	2000	5900
烤鸭	1200	1800	2480

图 334-2

主要代码如下。

```
import pandas as pd #导入pandas库，并使用pd重命名pandas
#读取myexcel.xlsx文件的Sheet3工作表
df=pd.read_excel('myexcel.xlsx',sheet_name='Sheet3',index_col=0)
df #输出df的所有数据
#将df的所有数据按列除以列表[39,38,32,48]
df.div([39,38,32,48],axis=0).astype(int)
```

在上面这段代码中，df.div([39,38,32,48],axis=0).astype(int)表示将 df 的所有数据按列除以列表[39,38,32,48]。相除结果说明为 70200/39=1800、60800/38=1600、76800/32=2400、57600/48=1200，其他数据以此类推。

此案例的主要源文件是 MyCode\H561\H561.ipynb。

335　在 DataFrame 中按行除以指定的列表

此案例主要演示了使用 div() 函数在 DataFrame 中按行除以指定的列表。当在 Jupyter Notebook 中运行此案例代码之后，将在 DataFrame 中按行除以指定的列表（[39,38,32,48]），效果分别如图 335-1 和图 335-2 所示。

	盐水鸭	酱鸭	板鸭	烤鸭
2021-09-06	70200	60800	76800	57600
2021-09-07	101400	68400	64000	86400
2021-09-08	93600	79800	188800	119040

图 335-1

	盐水鸭	酱鸭	板鸭	烤鸭
2021-09-06	1800	1600	2400	1200
2021-09-07	2600	1800	2000	1800
2021-09-08	2400	2100	5900	2480

图 335-2

主要代码如下。

```
import pandas as pd #导入pandas库，并使用pd重命名pandas
#读取myexcel.xlsx文件的Sheet3工作表
df=pd.read_excel('myexcel.xlsx',sheet_name='Sheet3',index_col=0)
df #输出df的所有数据
#将df的所有数据按行除以列表[39,38,32,48]
df.div([39,38,32,48]).astype(int)
#(df/[39,38,32,48]).astype(int)
```

在上面这段代码中，df.div([39,38,32,48]).astype(int)表示将 df 的所有数据按行除以列表 [39,38,32,48]。该代码也可以直接写成(df/[39,38,32,48]).astype(int)。相除结果说明为 70200/39= 1800、60800/38=1600、76800/32=2400、57600/48=1200，其他数据以此类推。

此案例的主要源文件是 MyCode\H730\H730.ipynb。

336　使用 add()实现两个 DataFrame 相加

此案例主要演示了使用 add()函数将两个 DataFrame 的所有对应数据相加。当在 Jupyter Notebook 中运行此案例代码之后，将把两个 DataFrame 的所有对应数据相加，效果分别如图 336-1～图 336-3 所示。

	盐水鸭	酱鸭	板鸭	烤鸭
2021-09-06	1800	1600	2400	1200
2021-09-07	2600	1800	2000	1800
2021-09-08	2400	2100	5900	2480

图 336-1

	盐水鸭	酱鸭	板鸭	烤鸭
2021-09-06	1880	1780	2350	1601
2021-09-07	2480	1920	2600	1858
2021-09-08	2260	2500	4610	2180

图 336-2

	盐水鸭	酱鸭	板鸭	烤鸭
2021-09-06	3680	3380	4750	2801
2021-09-07	5080	3720	4600	3658
2021-09-08	4660	4600	10510	4660

图 336-3

主要代码如下。

```
import pandas as pd #导入pandas库，并使用pd重命名pandas
#读取myexcel.xlsx文件的Sheet1和Sheet2工作表
df=pd.read_excel('myexcel.xlsx',sheet_name=['Sheet1','Sheet2'],index_col=0)
df['Sheet1'] #输出df['Sheet1']的所有数据
df['Sheet2'] #输出df['Sheet2']的所有数据
#根据一一对应的规则将df['Sheet1']加上df['Sheet2']
df['Sheet1'].add(df['Sheet2'])
#df['Sheet1']+df['Sheet2']
```

在上面这段代码中，df['Sheet1'].add(df['Sheet2'])表示将两个 DataFrame(即 df['Sheet1']和 df['Sheet2'])的所有对应数据相加。特别需要注意的是：两个 DataFrame 的行列索引必须一致。该代码也可以直接写成:df['Sheet1']+df['Sheet2']。相加结果说明为 3680=1880+1800，5080=2480+ 2600，4660=2260+2400，其他数据以此类推。

此案例的主要源文件是 MyCode\H836\H836.ipynb。

337　使用 sub()实现两个 DataFrame 相减

此案例主要演示了使用 sub()函数将两个 DataFrame 的所有对应数据相减。当在 Jupyter Notebook 中运行此案例代码之后，将把两个 DataFrame 的所有对应数据相减，效果分别如图 337-1～图 337-3 所示。

	盐水鸭	酱鸭	板鸭	烤鸭
2021-09-06	1800	1600	2400	1200
2021-09-07	2600	1800	2000	1800
2021-09-08	2400	2100	5900	2480

图 337-1

	盐水鸭	酱鸭	板鸭	烤鸭
2021-09-06	1880	1780	2350	1601
2021-09-07	2480	1920	2600	1858
2021-09-08	2260	2500	4610	2180

图 337-2

	盐水鸭	酱鸭	板鸭	烤鸭
2021-09-06	-80	-180	50	-401
2021-09-07	120	-120	-600	-58
2021-09-08	140	-400	1290	300

图 337-3

主要代码如下。

```
import pandas as pd #导入pandas库，并使用pd重命名pandas
#读取myexcel.xlsx文件的Sheet1和Sheet2工作表
df=pd.read_excel('myexcel.xlsx',sheet_name=['Sheet1','Sheet2'],index_col=0)
df['Sheet1'] #输出df['Sheet1']的所有数据
df['Sheet2'] #输出df['Sheet2']的所有数据
#根据一一对应的规则将df['Sheet1']减去df['Sheet2']
df['Sheet1'].sub(df['Sheet2'])
#df['Sheet1']-df['Sheet2']
```

在上面这段代码中，df['Sheet1'].sub(df['Sheet2'])表示将两个 DataFrame(即 df['Sheet1']和 df['Sheet2'])的所有对应数据相减，特别需要注意的是：两个 DataFrame 的行列索引必须一致。该代码也可以直接写成 df['Sheet1']-df['Sheet2']。相减结果说明为-80=1800-1880，120=2600-2480，140=2400-2260，其他数据以此类推。

此案例的主要源文件是 MyCode\H837\H837.ipynb。

338　使用 mul()实现两个 DataFrame 相乘

此案例主要演示了使用 mul()函数将两个 DataFrame 的所有对应数据相乘。当在 Jupyter Notebook 中运行此案例代码之后，将把两个 DataFrame 的所有对应数据相乘，效果分别如图 338-1～图 338-3 所示。

	盐水鸭	酱鸭	板鸭	烤鸭
2021-09-06	39	38	32	48
2021-09-07	32	38	35	44
2021-09-08	32	36	16	40

图 338-1

	盐水鸭	酱鸭	板鸭	烤鸭
2021-09-06	1800	1600	2400	1200
2021-09-07	2600	1800	2000	1800
2021-09-08	2400	2100	5900	2480

图 338-2

	盐水鸭	酱鸭	板鸭	烤鸭
2021-09-06	70200	60800	76800	57600
2021-09-07	83200	68400	70000	79200
2021-09-08	76800	75600	94400	99200

图 338-3

主要代码如下。

```
import pandas as pd #导入pandas库，并使用pd重命名pandas
#读取myexcel.xlsx文件的Sheet1和Sheet2工作表
df=pd.read_excel('myexcel.xlsx',sheet_name=['Sheet1','Sheet2'],index_col=0)
df['Sheet1'] #输出df['Sheet1']的所有数据
df['Sheet2'] #输出df['Sheet2']的所有数据
#根据一一对应的规则将df['Sheet1']乘以df['Sheet2']
```

```
df['Sheet1'].mul(df['Sheet2'])
#df['Sheet1']*df['Sheet2']
```

在上面这段代码中，df['Sheet1'].mul(df['Sheet2'])表示将两个 DataFrame(即 df['Sheet1']和 df['Sheet2'])的所有对应数据相乘。该代码也可以直接写成 df['Sheet1']*df['Sheet2']。相乘结果说明为 70200=39×1800，83200=32×2600，76800=32×2400，其他数据以此类推。

此案例的主要源文件是 MyCode\H727\H727.ipynb。

339 使用 div()实现两个 DataFrame 相除

此案例主要演示了使用 div()函数实现两个 DataFrame 的所有对应数据相除。当在 Jupyter Notebook 中运行此案例代码之后，将把两个 DataFrame 的所有对应数据相除，效果分别如图 339-1～图 339-3 所示。

	盐水鸭	酱鸭	板鸭	烤鸭
2021-09-06	70200	60800	76800	57600
2021-09-07	83200	68400	70000	79200
2021-09-08	76800	75600	94400	99200

图 339-1

	盐水鸭	酱鸭	板鸭	烤鸭
2021-09-06	39	38	32	48
2021-09-07	32	38	35	44
2021-09-08	32	36	16	40

图 339-2

	盐水鸭	酱鸭	板鸭	烤鸭
2021-09-06	1800	1600	2400	1200
2021-09-07	2600	1800	2000	1800
2021-09-08	2400	2100	5900	2480

图 339-3

主要代码如下。

```
import pandas as pd #导入pandas库，并使用pd重命名pandas
#读取myexcel.xlsx文件的Sheet1和Sheet3工作表
df=pd.read_excel('myexcel.xlsx',sheet_name=['Sheet1','Sheet3'],index_col=0)
df['Sheet3'] #输出df['Sheet3']的所有数据
df['Sheet1'] #输出df['Sheet1']的所有数据
#将df['Sheet3']除以df['Sheet1']
df['Sheet3'].div(df['Sheet1']).astype(int)
#(df['Sheet3']/df['Sheet1']).astype(int)
```

在上面这段代码中，df['Sheet3'].div(df['Sheet1']).astype(int)表示将两个 DataFrame 相除，即 df['Sheet3']除以 df['Sheet1']的所有对应数据。该代码也可直接写成(df['Sheet3']/df['Sheet1']).astype(int)。相除结果说明为 1800=70200/39，2600=83200/32，2400=76800/32，其他数据以此类推。

此案例的主要源文件是 MyCode\H728\H728.ipynb。

340 使用 sum()在 DataFrame 中按列求和

此案例主要演示了使用 sum()函数在 DataFrame 中按列计算多列数据的合计。当在 Jupyter Notebook 中运行此案例代码之后，将在 DataFrame 中按列计算劳务收入列、建材收入列、投资收入列数据的合计，效果分别如图 340-1 和图 340-2 所示。

	劳务收入	建材收入	投资收入
广州分公司	78026	25000	9400
重庆分公司	64080	32000	13000
西安分公司	86450	19000	21000

图 340-1

	劳务收入	建材收入	投资收入
广州分公司	78026	25000	9400
重庆分公司	64080	32000	13000
西安分公司	86450	19000	21000
合计	228556	76000	43400

图 340-2

主要代码如下。

```
import pandas as pd#导入 pandas 库，并使用 pd 重命名 pandas
#读取 myexcel.xlsx 文件的 Sheet1 工作表
df=pd.read_excel('myexcel.xlsx',sheet_name='Sheet1',index_col=0)
df#输出 df 的所有数据
#在 df 中按列计算劳务收入列、建材收入列和投资收入列数据的合计
df.loc['合计']=df.sum()
#df.loc['合计',:]=df.sum()
#df=df.append(pd.Series(df.sum(), name='合计'))
##仅对 df 的劳务收入列求和
#print(df['劳务收入'].sum())
df  #输出 df 在计算各列合计之后的所有数据
```

在上面这段代码中，df.loc['合计']=df.sum()表示在 df 中按列计算劳务收入列、建材收入列和投资收入列数据的合计，并将合计添加到 df。Pandas 常用的内置数学计算函数包括 df.mean()、df.corr()、df.count()、df.max()、df.min()、df.abs()、df.median()、df.std()、df.var()、df.sem()、df.mode()、df.prod()、df.mad()、df.cumprod()、df.cumsum(axis=0)、df.nunique()、df.idxmax()、df.idxmin()、df.cummax()、df.cummin()、df.skew()、df.kurt()、df.quantile()等。

此案例的主要源文件是 MyCode\H600\H600.ipynb。

341 使用 sum()在 DataFrame 中按行求和

此案例主要通过在 sum()函数中设置 axis 参数值为 1，实现在 DataFrame 中按行计算各行数据的合计。当在 Jupyter Notebook 中运行此案例代码之后，将在 DataFrame 中按行计算各行数据的合计，效果分别如图 341-1 和图 341-2 所示。

	劳务收入	建材收入	投资收入
广州分公司	78026	25000	9400
重庆分公司	64080	32000	13000
西安分公司	86450	19000	21000

图 341-1

	劳务收入	建材收入	投资收入	合计
广州分公司	78026	25000	9400	112426
重庆分公司	64080	32000	13000	109080
西安分公司	86450	19000	21000	126450

图 341-2

主要代码如下。

```
import pandas as pd#导入pandas库，并使用pd重命名pandas
#读取myexcel.xlsx文件的Sheet1工作表
df=pd.read_excel('myexcel.xlsx',sheet_name='Sheet1',index_col=0)
df#输出df的所有数据
#在df中按行计算每行数据的合计
df['合计']=df.sum(axis=1)
#df['合计']=df.sum(1)
##仅对df的第2行求和
#df.iloc[1].sum()
##在df中按行计算每行数据的平均值
#df['平均值']=df.mean(axis=1).round(2)
#df['平均值']=df.mean(1).round(2)
df  #输出df在计算每行合计之后的所有数据
##输出df的行标签和列名
#df.axes
```

在上面这段代码中，df['合计']=df.sum(axis=1)表示在df中按行计算每行数据的合计，并据此添加合计列。该代码也可以写成df['合计']=df.sum(1)。如果df['平均值']=df.mean(axis=1).round(2)，则表示在df中按行计算每行数据的平均值，并据此添加平均值列。

此案例的主要源文件是MyCode\H601\H601.ipynb。

342　使用apply()在DataFrame中按列求和

此案例主要通过在apply()函数中设置默认参数值为sum，实现在DataFrame中按列计算合计。当在Jupyter Notebook中运行此案例代码之后，将在DataFrame中按列计算盐水鸭列、酱鸭列、板鸭列、烤鸭列数据的分类合计，效果分别如图342-1和图342-2所示。

	盐水鸭	酱鸭	板鸭	烤鸭
2021/9/6	1800	1600	2400	1200
2021/9/7	2600	1800	2000	1800
2021/9/8	2400	2100	5900	2480

图342-1

	盐水鸭	酱鸭	板鸭	烤鸭
2021/9/6	1800	1600	2400	1200
2021/9/7	2600	1800	2000	1800
2021/9/8	2400	2100	5900	2480
分类合计	6800	5500	10300	5480

图342-2

主要代码如下。

```
import pandas as pd#导入pandas库，并使用pd重命名pandas
import numpy as np#导入numpy库，并使用np重命名numpy
#读取myexcel.xlsx文件的Sheet1工作表
df=pd.read_excel('myexcel.xlsx',sheet_name='Sheet1',index_col=0)
df#输出df的所有数据
#在df中计算盐水鸭列、酱鸭列、板鸭列、烤鸭列数据的合计
df.loc['分类合计']=df.apply(sum)
#df.loc['分类合计']=df.apply(lambda x: x.sum())
##df.loc['分类合计']=df.apply(func=sum)
```

```
#df.loc['分类合计']=df.apply(np.sum)
#df.loc['分类合计']=df.apply({'盐水鸭':sum,'酱鸭':sum,'板鸭':sum,'烤鸭':sum})
df#输出df在按列求和之后的所有数据
```

在上面这段代码中，df.loc['分类合计']=df.apply(sum)表示在df中按列计算各列数据的合计，并将结果添加到df。

此案例的主要源文件是MyCode\H745\H745.ipynb。

343 使用apply()在DataFrame中按行求和

此案例主要通过在apply()函数中设置func参数值为sum且设置axis参数值为1，实现在DataFrame中按行求和。当在Jupyter Notebook中运行此案例代码之后，将在DataFrame中按行计算每日合计，效果分别如图343-1和图343-2所示。

	盐水鸭	酱鸭	板鸭	烤鸭
2021/9/6	1800	1600	2400	1200
2021/9/7	2600	1800	2000	1800
2021/9/8	2400	2100	5900	2480

图 343-1

	盐水鸭	酱鸭	板鸭	烤鸭	每日合计
2021/9/6	1800	1600	2400	1200	7000
2021/9/7	2600	1800	2000	1800	8200
2021/9/8	2400	2100	5900	2480	12880

图 343-2

主要代码如下。

```
import pandas as pd#导入pandas库，并使用pd重命名pandas
#读取myexcel.xlsx文件的Sheet1工作表
df=pd.read_excel('myexcel.xlsx',sheet_name='Sheet1',index_col=0)
df#输出df的所有数据
#在df中按行计算合计
df['每日合计']=df.apply(func=sum, axis=1)
#df['每日合计']=df.apply(lambda x: x.sum(), axis=1)
#df['每日合计']=df.loc[:,'盐水鸭':'烤鸭'].apply(func=sum, axis=1)
#df['每日合计']=df.loc[:,'盐水鸭':'烤鸭'].apply(func='sum', axis=1)
##仅对df的第2行求和
#df.iloc[1].sum()
df  #输出df在求和之后的所有数据
```

在上面这段代码中，df['每日合计']=df.apply(func=sum, axis=1)表示在df中按行计算合计，并将合计添加到df。

此案例的主要源文件是MyCode\H746\H746.ipynb。

344 使用agg()在DataFrame中按列求和

此案例主要演示了使用agg()函数在DataFrame中按列计算各列数据的合计。当在Jupyter Notebook中运行此案例代码之后，将在DataFrame中按列计算盐水鸭列、酱鸭列、板鸭列、烤鸭列数据的合计，效果分别如图 344-1 和图 344-2 所示。

	盐水鸭	酱鸭	板鸭	烤鸭
2021/9/6	1800	1600	2400	1200
2021/9/7	2600	1800	2000	1800
2021/9/8	2400	2100	5900	2480

图 344-1

	盐水鸭	酱鸭	板鸭	烤鸭
2021/9/6	1800	1600	2400	1200
2021/9/7	2600	1800	2000	1800
2021/9/8	2400	2100	5900	2480
分类合计	6800	5500	10300	5480

图 344-2

主要代码如下。

```
import pandas as pd #导入pandas库，并使用pd重命名pandas
#读取myexcel.xlsx文件的Sheet1工作表
df=pd.read_excel('myexcel.xlsx',sheet_name='Sheet1',index_col=0)
df #输出df的所有数据
#在df中按列计算盐水鸭列、酱鸭列、板鸭列、烤鸭列数据的合计
df.loc['分类合计']=df.agg("sum")
#df.loc['分类合计']=df.loc[:,'盐水鸭':].agg("sum")
##在df中按列计算酱鸭列、板鸭列、烤鸭列数据的合计
#df.loc['分类合计']=df.loc[:,'酱鸭':].agg("sum")
df #输出df在求和之后的所有数据
```

在上面这段代码中，df.loc['分类合计']=df.agg("sum")表示在 df 中按列计算盐水鸭列、酱鸭列、板鸭列、烤鸭列数据的合计，并将合计添加到 df。

此案例的主要源文件是 MyCode\H750\H750.ipynb。

345 使用 agg()在 DataFrame 中按行求和

此案例主要通过在 agg()函数中设置 func 参数值为 sum 且设置 axis 参数值为 1，实现在 DataFrame 中按行计算各行数据的合计。当在 Jupyter Notebook 中运行此案例代码之后，将在 DataFrame 中按行计算各行数据的每日合计，效果分别如图 345-1 和图 345-2 所示。

	盐水鸭	酱鸭	板鸭	烤鸭
2021/9/6	1800	1600	2400	1200
2021/9/7	2600	1800	2000	1800
2021/9/8	2400	2100	5900	2480

图 345-1

	盐水鸭	酱鸭	板鸭	烤鸭	每日合计
2021/9/6	1800	1600	2400	1200	7000
2021/9/7	2600	1800	2000	1800	8200
2021/9/8	2400	2100	5900	2480	12880

图 345-2

主要代码如下。

```
import pandas as pd #导入pandas库，并使用pd重命名pandas
#读取myexcel.xlsx文件的Sheet1工作表
df=pd.read_excel('myexcel.xlsx',sheet_name='Sheet1',index_col=0)
```

```
df  #输出 df 的所有数据
#在 df 中按行计算每行数据的合计
df['每日合计']=df.agg(func="sum", axis=1)
#df['每日合计']=df.loc[:,'盐水鸭':].agg(func="sum", axis="columns")
#df['每日合计']=df.loc[:,'盐水鸭':].agg("sum", axis=1)
##在 df 中按行计算酱鸭列、板鸭列、烤鸭列的每行合计(每日合计)
#df['每日合计']=df.loc[:,'酱鸭':].agg("sum", axis="columns")
df  #输出 df 在求和之后的所有数据
```

在上面这段代码中，df['每日合计']=df.agg(func="sum", axis=1)表示在 df 中按行计算各行数据的每日合计，并将每日合计添加到 df。

此案例的主要源文件是 MyCode\H751\H751.ipynb。

346　使用 select_dtypes()实现按列求和

此案例主要演示了使用 select_dtypes()函数在 DataFrame 中根据类型选择列并使用 sum()函数按列计算这些列的合计。当在 Jupyter Notebook 中运行此案例代码之后，将在 DataFrame 中按列计算每列（被选择的列）数据的合计，效果分别如图 346-1 和图 346-2 所示。

	盐水鸭	酱鸭	板鸭	烤鸭
2021/9/6	1800	1600	2400	1200
2021/9/7	2600	1800	2000	1800
2021/9/8	2400	2100	5900	2480

图 346-1

	盐水鸭	酱鸭	板鸭	烤鸭
2021/9/6	1800	1600	2400	1200
2021/9/7	2600	1800	2000	1800
2021/9/8	2400	2100	5900	2480
合计	6800	5500	10300	5480

图 346-2

主要代码如下。

```
import pandas as pd  #导入 pandas 库，并使用 pd 重命名 pandas
#读取 myexcel.xlsx 文件的 Sheet1 工作表
df=pd.read_excel('myexcel.xlsx',sheet_name='Sheet1',index_col=0)
df  #输出 df 的所有数据
#在 df 中按列计算数据类型为 int64 列的合计
#即按列计算盐水鸭列、酱鸭列、板鸭列、烤鸭列的合计
df.loc['合计']=df.select_dtypes(include=['int64']).sum()
df  #输出 df 在求和之后的所有数据
```

在上面这段代码中，df.loc['合计']=df.select_dtypes(include=['int64']).sum()表示在 df 中按列计算数据类型为 int64 列的合计。

此案例的主要源文件是 MyCode\H740\H740.ipynb。

347　使用 select_dtypes()实现按行求和

此案例主要通过使用 select_dtypes()函数根据类型选择列，并设置 sum()函数的 axis 参数值

为 1，从而实现在 DataFrame 中计算选择列的每行合计。当在 Jupyter Notebook 中运行此案例代码之后，将在 DataFrame 中计算被选择列的每行合计，效果分别如图 347-1 和图 347-2 所示。

	盐水鸭	酱鸭	板鸭	烤鸭
2021-09-06	1800	1600	2400	1200
2021-09-07	2600	1800	2000	1800
2021-09-08	2400	2100	5900	2480

图 347-1

	盐水鸭	酱鸭	板鸭	烤鸭	合计
2021-09-06	1800	1600	2400	1200	7000
2021-09-07	2600	1800	2000	1800	8200
2021-09-08	2400	2100	5900	2480	12880

图 347-2

主要代码如下。

```
import pandas as pd #导入 pandas 库，并使用 pd 重命名 pandas
#读取 myexcel.xlsx 文件的 Sheet1 工作表
df=pd.read_excel('myexcel.xlsx',sheet_name='Sheet1',index_col=0)
df #输出 df 的所有数据
#在 df 中计算数据类型为 int64 列的每行合计
#即计算盐水鸭列、酱鸭列、板鸭列、烤鸭列的每行合计
df['合计']=df.select_dtypes(include=['int64']).sum(axis=1)
df #输出 df 在求和之后的所有数据
```

在上面这段代码中，df['合计']=df.select_dtypes(include=['int64']).sum(axis=1)表示在 df 中计算数据类型为 int64 列的每行合计。

此案例的主要源文件是 MyCode\H739\H739.ipynb。

348 使用 expanding()累加前 n 个数据

此案例主要通过使用 expanding()函数和 sum()函数，实现在 DataFrame 中按行累加前 n 个数据。当在 Jupyter Notebook 中运行此案例代码之后，将在 DataFrame 中按行累加所有数值列的数据，效果分别如图 348-1 和图 348-2 所示。

	盐水鸭	酱鸭	板鸭	烤鸭
2021/9/6	1800	1600	2400	1200
2021/9/7	2600	1800	2000	1800
2021/9/8	2400	2100	5900	2480

图 348-1

	盐水鸭	酱鸭	板鸭	烤鸭
2021/9/6	1800	1600	2400	1200
2021/9/7	4400	3400	4400	3000
2021/9/8	6800	5500	10300	5480

图 348-2

主要代码如下。

```
import pandas as pd #导入 pandas 库，并使用 pd 重命名 pandas
#读取 myexcel.xlsx 文件的 Sheet1 工作表
df=pd.read_excel('myexcel.xlsx',sheet_name='Sheet1',index_col=0)
df #输出 df 的所有数据
#在 df 中累加所有数值列的前 1 个数据
```

```
df.expanding(min_periods=1).sum().astype(int)
#df.cumsum()
##在df中累加盐水鸭列和酱鸭列的前1个数据
#df.expanding(min_periods=1)[['盐水鸭','酱鸭']].sum().astype(int)
##在df的所有数值列中获取前n个数据的最大值
#df.expanding(min_periods=1).max().astype(int)
```

在上面这段代码中，df.expanding(min_periods=1).sum().astype(int)表示在df的所有数值列中累加前1个数据，该代码与df.cumsum()的功能相同。累加数据说明为：2021/9/7盐水鸭列的累加数是4400=1800+2600，2021/9/8盐水鸭列的累加数是6800=1800+2600+2400，其他数据以此类推。

此案例的主要源文件是MyCode\H712\H712.ipynb。

349　使用apply()按行累加各列的数据

此案例主要通过在apply()函数中设置func参数值为np.cumsum，实现在DataFrame中按行累加各列数据。当在Jupyter Notebook中运行此案例代码之后，将在DataFrame中按行累加各列的数据，效果分别如图349-1和图349-2所示。

	盐水鸭	酱鸭	板鸭	烤鸭
2021/9/6	1800	1600	2400	1200
2021/9/7	2600	1800	2000	1800
2021/9/8	2400	2100	5900	2480

图349-1

	盐水鸭	酱鸭	板鸭	烤鸭
2021/9/6	1800	1600	2400	1200
2021/9/7	4400	3400	4400	3000
2021/9/8	6800	5500	10300	5480

图349-2

主要代码如下。

```
import pandas as pd #导入pandas库，并使用pd重命名pandas
import numpy as np #导入numpy库，并使用np重命名numpy
#读取myexcel.xlsx文件的Sheet1工作表
df=pd.read_excel('myexcel.xlsx',sheet_name='Sheet1',index_col=0)
df #输出df的所有数据
#在df中按行累加各列的数据
df.apply(func=np.cumsum)
#df.cumsum()
#np.cumsum(df)
##在df中按行累加盐水鸭列和板鸭列的数据
#np.cumsum(df[['盐水鸭','板鸭']])
```

在上面这段代码中，df.apply(func=np.cumsum)表示在df中按行累加各列数据。累加数据说明为：2021/9/7盐水鸭列的累加数是4400=1800+2600，2021/9/8盐水鸭列的累加数是6800=1800+2600+2400，其他数据以此类推。

此案例的主要源文件是MyCode\H272\H272.ipynb。

350　使用 apply() 按列累加各行的数据

此案例主要通过在 apply() 函数中设置 func 参数值为 np.cumsum，同时设置 axis 参数值为 1，实现在 DataFrame 中按列累加各行的数据。当在 Jupyter Notebook 中运行此案例代码之后，将在 DataFrame 中按列累加各行的数据，效果分别如图 350-1 和图 350-2 所示。

	2021-09-06	2021-09-07	2021-09-08
盐水鸭	1800	2600	2400
酱鸭	1600	1800	2100
板鸭	2400	2000	5900
烤鸭	1200	1800	2480

图 350-1

	2021-09-06	2021-09-07	2021-09-08
盐水鸭	1800	4400	6800
酱鸭	1600	3400	5500
板鸭	2400	4400	10300
烤鸭	1200	3000	5480

图 350-2

主要代码如下。

```
import pandas as pd #导入pandas库，并使用pd重命名pandas
import numpy as np #导入numpy库，并使用np重命名numpy
#读取myexcel.xlsx文件的Sheet1工作表
df=pd.read_excel('myexcel.xlsx',sheet_name='Sheet1',index_col=0)
df #输出df的所有数据
#在df中按列累加各行的数据
df.apply(func=np.cumsum,axis=1)
```

在上面这段代码中，df.apply(func=np.cumsum,axis=1) 表示在 df 中按列累加各行的数据。累加数据说明为：盐水鸭行 2021/9/7 的累加数是 4400=1800+2600，盐水鸭行 2021/9/8 的累加数是 6800=1800+2600+2400，其他数据以此类推。

此案例的主要源文件是 MyCode\H273\H273.ipynb。

351　使用 apply() 计算每列数据的平均值

此案例主要通过在 apply() 函数中使用 lambda 表达式，实现在 DataFrame 中计算每列数据的平均值。当在 Jupyter Notebook 中运行此案例代码之后，将在 DataFrame 中计算各列数据的平均值，效果分别如图 351-1 和图 351-2 所示。

	盐水鸭	酱鸭	板鸭	烤鸭
2021/9/6	1800	1600	2400	1200
2021/9/7	2600	1800	2000	1800
2021/9/8	2400	2100	5900	2480

图 351-1

	盐水鸭	酱鸭	板鸭	烤鸭
2021/9/6	1800.00	1600.00	2400.00	1200.00
2021/9/7	2600.00	1800.00	2000.00	1800.00
2021/9/8	2400.00	2100.00	5900.00	2480.00
平均值	2266.67	1833.33	3433.33	1826.67

图 351-2

主要代码如下。

```
import pandas as pd #导入pandas库,并使用pd重命名pandas
import numpy as np #导入numpy库,并使用np重命名numpy
#读取myexcel.xlsx文件的Sheet1工作表
df=pd.read_excel('myexcel.xlsx',sheet_name='Sheet1',index_col=0)
df #输出df的所有数据
#在df中计算每列数据的平均值,并将平均值添加到df
df.loc['平均值']=df.apply(lambda x: np.mean(x)).round(2)
df #输出df在计算每列平均值之后的所有数据
```

在上面这段代码中，df.loc['平均值']=df.apply(lambda x:np.mean(x)).round(2)表示在df中计算各列数据的平均值，并将平均值添加到df。

此案例的主要源文件是MyCode\H275\H275.ipynb。

352 使用apply()计算每行数据的平均值

此案例主要通过在apply()函数中使用lambda表达式且设置axis参数值为1，实现在DataFrame中计算每行数据的平均值。当在Jupyter Notebook中运行此案例代码之后，将在DataFrame中计算每行数据的平均值，效果分别如图352-1和图352-2所示。

	盐水鸭	酱鸭	板鸭	烤鸭
2021/9/6	1800	1600	2400	1200
2021/9/7	2600	1800	2000	1800
2021/9/8	2400	2100	5900	2480

图 352-1

	盐水鸭	酱鸭	板鸭	烤鸭	平均值
2021/9/6	1800	1600	2400	1200	1750
2021/9/7	2600	1800	2000	1800	2050
2021/9/8	2400	2100	5900	2480	3220

图 352-2

主要代码如下。

```
import pandas as pd #导入pandas库,并使用pd重命名pandas
#读取myexcel.xlsx文件的Sheet1工作表
df=pd.read_excel('myexcel.xlsx',sheet_name='Sheet1',index_col=0)
df #输出df的所有数据
#在df中计算各行数据的平均值,并将平均值添加到df
df['平均值']=df.apply(lambda x:x.mean(),axis=1).astype(int)
df #输出df在计算每行平均值之后的所有数据
```

在上面这段代码中，df['平均值']=df.apply(lambda x:x.mean(),axis=1).astype(int)表示在df中计算每行数据的平均值，并将平均值添加到df。

此案例的主要源文件是MyCode\H274\H274.ipynb。

353 使用apply()计算每行最大值的比值

此案例主要通过在apply()函数中使用lambda表达式，实现在DataFrame中计算每行的各个数据与该行最大值的比值。当在 Jupyter Notebook 中运行此案例代码之后，将在 DataFrame 中计算每行的各个数据与该行数据的最大值(最高价)的比值，效果分别如图 353-1 和图 353-2 所示。

	最高价	最低价	今开价	最新价	昨收价
明微电子	288.31	273.90	274.80	275.79	273.30
伟创电气	22.00	21.23	21.51	21.41	21.48
纽威数控	16.46	15.73	16.04	16.28	15.80

图 353-1

	最高价	最低价	今开价	最新价	昨收价
明微电子	100.00%	95.00%	95.31%	95.66%	94.79%
伟创电气	100.00%	96.50%	97.77%	97.32%	97.64%
纽威数控	100.00%	95.57%	97.45%	98.91%	95.99%

图 353-2

主要代码如下。

```
import pandas as pd #导入 pandas 库，并使用 pd 重命名 pandas
#读取 myexcel.xlsx 文件的 Sheet1 工作表
df=pd.read_excel('myexcel.xlsx',sheet_name='Sheet1',index_col=0)
df #输出 df 的所有数据
#在 df 中计算每行的各个数据与该行最大值的比值，并格式化为百分比形式
df.apply(lambda x: x/x.max(),axis=1).style.format(precision=2).format('{:.2%}')
```

在上面这段代码中，df.apply(lambda x:x/x.max(),axis=1).style.format(precision=2).format('{:.2%}') 表示在 df 中计算每行的各个数据与该行最大值的比值，并格式化为百分比形式。

此案例的主要源文件是 MyCode\H525\H525.ipynb。

354 使用 apply()计算每列最大值的比值

此案例主要通过在 apply()函数中使用 lambda 表达式，实现在 DataFrame 中计算每列的各个数据与该列最大值的比值。当在 Jupyter Notebook 中运行此案例代码之后，将在 DataFrame 中计算每列的各个数据与该列数据的最大值（最高价）的比值，效果分别如图 354-1 和图 354-2 所示。

	艾迪药业	科美诊断	金科环境	有研粉材
最高价	16.48	16.84	24.82	28.40
最低价	16.12	16.41	23.35	27.51
最新价	16.22	16.69	24.30	27.68

图 354-1

	艾迪药业	科美诊断	金科环境	有研粉材
最高价	100.00%	100.00%	100.00%	100.00%
最低价	97.82%	97.45%	94.08%	96.87%
最新价	98.42%	99.11%	97.90%	97.46%

图 354-2

主要代码如下。

```
import pandas as pd #导入 pandas 库，并使用 pd 重命名 pandas
#读取 myexcel.xlsx 文件的 Sheet1 工作表
df=pd.read_excel('myexcel.xlsx',sheet_name='Sheet1',index_col=0)
df #输出 df 的所有数据
#在 df 中计算每列的各个数据与该列最大值的比值，并格式化为百分比形式
df.apply(lambda x: x/x.max()).style.format(precision=2).format('{:.2%}')
```

在上面这段代码中，df.apply(lambda x: x/x.max()).style.format(precision=2).format('{:.2%}')表示在 df 中计算每列的各个数据与该列最大值的比值，并格式化为百分比形式。

此案例的主要源文件是 MyCode\H526\H526.ipynb。

355　使用 apply()计算每列数据的极差

此案例主要通过在 apply()函数中设置 func 参数值为 numpy 的 ptp()函数，实现在 DataFrame 中计算每列数据的极差。当在 Jupyter Notebook 中运行此案例代码之后，将在 DataFrame 中计算每列数据的极差，即每列数据的最大值与最小值之差，效果分别如图 355-1 和图 355-2 所示。

	开盘价	最高价	最低价	收盘价	成交量
2021/8/27	9.16	9.22	9.14	9.17	276188
2021/8/26	9.18	9.20	9.13	9.14	294391
2021/8/25	9.23	9.24	9.16	9.19	340640

图 355-1

	开盘价	最高价	最低价	收盘价	成交量
2021/8/27	9.16	9.22	9.14	9.17	276188.0
2021/8/26	9.18	9.20	9.13	9.14	294391.0
2021/8/25	9.23	9.24	9.16	9.19	340640.0
极差	0.07	0.04	0.03	0.05	64452.0

图 355-2

主要代码如下。

```
import pandas as pd#导入pandas库，并使用pd重命名pandas
import numpy as np#导入numpy库，并使用np重命名numpy
#读取myexcel.xlsx文件的Sheet1工作表
df=pd.read_excel('myexcel.xlsx',sheet_name='Sheet1',index_col=0)
df#输出df的所有数据
#在df中计算各列数据的极差，所谓极差，即该列数据的最大值与最小值之差
df.loc['极差']=df.apply(func=np.ptp,axis=0)
df#输出df在计算每列极差之后的所有数据
```

在上面这段代码中，df.loc['极差']=df.apply(func=np.ptp,axis=0)表示在 df 中计算开盘价列、最高价列、最低价列、收盘价列和成交量列的极差，并将极差添加到 df。例如，开盘价列的最大值是 9.23，最小值是 9.16，因此极差是：0.07=9.23−9.16。

此案例的主要源文件是 MyCode\H669\H669.ipynb。

356　使用 apply()计算每行数据的极差

此案例主要通过在 apply()函数中设置 func 参数值为 numpy 的 ptp()函数，且设置 axis 参数值为 1，实现在 DataFrame 中计算每行数据的极差。当在 Jupyter Notebook 中运行此案例代码之后，将在 DataFrame 中计算每行数据的极差，即每行数据的最大值与最小值之差，效果分别如图 356-1 和图 356-2 所示。

	盐水鸭	酱鸭	板鸭	烤鸭
2021/9/6	1800	1600	2400	1200
2021/9/7	2600	1800	2000	1800
2021/9/8	2400	2100	5900	2480

图 356-1

	盐水鸭	酱鸭	板鸭	烤鸭	极差
2021/9/6	1800	1600	2400	1200	1200
2021/9/7	2600	1800	2000	1800	800
2021/9/8	2400	2100	5900	2480	3800

图 356-2

主要代码如下。

```
import pandas as pd #导入pandas库,并使用pd重命名pandas
import numpy as np #导入numpy库,并使用np重命名numpy
#读取myexcel.xlsx文件的Sheet1工作表
df=pd.read_excel('myexcel.xlsx',sheet_name='Sheet1',index_col=0)
df #输出df的所有数据
#在df中计算各行数据的极差,并将极差添加到df
df['极差']=df.apply(func=np.ptp,axis=1)
df #输出df在计算每行极差之后的所有数据
```

在上面这段代码中，df['极差']=df.apply(func=np.ptp,axis=1)表示在 df 中计算每行数据的极差，并将极差添加到 df。例如，2021/9/6 的最大值是 2400，最小值是 1200，因此极差是 1200=2400−1200。

此案例的主要源文件是 MyCode\H562\H562.ipynb。

357 使用 diff()计算 DataFrame 的行差

此案例主要演示了使用 diff()函数在 DataFrame 中计算行差。当在 Jupyter Notebook 中运行此案例代码之后，将在 DataFrame 中计算相邻一行之间的差值，效果分别如图 357-1 和图 357-2 所示。

	开盘价	最高价	最低价	收盘价
2021-09-06	9.22	9.31	9.20	9.21
2021-09-07	9.21	9.39	9.16	9.34
2021-09-08	9.34	9.39	9.29	9.34
2021-09-09	9.32	9.34	9.25	9.30
2021-09-10	9.32	9.48	9.31	9.41

图 357-1

	开盘价	最高价	最低价	收盘价
2021-09-06	NaN	NaN	NaN	NaN
2021-09-07	-0.01	0.08	-0.04	0.13
2021-09-08	0.13	0.00	0.13	0.00
2021-09-09	-0.02	-0.05	-0.04	-0.04
2021-09-10	0.00	0.14	0.06	0.11

图 357-2

主要代码如下。

```
import pandas as pd #导入pandas库,并使用pd重命名pandas
#读取myexcel.xlsx文件的Sheet1工作表
df=pd.read_excel('myexcel.xlsx',sheet_name='Sheet1',index_col=0)
df #输出df的所有数据
#在df中计算相邻一行的差值
```

```
df.diff(1)
#df.diff()
#df-df.shift(1)
##在 df 中计算相邻两行的差值
#df.diff(2)
```

在上面这段代码中，df.diff(1)表示在 df 中计算相邻一行的差值，该代码也可以写作 df.diff()或 df-df.shift(1)。差值说明为：在图 357-2 中，2021-09-10 开盘价列的行差是 0.00=9.32-9.32，2021-09-09 开盘价列的行差是-0.02=9.32-9.34，2021-09-08 开盘价列的行差是 0.13=9.34-9.21，2021-09-07 开盘价列的行差是-0.01=9.21-9.22，2021-09-06 开盘价列的行差是 NaN=9.22-NaN。

此案例的主要源文件是 MyCode\H723\H723.ipynb。

358　使用 diff()计算 DataFrame 的列差

此案例主要通过在 diff()函数中设置 axis 参数值为 1，实现在 DataFrame 中计算列差。当在 Jupyter Notebook 中运行此案例代码之后，将在 DataFrame 中计算相邻一列之间的差值，效果分别如图 358-1 和图 358-2 所示。

	6日	7日	8日	9日	10日
开盘价	9.22	9.21	9.34	9.32	9.32
最高价	9.31	9.39	9.39	9.34	9.48
最低价	9.20	9.16	9.29	9.25	9.31
收盘价	9.21	9.34	9.34	9.30	9.41

图 358-1

	6日	7日	8日	9日	10日
开盘价	NaN	-0.01	0.13	-0.02	0.00
最高价	NaN	0.08	0.00	-0.05	0.14
最低价	NaN	-0.04	0.13	-0.04	0.06
收盘价	NaN	0.13	0.00	-0.04	0.11

图 358-2

主要代码如下。

```
import pandas as pd #导入pandas库，并使用 pd 重命名 pandas
#读取 myexcel.xlsx 文件的 Sheet1 工作表
df=pd.read_excel('myexcel.xlsx',sheet_name='Sheet1',index_col=0)
df #输出 df 的所有数据
#在 df 中计算相邻一列的差值
df.diff(1,axis=1)
##在 df 中计算相邻两列的差值
#df.diff(2,axis=1)
##计算 df 的 10 日列的行差
#df['10日'].diff(1)
##计算 df 的开盘价行的列差
#df.loc['开盘价'].diff(1)
```

在上面这段代码中，df.diff(1,axis=1)表示在 df 中计算相邻一列的差值。差值说明如下：在图 358-2 中，开盘价 10 日列的列差是 0.00=9.32-9.32，开盘价 9 日列的列差是-0.02=9.32-9.34，开盘价 8 日列的列差是 0.13=9.34−9.21，开盘价 7 日列的列差是−0.01=9.21−9.22，开盘价 6 日列的列差是 NaN=9.22−NaN。

此案例的主要源文件是 MyCode\H724\H724.ipynb。

359 使用 diff()计算指定列的差值

此案例主要演示了使用 diff()函数在 DataFrame 中计算指定列的差值并据此新增差额列。当在 Jupyter Notebook 中运行此案例代码之后，将在 DataFrame 中计算每日收盘价与昨日收盘价的差额，并据此新增涨跌额列和涨跌状态列，效果分别如图 359-1 和图 359-2 所示。

	开盘价	最高价	最低价	收盘价
2021-09-06	9.22	9.31	9.20	9.21
2021-09-07	9.21	9.39	9.16	9.34
2021-09-08	9.34	9.39	9.29	9.34

图 359-1

	开盘价	最高价	最低价	收盘价	涨跌额	涨跌状态
2021-09-06	9.22	9.31	9.20	9.21	NaN	NaN
2021-09-07	9.21	9.39	9.16	9.34	0.13	上涨
2021-09-08	9.34	9.39	9.29	9.34	0.00	持平

图 359-2

主要代码如下。

```
import pandas as pd #导入pandas库，并使用pd重命名pandas
import numpy as np #导入numpy库，并使用np重命名numpy
#读取myexcel.xlsx文件的Sheet1工作表
df=pd.read_excel('myexcel.xlsx',sheet_name='Sheet1',index_col=0)
df #输出df的所有数据
#在df中根据每日收盘价与昨日收盘价的差额新增涨跌额列和涨跌状态列
df.assign(涨跌额=df.收盘价.diff()).assign(涨跌状态=lambda d:
        d.涨跌额.map(np.sign)).assign(涨跌状态=lambda d:
        d.涨跌状态.map({0: '持平', 1:'上涨', -1:'下跌'}))
```

在上面这段代码中，df.assign(涨跌额=df.收盘价.diff()).assign(涨跌状态=lambda d:d.涨跌额.map(np.sign)).assign(涨跌状态=lambda d: d.涨跌状态.map({0: '持平', 1:'上涨', -1:'下跌'}))表示在 df 中根据每日收盘价与昨日收盘价的差额新增涨跌额列和涨跌状态列，例如，2021-09-07 的收盘价是 9.34，2021-09-06 的收盘价是 9.21，两者的差额（涨跌额）是 0.13=9.34-9.21，0.13>0，因此涨跌状态是上涨，涨跌额列和涨跌状态列的其他数据以此类推。

此案例的主要源文件是 MyCode\H545\H545.ipynb。

360 使用 diff()计算差值并筛选数据

此案例主要演示了使用 diff()、query()等函数在 DataFrame 的指定列中筛选比前一行大的数据。当在 Jupyter Notebook 中运行此案例代码之后，将在 DataFrame 的收盘价列中筛选比前一行大的数据，即上涨的日期，效果分别如图 360-1 和图 360-2 所示。

	日期	开盘价	最高价	最低价	收盘价
0	2021-09-10	1634.08	1668.8	1633.0	1662.58
1	2021-09-13	1665.00	1684.0	1640.1	1654.00
2	2021-09-14	1659.00	1683.0	1653.0	1657.00
3	2021-09-15	1650.00	1660.0	1610.0	1615.74
4	2021-09-16	1603.00	1644.0	1585.0	1638.07

图 360-1

	日期	开盘价	最高价	最低价	收盘价
2	2021-09-14	1659.0	1683.0	1653.0	1657.00
4	2021-09-16	1603.0	1644.0	1585.0	1638.07

图 360-2

主要代码如下。

```
import pandas as pd #导入pandas库，并使用pd重命名pandas
#读取myexcel.xlsx文件的Sheet1工作表
df=pd.read_excel('myexcel.xlsx',sheet_name='Sheet1')
df  #输出df的所有数据
#在df的收盘价列中筛选比前一行大的数据，即上涨的日期
df.assign(B=df.收盘价.diff(1)>0).query('B').drop(['B'],axis=1)
```

在上面这段代码中，df.assign(B=df.收盘价.diff(1)>0).query('B').drop(['B'], axis=1)表示在 df 的收盘价列中筛选比前一行大的数据，即上涨的日期。例如，2021-09-14 的收盘价是 1657.00，2021-09-13 的收盘价是 1654.00，1657.00>1654.00，因此 2021-09-14 被选中。

此案例的主要源文件是 MyCode\H555\H555.ipynb。

361 使用 shift()按行计算移动平均值

此案例主要演示了使用 shift()函数在 DataFrame 中计算相邻行的移动平均值。移动平均值就是在指定时间段，对时间序列数据进行移动计算平均值；移动平均值常常用在计算股票的移动平均线、存货成本等方面。当在 Jupyter Notebook 中运行此案例代码之后，将在 DataFrame 中按行计算两日移动平均值，效果分别如图 361-1 和图 361-2 所示。

	开盘价	最高价	最低价	收盘价
2021-09-06	9.22	9.31	9.20	9.21
2021-09-07	9.21	9.39	9.16	9.34
2021-09-08	9.34	9.39	9.29	9.34
2021-09-09	9.32	9.34	9.25	9.30
2021-09-10	9.32	9.48	9.31	9.41

图 361-1

	开盘价	最高价	最低价	收盘价
2021-09-06	NaN	NaN	NaN	NaN
2021-09-07	9.215	9.350	9.180	9.275
2021-09-08	9.275	9.390	9.225	9.340
2021-09-09	9.330	9.365	9.270	9.320
2021-09-10	9.320	9.410	9.280	9.355

图 361-2

主要代码如下。

```
import pandas as pd#导入pandas库，并使用pd重命名pandas
#读取myexcel.xlsx文件的Sheet1工作表
df=pd.read_excel('myexcel.xlsx',sheet_name='Sheet1',index_col=0)
```

```
df#输出 df 的所有数据
#在 df 中按行计算两日移动平均值
(df+df.shift(1))/2
##在 df 中按行计算三日移动平均值
#(df+df.shift(1)+df.shift(2))/3
```

在上面这段代码中，(df+df.shift(1))/2 表示在 df 中按行计算两日移动平均值，df.shift(1)表示向下移动一行，同理，df.shift(2)表示向下移动两行。在图 361-2 中，2021-09-07 开盘价的两日移动平均值是 9.215=(9.22+9.21)/2，2021-09-08 开盘价的两日移动平均值是 9.275=(9.21+9.34)/2，2021-09-09 开盘价的两日移动平均值是 9.33=(9.34+9.32)/2，其他两日移动平均值以此类推。

此案例的主要源文件是 MyCode\H527\H527.ipynb。

362 使用 shift()按列计算移动平均值

此案例主要演示了使用 shift()函数在 DataFrame 中计算相邻列的移动平均值。当在 Jupyter Notebook 中运行此案例代码之后，将在 DataFrame 中按列计算两日移动平均值，效果分别如图 362-1 和图 362-2 所示。

	6日	7日	8日	9日	10日
开盘价	9.22	9.21	9.34	9.32	9.32
最高价	9.31	9.39	9.39	9.34	9.48
最低价	9.20	9.16	9.29	9.25	9.31
收盘价	9.21	9.34	9.34	9.30	9.41

图 362-1

	6日	7日	8日	9日	10日
开盘价	NaN	9.215	9.275	9.330	9.320
最高价	NaN	9.350	9.390	9.365	9.410
最低价	NaN	9.180	9.225	9.270	9.280
收盘价	NaN	9.275	9.340	9.320	9.355

图 362-2

主要代码如下。

```
import pandas as pd #导入 pandas 库，并使用 pd 重命名 pandas
#读取 myexcel.xlsx 文件的 Sheet1 工作表
df=pd.read_excel('myexcel.xlsx',sheet_name='Sheet1',index_col=0)
df #输出 df 的所有数据
#在 df 中按列计算两日移动平均值
(df+df.shift(1,axis=1))/2
##在 df 中按列计算三日移动平均值
#(df+df.shift(1,axis=1)+df.shift(2,axis=1))/3
##在 df 的开盘价行中按列计算两日移动平均值
#pd.DataFrame((df.loc['开盘价']+df.loc['开盘价'].shift(1))/2).T
```

在上面这段代码中，(df+df.shift(1,axis=1))/2 表示在 df 中按列计算两日移动平均值，df.shift(1, axis=1)表示向右移动一列，同理，df.shift(2,axis=1)表示向右移动两列。在图 362-2 中，7 日开盘价的两日移动平均值是 9.215 =(9.22+9.21)/2，8 日开盘价的两日移动平均值是 9.275= (9.21+ 9.34)/2，9 日开盘价的两日移动平均值是 9.330=(9.34+9.32)/2，其他两日移动平均值以此类推。

此案例的主要源文件是 MyCode\H528\H528.ipynb。

363　使用 rolling()按行计算移动平均值

此案例主要演示了使用 rolling()函数和 mean()函数在 DataFrame 中按行计算移动平均值。当在 Jupyter Notebook 中运行此案例代码之后，将在 DataFrame 中按行计算 3 日移动平均值，效果分别如图 363-1 和图 363-2 所示。

	开盘价	最高价	最低价	收盘价
2021-09-06	9.22	9.31	9.20	9.21
2021-09-07	9.21	9.39	9.16	9.34
2021-09-08	9.34	9.39	9.29	9.34
2021-09-09	9.32	9.34	9.25	9.30
2021-09-10	9.32	9.48	9.31	9.41

图 363-1

	开盘价	最高价	最低价	收盘价
2021-09-06	NaN	NaN	NaN	NaN
2021-09-07	NaN	NaN	NaN	NaN
2021-09-08	9.257	9.363	9.217	9.297
2021-09-09	9.290	9.373	9.233	9.327
2021-09-10	9.327	9.403	9.283	9.350

图 363-2

主要代码如下。

```
import pandas as pd#导入pandas库，并使用pd重命名pandas
#读取myexcel.xlsx文件的Sheet1工作表
df=pd.read_excel('myexcel.xlsx',sheet_name='Sheet1',index_col=0)
df#输出df的所有数据
#在df中按行计算三日移动平均值
df.rolling(3).mean().round(3)
#df.rolling(window=3).mean().round(3)
##在df中按行计算两日移动平均值
#df.rolling(2).mean().round(3)
##在df中计算开盘价列和最高价列的三日移动平均值
#df[['开盘价','最高价']].rolling(3).mean().round(3)
##在df中按行计算三日移动合计
#df.rolling(3).sum()
```

在上面这段代码中，df.rolling(3).mean().round(3)表示在 df 中按行计算三日移动平均值，例如，在图 363-2 中，2021-09-08 开盘价的三日移动平均值是 9.257=(9.22+9.21+9.34)/3，2021-09-09 开盘价的三日移动平均值是 9.290=(9.21+9.34+9.32)/3，2021-09-10 开盘价的三日移动平均值是 9.327=(9.34+9.32+9.32)/3，其他三日移动平均值以此类推。

此案例的主要源文件是 MyCode\H708\H708.ipynb。

364　使用 rolling()居中计算移动平均值

此案例主要通过在 rolling()函数中设置 center 参数值为 True，实现在 DataFrame 中居中计算移动平均值。当在 Jupyter Notebook 中运行此案例代码之后，将在 DataFrame 中居中计算三日移动平均值，效果分别如图 364-1 和图 364-2 所示。

	开盘价	最高价	最低价	收盘价
2021-09-06	9.22	9.31	9.20	9.21
2021-09-07	9.21	9.39	9.16	9.34
2021-09-08	9.34	9.39	9.29	9.34
2021-09-09	9.32	9.34	9.25	9.30
2021-09-10	9.32	9.48	9.31	9.41

图 364-1

	开盘价	最高价	最低价	收盘价
2021-09-06	NaN	NaN	NaN	NaN
2021-09-07	9.257	9.363	9.217	9.297
2021-09-08	9.290	9.373	9.233	9.327
2021-09-09	9.327	9.403	9.283	9.350
2021-09-10	NaN	NaN	NaN	NaN

图 364-2

主要代码如下。

```
import pandas as pd#导入pandas库，并使用pd重命名pandas
#读取myexcel.xlsx文件的Sheet1工作表
df=pd.read_excel('myexcel.xlsx',sheet_name='Sheet1',index_col=0)
df#输出df的所有数据
#在df中居中计算三日移动平均值
df.rolling(3,center=True).mean().round(3)
```

在上面这段代码中，df.rolling(3,center=True).mean().round(3)表示在df中居中计算三日移动平均值；center参数默认为False，即rolling(3)表示从当前数据点向上提取两个数据点，加上本身总共三个；如果center参数值为True，则表示以当前数据点为中心，从上下两个方向分别提取一个数据点，加上本身总共三个。例如，在图364-2中，2021-09-07开盘价的三日移动平均值是9.257=(9.22+9.21+9.34)/3，2021-09-08开盘价的三日移动平均值是9.290=(9.21+9.34+9.32)/3，其他三日移动平均值以此类推。

此案例的主要源文件是 MyCode\H711\H711.ipynb。

365 使用 rolling() 计算移动极差

此案例主要演示了使用 rolling() 函数和 agg() 函数在 DataFrame 中计算指定列的移动极差。移动极差（Moving Range）是指两个或多个连续样本值中最大值与最小值之差，极差是按照以下方式计算的：每当得到一个额外的数据点时，就在样本中加上这个新点，同时删除时间线上的"最旧"点，然后计算与这个点有关的极差，因此每个极差的计算至少与前一个极差的计算共用一个点的值。一般说来，移动极差用于单值控制图，并且通常用两点（连续的点）来计算移动极差。当在 Jupyter Notebook 中运行此案例代码之后，将在 DataFrame 中计算所有数值列的移动极差，效果分别如图 365-1 和图 365-2 所示。

	开盘价	最高价	最低价	收盘价
2021-09-06	9.22	9.31	9.20	9.21
2021-09-07	9.21	9.39	9.16	9.34
2021-09-08	9.34	9.39	9.29	9.34
2021-09-09	9.32	9.34	9.25	9.30
2021-09-10	9.32	9.48	9.31	9.41

图 365-1

	开盘价	最高价	最低价	收盘价
2021-09-06	NaN	NaN	NaN	NaN
2021-09-07	NaN	NaN	NaN	NaN
2021-09-08	0.13	0.08	0.13	0.13
2021-09-09	0.13	0.05	0.13	0.04
2021-09-10	0.02	0.14	0.06	0.11

图 365-2

主要代码如下。

```
import pandas as pd#导入pandas库，并使用pd重命名pandas
#读取myexcel.xlsx文件的Sheet1工作表
df=pd.read_excel('myexcel.xlsx',sheet_name='Sheet1',index_col=0)
df#输出df的所有数据
#在df中计算所有数值列的三日移动极差
df.rolling(3).agg(lambda x: max(x)-min(x))
##在df中计算所有数值列的两日移动极差
#df.rolling(2).agg(lambda x: max(x)-min(x))
##在df中计算开盘价列和最高价列的三日移动极差
#df.rolling(3)[['开盘价','最高价']].agg(lambda x: max(x)-min(x))
```

在上面这段代码中，df.rolling(3).agg(lambda x: max(x)-min(x))表示在df中计算所有数值列的三日移动极差，例如，在图365-2中，2021-09-08开盘价的三日移动极差是 0.13=9.34−9.21，2021-09-09 开盘价的三日移动极差是 0.13=9.34−9.21，2021-09-10 开盘价的三日移动极差是0.02=9.34−9.32，其他移动极差以此类推。

此案例的主要源文件是 MyCode\H709\H709.ipynb。

366　在 rolling()中设置最小观测期

此案例主要通过在 rolling()函数中设置 min_periods 参数值，实现根据窗口最小观测期在DataFrame 中计算指定列的移动平均值。当在 Jupyter Notebook 中运行此案例代码之后，将根据窗口最小观测期（1日）在 DataFrame 中计算所有列的三日移动平均值，效果分别如图 366-1 和图 366-2 所示。

	开盘价	最高价	最低价	收盘价
2021-09-06	9.22	9.31	9.20	9.21
2021-09-07	9.21	9.39	9.16	9.34
2021-09-08	9.34	9.39	9.29	9.34
2021-09-09	9.32	9.34	9.25	9.30
2021-09-10	9.32	9.48	9.31	9.41

图 366-1

	开盘价	最高价	最低价	收盘价
2021-09-06	9.220000	9.310000	9.200000	9.210000
2021-09-07	9.215000	9.350000	9.180000	9.275000
2021-09-08	9.256667	9.363333	9.216667	9.296667
2021-09-09	9.290000	9.373333	9.233333	9.326667
2021-09-10	9.326667	9.403333	9.283333	9.350000

图 366-2

主要代码如下。

```
import pandas as pd #导入pandas库，并使用pd重命名pandas
#读取myexcel.xlsx文件的Sheet1工作表
df=pd.read_excel('myexcel.xlsx',sheet_name='Sheet1',index_col=0)
df #输出df的所有数据
#在df中计算三日移动平均值，且最小观测期为1日
df.rolling(3,min_periods=1).mean()
#在df中计算三日移动平均值，且最小观测期为3日
#df.rolling(3,min_periods=3).mean()
```

```
#df.rolling(3).mean()
##在 df 中计算开盘价列和最高价列的三日移动平均值，且最小观测期为 1 日
#df.rolling(3,min_periods=1)[['开盘价','最高价']].mean()
```

在上面这段代码中，df.rolling(3,min_periods=1).mean()表示在 df 中计算各列的三日移动平均值，且窗口最小观测期为 1 日；参数 min_periods=1 表示窗口最小观测期是 1 日，即在此案例中，如果当前数据点的前面无数据点，则移动平均值即是当前数据点的值；如果当前数据点的前面有一个数据点，则移动平均值是两日移动平均值；如果当前数据点的前面有两个及以上的数据点，则移动平均值为三日移动平均值。例如，在图 366-2 中，2021-09-06 开盘价的三日移动平均值是 9.220000=9.22/1，2021-09-07 开盘价的三日移动平均值是 9.215000=(9.22+9.21)/2，2021-09-08 开盘价的三日移动平均值是 9.256667= (9.22+9.21+9.34)/3，2021-09-09 开盘价的三日移动平均值是 9.290000=(9.21+9.34+9.32)/3，其他三日移动平均值以此类推。

此案例的主要源文件是 MyCode\H710\H710.ipynb。

367 使用 pct_change()计算增减百分比

此案例主要演示了使用 pct_change()函数在 DataFrame 中计算各行数据与前 n 行数据的增减变化百分比。当在 Jupyter Notebook 中运行此案例代码之后，将在 DataFrame 中计算各行数据与前一行数据的增减变化百分比，效果分别如图 367-1 和图 367-2 所示。

	开盘价	最高价	最低价	收盘价
2021/4/30	78.80	79.45	72.03	72.50
2021/5/31	71.20	73.50	68.88	71.80
2021/6/30	71.69	71.69	63.76	64.28
2021/7/30	64.26	65.17	52.36	53.67
2021/8/31	53.50	56.79	48.88	49.90

图 367-1

	开盘价	最高价	最低价	收盘价
2021/5/31	-9.64%	-7.49%	-4.37%	-0.97%
2021/6/30	0.69%	-2.46%	-7.43%	-10.47%
2021/7/30	-10.36%	-9.09%	-17.88%	-16.51%
2021/8/31	-16.74%	-12.86%	-6.65%	-7.02%

图 367-2

主要代码如下。

```
import pandas as pd #导入pandas库，并使用 pd 重命名 pandas
##读取 myexcel.xlsx 文件的 Sheet1 工作表
df=pd.read_excel('myexcel.xlsx',sheet_name='Sheet1',index_col=0)
df #输出 df 的所有数据
#在 df 中计算各行数据与前一行数据的变化百分比
df.pct_change(1).iloc[1:5].style.format(precision=2).format('{:.2%}')
#df.pct_change().iloc[1:5].style.format(precision=2).format('{:.2%}')
#在 df 中计算各行数据与前两行数据的变化百分比
#df.pct_change(2).iloc[2:5].style.format(precision=2).format('{:.2%}')
```

在上面这段代码中，df.pct_change(1).iloc[1:5].style.format(precision=2).format('{:.2%}')表示在 df 中计算各行数据与前一行数据相比的增减变化百分比。计算的数据说明如下：−9.64%= (71.2−78.80)/78.80×100%，0.69%=(71.69−71.2)/71.2×100%，其他数据以此类推。

此案例的主要源文件是 MyCode\H731\H731.ipynb。

368 使用 apply() 获取每列数据的最大值

此案例主要通过在 apply() 函数的参数中以列表的形式设置多个函数的名称，实现在 DataFrame 中获取每列数据的最大值和最小值。当在 Jupyter Notebook 中运行此案例代码之后，将在 DataFrame 中获取开盘价列、最高价列、最低价列、收盘价列和成交量列的最大值和最小值，效果分别如图 368-1 和图 368-2 所示。

	开盘价	最高价	最低价	收盘价	成交量
2021-08-27	9.16	9.22	9.14	9.17	276188
2021-08-26	9.18	9.20	9.13	9.14	294391
2021-08-25	9.23	9.24	9.16	9.19	340640

图 368-1

	开盘价	最高价	最低价	收盘价	成交量
max	9.23	9.24	9.16	9.19	340640
min	9.16	9.20	9.13	9.14	276188

图 368-2

主要代码如下。

```
import pandas as pd#导入pandas库，并使用pd重命名pandas
#读取myexcel.xlsx文件的Sheet1工作表
df=pd.read_excel('myexcel.xlsx',sheet_name='Sheet1',index_col=0)
df#输出df的所有数据
#在df中获取每列数据的最大值和最小值
df.apply(['max', 'min'])
#df.apply(lambda x:[x.max(),x.min()])
##在df中获取每行数据的最大值和最小值
#df.apply(['max', 'min'],axis=1)
#在df的指定列中获取最大值或最小值或平均值
#pd.DataFrame(df.apply({'开盘价':'max', '成交量': 'min'}))
#pd.DataFrame(df.apply({'开盘价':'mean', '成交量': ['max', 'min']}))
```

在上面这段代码中，df.apply(['max', 'min'])表示在 df 中获取开盘价列、最高价列、最低价列、收盘价列和成交量列的最大值和最小值。

此案例的主要源文件是 MyCode\H508\H508.ipynb。

369 使用 apply() 获取每列数据的中位数

此案例主要通过在 lambda 表达式中使用 median() 函数，并将其设置为 apply() 函数的参数值，实现在 DataFrame 中获取每列数据的中位数。当在 Jupyter Notebook 中运行此案例代码之后，将在 DataFrame 中获取开盘价列、最高价列、最低价列、收盘价列和成交量列的中位数，效果分别如图 369-1 和图 369-2 所示。中位数又称中点数或中值，它是在按顺序排列的一组数据中居于中间位置的数，即在这组数据中，有一半的数据比它大，有一半的数据比它小。

	开盘价	最高价	最低价	收盘价	成交量
2021/8/27	9.16	9.22	9.14	9.17	276188
2021/8/26	9.18	9.20	9.13	9.14	294391
2021/8/25	9.23	9.24	9.16	9.19	340640

图 369-1

	开盘价	最高价	最低价	收盘价	成交量
2021/8/27	9.16	9.22	9.14	9.17	276188.0
2021/8/26	9.18	9.20	9.13	9.14	294391.0
2021/8/25	9.23	9.24	9.16	9.19	340640.0
中位数	9.18	9.22	9.14	9.17	294391.0

图 369-2

主要代码如下。

```
import pandas as pd#导入pandas库，并使用pd重命名pandas
#读取myexcel.xlsx文件的Sheet1工作表
df=pd.read_excel('myexcel.xlsx',sheet_name='Sheet1',index_col=0)
df  #输出df的所有数据
#在df中获取开盘价列、最高价列、最低价列、收盘价列、成交量列的中位数
df.loc['中位数']=df.apply(lambda x:x.median())
df  #输出df在获取每列中位数之后的所有数据
```

在上面这段代码中，df.loc['中位数']=df.apply(lambda x:x.median())表示在df中获取开盘价列、最高价列、最低价列、收盘价列和成交量列的中位数。中位数的获取规则如下，在此案例中，开盘价列的所有数据按照从小到大排列的结果是9.16、9.18、9.23，因此中位数是9.18。其余以此类推。

此案例的主要源文件是MyCode\H670\H670.ipynb。

370　使用 describe()获取指定列的最大值

此案例主要演示了使用 loc 在 describe()函数的执行结果中提取指定列的最大值和最小值。当在 Jupyter Notebook 中运行此案例代码之后，将首先使用 describe()函数获取 DataFrame 的所有数值列的总结报告，其中包含各个数值列的最大值和最小值，如图 370-1 和图 370-2 所示；然后使用 loc 在数值列的总结报告（一个 DataFrame）中提取指定列（最新价列和涨跌额列）的最小值（min）和最大值（max），如图 370-3 所示。

	股票代码	股票名称	最新价	涨跌额	行业	操作策略
0	300095	华伍股份	12.23	0.24	机械	买入
1	300503	昊志机电	11.45	0.16	机械	观望
2	600256	广汇能源	3.63	0.13	石油	卖出
3	600583	海油工程	4.26	0.06	石油	观望
4	600688	上海石化	3.45	0.03	石油	卖出

图 370-1

	count	mean	std	min	25%	50%	75%	max
最新价	5.0	7.004	4.433461	3.45	3.63	4.26	11.45	12.23
涨跌额	5.0	0.124	0.083247	0.03	0.06	0.13	0.16	0.24

图 370-2

	最新价	涨跌额
min	3.45	0.03
max	12.23	0.24

图 370-3

主要代码如下。

```
import pandas as pd#导入 pandas 库，并使用 pd 重命名 pandas
#读取 myexcel.xlsx 文件的 Sheet1 工作表
df=pd.read_excel('myexcel.xlsx',sheet_name='Sheet1',dtype={'股票代码':str})
df#输出 df 的所有数据
#输出使用 describe()函数获取的数值列的总结报告
df.describe().transpose()
#在 df 的数值列总结报告中提取指定列的 min 和 max
df.describe().loc[['min','max'],['最新价','涨跌额']]
```

在上面这段代码中，df.describe().loc[['min','max'],['最新价','涨跌额']]表示使用 loc 提取在数值列（使用 describe()函数获取的）总结报告中的最新价列和涨跌额列的最小值和最大值。describe()函数能够返回包含所有数值列的统计表，每列是一个统计指标，包含个数、平均数、标准差、最小值、最大值、四分位数等。

此案例的主要源文件是 MyCode\H172\H172.ipynb。

371　使用 agg()获取所有列的最大值

此案例主要通过在 agg()函数中以列表的形式设置多个聚合函数（如 max、min 等），实现在 DataFrame 中获取所有列的最大值和最小值。当在 Jupyter Notebook 中运行此案例代码之后，将获取 DataFrame 所有列的最大值和最小值，效果分别如图 371-1 和图 371-2 所示。

日期	盐水鸭	酱鸭	板鸭	烤鸭
2021/9/6	1800	1600	2400	1200
2021/9/7	2600	1800	2000	1800
2021/9/8	2400	2100	5900	2480
2021/9/9	2000	2800	1800	2400
2021/9/10	2500	1200	2500	3900

图 371-1

	盐水鸭	酱鸭	板鸭	烤鸭
max	2600	2800	5900	3900
min	1800	1200	1800	1200

图 371-2

主要代码如下。

```
import pandas as pd#导入 pandas 库，并使用 pd 重命名 pandas
#读取 myexcel.xlsx 文件的 Sheet1 工作表
df=pd.read_excel('myexcel.xlsx',sheet_name='Sheet1',
                 dtype={'日期':str},index_col=0)
df#输出 df 的所有数据
```

```
#在 df 中获取所有列的最大值和最小值
df.agg(['max','min'])
##在 df 中获取所有列的最大值、最小值、平均值和中位数
#df.agg(['max','min','mean','median'])
##在 df 中获取盐水鸭列、酱鸭列和板鸭列的最大值和最小值
#df.agg({'盐水鸭':['max','min'],'酱鸭':['max','min'],'板鸭':['max','min']})
##在 df 中获取盐水鸭列的最大值、酱鸭列的最小值
#df.agg(最大值=('盐水鸭', max),最小值=('酱鸭', 'min'))
```

在上面这段代码中，df.agg(['max','min'])表示在 df 中获取所有列的最大值和最小值。如果是 df.agg(['max','min','mean','median'])，则表示在 df 中获取所有列的最大值、最小值、平均值和中位数。

此案例的主要源文件是 MyCode\H749\H749.ipynb。

372 使用 tolist()获取 DataFrame 的数据

此案例主要演示了使用 values 的 tolist()函数在 DataFrame 中获取指定列的数据。当在 Jupyter Notebook 中运行此案例代码之后，将输出 DataFrame 的成交额列的数据，效果分别如图 372-1 和图 372-2 所示。

	股票名称	成交额	流通市值	总市值	净利润	行业
0	工商银行	9.55	12800	16900	1634.0	金融
1	贵州茅台	86.31	20800	20800	246.5	白酒
2	中国平安	46.67	5601	9452	580.0	金融
3	中国石化	10.45	4166	5278	391.5	石油

图 372-1

[9.55, 86.31, 46.67, 10.45]

图 372-2

主要代码如下。

```
import pandas as pd#导入 pandas 库，并使用 pd 重命名 pandas
#读取 myexcel.xlsx 文件的 Sheet1 工作表
df=pd.read_excel('myexcel.xlsx',sheet_name='Sheet1')
df#输出 df 的所有数据
##获取 df 的成交额列的数据
df.成交额.values.tolist()
##获取 df 的所有列的数据
#df.values.tolist()
##根据所有列的数据重新构造 df
#pd.DataFrame(df.values.tolist(),
#   columns=['股票名称','成交额','流通市值','总市值','净利润','行业'])
```

在上面这段代码中，df.成交额.values.tolist()表示输出 df 的成交额列的数据。如果是 df.values.tolist()，则表示输出 df 的所有列的所有数据。

此案例的主要源文件是 MyCode\H524\H524.ipynb。

373　根据行标签顺序排列 DataFrame

此案例主要演示了使用 reindex()函数在 DataFrame 中根据行标签自定义所有行的排列顺序。当在 Jupyter Notebook 中运行此案例代码之后，将根据行标签自定义 DataFrame 所有行的排列顺序，效果分别如图 373-1 和图 373-2 所示。

	股票名称	成交额	流通市值	总市值	净利润	行业
0	工商银行	9.55	12800.0	16900	1634.0	金融
1	贵州茅台	86.31	20800.0	20800	246.5	白酒
2	中国平安	46.67	5601.0	9452	580.0	金融
3	中国石化	10.45	4166.0	5278	391.5	石油
4	中国石油	9.09	8177.0	9242	530.3	石油
5	建设银行	6.99	576.5	15000	1533.0	金融

图 373-1

	股票名称	成交额	流通市值	总市值	净利润	行业
1	贵州茅台	86.31	20800.0	20800	246.5	白酒
3	中国石化	10.45	4166.0	5278	391.5	石油
5	建设银行	6.99	576.5	15000	1533.0	金融
0	工商银行	9.55	12800.0	16900	1634.0	金融
2	中国平安	46.67	5601.0	9452	580.0	金融
4	中国石油	9.09	8177.0	9242	530.3	石油

图 373-2

主要代码如下。

```
import pandas as pd#导入pandas库，并使用pd重命名pandas
#读取myexcel.xlsx文件的Sheet1工作表
df=pd.read_excel('myexcel.xlsx',sheet_name='Sheet1')
df#输出df的所有数据
df.reindex([1,3,5,0,2,4])#在df中自定义所有行的排列顺序
```

在上面这段代码中，df.reindex([1,3,5,0,2,4])表示按照 [1,3,5,0,2,4]顺序排列 df 的所有行。此案例的主要源文件是 MyCode\H733\H733.ipynb。

374　根据行标签大小排列 DataFrame

此案例主要通过在 sort_index()函数中设置 ascending 参数值为 False，实现根据行标签的大小降序排列 DataFrame。当在 Jupyter Notebook 中运行此案例代码之后，将根据行标签的大小降序排列 DataFrame，效果分别如图 374-1 和图 374-2 所示。

A股票代码	P股票名称	C最高价	D最低价	W今开价	F最新价
A688677	海泰新光	120.59	110.20	114.09	117.10
P688676	金盘科技	16.99	16.43	16.50	16.99
C688669	聚石化学	34.30	33.52	33.90	34.00
W688668	鼎通科技	42.88	38.44	38.50	42.21
E688667	姜电电控	105.01	100.67	101.51	104.51

图 374-1

A股票代码	P股票名称	C最高价	D最低价	W今开价	F最新价
W688668	鼎通科技	42.88	38.44	38.50	42.21
P688676	金盘科技	16.99	16.43	16.50	16.99
E688667	姜电电控	105.01	100.67	101.51	104.51
C688669	聚石化学	34.30	33.52	33.90	34.00
A688677	海泰新光	120.59	110.20	114.09	117.10

图 374-2

主要代码如下。

```
import pandas as pd#导入pandas库,并使用pd重命名pandas
#读取myexcel.xlsx文件的Sheet1工作表
df=pd.read_excel('myexcel.xlsx',sheet_name='Sheet1',
                 index_col='A股票代码',dtype={'A股票代码':str})
df #输出df的所有数据
#根据行标签的大小降序排列df
df.sort_index(ascending=False)
##根据行标签的大小升序排列df
#df.sort_index(ascending=True)
```

在上面这段代码中,df.sort_index(ascending=False)表示根据行标签的大小降序排列df。如果是df.sort_index(ascending=True),则表示根据行标签的大小升序排列df。

此案例的主要源文件是MyCode\H260\H260.ipynb。

375 倒序排列DataFrame并重置行标签

此案例主要演示了使用loc和set_index()函数倒序排列DataFrame的数据并重置行标签。当在Jupyter Notebook中运行此案例代码之后,将倒序排列DataFrame的数据并重置行标签,效果分别如图375-1和图375-2所示。

	股票名称	当前价	涨跌额	总手	成交金额
0	三峡能源	5.95	-0.30	10667396	640602
1	包钢股份	1.53	0.00	4352856	66772
2	中国一重	3.58	-0.15	4193773	154145

图375-1

	股票名称	当前价	涨跌额	总手	成交金额
0	中国一重	3.58	-0.15	4193773	154145
1	包钢股份	1.53	0.00	4352856	66772
2	三峡能源	5.95	-0.30	10667396	640602

图375-2

主要代码如下。

```
import pandas as pd#导入pandas库,并使用pd重命名pandas
#读取myexcel.xlsx文件的第1个工作表
df=pd.read_excel('myexcel.xlsx')
df#输出df的所有数据
#倒序排列df,并重置行标签
df.loc[::-1].reset_index(drop=True)
##倒序排列df,行标签保持不变
#df.loc[::-1]
```

在上面这段代码中,df.loc[::-1].reset_index(drop=True)表示倒序排列df并重置行标签,df.loc[::-1]表示倒序排列df的行数据,reset_index(drop=True)表示重置df的行标签且删除此前的行标签。

此案例的主要源文件是MyCode\H520\H520.ipynb。

376　在 DataFrame 中根据单个列名排序

此案例主要通过在 sort_values()函数中设置 by 参数值为将要排序的列名，实现在 DataFrame 中根据指定列进行升序排列。当在 Jupyter Notebook 中运行此案例代码之后，将在 DataFrame 中根据成交额升序排列数据，效果分别如图 376-1 和图 376-2 所示。

	股票名称	成交额	流通市值	总市值	净利润	行业
0	工商银行	9.55	12800	16900	1634.0	金融
1	贵州茅台	86.31	20800	20800	246.5	白酒
2	中国平安	46.67	5601	9452	580.0	金融
3	中国石化	10.45	4166	5278	391.5	石油

图 376-1

	股票名称	成交额	流通市值	总市值	净利润	行业
0	工商银行	9.55	12800	16900	1634.0	金融
3	中国石化	10.45	4166	5278	391.5	石油
2	中国平安	46.67	5601	9452	580.0	金融
1	贵州茅台	86.31	20800	20800	246.5	白酒

图 376-2

主要代码如下。

```
import pandas as pd#导入pandas库，并使用pd重命名pandas
#读取myexcel.xlsx文件的Sheet1工作表
df=pd.read_excel('myexcel.xlsx',sheet_name='Sheet1')
df#输出df的所有数据
#在df中根据成交额的数据大小进行升序排列
df.sort_values(by='成交额')
##在df中根据成交额的数据大小进行降序排列
#df.sort_values(by='成交额',ascending=False)
```

在上面这段代码中，df.sort_values(by='成交额')表示根据成交额的数据大小升序排列 df 的数据。此案例的主要源文件是 MyCode\H340\H340.ipynb。

377　在 DataFrame 中根据多个列名排序

此案例主要通过在 sort_values()函数中使用列表指定多个列名设置 by 参数值，实现在 DataFrame 中对多列数据进行排序。当在 Jupyter Notebook 中运行此案例代码之后，将在 DataFrame 中首先根据基金类型进行升序排序，然后根据近一周增长率进行升序排序，效果分别如图 377-1 和图 377-2 所示。

	基金名称	基金类型	近一周增长率	近一月增长率
0	前海开源公用事业股票	股票型	0.0798	0.3250
1	前海开源新经济混合	混合型	0.0851	0.3338
2	泰达转型机遇	股票型	0.0554	0.2075
3	泰达高研发创新6个月混合A	混合型	0.0593	0.2106
4	泰达高研发创新6个月混合C	混合型	0.0592	0.2104

图 377-1

	基金名称	基金类型	近一周增长率	近一月增长率
4	泰达高研发创新6个月混合C	混合型	0.0592	0.2104
3	泰达高研发创新6个月混合A	混合型	0.0593	0.2106
1	前海开源新经济混合	混合型	0.0851	0.3338
2	泰达转型机遇	股票型	0.0554	0.2075
0	前海开源公用事业股票	股票型	0.0798	0.3250

图 377-2

主要代码如下。

```
import pandas as pd#导入pandas库，并使用pd重命名pandas
#读取myexcel.xlsx文件的Sheet1工作表
df=pd.read_excel('myexcel.xlsx',sheet_name='Sheet1')
df  #输出df的所有数据
#在df中首先根据基金类型进行升序排列，然后根据近一周增长率进行升序排列
df.sort_values(by=['基金类型','近一周增长率'],inplace=True,ascending=True)
##在df中根据基金类型进行升序排列，然后根据近一周增长率进行降序排列
#df.sort_values(by=['基金类型','近一周增长率'],inplace=True,ascending=[True,
False])
df  #输出df在排序之后的所有数据
```

在上面这段代码中，df.sort_values(by=['基金类型','近一周增长率'],inplace=True,ascending=True)表示在 df 中首先根据基金类型进行升序排列，然后根据近一周增长率进行升序排列。如果是df.sort_values(by=['基金类型','近一周增长率'],inplace=True,ascending=[True,False])，则表示在 df中首先根据基金类型进行升序排列，然后根据近一周增长率进行降序排列。

此案例的主要源文件是 MyCode\H341\H341.ipynb。

378　在 DataFrame 中根据文本长度排序

此案例主要通过使用字符串的 len()函数和 DataFrame 的 sort_values()函数，实现在 DataFrame 中根据指定列的文本长度进行排序。当在 Jupyter Notebook 中运行此案例代码之后，将在 DataFrame 中按照书名的长度进行升序排序，效果分别如图 378-1 和图 378-2 所示。

	书名	售价	出版社
0	Android炫酷应用300例	99.8	清华大学出版社
1	HTML5+CSS3炫酷应用实例集锦	149.0	清华大学出版社
2	Visual Basic 2008开发经验与技巧宝典	78.0	中国水利水电出版社
3	OpenGL编程指南	139.0	机械工业出版社

图 378-1

	书名	售价	出版社
3	OpenGL编程指南	139.0	机械工业出版社
0	Android炫酷应用300例	99.8	清华大学出版社
1	HTML5+CSS3炫酷应用实例集锦	149.0	清华大学出版社
2	Visual Basic 2008开发经验与技巧宝典	78.0	中国水利水电出版社

图 378-2

主要代码如下。

```
import pandas as pd#导入pandas库，并使用pd重命名pandas
#读取myexcel.xlsx文件的Sheet1工作表
df=pd.read_excel('myexcel.xlsx',sheet_name='Sheet1')
df  #输出df的所有数据
#获取书名长度，并据此在df中添加长度列
df['长度']=df['书名'].str.len()
#在df中根据长度列的数据进行升序排列
df.sort_values(by='长度',inplace=True)
##在df中根据长度列的数据进行降序排列
#df.sort_values(by='长度',ascending=False,inplace=True)
#在df中删除不需要的长度列
df.drop(columns=['长度'],inplace=True)
df  #输出df在排序之后的所有数据
```

在上面这段代码中，df['长度']=df['书名'].str.len()表示获取各个书名的长度，并据此在 df 中添加长度列。df.sort_values(by='长度',inplace=True)表示根据 df 的长度列的数据进行升序排列。

此案例的主要源文件是 MyCode\H811\H811.ipynb。

379　在 DataFrame 中降序排列所有的列

此案例主要通过在 sort_index()函数中设置 ascending 参数值为 False，实现在 DataFrame 中降序排列所有的列。当在 Jupyter Notebook 中运行此案例代码之后，将在 DataFrame 中降序排列所有的列，效果分别如图 379-1 和图 379-2 所示。

	A股票代码	P股票名称	C最高价	D最低价	W今开价	F最新价
0	A688677	海泰新光	120.59	110.20	114.09	117.10
1	P688676	金盘科技	16.99	16.43	16.50	16.99
2	C688669	聚石化学	34.30	33.52	33.90	34.00

图 379-1

	W今开价	P股票名称	F最新价	D最低价	C最高价	A股票代码
0	114.09	海泰新光	117.10	110.20	120.59	A688677
1	16.50	金盘科技	16.99	16.43	16.99	P688676
2	33.90	聚石化学	34.00	33.52	34.30	C688669

图 379-2

主要代码如下。

```
import pandas as pd#导入pandas库，并使用pd重命名pandas
#读取myexcel.xlsx文件的Sheet1工作表
df=pd.read_excel('myexcel.xlsx',sheet_name='Sheet1')
df  #输出df的所有数据
#降序排列df的所有列
df.sort_index(axis=1,ascending=False)
##升序排列df的所有列
#df.sort_index(axis=1,ascending=True)
```

在上面这段代码中，df.sort_index(axis=1,ascending=False)表示在 df 中降序排列所有的列。如果 df.sort_index(axis=1,ascending=True)，则表示在 df 中升序排列所有的列。

此案例的主要源文件是 MyCode\H261\H261.ipynb。

380　在 DataFrame 中倒序排列所有的列

此案例主要通过在 loc 中设置步长为-1，实现在 DataFrame 中倒序排列所有的列。当在 Jupyter Notebook 中运行此案例代码之后，将在 DataFrame 中倒序排列所有的列，效果分别如图 380-1 和图 380-2 所示。

	股票代码	股票名称	最新价	涨跌额	行业	操作策略
0	300095	华伍股份	12.23	0.24	机械	买入
1	300503	昊志机电	11.45	0.16	机械	观望
2	600256	广汇能源	3.63	0.13	石油	卖出

图 380-1

	操作策略	行业	涨跌额	最新价	股票名称	股票代码
0	买入	机械	0.24	12.23	华伍股份	300095
1	观望	机械	0.16	11.45	昊志机电	300503
2	卖出	石油	0.13	3.63	广汇能源	600256

图 380-2

主要代码如下。

```
import pandas as pd#导入pandas库，并使用pd重命名pandas
#读取myexcel.xlsx文件的Sheet1工作表
df=pd.read_excel('myexcel.xlsx',sheet_name='Sheet1')
df#输出df的所有数据
#倒序排列df所有的列
df.loc[:,::-1]
```

在上面这段代码中，df.loc[:,::-1]表示在 df 中倒序排列所有的列，-1 表示倒序，loc 的这种格式原本是这样的：df.loc[起始行:结束行:步长,起始列:结束列:步长]，因此该代码也可以写成 df.loc[::1,::-1]。

此案例的主要源文件是 MyCode\H161\H161.ipynb。

381　在 DataFrame 中自定义所有列顺序

此案例主要通过在 reindex()函数中设置 axis 参数值为 1，实现在 DataFrame 中自定义所有列的排列顺序。当在 Jupyter Notebook 中运行此案例代码之后，将在 DataFrame 中自定义所有列的排列顺序，效果分别如图 381-1 和图 381-2 所示。

	股票名称	成交额	流通市值	总市值	净利润	行业
0	工商银行	9.55	12800	16900	1634.0	金融
1	贵州茅台	86.31	20800	20800	246.5	白酒
2	中国平安	46.67	5601	9452	580.0	金融

图 381-1

	股票名称	行业	净利润	总市值	流通市值	成交额
0	工商银行	金融	1634.0	16900	12800	9.55
1	贵州茅台	白酒	246.5	20800	20800	86.31
2	中国平安	金融	580.0	9452	5601	46.67

图 381-2

主要代码如下。

```
import pandas as pd#导入pandas库，并使用pd重命名pandas
#读取myexcel.xlsx文件的Sheet1工作表
df=pd.read_excel('myexcel.xlsx',sheet_name='Sheet1')
df #输出df的所有数据
#在df中自定义所有列的排列顺序
df.reindex(['股票名称','行业','净利润','总市值','流通市值','成交额'],axis=1)
```

在上面这段代码中，df.reindex(['股票名称','行业','净利润','总市值','流通市值','成交额'],axis=1)表示按照['股票名称','行业','净利润','总市值','流通市值','成交额']顺序排列 df 的所有列。

此案例的主要源文件是 MyCode\H734\H734.ipynb。

382　在 DataFrame 中根据列表调整列顺序

此案例主要演示了使用列表调整 DataFrame 的列顺序。当在 Jupyter Notebook 中运行此案例代码之后，DataFrame 的列顺序将由股票代码、股票名称、最高价、最低价、最新价、昨收价，调整为股票名称、股票代码、最新价、昨收价、最高价、最低价，效果分别如图 382-1 和图 382-2 所示。

	股票代码	股票名称	最高价	最低价	最新价	昨收价
0	688677	海泰新光	120.59	110.20	117.10	114.09
1	688676	金盘科技	16.99	16.43	16.99	16.56
2	688669	聚石化学	34.30	33.52	34.00	33.90

图 382-1

	股票名称	股票代码	最新价	昨收价	最高价	最低价
0	海泰新光	688677	117.10	114.09	120.59	110.20
1	金盘科技	688676	16.99	16.56	16.99	16.43
2	聚石化学	688669	34.00	33.90	34.30	33.52

图 382-2

主要代码如下。

```
import pandas as pd#导入pandas库，并使用pd重命名pandas
#读取myexcel.xlsx文件的Sheet1工作表
df=pd.read_excel('myexcel.xlsx',sheet_name='Sheet1')
df #输出df的所有数据
#根据列表改变df的列顺序
```

```
df=df[['股票名称','股票代码','最新价','昨收价','最高价','最低价']]
#df=df.loc[:,['股票名称','股票代码','最新价','昨收价','最高价','最低价']]
#df=df.iloc[:,[1,0,4,5,2,3]]
df #输出df在列顺序调整之后的所有数据
```

在上面这段代码中，df=df[['股票名称','股票代码','最新价','昨收价','最高价','最低价']]表示在df中将列顺序调整为股票名称、股票代码、最新价、昨收价、最高价、最低价。

此案例的主要源文件是 MyCode\H147\H147.ipynb。

383 使用 rank() 根据大小生成排名序号

此案例主要演示了使用 rank() 函数在 DataFrame 中根据指定列的数据大小生成排名序号。当在 Jupyter Notebook 中运行此案例代码之后，将在 DataFrame 中根据净利润列的数据大小按照降序规则生成排名序号（净利润排名），效果分别如图 383-1 和图 383-2 所示。

	股票名称	成交额	流通市值	总市值	净利润
0	工商银行	9.55	12800.0	16900	1634.0
1	贵州茅台	86.31	20800.0	20800	246.5
2	中国平安	46.67	5601.0	9452	580.0
3	中国石化	10.45	4166.0	5278	391.5
4	中国石油	9.09	8177.0	9242	530.3
5	建设银行	6.99	576.5	15000	1533.0

图 383-1

	股票名称	成交额	流通市值	总市值	净利润	净利润排名
0	工商银行	9.55	12800.0	16900	1634.0	1
1	贵州茅台	86.31	20800.0	20800	246.5	6
2	中国平安	46.67	5601.0	9452	580.0	3
3	中国石化	10.45	4166.0	5278	391.5	5
4	中国石油	9.09	8177.0	9242	530.3	4
5	建设银行	6.99	576.5	15000	1533.0	2

图 383-2

主要代码如下。

```
import pandas as pd#导入pandas库，并使用pd重命名pandas
#读取myexcel.xlsx文件的Sheet1工作表
df=pd.read_excel('myexcel.xlsx',sheet_name='Sheet1')
df #输出的所有数据
##根据每种股票的总市值生成降序排名序号
#df['总市值排名']=df['总市值'].rank(ascending=False).astype(int)
#根据每种股票的净利润生成降序排名序号
df['净利润排名']=df['净利润'].rank(ascending=False).astype(int)
df #输出df在排名之后的所有数据
```

在上面这段代码中，df['净利润排名']=df['净利润'].rank(ascending=False).astype(int)表示在 df 中根据净利润列的数据大小生成降序排名序号，ascending=False 表示降序排名，如果 ascending=True 或省略此参数值，则表示升序排序。排名说明如下：在图 383-2 中，工商银行的净利润排名第 1，表示工商银行的净利润最大，贵州茅台的净利润排名第 6，表示贵州茅台的净利润最小，其他排名以此类推。

此案例的主要源文件是 MyCode\H725\H725.ipynb。

384　使用 value_counts()统计列成员数量

此案例主要演示了使用value_counts()函数在DataFrame的指定列中统计不同成员的数量（重复次数）。当在 Jupyter Notebook 中运行此案例代码之后，将统计各个行业的股票数量，效果分别如图 384-1 和图 384-2 所示。

	股票代码	股票名称	最新价	涨跌额	行业	操作策略
0	300095	华伍股份	12.23	0.24	机械	买入
1	300503	昊志机电	11.45	0.16	机械	观望
2	600256	广汇能源	3.63	0.13	石油	卖出
3	600583	海油工程	4.26	0.06	石油	观望
4	600688	上海石化	3.45	0.03	石油	卖出
5	601318	中国平安	58.54	0.46	保险	观望
6	601319	中国人保	5.83	0.05	保险	观望
7	601628	中国人寿	31.42	0.49	保险	卖出
8	601857	中国石油	4.74	0.06	石油	买入

图 384-1

	石油	保险	机械
行业	4	3	2

图 384-2

主要代码如下。

```
import pandas as pd#导入 pandas 库，并使用 pd 重命名 pandas
#读取 myexcel.xlsx 文件的 Sheet1 工作表
df=pd.read_excel('myexcel.xlsx',sheet_name='Sheet1')
df #输出 df 的所有数据
#统计各个行业的股票数量
pd.DataFrame(df['行业'].value_counts()).T
#df[['行业']].apply(pd.value_counts).T
```

在上面这段代码中，pd.DataFrame(df['行业'].value_counts()).T 表示在 df 的行业列中统计每个行业的股票数量，即石油行业有 4 只股票、保险行业有 3 只股票、机械行业有 2 只股票，该代码也可以写成 df[['行业']].apply(pd.value_counts).T。

此案例的主要源文件是 MyCode\H157\H157.ipynb。

385　使用 value_counts()统计列成员占比

此案例主要通过在 value_counts()函数中设置 normalize 参数值为 True，实现在 DataFrame 的指定列中统计不同成员的数量占比，即某成员的重复数量占该列所有成员数量的比例。当在 Jupyter Notebook 中运行此案例代码之后，将统计各个行业的股票数量占比，例如，一共有 9 只股票，石油行业有 4 只股票，因此石油行业的股票占比是 4/9=0.444444,效果分别如图 385-1 和图 385-2 所示。

	股票代码	股票名称	最新价	涨跌额	行业	操作策略
0	300095	华伍股份	12.23	0.24	机械	买入
1	300503	昊志机电	11.45	0.16	机械	观望
2	600256	广汇能源	3.63	0.13	石油	卖出
3	600583	海油工程	4.26	0.06	石油	观望
4	600688	上海石化	3.45	0.03	石油	卖出
5	601318	中国平安	58.54	0.46	保险	观望
6	601319	中国人保	5.83	0.05	保险	观望
7	601628	中国人寿	31.42	0.49	保险	卖出
8	601857	中国石油	4.74	0.06	石油	买入

图 385-1

	石油	保险	机械
行业	0.444444	0.333333	0.222222

图 385-2

主要代码如下。

```
import pandas as pd#导入pandas库，并使用pd重命名pandas
#读取myexcel.xlsx文件的Sheet1工作表
df=pd.read_excel('myexcel.xlsx',sheet_name='Sheet1')
df  #输出df的所有数据
#在df中统计各个行业的股票数量占比
pd.DataFrame(df['行业'].value_counts(normalize=True)).T
##在df中统计各个行业的股票数量,并按照升序排序
#pd.DataFrame(df['行业'].value_counts(ascending=True)).T
##在df中统计各个行业的股票数量占比,并按照升序排序
#pd.DataFrame(df['行业'].value_counts(normalize=True,ascending=True)).T
```

在上面这段代码中，pd.DataFrame(df['行业'].value_counts(normalize=True)).T 表示在 df 的行业列中统计每个行业的股票数量占比，即石油行业的股票占比是 0.444444、保险行业的股票占比是 0.333333、机械行业的股票占比是 0.222222。

此案例的主要源文件是 MyCode\H293\H293.ipynb。

第6章

透视数据

386　使用 melt() 将宽表转换为长表

此案例主要演示了使用 melt() 函数将宽表（宽数据集）转换为长表（长数据集）。当在 Jupyter Notebook 中运行此案例代码之后，将在 DataFrame 中实现将宽表转换为长表，效果分别如图 386-1 和图 386-2 所示。

	类别	年份	金额(亿元)
0	建材收入	2020年	8800
1	汽车收入	2020年	1600
2	投资收入	2020年	580
3	建材收入	2019年	6000
4	汽车收入	2019年	2800
5	投资收入	2019年	660
6	建材收入	2018年	5200
7	汽车收入	2018年	2400
8	投资收入	2018年	490

	类别	2020年	2019年	2018年
0	建材收入	8800	6000	5200
1	汽车收入	1600	2800	2400
2	投资收入	580	660	490

图 386-1　　　　　　　　　　　　　　　图 386-2

主要代码如下。

```
import pandas as pd#导入pandas库，并使用pd重命名pandas
#读取myexcel.xlsx文件的Sheet1工作表
df=pd.read_excel('myexcel.xlsx',sheet_name='Sheet1')
df  #输出df的所有数据
#将宽表(宽数据集)转换为长表(长数据集)
df=pd.melt(df,id_vars =['类别'],value_vars=['2020年','2019年','2018年'],
         var_name='年份',value_name='金额(亿元)')
#df=pd.melt(df,id_vars=['类别'],var_name='年份',value_name='金额(亿元)')
##仅转换2020年
```

```
#df=pd.melt(df,id_vars =['类别'],value_vars='2020年',
#           var_name='年份', value_name='金额(亿元)')
df #输出df在将宽表(宽数据集)转换为长表(长数据集)之后的所有数据
```

在上面这段代码中，df=pd.melt(df,id_vars=['类别'],value_vars=['2020 年','2019 年','2018 年'],var_name='年份',value_name='金额(亿元)')表示将 df 从宽表转换为长表；参数 id_vars=['类别']表示类别列不执行转换；参数 value_vars=['2020 年','2019 年','2018 年']表示对 2020 年、2019 年、2018 年这 3 列数据执行转换；参数 var_name='年份'表示转换之后的变量名称，如果不设置此参数值，将输出为 variable；参数 value_name ='金额(亿元)'表示转换之后的值名称，如果不设置此参数值，将输出为 value。

此案例的主要源文件是 MyCode\H150\H150.ipynb。

387 使用 pivot()将长表转换为宽表

此案例主要演示了使用 pivot()函数将 DataFrame 从长表（长数据集）转换为宽表（宽数据集）。当在 Jupyter Notebook 中运行此案例代码之后，将把 DataFrame 从长表转换为宽表，效果分别如图 387-1 和图 387-2 所示。

	类别	年份	金额(亿元)
0	建材收入	2020年	8800
1	汽车收入	2020年	1600
2	投资收入	2020年	580
3	建材收入	2019年	6000
4	汽车收入	2019年	2800
5	投资收入	2019年	660
6	建材收入	2018年	5200
7	汽车收入	2018年	2400
8	投资收入	2018年	490

图 387-1

年份	2018年	2019年	2020年
类别			
建材收入	5200	6000	8800
投资收入	490	660	580
汽车收入	2400	2800	1600

图 387-2

主要代码如下。

```
import pandas as pd#导入pandas库，并使用pd重命名pandas
#读取myexcel.xlsx文件的Sheet1工作表
df=pd.read_excel('myexcel.xlsx',sheet_name='Sheet1')
df#输出df的所有数据
#将df从长表(长数据集)转换为宽表(宽数据集)
df.pivot(index='类别', columns='年份', values='金额(亿元)')
#df.pivot(index='年份', columns='类别', values='金额(亿元)')
```

在上面这段代码中，df.pivot(index='类别', columns='年份', values='金额(亿元)')表示将 df 从长

表转换为宽表。

此案例的主要源文件是 MyCode\H156\H156.ipynb。

388 使用 stack()将宽表转换为长表

此案例主要演示了使用 stack()函数将 DataFrame 从宽表转换为长表。当在 Jupyter Notebook 中运行此案例代码之后，将把 DataFrame 从宽表转换为长表，效果分别如图 388-1 和图 388-2 所示。

类别	销量			毛收入		
	盐水鸭	酱鸭	板鸭	盐水鸭	酱鸭	板鸭
2020/4/5	1800	1600	2400	90000	68800	91200
2020/4/6	2600	1800	2000	130000	77400	76000
2020/4/7	2400	2100	5900	120000	90300	224200

图 388-1

	类别	毛收入	销量
2020/4/5	板鸭	91200	2400
	盐水鸭	90000	1800
	酱鸭	68800	1600
2020/4/6	板鸭	76000	2000
	盐水鸭	130000	2600
	酱鸭	77400	1800
2020/4/7	板鸭	224200	5900
	盐水鸭	120000	2400
	酱鸭	90300	2100

图 388-2

主要代码如下。

```
import pandas as pd#导入pandas库，并使用pd重命名pandas
#读取myexcel.xlsx文件的Sheet1工作表，
#且设置第1、2行为表头，设置第1列为行标签
df=pd.read_excel('myexcel.xlsx',sheet_name='Sheet1',header=[0,1],index_col=0)
df  #输出df的所有数据
#将df从宽表转换为长表
df.stack()
#df.stack(level=1)
##将df从宽表转换为长表(仅转换第0级)
#df.stack(level=0)
```

在上面这段代码中，df.stack()表示将 df 从宽表转换为长表，或者说从平铺样式转换为堆叠样式；该代码等效于 df.stack(level=1)。

此案例的主要源文件是 MyCode\H783\H783.ipynb。

389 使用 unstack()将长表转换为宽表

此案例主要演示了使用 unstack()函数将 DataFrame 从长表转换为宽表。当在 Jupyter Notebook

中运行此案例代码之后,将把 DataFrame 从长表转换为宽表,效果分别如图 389-1 和图 389-2 所示。

	类别	毛收入	销量
2020/4/5	板鸭	91200	2400
	盐水鸭	90000	1800
	酱鸭	68800	1600
2020/4/6	板鸭	76000	2000
	盐水鸭	130000	2600
	酱鸭	77400	1800
2020/4/7	板鸭	224200	5900
	盐水鸭	120000	2400
	酱鸭	90300	2100

图 389-1

	毛收入			销量		
类别	板鸭	盐水鸭	酱鸭	板鸭	盐水鸭	酱鸭
2020/4/5	91200	90000	68800	2400	1800	1600
2020/4/6	76000	130000	77400	2000	2600	1800
2020/4/7	224200	120000	90300	5900	2400	2100

图 389-2

主要代码如下。

```
import pandas as pd#导入 pandas 库,并使用 pd 重命名 pandas
#读取 myexcel.xlsx 文件的 Sheet1 工作表,
#且设置第 1 行为表头,设置第 1、2 列为行标签
df=pd.read_excel('myexcel.xlsx',sheet_name='Sheet1',header=[0],index_col=[0,1])
df#输出 df 的所有数据
#将 df 从长表转换为宽表
df.unstack()
```

在上面这段代码中,df.unstack()表示将 df 从长表转换为宽表,或者说从堆叠样式转换为平铺样式。

此案例的主要源文件是 MyCode\H784\H784.ipynb。

390　使用 stack()将多行数据转换成一行

此案例主要演示了使用 stack()、to_frame()等函数将 DataFrame 的多行数据转换成一行数据。当在 Jupyter Notebook 中运行此案例代码之后,将把 DataFrame 的多行数据转换成一行数据,效果分别如图 390-1 和图 390-2 所示。

	股票名称	流通市值	净利润
0	工商银行	12800	1634.0
1	贵州茅台	20800	246.5
2	中国平安	5601	580.0

图 390-1

	0			1			2		
	股票名称	流通市值	净利润	股票名称	流通市值	净利润	股票名称	流通市值	净利润
0	工商银行	12800	1634.0	贵州茅台	20800	246.5	中国平安	5601	580.0

图 390-2

主要代码如下。

```
import pandas as pd#导入pandas库，并使用pd重命名pandas
#读取myexcel.xlsx文件的Sheet1工作表
df=pd.read_excel('myexcel.xlsx',sheet_name='Sheet1')
df#输出df的所有数据
#将df的多行数据转换成一行数据
df.stack().to_frame().T
```

在上面这段代码中，df.stack().to_frame().T表示将df的多行数据转换成一行数据。
此案例的主要源文件是MyCode\H547\H547.ipynb。

391 使用crosstab()根据行列创建交叉表

此案例主要演示了使用crosstab()函数根据DataFrame创建交叉表。交叉表是用于统计分组
频率的特殊透视表，即将两个或者多个列中不重复的元素组成一个新DataFrame，新DataFrame
的行和列交叉的部分值为其组合在原DataFrame的数量。当在Jupyter Notebook中运行此案例代
码之后，将根据DataFrame的行业列和操作策略列创建交叉表，效果分别如图391-1和图391-2
所示。

	股票名称	成交额	流通市值	总市值	净利润	行业	操作策略
0	工商银行	9.55	12800.0	16900	1634.0	金融	买入
1	贵州茅台	86.31	20800.0	20800	246.5	白酒	买入
2	中国平安	46.67	5601.0	9452	580.0	金融	买入
3	中国石化	10.45	4166.0	5278	391.5	石油	观望
4	中国石油	9.09	8177.0	9242	530.3	石油	卖出
5	建设银行	6.99	576.5	15000	1533.0	金融	卖出

图391-1

操作策略	买入	卖出	观望
行业			
白酒	1	0	0
石油	0	1	1
金融	2	1	0

图391-2

主要代码如下。

```
import pandas as pd#导入pandas库，并使用pd重命名pandas
#读取myexcel.xlsx文件的Sheet1工作表
df=pd.read_excel('myexcel.xlsx',sheet_name='Sheet1')
df #输出df的所有数据
#在df中根据行业列和操作策略列创建交叉表
pd.crosstab(df.行业,df.操作策略)
#pd.crosstab(df.行业,df.操作策略,margins=True)
#pd.crosstab(df.行业,[df.操作策略,df.成交额], margins=True)
```

在上面这段代码中，pd.crosstab(df.行业,df.操作策略)表示根据df的行业列和操作策略列创
建交叉表，如图391-2所示。在图391-2中的数字2表示在df的金融行业中、操作策略为买入
的股票有两种，其他数字以此类推。

此案例的主要源文件是 MyCode\H785\H785.ipynb。

392 使用 crosstab()创建交叉表并计算合计

此案例主要演示了使用 crosstab()函数根据 DataFrame 创建交叉表，并计算指定列的合计。当在 Jupyter Notebook 中运行此案例代码之后，将根据 DataFrame 的行业列和操作策略列创建交叉表，并计算其成交额列的合计，效果分别如图 392-1 和图 392-2 所示。

	股票名称	成交额	流通市值	总市值	净利润	行业	操作策略
0	工商银行	9.55	12800.0	16900	1634.0	金融	买入
1	贵州茅台	86.31	20800.0	20800	246.5	白酒	买入
2	中国平安	46.67	5601.0	9452	580.0	金融	买入
3	中国石化	10.45	4166.0	5278	391.5	石油	观望
4	中国石油	9.09	8177.0	9242	530.3	石油	卖出
5	建设银行	6.99	576.5	15000	1533.0	金融	卖出

图 392-1

操作策略 行业	买入	卖出	观望
白酒	86.31	0.00	0.00
石油	0.00	9.09	10.45
金融	56.22	6.99	0.00

图 392-2

主要代码如下。

```
import pandas as pd#导入pandas库，并使用pd重命名pandas
#读取myexcel.xlsx文件的Sheet1工作表
df=pd.read_excel('myexcel.xlsx',sheet_name='Sheet1')
df#输出df的所有数据
#导入numpy库，并使用np重命名numpy
import numpy as np
#在df中根据行业列和操作策略列创建交叉表，并计算其成交额合计
pd.crosstab(df.行业,df.操作策略,values=df.成交额, aggfunc=np.sum).fillna(0)
```

在上面这段代码中，pd.crosstab(df.行业,df.操作策略,values=df.成交额, aggfunc=np.sum).fillna(0)表示根据 df 的行业列和操作策略列创建交叉表并计算其成交额列的合计。在图 392-2 中的数据 56.22 表示在 df 的金融行业中，操作策略为买入的所有股票的成交额合计是 56.22=9.55+46.67，其他数据以此类推。

此案例的主要源文件是 MyCode\H786\H786.ipynb。

393 使用 explode()将列表成员扩展为多行

此案例主要演示了使用 explode()函数在 DataFrame 中将指定列的列表成员转换成行。当在 Jupyter Notebook 中运行此案例代码之后，将在 DataFrame 中把分管部门列的 [人事处, 总务处]和[教务处, 学生处, 招生处]这两个列表的所有成员转换成多行，效果分别如图 393-1 和图 393-2 所示。

	姓名	出生日期	最高学位	职务	分管部门
0	吴多	1975-02-12	博士	校长	财务处
1	刘功德	1979-06-18	硕士	副校长	人事处
2	刘功德	1979-06-18	硕士	副校长	总务处
3	张跃	1981-08-26	博士	副校长	教务处
4	张跃	1981-08-26	博士	副校长	学生处
5	张跃	1981-08-26	博士	副校长	招生处

	姓名	出生日期	最高学位	职务	分管部门
0	吴多	1975-02-12	博士	校长	财务处
1	刘功德	1979-06-18	硕士	副校长	[人事处, 总务处]
2	张跃	1981-08-26	博士	副校长	[教务处, 学生处, 招生处]

图 393-1

图 393-2

主要代码如下。

```
import pandas as pd#导入pandas库，并使用pd重命名pandas
#读取myexcel.xlsx文件的Sheet1工作表
df=pd.read_excel('myexcel.xlsx',sheet_name='Sheet1')
df['分管部门']=['财务处',['人事处','总务处'],['教务处','学生处','招生处']]
df  #输出df的所有数据
#将df的分管部门列的所有列表成员转换成行，且忽略行索引
#df.explode('分管部门').reset_index(drop=True)
df.explode('分管部门',ignore_index=True)
##将df的分管部门列的所有列表成员转换成行，且保留原始行索引
#df.explode('分管部门')
```

在上面这段代码中，df.explode('分管部门',ignore_index=True)表示将df的分管部门列的所有列表成员转换成行，且忽略行索引。

此案例的主要源文件是 MyCode\H029\H029.ipynb。

394 使用 explode() 筛选互为好友的数据

此案例主要演示了使用 split()、explode()、agg()、sort_values() 等函数在 DataFrame 中筛选互为好友的数据。当在 Jupyter Notebook 中运行此案例代码之后，将在 DataFrame 中筛选互为好友的数据，效果分别如图 394-1 和图 394-2 所示。

	用户	好友
0	落花听雨	找不回的容颜,你笑起来真好看,依然如故,宝贝
1	你笑起来真好看	梦幻人生,一直很安静,自由自在
2	依然如故	找不回的容颜,自由自在,落花听雨
3	棉花糖	海阔天空,落花听雨
4	自由自在	知心人赞必回,你笑起来真好看,天涯

	互为好友
0	['依然如故', '落花听雨']
1	['你笑起来真好看', '自由自在']

图 394-1

图 394-2

主要代码如下。

```
import pandas as pd#导入pandas库，并使用pd重命名pandas
#读取myexcel.xlsx文件的Sheet1工作表
df=pd.read_excel('myexcel.xlsx',sheet_name='Sheet1')
df#输出df的所有数据
#在df中筛选两个用户互为好友的数据
pd.DataFrame(df.assign(好友=lambda x: x.好友.str.split(',')).\
            explode('好友').agg(lambda x:pd.Series(list(x), dtype=str).\
            sort_values().to_list(),axis=1).astype(str).value_counts().\
            loc[lambda x: x>1].index,columns=['互为好友'])
```

在上面这段代码中，pd.DataFrame(df.assign(好友=lambda x: x.好友.str.split(',')).explode('好友')
.agg(lambda x:pd.Series(list(x),dtype=str).sort_values().to_list(),axis=1).astype(str).value_counts().loc
[lambda x: x>1].index,columns=['互为好友'])表示在df中筛选两个用户互为好友的数据，单独测试df.assign(好友=lambda x: x.好友.str.split(','))。explode('好友')，即可看出好友列的数据是如何拆分的。

此案例的主要源文件是MyCode\H553\H553.ipynb。

395 使用explode()在组内容之前插入组名

此案例主要演示了使用explode()、agg()、groupby()等函数在DataFrame中实现在组内容之前插入组名。当在Jupyter Notebook中运行此案例代码之后，将在DataFrame中把出版社插入该出版社出版的所有图书的前面，效果分别如图395-1和图395-2所示。

	出版社	书名
0	清华大学出版社	Bootstrap+Vue.js前端开发超实用代码集锦
1	清华大学出版社	jQuery炫酷应用实例集锦
2	清华大学出版社	HTML5+CSS3炫酷应用实例集锦
3	中国水利水电出版社	Visual C#2005数据库开发经典案例
4	中国水利水电出版社	Visual Basic 2005编程技巧大全

图395-1

	书名
0	中国水利水电出版社
1	Visual C#2005数据库开发经典案例
2	Visual Basic 2005编程技巧大全
3	清华大学出版社
4	Bootstrap+Vue.js前端开发超实用代码集锦
5	jQuery炫酷应用实例集锦
6	HTML5+CSS3炫酷应用实例集锦

图395-2

主要代码如下。

```
import pandas as pd#导入pandas库，并使用pd重命名pandas
#读取myexcel.xlsx文件的Sheet1工作表
df=pd.read_excel('myexcel.xlsx',sheet_name='Sheet1')
df#输出df的所有数据
#在df中将出版社的名字插入书名的前面
出版社=df.groupby('出版社').agg({'出版社': set}).agg({'出版社':
                          list}).rename(columns={'出版社':'书名'})
```

```
书名=df.groupby('出版社').agg({'书名': list})
(出版社+书名).explode('书名').reset_index(drop=True)
```

在上面这段代码中,(出版社+书名).explode('书名').reset_index(drop=True)表示在 df 中将出版社的名字插入书名的前面。

此案例的主要源文件是 MyCode\H556\H556.ipynb。

396　使用 pivot_table()根据指定列进行分组

此案例主要演示了使用 pivot_table()函数根据指定列在 DataFrame 中进行分组。当在 Jupyter Notebook 中运行此案例代码之后,将在 DataFrame 中根据年份列进行分组,效果分别如图 396-1 和图 396-2 所示。

	类别	年份	金额(亿元)
0	建材收入	2020年	8800
1	汽车收入	2020年	1600
2	投资收入	2020年	580
3	建材收入	2019年	6000
4	汽车收入	2019年	2800
5	投资收入	2019年	660
6	建材收入	2018年	5200
7	汽车收入	2018年	2400
8	投资收入	2018年	490

图 396-1

		金额(亿元)
年份	类别	
2018年	建材收入	5200
	投资收入	490
	汽车收入	2400
2019年	建材收入	6000
	投资收入	660
	汽车收入	2800
2020年	建材收入	8800
	投资收入	580
	汽车收入	1600

图 396-2

主要代码如下。

```
import pandas as pd#导入 pandas 库,并使用 pd 重命名 pandas
#读取 myexcel.xlsx 文件的 Sheet1 工作表
df=pd.read_excel('myexcel.xlsx',sheet_name='Sheet1')
df  #输出 df 的所有数据
#根据年份列和类别列对 df 进行分组
df=pd.pivot_table(df,index=["年份","类别"],values=["金额(亿元)"])
#df=pd.pivot_table(df,index=["年份","类别"])
#df=pd.pivot_table(df,index=["类别","年份"])
df  #输出 df 在分组之后的所有数据
```

在上面这段代码中, df=pd.pivot_table(df,index=["年份","类别"],values=["金额(亿元)"])表示在 df 中根据年份列和类别列进行分组,该代码也可以写成 df=pd.pivot_table(df,index=["年份","类别"])。

此案例的主要源文件是 MyCode\H151\H151.ipynb。

397 使用 pivot_table()获取分组平均值

此案例主要演示了使用 pivot_table()函数根据指定列在 DataFrame 中进行分组，并获取各个分组指定列的平均值和中位数。当在 Jupyter Notebook 中运行此案例代码之后，将在 DataFrame 中根据行业列进行分组，并获取各个分组的最新价和涨跌额的平均值和中位数，效果分别如图 397-1 和图 397-2 所示。

	股票代码	股票名称	最新价	涨跌额	行业	操作策略
0	300095	华伍股份	12.23	0.24	机械	买入
1	300503	昊志机电	11.45	0.16	机械	观望
2	600256	广汇能源	3.63	0.13	石油	卖出
3	600583	海油工程	4.26	0.06	石油	观望
4	600688	上海石化	3.45	0.03	石油	卖出
5	601318	中国平安	58.54	0.46	保险	观望
6	601319	中国人保	5.83	0.05	保险	观望
7	601628	中国人寿	31.42	0.49	保险	卖出
8	601857	中国石油	4.74	0.06	石油	买入
9	603701	德宏股份	9.27	0.09	机械	买入

图 397-1

	mean		median	
	最新价	涨跌额	最新价	涨跌额
行业				
保险	31.930000	0.333333	31.420	0.46
机械	10.983333	0.163333	11.450	0.16
石油	4.020000	0.070000	3.945	0.06

图 397-2

主要代码如下。

```
import pandas as pd#导入pandas库，并使用pd重命名pandas
import numpy as np#导入numpy库，并使用np重命名numpy
#读取myexcel.xlsx文件的Sheet1工作表
df=pd.read_excel('myexcel.xlsx',sheet_name='Sheet1')
df #输出df的所有数据
#在df中获取各个行业的最新价和涨跌额的平均值和中位数
df=pd.pivot_table(df,index=["行业"],values=["最新价","涨跌额"],
                  aggfunc=[np.mean,np.median])
#df=pd.pivot_table(df,index=["行业"],values=["最新价","涨跌额"],
#                  aggfunc={"最新价":np.mean,"涨跌额":np.median})
##在df中获取各个行业最新价的平均值
#df=pd.pivot_table(df,index="行业",values="最新价",aggfunc=np.mean)
df #输出df在获取各个行业的最新价和涨跌额的平均值和中位数之后的所有数据
```

在上面这段代码中，df=pd.pivot_table(df,index=["行业"],values=["最新价","涨跌额"],aggfunc=[np.mean,np.median])表示在 df 中根据行业列进行分组，并获取各个分组（各个行业）的最新价和涨跌额的平均值和中位数。

此案例的主要源文件是 MyCode\H152\H152.ipynb。

398 使用 pivot_table()获取多级分组平均值

此案例主要演示了在 pivot_table()函数中使用多个列设置 index 参数值，实现在 DataFrame 中进行多级分组并获取各个分组的平均值及分组成员的数量。当在 Jupyter Notebook 中运行此案例代码之后，将在 DataFrame 中首先根据行业列进行分组，然后在各个行业中根据操作策略列进行分组，再获取各个分组的最新价的平均值和股票个数，效果分别如图398-1 和图 398-2 所示。

	股票代码	股票名称	最新价	涨跌额	行业	操作策略
0	300095	华伍股份	12.23	0.24	机械	买入
1	300503	昊志机电	11.45	0.16	机械	观望
2	600256	广汇能源	3.63	0.13	石油	卖出
3	600583	海油工程	4.26	0.06	石油	观望
4	600688	上海石化	3.45	0.03	石油	卖出
5	601318	中国平安	58.54	0.46	保险	观望
6	601319	中国人保	5.83	0.05	保险	观望
7	601628	中国人寿	31.42	0.49	保险	卖出
8	601857	中国石油	4.74	0.06	石油	买入
9	603701	德宏股份	9.27	0.09	机械	买入

图 398-1

		mean	len
		最新价	最新价
行业	操作策略		
保险	卖出	31.420	1
	观望	32.185	2
机械	买入	10.750	2
	观望	11.450	1
石油	买入	4.740	1
	卖出	3.540	2
	观望	4.260	1

图 398-2

主要代码如下。

```
import pandas as pd#导入pandas库，并使用pd重命名pandas
import numpy as np#导入numpy库，并使用np重命名numpy
#读取myexcel.xlsx文件的Sheet1工作表
df=pd.read_excel('myexcel.xlsx',sheet_name='Sheet1')
df #输出df的所有数据
#在df中根据行业列和操作策略列进行分组并获取各个分组最新价的平均值和股票数量
df=pd.pivot_table(df,index=["行业","操作策略"],values=["最新价"],
                  aggfunc=[np.mean,len],fill_value=0)
#df=pd.pivot_table(df,index=["行业"],columns=["操作策略"],values=["最新价"],
#                  aggfunc=[np.mean,len],fill_value=0)
df  #输出df在获取各个分组最新价的平均值和股票数量之后的所有数据
```

在上面这段代码中，df=pd.pivot_table(df,index=["行业","操作策略"],values=["最新价"],aggfunc=[np.mean,len],fill_value=0)表示在 df 中根据行业列和操作策略列进行分组，并获取各个分组的最新价的平均值和股票数量，例如，在图 398-2 中，保险行业操作策略为卖出的股票有一只，其最新价的平均值是 31.420，保险行业操作策略为观望的股票有两只，其最新价的平均值是 32.185。

此案例的主要源文件是 MyCode\H153\H153.ipynb。

399 使用 pivot_table()实现多级分组并求和

此案例主要演示了在 pivot_table()函数中设置 margins 参数值为 True，实现在 DataFrame 中进行多级分组并获取各个分组的合计且在末尾输出各项数据的总和。当在 Jupyter Notebook 中运行此案例代码之后，将在 DataFrame 中首先根据行业列进行分组，然后在各个行业中根据操作策略列进行分组，再获取各个分组的涨跌额的合计和股票个数，最后在末尾输出各项数据的总和，效果分别如图 399-1 和图 399-2 所示。

	股票代码	股票名称	最新价	涨跌额	行业	操作策略
0	300095	华伍股份	12.23	0.24	机械	买入
1	300503	昊志机电	11.45	0.16	机械	观望
2	600256	广汇能源	3.63	0.13	石油	卖出
3	600583	海油工程	4.26	0.06	石油	观望
4	600688	上海石化	3.45	0.03	石油	卖出
5	601318	中国平安	58.54	0.46	保险	观望
6	601319	中国人保	5.83	0.05	保险	观望
7	601628	中国人寿	31.42	0.49	保险	卖出
8	601857	中国石油	4.74	0.06	石油	买入
9	603701	德宏股份	9.27	0.09	机械	买入

图 399-1

		sum	len
		涨跌额	涨跌额
行业	操作策略		
保险	卖出	0.49	1
	观望	0.51	2
机械	买入	0.33	2
	观望	0.16	1
石油	买入	0.06	1
	卖出	0.16	2
	观望	0.06	1
All		1.77	10

图 399-2

主要代码如下。

```
import pandas as pd#导入 pandas 库，并使用 pd 重命名 pandas
import numpy as np#导入 numpy 库，并使用 np 重命名 numpy
#读取 myexcel.xlsx 文件的 Sheet1 工作表
df=pd.read_excel('myexcel.xlsx',sheet_name='Sheet1')
df #输出 df 的所有数据
#在 df 中根据行业列和操作策略列进行分组并获取各个分组涨跌额的合计和股票数量
#且在末尾添加全部数据的总和
df=pd.pivot_table(df,index=["行业","操作策略"],values=["涨跌额"],
                  aggfunc=[np.sum,len],fill_value=0,margins=True)
#df=pd.pivot_table(df,index=["行业"],columns=["操作策略"],values=["涨跌额"],
#                  aggfunc=[np.sum,len],fill_value=0,margins=True)
df #输出 df 在获取各个分组涨跌额的合计和股票数量之后的所有数据
```

在上面这段代码中，df=pd.pivot_table(df,index=["行业","操作策略"],values=["涨跌额"],aggfunc=[np.sum,len],fill_value=0,margins=True)表示在 df 中首先根据行业列进行分组，然后在各个行业中根据操作策略列进行分组，再获取各个分组的涨跌额的合计和股票个数，最后在末尾输出各项数据的总和。

此案例的主要源文件是 MyCode\H154\H154.ipynb。

400 使用 pivot_table()对不同列执行不同函数

此案例主要通过在 pivot_table()函数中使用字典设置 aggfunc 参数值，实现在 DataFrame 中进行多级分组并在各个分组中使用不同的函数对不同的列执行不同的计算。当在 Jupyter Notebook 中运行此案例代码之后，将在 DataFrame 中首先根据行业列进行分组，然后在各个行业中根据操作策略列进行分组，再在各个分组中计算最新价的平均值和涨跌额的合计，效果分别如图 400-1 和图 400-2 所示。

	股票代码	股票名称	最新价	涨跌额	行业	操作策略
0	300095	华伍股份	12.23	0.24	机械	买入
1	300503	昊志机电	11.45	0.16	机械	观望
2	600256	广汇能源	3.63	0.13	石油	卖出
3	600583	海油工程	4.26	0.06	石油	观望
4	600688	上海石化	3.45	0.03	石油	卖出
5	601318	中国平安	58.54	0.46	保险	观望
6	601319	中国人保	5.83	0.05	保险	观望
7	601628	中国人寿	31.42	0.49	保险	卖出
8	601857	中国石油	4.74	0.06	石油	买入
9	603701	德宏股份	9.27	0.09	机械	买入

图 400-1

行业	操作策略	最新价	涨跌额
保险	卖出	31.420	0.49
	观望	32.185	0.51
机械	买入	10.750	0.33
	观望	11.450	0.16
石油	买入	4.740	0.06
	卖出	3.540	0.16
	观望	4.260	0.06

图 400-2

主要代码如下。

```
import pandas as pd#导入pandas库，并使用pd重命名pandas
import numpy as np#导入numpy库，并使用np重命名numpy
#读取myexcel.xlsx文件的Sheet1工作表
df=pd.read_excel('myexcel.xlsx',sheet_name='Sheet1')
df  #输出df的所有数据
#在df中根据行业列和操作策略列进行分组
#并对各个分组的最新价求平均值且对涨跌额求合计
df=pd.pivot_table(df,index=["行业","操作策略"],
                aggfunc={'最新价':np.mean,'涨跌额':np.sum})
df  #输出df在对各个分组的最新价求平均值且对涨跌额求合计之后的所有数据
```

在上面这段代码中，df=pd.pivot_table(df,index=["行业","操作策略"],aggfunc={'最新价':np.mean,'涨跌额':np.sum})表示在 df 中首先根据行业列进行分组，然后在各个行业中根据操作策略列进行分组，最后获取各个分组的最新价的平均值和涨跌额的合计。

此案例的主要源文件是 MyCode\H155\H155.ipynb。

401 使用 transpose()实现行列数据交换

此案例主要演示了使用 transpose()函数在 DataFrame 中交换(转置)行列数据。当在 Jupyter Notebook 中运行此案例代码之后，在 DataFrame 中将把行改变成列、列改变成行，效果分别如图 401-1 和图 401-2 所示。

	最高价	最低价	今开价	最新价	昨收价
海泰新光	120.59	110.20	114.09	117.10	114.09
金盘科技	16.99	16.43	16.50	16.99	16.56
聚石化学	34.30	33.52	33.90	34.00	33.90
鼎通科技	42.88	38.44	38.50	42.21	39.34
姜电电控	105.01	100.67	101.51	104.51	102.31

图 401-1

	海泰新光	金盘科技	聚石化学	鼎通科技	姜电电控
最高价	120.59	16.99	34.30	42.88	105.01
最低价	110.20	16.43	33.52	38.44	100.67
今开价	114.09	16.50	33.90	38.50	101.51
最新价	117.10	16.99	34.00	42.21	104.51
昨收价	114.09	16.56	33.90	39.34	102.31

图 401-2

主要代码如下。

```
import pandas as pd#导入 pandas 库，并使用 pd 重命名 pandas
#读取 myexcel.xlsx 文件的第 1 个工作表
df=pd.read_excel('myexcel.xlsx',index_col=0)
df#输出 df 的所有数据
#交换(转置)df 的行数据和列数据
df.transpose()
#df.T
```

在上面这段代码中，df.transpose()表示把 df 的行改变成列、列改变成行。df.T 也能够实现 df.transpose()相同的功能。

此案例的主要源文件是 MyCode\H430\H430.ipynb。

第7章

分组聚合

402　使用 groupby()根据单列数据分组求和

此案例主要演示了在 DataFrame 中使用 groupby()函数和 sum()函数根据指定列进行分组并对各个分组的所有数值型数据求和。当在 Jupyter Notebook 中运行此案例代码之后,将在 DataFrame 中根据行业列进行分组,并在各个分组中计算成交额列、流通市值列、总市值列、净利润列这 4 列数据的合计,效果分别如图 402-1 和图 402-2 所示。

	股票名称	成交额	流通市值	总市值	净利润	行业
0	工商银行	9.55	12800.0	16900	1634.0	金融
1	贵州茅台	86.31	20800.0	20800	246.5	白酒
2	中国平安	46.67	5601.0	9452	580.0	金融
3	中国石化	10.45	4166.0	5278	391.5	石油
4	中国石油	9.09	8177.0	9242	530.3	石油
5	建设银行	6.99	576.5	15000	1533.0	金融

图 402-1

	成交额	流通市值	总市值	净利润
行业				
白酒	86.31	20800.0	20800	246.5
石油	19.54	12343.0	14520	921.8
金融	63.21	18977.5	41352	3747.0

图 402-2

主要代码如下。

```
import pandas as pd  #导入pandas库,并使用pd重命名pandas
#读取myexcel.xlsx文件的Sheet1工作表
df=pd.read_excel('myexcel.xlsx',sheet_name='Sheet1')
df  #输出df的所有数据
#在df中根据行业列进行分组,并计算各个分组的成交额列、
#流通市值列、总市值列、净利润列这4列数据的合计
df.groupby('行业').sum()
#df.pipe(pd.DataFrame.groupby, '行业').sum().T
##在df中根据行业列进行分组,并计算各个分组的成交额列、
##流通市值列、总市值列、净利润列这4列数据的平均值
#df.groupby('行业').mean().T.round(2)
```

在上面这段代码中,df.groupby('行业').sum()表示首先在 df 中根据行业列进行分组,然后计

算各个分组的所有数值型数据（如成交额列、流通市值列、总市值列、净利润列）的合计。

此案例的主要源文件是 MyCode\H650\H650.ipynb。

403 使用 groupby()根据多列数据分组求和

此案例主要通过在 groupby()函数的参数值中使用列表设置多个条件（多个列），实现在 DataFrame 中根据指定的多列数据进行多级分组并对各组所有的数值型数据求和。当在 Jupyter Notebook 中运行此案例代码之后，将在 DataFrame 中首先根据行业列进行分组，然后在各个行业分组中再根据操作策略列进行分组，最后计算两级分组的成交额列、流通市值列、总市值列、净利润列这 4 列数据的合计，效果分别如图 403-1 和图 403-2 所示。

	股票名称	成交额	流通市值	总市值	净利润	行业	操作策略
0	工商银行	9.55	12800.0	16900	1634.0	金融	买入
1	贵州茅台	86.31	20800.0	20800	246.5	白酒	买入
2	中国平安	46.67	5601.0	9452	580.0	金融	买入
3	中国石化	10.45	4166.0	5278	391.5	石油	观望
4	中国石油	9.09	8177.0	9242	530.3	石油	卖出
5	建设银行	6.99	576.5	15000	1533.0	金融	卖出

图 403-1

行业	操作策略	成交额	流通市值	总市值	净利润
白酒	买入	86.31	20800.0	20800	246.5
石油	卖出	9.09	8177.0	9242	530.3
	观望	10.45	4166.0	5278	391.5
金融	买入	56.22	18401.0	26352	2214.0
	卖出	6.99	576.5	15000	1533.0

图 403-2

主要代码如下。

```
import pandas as pd  #导入 pandas 库，并使用 pd 重命名 pandas
#读取 myexcel.xlsx 文件的 Sheet1 工作表
df=pd.read_excel('myexcel.xlsx',sheet_name='Sheet1')
df  #输出 df 的所有数据
#在 df 中根据行业列和操作策略列进行分组，并计算各个分组的
#成交额列、流通市值列、总市值列、净利润列这 4 列数据的合计
df.groupby(['行业','操作策略']).sum()
##在 df 中根据行业列和操作策略列进行分组，并计算各个分组的
##成交额列、流通市值列、总市值列、净利润列这 4 列数据的平均值
#df.groupby(['行业','操作策略']).mean()
```

在上面这段代码中，df.groupby(['行业','操作策略']).sum()表示首先在 df 中根据行业列进行分组，然后在各个行业分组中根据操作策略列再次进行分组，最后按列计算各个分组的所有数值型数据（成交额列、流通市值列、总市值列、净利润列）的合计。

此案例的主要源文件是 MyCode\H651\H651.ipynb。

404 使用 groupby()分组并对指定列数据求和

此案例主要演示了使用 groupby()函数在 DataFrame 中根据指定列进行分组并使用 sum()函数对各个分组的指定列求和。当在 Jupyter Notebook 中运行此案例代码之后，将在 DataFrame 中首

先根据行业列进行分组，然后在各个分组中仅对成交额列的数据求和，效果分别如图 404-1 和图 404-2 所示。

	股票名称	成交额	流通市值	总市值	净利润	行业
0	工商银行	9.55	12800.0	16900	1634.0	金融
1	贵州茅台	86.31	20800.0	20800	246.5	白酒
2	中国平安	46.67	5601.0	9452	580.0	金融
3	中国石化	10.45	4166.0	5278	391.5	石油
4	中国石油	9.09	8177.0	9242	530.3	石油
5	建设银行	6.99	576.5	15000	1533.0	金融

图 404-1

行业	白酒	石油	金融
成交额	86.31	19.54	63.21

图 404-2

主要代码如下。

```
import pandas as pd    #导入pandas库，并使用pd重命名pandas
#读取myexcel.xlsx文件的Sheet1工作表
df=pd.read_excel('myexcel.xlsx',sheet_name='Sheet1')
df    #输出df的所有数据
#在df中首先根据行业列进行分组，然后在各个分组中仅计算成交额列的合计
pd.DataFrame(df.groupby('行业')['成交额'].sum()).T
#pd.DataFrame(df.groupby('行业').sum()['成交额']).T
```

在上面这段代码中，pd.DataFrame(df.groupby('行业')['成交额'].sum()).T 表示在 df 中首先根据行业列进行分组，然后在各个分组中仅对成交额列的数据求和，该代码也可以写成 pd.DataFrame(df.groupby('行业').sum()['成交额']).T。

此案例的主要源文件是 MyCode\H652\H652.ipynb。

405　在 groupby()中设置分组键为非索引列

此案例主要通过在 groupby()函数中设置 as_index 参数值为 False，实现在 DataFrame 中根据指定列进行分组求和并将分组键（进行分组的列）设置为非索引列。当在 Jupyter Notebook 中运行此案例代码之后，将在 DataFrame 中首先根据行业列进行分组，然后对成交额列、流通市值列、总市值列和净利润列这 4 列数据求和，且设置行业列为非索引列，效果分别如图 405-1 和图 405-2 所示。

	股票名称	成交额	流通市值	总市值	净利润	行业
0	工商银行	9.55	12800.0	16900	1634.0	金融
1	贵州茅台	86.31	20800.0	20800	246.5	白酒
2	中国平安	46.67	5601.0	9452	580.0	金融
3	中国石化	10.45	4166.0	5278	391.5	石油
4	中国石油	9.09	8177.0	9242	530.3	石油
5	建设银行	6.99	576.5	15000	1533.0	金融

图 405-1

	行业	成交额	流通市值	总市值	净利润
0	白酒	86.31	20800.0	20800	246.5
1	石油	19.54	12343.0	14520	921.8
2	金融	63.21	18977.5	41352	3747.0

图 405-2

主要代码如下。

```
import pandas as pd#导入pandas库，并使用pd重命名pandas
#读取myexcel.xlsx文件的Sheet1工作表
df=pd.read_excel('myexcel.xlsx',sheet_name='Sheet1')
df#输出df的所有数据
#首先在df中根据行业列进行分组，然后计算各个分组的成交额列、流通市值列、
#总市值列、净利润列这4列数据的合计，且设置分组键(行业列)为非索引列
df.groupby(['行业'],as_index=False).sum()
df.groupby(['行业']).sum().reset_index()
##首先在df中根据行业列进行分组，然后计算各个分组的成交额列、
##流通市值列、总市值列、净利润列这4列数据的合计
#df.groupby(['行业']).sum()
```

在上面这段代码中，df.groupby(['行业'],as_index=False).sum()表示首先在df中根据行业列进行分组，然后在各个分组中对成交额列、流通市值列、总市值列和净利润列这4列数据求和，且设置行业列为非索引列；df.groupby(['行业']).sum().reset_index()也能实现类似的功能。

此案例的主要源文件是MyCode\H653\H653.ipynb。

406　重命名在使用groupby()分组之后的列名

此案例主要演示了使用groupby()函数和sum()函数对DataFrame分组求和并使用rename()函数重命名分组求和之后的列名。当在 Jupyter Notebook 中运行此案例代码之后，将在DataFrame 中首先根据行业列进行分组，然后对各个分组的成交额列、流通市值列、总市值列和净利润列求和，最后将分组求和之后的成交额、流通市值、总市值和净利润这4个列名重命名为成交额合计、流通市值合计、总市值合计和净利润合计，效果分别如图 406-1 和图 406-2 所示。

	股票名称	成交额	流通市值	总市值	净利润	行业
0	工商银行	9.55	12800.0	16900	1634.0	金融
1	贵州茅台	86.31	20800.0	20800	246.5	白酒
2	中国平安	46.67	5601.0	9452	580.0	金融
3	中国石化	10.45	4166.0	5278	391.5	石油
4	中国石油	9.09	8177.0	9242	530.3	石油
5	建设银行	6.99	576.5	15000	1533.0	金融

图 406-1

	行业	成交额合计	流通市值合计	总市值合计	净利润合计
0	白酒	86.31	20800.0	20800	246.5
1	石油	19.54	12343.0	14520	921.8
2	金融	63.21	18977.5	41352	3747.0

图 406-2

主要代码如下。

```
import pandas as pd#导入pandas库，并使用pd重命名pandas
#读取myexcel.xlsx文件的Sheet1工作表
df=pd.read_excel('myexcel.xlsx',sheet_name='Sheet1')
```

```
df  #输出 df 的所有数据
#首先在 df 中根据行业列进行分组，然后计算各个分组的
#成交额列、流通市值列、总市值列、净利润列这 4 列数据的合计
dfsum=df.groupby(['行业'],as_index=False).sum()
#重命名分组求和之后的列名
dfsum.rename(columns={'成交额':'成交额合计','流通市值':'流通市值合计',
                      '总市值':'总市值合计', '净利润':'净利润合计'})
```

在上面这段代码中，dfsum=df.groupby(['行业'],as_index=False).sum()表示首先在 df 中根据行业列进行分组，然后在各个分组中对成交额列、流通市值列、总市值列和净利润列这 4 列数据进行求和得到 dfsum。dfsum.rename(columns={'成交额':'成交额合计','流通市值':'流通市值合计','总市值':'总市值合计','净利润':'净利润合计'})表示在 dfsum 中将成交额、流通市值、总市值和净利润这 4 个列名重命名为成交额合计、流通市值合计、总市值合计和净利润合计。

此案例的主要源文件是 MyCode\H655\H655.ipynb。

407　自定义在使用 groupby()分组之后的列名

此案例主要通过使用 groupby()函数和 agg()函数，实现在 DataFrame 中根据指定列进行分组并在各个分组中计算指定列的合计和平均值，且自定义由此产生的新列名。当在 Jupyter Notebook 中运行此案例代码之后，将在 DataFrame 中首先根据行业列进行分组，然后计算各个分组净利润列的合计和平均值，且使用净利润分组合计和净利润分组平均值自定义这两个列名，效果分别如图 407-1 和图 407-2 所示。

	股票名称	成交额	流通市值	总市值	净利润	行业
0	工商银行	9.55	12800.0	16900	1634.0	金融
1	贵州茅台	86.31	20800.0	20800	246.5	白酒
2	中国平安	46.67	5601.0	9452	580.0	金融
3	中国石化	10.45	4166.0	5278	391.5	石油
4	中国石油	9.09	8177.0	9242	530.3	石油
5	建设银行	6.99	576.5	15000	1533.0	金融

图 407-1

行业	净利润分组合计	净利润分组平均值
白酒	246.5	246.5
石油	921.8	460.9
金融	3747.0	1249.0

图 407-2

主要代码如下。

```
import pandas as pd  #导入 pandas 库，并使用 pd 重命名 pandas
#读取 myexcel.xlsx 文件的 Sheet1 工作表
df=pd.read_excel('myexcel.xlsx',sheet_name='Sheet1')
df  #输出 df 的所有数据
#在 df 中根据行业列进行分组，然后计算各个分组净利润列的合计和平均值并自定义列名
df.groupby(by=['行业'])['净利润'].agg([('净利润分组合计','sum'),
                                   ('净利润分组平均值','mean')])
```

在上面这段代码中，df.groupby(by=['行业'])['净利润'].agg([('净利润分组合计','sum'), ('净利润分组平均值','mean')])表示在 df 中首先根据行业列进行分组，然后计算各个分组净利润列的合计和平均值，且使用净利润分组合计和净利润分组平均值自定义这两个列名。

此案例的主要源文件是 MyCode\H057\H057.ipynb。

408　使用 groupby() 分组并统计各组的个数

此案例主要通过使用 groupby() 函数和 size() 函数，从而实现在 DataFrame 中根据指定列进行分组并获取各个分组的成员个数。当在 Jupyter Notebook 中运行此案例代码之后，将在 DataFrame 中根据行业列进行分组，并统计各个分组的成员个数（股票个数），效果分别如图 408-1 和图 408-2 所示。

	股票名称	成交额	流通市值	总市值	净利润	行业
0	工商银行	9.55	12800.0	16900	1634.0	金融
1	贵州茅台	86.31	20800.0	20800	246.5	白酒
2	中国平安	46.67	5601.0	9452	580.0	金融
3	中国石化	10.45	4166.0	5278	391.5	石油
4	中国石油	9.09	8177.0	9242	530.3	石油
5	建设银行	6.99	576.5	15000	1533.0	金融

图 408-1

	行业	股票个数
0	白酒	1
1	石油	2
2	金融	3

图 408-2

主要代码如下。

```
import pandas as pd   #导入 pandas 库，并使用 pd 重命名 pandas
#读取 myexcel.xlsx 文件的 Sheet1 工作表
df=pd.read_excel('myexcel.xlsx',sheet_name='Sheet1')
df   #输出 df 的所有数据
#首先在 df 中根据行业列进行分组，然后统计各个分组的个数
df.groupby(['行业'],as_index=False).size().rename(columns={'size':'股票个数'})
```

在上面这段代码中，df.groupby(['行业'],as_index=False).size().rename(columns={'size':'股票个数'})表示首先在 df 中根据行业列进行分组，然后统计各个分组的成员个数。

此案例的主要源文件是 MyCode\H705\H705.ipynb。

409　使用 groupby() 分组并获取各组的明细

此案例主要通过使用 groupby() 函数和 get_group() 函数，实现在 DataFrame 中根据指定列进行分组并获取各个分组的明细。当在 Jupyter Notebook 中运行此案例代码之后，将在 DataFrame 中根据行业列进行分组，并获取各个行业分组的明细，效果分别如图 409-1～图 409-3 所示。

股票代码	股票名称	最新价	涨跌额	行业
0	600688	上海石化	3.45	0.03	石油
1	601318	中国平安	58.54	0.46	保险
2	601319	中国人保	5.83	0.05	保险
3	601628	中国人寿	31.42	0.49	保险
4	601857	中国石油	4.74	0.06	石油

图 409-1

	股票代码	股票名称	最新价	涨跌额	行业
0	600688	上海石化	3.45	0.03	石油
4	601857	中国石油	4.74	0.06	石油

图 409-2

	股票代码	股票名称	最新价	涨跌额	行业
1	601318	中国平安	58.54	0.46	保险
2	601319	中国人保	5.83	0.05	保险
3	601628	中国人寿	31.42	0.49	保险

图 409-3

主要代码如下。

```
import pandas as pd#导入pandas库，并使用pd重命名pandas
#读取myexcel.xlsx文件的Sheet1工作表
df=pd.read_excel('myexcel.xlsx',sheet_name='Sheet1',dtype={'股票代码':str})
df#输出df的所有数据
#根据行业列进行分组，并获取石油行业的所有股票
df.groupby('行业',as_index=False).get_group('石油')
#根据行业列进行分组，并获取保险行业的所有股票
df.groupby('行业',as_index=False).get_group('保险')
```

在上面这段代码中，df.groupby('行业',as_index=False).get_group('石油')表示首先在 df 中根据行业列进行分组，然后根据指定的组名（如"石油"）获取该组的明细，即石油行业的所有股票。

此案例的主要源文件是 MyCode\H053\H053.ipynb。

410 使用 groupby()分组并获取多级分组明细

此案例主要通过使用 groupby()函数和 get_group()函数，实现在 DataFrame 中根据指定的多列数据进行分组并按照指定的级次获取多级分组的明细。当在 Jupyter Notebook 中运行此案例代码之后，将在 DataFrame 中根据操作策略列和行业列进行分组，然后根据分组级次名称（如'观望','保险'，必须与分组顺序一致）获取该分组的明细（即获取操作策略为观望且行业为保险分组的所有股票），效果分别如图 410-1 和图 410-2 所示。

	股票代码	股票名称	最新价	涨跌额	行业	操作策略
0	600256	广汇能源	3.63	0.13	石油	卖出
1	600583	海油工程	4.26	0.06	石油	观望
2	600688	上海石化	3.45	0.03	石油	卖出
3	601318	中国平安	58.54	0.46	保险	观望
4	601319	中国人保	5.83	0.05	保险	观望
5	601628	中国人寿	31.42	0.49	保险	卖出
6	601857	中国石油	4.74	0.06	石油	买入

图 410-1

	股票代码	股票名称	最新价	涨跌额	行业	操作策略
3	601318	中国平安	58.54	0.46	保险	观望
4	601319	中国人保	5.83	0.05	保险	观望

图 410-2

主要代码如下。

```
import pandas as pd#导入pandas库，并使用pd重命名pandas
#读取myexcel.xlsx文件的Sheet1工作表
df=pd.read_excel('myexcel.xlsx',sheet_name='Sheet1',dtype={'股票代码':str})
df#输出df的所有数据
#根据操作策略列和行业列进行分组，并获取操作策略为观望且行业为保险分组的所有股票
df.groupby(['操作策略','行业']).get_group(('观望','保险'))
```

在上面这段代码中，df.groupby(['操作策略','行业']).get_group(('观望','保险'))表示首先在 df 中根据操作策略列和行业列进行分组，然后根据指定的分组名称（如'观望','保险'）获取该分组的明细（获取操作策略为观望且行业为保险分组的所有股票）。

此案例的主要源文件是 MyCode\H054\H054.ipynb。

411 使用 groupby()分组并遍历各组的明细

此案例主要通过使用 groupby()函数和 for 循环，实现在 DataFrame 中根据指定列进行分组并遍历所有分组的明细。当在 Jupyter Notebook 中运行此案例代码之后，将在 DataFrame 中根据行业列进行分组，并遍历所有分组的明细，效果分别如图 411-1 和图 411-2 所示。

保险行业分组的所有股票如下：

	股票代码	股票名称	最新价	涨跌额	行业
1	601318	中国平安	58.54	0.46	保险
2	601319	中国人保	5.83	0.05	保险
3	601628	中国人寿	31.42	0.49	保险

石油行业分组的所有股票如下：

	股票代码	股票名称	最新价	涨跌额	行业
0	600688	上海石化	3.45	0.03	石油
4	601857	中国石油	4.74	0.06	石油

图 411-2

	股票代码	股票名称	最新价	涨跌额	行业
0	600688	上海石化	3.45	0.03	石油
1	601318	中国平安	58.54	0.46	保险
2	601319	中国人保	5.83	0.05	保险
3	601628	中国人寿	31.42	0.49	保险
4	601857	中国石油	4.74	0.06	石油

图 411-1

主要代码如下。

```
import pandas as pd#导入pandas库，并使用pd重命名pandas
#读取myexcel.xlsx文件的Sheet1工作表
df=pd.read_excel('myexcel.xlsx',sheet_name='Sheet1',dtype={'股票代码':str})
df #输出df的所有数据
#根据行业列进行分组，并遍历各个分组的所有数据
for name,group in df.groupby('行业'):
    print(name+'行业分组的所有股票如下：')
```

```
#display(group.head())
display(group)
```

在上面这段代码中，for name,group in df.groupby('行业')表示在 df 中根据行业列进行分组并遍历各个分组的明细，name 表示分组名称，group 表示各个分组。

此案例的主要源文件是 MyCode\H055\H055.ipynb。

412　使用 groupby()分组并计算各组移动平均值

此案例主要通过使用 groupby()函数、rolling()函数和 mean()函数等，实现在 DataFrame 中根据指定列进行分组并计算各个分组指定列的移动平均值。当在 Jupyter Notebook 中运行此案例代码之后，将在 DataFrame 中根据交易日期列的年份进行分组，并在各个分组中计算开盘价列和最高价列的三日移动平均值，效果分别如图 412-1 和图 412-2 所示。

交易日期	开盘价	最高价	最低价	收盘价
2020-09-08	10.07	10.09	10.01	10.05
2020-09-09	10.01	10.08	10.00	10.01
2020-09-10	10.06	10.06	9.94	9.96
2020-09-11	9.95	9.96	9.85	9.92
2021-09-06	9.22	9.31	9.20	9.21
2021-09-07	9.21	9.39	9.16	9.34
2021-09-08	9.34	9.39	9.29	9.34
2021-09-09	9.32	9.34	9.25	9.30
2021-09-10	9.32	9.48	9.31	9.41

图 412-1

交易日期	交易日期	开盘价	最高价
2020	2020-09-08	-	-
	2020-09-09	-	-
	2020-09-10	10.046667	10.076667
	2020-09-11	10.006667	10.033333
2021	2021-09-06	-	-
	2021-09-07	-	-
	2021-09-08	9.256667	9.363333
	2021-09-09	9.29	9.373333
	2021-09-10	9.326667	9.403333

图 412-2

主要代码如下。

```
import pandas as pd#导入pandas库,并使用pd重命名pandas
#读取myexcel.xlsx文件的Sheet1工作表
df=pd.read_excel('myexcel.xlsx',sheet_name='Sheet1',index_col=0)
df#输出df的所有数据
#首先在df中根据行标签的年份进行分组,然后计算各个
#分组的开盘价列和最高价列的三日移动平均值(rolling(3))
pd.DataFrame(df.groupby(lambda x: x.year).rolling(3)[['开盘价',
                        '最高价']].mean()).fillna('-')
```

在上面这段代码中，pd.DataFrame(df.groupby(lambda x: x.year).rolling(3)[['开盘价','最高价']].mean()).fillna('-')表示首先在 df 中根据交易日期列的年份进行分组，然后计算各个分组的开盘价列和最高价列的三日移动平均值(rolling(3))，最后使用 "-" 填充由此产生的 NaN。例如，在图 412-2 中，2020 年分组 2020-09-10 开盘价的移动平均值是 10.046667=(10.07+10.01+10.06)/3，

2020 年分组 2020-09-11 开盘价的移动平均值是 10.006667=(10.01+10.06+9.95)/3，其他移动平均值以此类推。

此案例的主要源文件是 MyCode\H707\H707.ipynb。

413　使用 groupby()分组并计算各组累加值

此案例主要通过使用 groupby()函数、expanding()函数和 sum()函数等，实现在 DataFrame 中根据指定列进行分组并计算各个分组指定列的累加值。当在 Jupyter Notebook 中运行此案例代码之后，将在 DataFrame 中根据交易日期列的年份进行分组，并在各个分组中计算所有数值列的累加值，效果分别如图 413-1 和图 413-2 所示。

	开盘价	最高价	最低价	收盘价
交易日期				
2020-09-08	10.07	10.09	10.01	10.05
2020-09-09	10.01	10.08	10.00	10.01
2020-09-10	10.06	10.06	9.94	9.96
2020-09-11	9.95	9.96	9.85	9.92
2021-09-06	9.22	9.31	9.20	9.21
2021-09-07	9.21	9.39	9.16	9.34
2021-09-08	9.34	9.39	9.29	9.34
2021-09-09	9.32	9.34	9.25	9.30
2021-09-10	9.32	9.48	9.31	9.41

图 413-1

交易日期	交易日期	开盘价	最高价	最低价	收盘价
2020	2020-09-08	10.07	10.09	10.01	10.05
	2020-09-09	20.08	20.17	20.01	20.06
	2020-09-10	30.14	30.23	29.95	30.02
	2020-09-11	40.09	40.19	39.80	39.94
2021	2021-09-06	9.22	9.31	9.20	9.21
	2021-09-07	18.43	18.70	18.36	18.55
	2021-09-08	27.77	28.09	27.65	27.89
	2021-09-09	37.09	37.43	36.90	37.19
	2021-09-10	46.41	46.91	46.21	46.60

图 413-2

主要代码如下。

```
import pandas as pd#导入 pandas 库，并使用 pd 重命名 pandas
#读取 myexcel.xlsx 文件的 Sheet1 工作表
df=pd.read_excel('myexcel.xlsx',sheet_name='Sheet1',index_col=0)
df #输出 df 的所有数据
#首先在 df 中根据行标签的年份进行分组，然后计算各个分组所有数值列的累加值
df.groupby(lambda x: x.year).expanding(min_periods=1).sum()
##首先在 df 中根据行标签的年份进行分组，
##然后在各个分组的所有数值列中获取前 n 个数据的最大值
#df.groupby(lambda x: x.year).expanding(min_periods=1).max()
##首先在 df 中根据行标签的年份进行分组，然后计算各个分组开盘价列和最高价列的累加值
#df.groupby(lambda x: x.year).expanding(min_periods=1)[['开盘价','最高价']].sum()
#df.groupby(lambda x: x.year)[['开盘价','最高价']].expanding(min_periods=1).sum()
```

在上面这段代码中，df.groupby(lambda x: x.year).expanding(min_periods=1).sum()表示首先在 df 中根据交易日期列的年份进行分组，然后计算各个分组所有数值列的累加值。例如，在图 413-2 中，2020 年分组 2020-09-10 开盘价的累加值是 30.14=10.07+ 10.01+10.06，2020 年分组

2020-09-11 开盘价的累加值是 40.09=10.07+ 10.01+10.06+ 9.95，2021 年分组 2021-09-09 开盘价的累加值是 37.09=9.22+9.21+9.34+9.32，2021 年分组 2021-09-10 开盘价的累加值是 46.41= 9.22+ 9.21+9.34+9.32+9.32，其他累加值以此类推。

此案例的主要源文件是 MyCode\H713\H713.ipynb。

414　使用 groupby()分组并获取各组最大值

此案例主要通过使用 groupby()、transform()等函数，实现在 DataFrame 中筛选指定分组的最大值。当在 Jupyter Notebook 中运行此案例代码之后，将在 DataFrame 中筛选出每天销量最大的图书，效果分别如图 414-1 和图 414-2 所示。

	日期	店铺名称	图书名称	销量
0	2021/10/16	西部书城	jQuery炫酷应用实例集锦	5
1	2021/10/16	西部书城	Vue.js前端开发超实用代码集锦	4
2	2021/10/16	长江书城	jQuery炫酷应用实例集锦	3
3	2021/10/16	长江书城	Vue.js前端开发超实用代码集锦	2
4	2021/10/17	西部书城	jQuery炫酷应用实例集锦	3
5	2021/10/17	西部书城	Vue.js前端开发超实用代码集锦	10
6	2021/10/17	科技书城	Vue.js前端开发超实用代码集锦	6
7	2021/10/18	西部书城	jQuery炫酷应用实例集锦	13
8	2021/10/18	科技书城	Vue.js前端开发超实用代码集锦	4
9	2021/10/18	长江书城	Android炫酷应用300例.	18

图 414-1

日期	图书名称	销量
2021/10/16	jQuery炫酷应用实例集锦	8
2021/10/17	Vue.js前端开发超实用代码集锦	16
2021/10/18	Android炫酷应用300例.	18

图 414-2

主要代码如下。

```
import pandas as pd#导入pandas库，并使用pd重命名pandas
#读取myexcel.xlsx文件的Sheet1工作表
df=pd.read_excel('myexcel.xlsx',sheet_name='Sheet1')
df  #输出df的所有数据
#在df中筛选每天销量最大的图书
df.groupby(['日期', '图书名称']).sum().loc[lambda x:
        x.销量==x.groupby('日期').transform(max).销量]
##在df中筛选每天销量最小的图书
#df.groupby(['日期', '图书名称']).sum().loc[lambda x:
        x.销量==x.groupby('日期').transform(min).销量]
```

在上面这段代码中，df.groupby(['日期', '图书名称']).sum().loc[lambda x:x.销量==x.groupby('日期').transform(max).销量]表示在 df 中筛选每天销量最大的图书。

此案例的主要源文件是 MyCode\H544\H544.ipynb。

415 使用 groupby() 分组并获取各组第二大值

此案例主要通过使用 sort_values()、groupby() 和 nth() 等函数，实现在 DataFrame 中根据指定列进行分组并获取各个分组指定列的第二大值。当在 Jupyter Notebook 中运行此案例代码之后，将在 DataFrame 中根据行业列进行分组，并获取各个分组最新价列的第二大值，效果分别如图 415-1 和图 415-2 所示。

	股票代码	股票名称	最新价	涨跌额	行业	操作策略
0	300095	华伍股份	12.23	0.24	机械	买入
1	300503	昊志机电	11.45	0.16	机械	观望
2	600256	广汇能源	3.63	0.13	石油	卖出
3	600583	海油工程	4.26	0.06	石油	观望
4	600688	上海石化	3.45	0.03	石油	卖出
5	601318	中国平安	58.54	0.46	保险	观望
6	601319	中国人保	5.83	0.05	保险	观望
7	601628	中国人寿	31.42	0.49	保险	卖出
8	601857	中国石油	4.74	0.06	石油	买入

图 415-1

	股票代码	股票名称	最新价	涨跌额	行业	操作策略
7	601628	中国人寿	31.42	0.49	保险	卖出
1	300503	昊志机电	11.45	0.16	机械	观望
3	600583	海油工程	4.26	0.06	石油	观望

图 415-2

主要代码如下。

```
import pandas as pd#导入pandas库，并使用pd重命名pandas
#读取 myexcel.xlsx 文件的 Sheet1 工作表
df=pd.read_excel('myexcel.xlsx',sheet_name='Sheet1',dtype={'股票代码':str})
df#输出 df 的所有数据
#在 df 中根据行业列进行分组，并获取各个分组最新价列的第二大值
df.sort_values(by='最新价',ascending=False).groupby(['行业'],as_index=False).
nth(1)
##在 df 中根据行业列进行分组，并获取各个分组最新价列的第三大值
#df.sort_values(by='最新价',ascending=False).groupby(['行业'],as_index=False).
nth(2)
#在 df 中根据行业列进行分组，并获取各个分组最新价列的最大值
#df.sort_values(by='最新价',ascending=False).groupby(['行业'],as_index=False).
nth(0)
#df.groupby(['行业'])[['最新价']].max().T
##在 df 中根据行业列进行分组，并获取各个分组最新价列的最大值和第二大值
#df.sort_values(by='最新价',ascending=False).groupby(['行业'],as_index=False).
nth([0,1])
```

在上面这段代码中，df.sort_values(by='最新价',ascending=False).groupby(['行业'],as_index=False).nth(1) 表示首先在 df 中根据最新价列执行降序排序，然后根据行业列执行分组，最后获取各个分组的第二大值；如果某个分组只有一条数据，则不显示该分组。

此案例的主要源文件是MyCode\H663\H663.ipynb。

416 使用groupby()分组并添加各组合计

此案例主要通过使用groupby()、agg()和merge()等函数，实现在DataFrame中根据指定列进行分组并计算各个分组指定列的合计，然后将分组合计添加到DataFrame。当在Jupyter Notebook中运行此案例代码之后，将在DataFrame中根据行业列进行分组，并计算各个分组净利润列的合计，然后将分组合计添加到DataFrame，效果分别如图416-1和图416-2所示。

	股票名称	行业	成交额	流通市值	总市值	净利润
0	工商银行	金融	9.55	12800.0	16900	1634.0
1	贵州茅台	白酒	86.31	20800.0	20800	246.5
2	中国平安	金融	46.67	5601.0	9452	580.0
3	中国石化	石油	10.45	4166.0	5278	391.5
4	中国石油	石油	9.09	8177.0	9242	530.3
5	建设银行	金融	6.99	576.5	15000	1533.0

图 416-1

	股票名称	行业	成交额	流通市值	总市值	净利润	净利润_分组合计
0	工商银行	金融	9.55	12800.0	16900	1634.0	3747.0
1	贵州茅台	白酒	86.31	20800.0	20800	246.5	246.5
2	中国平安	金融	46.67	5601.0	9452	580.0	3747.0
3	中国石化	石油	10.45	4166.0	5278	391.5	921.8
4	中国石油	石油	9.09	8177.0	9242	530.3	921.8
5	建设银行	金融	6.99	576.5	15000	1533.0	3747.0

图 416-2

主要代码如下。

```
import pandas as pd#导入pandas库，并使用pd重命名pandas
#读取myexcel.xlsx文件的Sheet1工作表
df=pd.read_excel('myexcel.xlsx',sheet_name='Sheet1')
df  #输出df的所有数据
#在df中根据行业列进行分组，并计算各个分组的净利润合计
df1=df.groupby(by='行业',as_index=False).agg({"净利润":"sum"})
#在df中根据行业列合并df1
pd.merge(df,df1,on="行业",how="left",suffixes=("","_分组合计"))
#df['净利润_分组合计']=df.groupby('行业')['净利润'].transform('sum')
#df['净利润_分组合计']=df.groupby('行业')['净利润'].transform(lambda x:x.sum())
#df['净利润_分组合计']=df['行业'].map(df.groupby('行业')['净利润'].sum().to_dict())
#df  #输出df在添加分组合计之后的所有数据
```

在上面这段代码中，df1=df.groupby(by='行业',as_index=False).agg({"净利润":"sum"})表示在 df 中根据行业列进行分组，并计算各个分组的净利润合计。pd.merge(df,df1,on="行业",how="left", suffixes=("","_分组合计"))表示在 df 中根据行业列(on="行业")以左连接方式(how="left")合并分组合计(df1)，且设置分组合计列名为"净利润_分组合计"。

此案例的主要源文件是 MyCode\H664\H664.ipynb。

417 使用 groupby()分组并添加分组占比

此案例主要通过使用 groupby()、agg()和 merge()等函数，实现在 DataFrame 中根据指定列进行分组，并计算各个分组指定列的合计和指定列与分组合计的占比，最后将计算结果添加到 DataFrame。当在 Jupyter Notebook 中运行此案例代码之后，将首先在 DataFrame 中根据行业列进行分组，然后计算各个分组净利润列的合计，并将每种股票的净利润除以该种股票所属行业的分组合计（分组占比），最后将分组合计和分组占比添加到 DataFrame，效果分别如图 417-1 和图 417-2 所示。

	股票名称	行业	成交额	流通市值	总市值	净利润
0	工商银行	金融	9.55	12800.0	16900	1634.0
1	贵州茅台	白酒	86.31	20800.0	20800	246.5
2	中国平安	金融	46.67	5601.0	9452	580.0
3	中国石化	石油	10.45	4166.0	5278	391.5
4	中国石油	石油	9.09	8177.0	9242	530.3
5	建设银行	金融	6.99	576.5	15000	1533.0

图 417-1

	股票名称	行业	成交额	流通市值	总市值	净利润	净利润分组合计	净利润分组占比
0	工商银行	金融	9.55	12800.0	16900	1634.0	3747.0	43.61%
1	贵州茅台	白酒	86.31	20800.0	20800	246.5	246.5	100.00%
2	中国平安	金融	46.67	5601.0	9452	580.0	3747.0	15.48%
3	中国石化	石油	10.45	4166.0	5278	391.5	921.8	42.47%
4	中国石油	石油	9.09	8177.0	9242	530.3	921.8	57.53%
5	建设银行	金融	6.99	576.5	15000	1533.0	3747.0	40.91%

图 417-2

主要代码如下。

```
import pandas as pd#导入pandas库，并使用pd重命名pandas
#读取myexcel.xlsx文件的Sheet1工作表
df=pd.read_excel('myexcel.xlsx',sheet_name='Sheet1')
df #输出df的所有数据
```

```
#在 df 中根据行业列进行分组，并计算各个分组净利润列的合计
df1=df.groupby(by='行业',as_index=False).agg({"净利润":"sum"})
#在 df 中根据行业列合并 df1
df2=pd.merge(df,df1,on="行业",how="left",suffixes=("","分组合计"))
#计算每种股票的净利润在本行业分组合计中的占比
df2["净利润分组占比"]=\
    (df2["净利润"]/df2["净利润分组合计"]).map(lambda x:"{:.2%}".format(x))
df2  #输出添加分组合计和分组占比之后的 df，即 df2
##在 df 中根据行业列进行分组，并计算各个分组净利润列的合计
#df['净利润分组合计']=df.groupby('行业')['净利润'].transform('sum')
##计算每种股票的净利润在本行业分组合计中的占比
#df["净利润分组占比"]=(df["净利润"]/df["净利润分组合计"]).apply(lambda x: format(x,
'.2%'))
#df#输出添加分组合计和分组占比之后的 df
```

在上面这段代码中，df1=df.groupby(by='行业',as_index=False).agg({"净利润":"sum"})表示在 df 中根据行业列进行分组并计算各个分组的净利润合计。df2=pd.merge(df,df1,on="行业",how="left",suffixes=("","分组合计"))表示在 df 中根据行业列（on="行业"）以左连接方式（how="left"）为每种股票添加净利润分组合计。df2["净利润分组占比"]=(df2["净利润"]/df2["净利润分组合计"]).map(lambda x:"{:.2%}".format(x))表示在 df2 中根据净利润列和净利润分组合计列计算净利润分组占比，且保留两位小数。

此案例的主要源文件是 MyCode\H665\H665.ipynb。

418　使用 groupby()分组求和并禁止排序

此案例主要通过在 groupby()函数中设置 sort 参数值为 False，实现在 DataFrame 中分组求和时禁止排序。当在 Jupyter Notebook 中运行此案例代码之后，将首先在 DataFrame 中根据行业列进行分组，然后在各个分组中计算成交额列、流通市值列、总市值列、净利润列这 4 列数据的合计，并禁止排序、禁止分组列成为行索引列，效果分别如图 418-1 和图 418-2 所示。

	股票名称	成交额	流通市值	总市值	净利润	行业	操作策略
0	工商银行	9.55	12800.0	16900	1634.0	金融	买入
1	贵州茅台	86.31	20800.0	20800	246.5	白酒	买入
2	中国平安	46.67	5601.0	9452	580.0	金融	买入
3	中国石化	10.45	4166.0	5278	391.5	石油	观望
4	中国石油	9.09	8177.0	9242	530.3	石油	卖出
5	建设银行	6.99	576.5	15000	1533.0	金融	卖出

图 418-1

	行业	成交额	流通市值	总市值	净利润
0	金融	63.21	18977.5	41352	3747.0
1	白酒	86.31	20800.0	20800	246.5
2	石油	19.54	12343.0	14520	921.8

图 418-2

主要代码如下。

```
import pandas as pd#导入 pandas 库，并使用 pd 重命名 pandas
```

```
#读取 myexcel.xlsx 文件的 Sheet1 工作表
df=pd.read_excel('myexcel.xlsx',sheet_name='Sheet1')
df #输出 df 的所有数据
#在 df 中首先根据行业列进行分组,然后计算各个分组的成交额列、流通市值列、
#总市值列、净利润列这 4 列数据的合计,并禁止排序、禁止分组列成为行索引列
df.groupby(by='行业',sort=False,as_index=False).sum()
```

在上面这段代码中，df.groupby(by='行业',sort=False,as_index=False).sum()表示首先在 df 中根据行业列进行分组，然后计算各个分组的所有数值型数据（如成交额列、流通市值列、总市值列、净利润列）的合计，并禁止排序、禁止分组列成为行索引列。

此案例的主要源文件是 MyCode\H701\H701.ipynb。

419　使用 groupby()根据 lambda 进行分组

此案例主要通过使用 lambda 表达式（判断行标签是偶数行或奇数行）作为 groupby()函数的参数值，实现在 DataFrame 中根据行标签（是奇数行或是偶数行）进行分组并计算各个分组的合计。当在 Jupyter Notebook 中运行此案例代码之后，将在 DataFrame 中根据行标签（是奇数行或是偶数行）进行分组，并计算各个分组的成交额列、流通市值列、总市值列和净利润列的合计，效果分别如图 419-1 和图 419-2 所示。

	股票名称	成交额	流通市值	总市值	净利润	行业	操作策略
0	工商银行	9.55	12800.0	16900	1634.0	金融	买入
1	贵州茅台	86.31	20800.0	20800	246.5	白酒	买入
2	中国平安	46.67	5601.0	9452	580.0	金融	买入
3	中国石化	10.45	4166.0	5278	391.5	石油	观望
4	中国石油	9.09	8177.0	9242	530.3	石油	卖出
5	建设银行	6.99	576.5	15000	1533.0	金融	卖出

图 419-1

	成交额	流通市值	总市值	净利润
偶数行分组合计	65.31	26578.0	35594	2744.3
奇数行分组合计	103.75	25542.5	41078	2171.0

图 419-2

主要代码如下。

```
import pandas as pd#导入 pandas 库,并使用 pd 重命名 pandas
#读取 myexcel.xlsx 文件的 Sheet1 工作表
df=pd.read_excel('myexcel.xlsx',sheet_name='Sheet1')
df #输出 df 的所有数据
#首先在 df 中根据行标签是奇数行或偶数行进行分组,然后分别计算
#各个分组的成交额列、流通市值列、总市值列和净利润列的合计
#df.groupby(lambda x:x%2==0).sum()
df.groupby(lambda index:'奇数行分组合计' if index%2 else '偶数行分组合计').sum()
##首先在 df 中根据行标签将前 5 行分成一组,后面的所有行(只有一行)分成一组,
##然后分别计算各个分组的成交额列、流通市值列、总市值列和净利润列的合计
#df.groupby(lambda x:x>=5).sum()
##首先在 df 中根据行标签将前 3 行分成第一分组,后面的所有行分成第二
```

```
##分组，然后再在这两个分组中根据行业进行第二次分组，最后分别计
##算各个分组的成交额列、流通市值列、总市值列和净利润列的合计
#df.groupby([lambda x:'第二分组' if x>=3 else '第一分组','行业']).sum()
##首先在 df 中根据行索引是奇数行或偶数行进行分组，然后分别计算
##各个分组的成交额列、流通市值列、总市值列和净利润列的平均值
#df.groupby(lambda index:'奇数行分组平均值' if index%2 else '偶数行分组平均值').mean()
```

在上面这段代码中，df.groupby(lambda index:'奇数行分组合计' if index%2 else '偶数行分组合计').sum()表示在 df 中首先根据行标签是奇数行或偶数行进行分组，然后分别计算各个分组的成交额列、流通市值列、总市值列和净利润列的合计。例如，偶数行分组成交额列的合计是 65.31=9.55+46.67+9.09。如果是 df.groupby(lambda index:'奇数行分组平均值' if index%2 else '偶数行分组平均值').mean()，则表示在 df 中首先根据行标签是奇数行或偶数行进行分组，然后分别计算各个分组的成交额列、流通市值列、总市值列和净利润列的平均值。

此案例的主要源文件是 MyCode\H659\H659.ipynb。

420 使用 groupby()根据行标签进行分组

此案例主要通过在 groupby()函数中设置 level 参数值为 0，实现在 DataFrame 中根据行标签进行分组并计算各个分组所有数值型数据的平均值。当在 Jupyter Notebook 中运行此案例代码之后，将在 DataFrame 中根据股票名称列的所有行标签进行分组，并计算各个分组开盘价列、最高价列、最低价列和收盘价列的平均值，效果分别如图 420-1 和图 420-2 所示。

股票名称	交易日期	开盘价	最高价	最低价	收盘价
中国银行	2021-09-09	3.09	3.10	3.08	3.09
贵州茅台	2021-09-09	1626.00	1645.00	1624.01	1634.08
中国石油	2021-09-09	5.16	5.33	5.15	5.27
中国银行	2021-09-08	3.09	3.11	3.08	3.10
贵州茅台	2021-09-08	1660.00	1671.18	1628.08	1633.10
中国石油	2021-09-08	5.10	5.23	5.08	5.16

图 420-1

股票名称	开盘价	最高价	最低价	收盘价
中国石油	5.13	5.280	5.115	5.215
中国银行	3.09	3.105	3.080	3.095
贵州茅台	1643.00	1658.090	1626.045	1633.590

图 420-2

主要代码如下。

```
import pandas as pd#导入pandas库，并使用pd重命名pandas
#读取 myexcel.xlsx 文件的 Sheet1 工作表
df=pd.read_excel('myexcel.xlsx',sheet_name='Sheet1',index_col='股票名称')
df #输出 df 的所有数据
#在 df 中根据行标签进行分组，并计算各个
#分组的开盘价列、最高价列、最低价列和收盘价列的平均值
df.groupby(level=0).mean()
```

在上面这段代码中，df.groupby(level=0).mean()表示在 df 中首先根据行标签（不同的股票名称）进行分组，然后分别计算各个分组的开盘价列、最高价列、最低价列和收盘价列的平均值。例如，中国石油分组的开盘价列的平均值是 5.13=(5.16+5.10)/2，其他分组的平均值以此类推。

此案例的主要源文件是 MyCode\H700\H700.ipynb。

421 使用 groupby()根据索引年份进行分组

此案例主要通过使用 lambda 表达式（根据行标签的年份）作为 groupby()函数的参数值，实现在 DataFrame 中根据年份进行分组并计算各个分组各列的平均值。当在 Jupyter Notebook 中运行此案例代码之后，将在 DataFrame 中根据年份进行分组，并计算各个分组的开盘价列、最高价列、最低价列和收盘价列的平均值，效果分别如图 421-1 和图 421-2 所示。

	开盘价	最高价	最低价	收盘价
2021-09-10	9.03	9.48	9.01	9.41
2021-08-31	9.03	9.39	8.92	9.05
2021-07-30	10.01	10.08	9.01	9.03
2020-10-30	9.44	9.93	9.25	9.26
2020-09-30	10.31	10.36	9.35	9.39
2020-08-31	10.40	10.98	10.31	10.36
2019-09-30	11.30	12.18	11.24	11.84
2019-08-30	11.76	11.85	10.97	11.28
2019-07-31	11.86	12.00	11.22	11.87

图 421-1

	开盘价	最高价	最低价	收盘价
2019	11.64	12.01	11.14	11.66
2020	10.05	10.42	9.64	9.67
2021	9.36	9.65	8.98	9.16

图 421-2

主要代码如下。

```
import pandas as pd#导入 pandas 库，并使用 pd 重命名 pandas
#读取 myexcel.xlsx 文件的 Sheet1 工作表
df=pd.read_excel('myexcel.xlsx',sheet_name='Sheet1',index_col=0)
df #输出 df 的所有数据
#首先在 df 中根据行标签的年份进行分组，然后分别计算各个分组各列的平均值
df.groupby(lambda x: x.year).mean().round(2)
#df.groupby(by=df.index.year).mean().round(2)
##首先在 df 中根据行标签的月份进行分组，然后分别计算各个分组各列的平均值
#df.groupby(lambda x: x.month).mean().round(2)
##首先在 df 中根据行标签的交易日进行分组，然后分别计算各个分组各列的平均值
#df.groupby(lambda x: x.day).mean().round(2)
```

在上面这段代码中，df.groupby(lambda x: x.year).mean().round(2)表示在 df 中首先根据行标签的年份进行分组，然后分别计算各个分组的开盘价列、最高价列、最低价列和收盘价列的平均值。例如，2019 年开盘价列的平均值是 11.64=(11.30+11.76+ 11.86)/3，其他数据以此类推。

此案例的主要源文件是 MyCode\H706\H706.ipynb。

422 使用 groupby()根据年份月份进行分组

此案例主要通过在 groupby()函数中同时设置年份参数值和月份参数值，实现在 DataFrame 中根据年份和月份进行分组并获取各个分组各列的最大值。当在 Jupyter Notebook 中运行此案例代码之后，将首先在 DataFrame 中根据年份和月份进行分组，然后获取各个分组各列的最大值，效果分别如图 422-1 和图 422-2 所示。

	开盘价	最高价	最低价	收盘价
2020-08-14	10.53	10.60	10.48	10.59
2020-08-17	10.59	10.98	10.57	10.84
2020-09-09	10.01	10.08	10.00	10.01
2020-09-10	10.06	10.06	9.94	9.96
2020-09-11	9.95	9.96	9.85	9.92
2021-08-05	9.06	9.12	9.04	9.05
2021-08-06	9.05	9.08	9.00	9.08
2021-08-09	9.06	9.25	9.05	9.17
2021-09-09	9.32	9.34	9.25	9.30
2021-09-10	9.32	9.48	9.31	9.41

图 422-1

		开盘价	最高价	最低价	收盘价
2020	8	10.59	10.98	10.57	10.84
	9	10.06	10.08	10.00	10.01
2021	8	9.06	9.25	9.05	9.17
	9	9.32	9.48	9.31	9.41

图 422-2

主要代码如下。

```
import pandas as pd#导入pandas库，并使用pd重命名pandas
#读取myexcel.xlsx文件的Sheet1工作表
df=pd.read_excel('myexcel.xlsx',sheet_name='Sheet1',index_col=0)
df  #输出df的所有数据
#在df中首先根据行标签的年份进行分组，然后根据行
#标签的月份进行分组，最后获取各个分组各列的最大值
df.groupby([df.index.year, df.index.month]).max().round(2)
##在df中首先根据行标签的年份进行分组，然后根据行
##标签的月份进行分组，最后获取各个分组各列的合计
#df.groupby([df.index.year, df.index.month]).sum().round(2)
##在df中首先根据行标签的年份进行分组，然后根据行
##标签的月份进行分组，最后获取各个分组各列的平均值
#df.groupby([df.index.year, df.index.month]).mean().round(2)
```

在上面这段代码中，df.groupby([df.index.year, df.index.month]).max().round(2)表示在 df 中首先根据行标签的年份（df.index.year）和月份（df.index.month）进行分组，然后获取各个分组各列的最大值。例如，在图 422-2 中，2020 年 8 月分组开盘价列的最大值是 10.59=max(10.53,10.59)，2020 年 9 月分组开盘价列的最大值是 10.06=max(10.01,10.06,9.95)，其他分组各列的最大值以此类推。

此案例的主要源文件是 MyCode\H715\H715.ipynb。

423 使用 groupby()根据星期进行分组

此案例主要通过在 groupby()函数中设置分组参数值为 df.index.weekday，实现在 DataFrame 中根据星期几进行分组并获取各个分组各列的最大值。当在 Jupyter Notebook 中运行此案例代码之后，将首先在 DataFrame 中根据星期几进行分组，即将所有的行索引日期分成星期一、星期二、星期三、星期四、星期五共 5 个组，然后获取各个分组各列的最大值，效果分别如图 423-1 和图 423-2 所示。

	开盘价	最高价	最低价	收盘价
2021-09-01	9.03	9.23	9.01	9.18
2021-09-06	9.22	9.31	9.20	9.21
2021-09-08	9.34	9.39	9.29	9.34
2021-09-13	9.38	9.43	9.34	9.39
2021-09-15	9.21	9.26	9.13	9.19
2021-09-22	9.00	9.08	8.96	9.03
2021-09-23	9.10	9.15	9.01	9.03
2021-09-24	9.04	9.08	8.99	9.02
2021-09-27	9.02	9.05	8.94	9.02
2021-09-28	8.98	9.09	8.96	9.03
2021-09-29	9.01	9.09	8.97	9.02

图 423-1

	开盘价	最高价	最低价	收盘价
星期一	9.38	9.43	9.34	9.39
星期二	8.98	9.09	8.98	9.03
星期三	9.34	9.39	9.29	9.34
星期四	9.10	9.15	9.01	9.03
星期五	9.04	9.08	8.99	9.02

图 423-2

主要代码如下。

```
import pandas as pd#导入pandas库，并使用pd重命名pandas
#读取myexcel.xlsx文件的Sheet1工作表
df=pd.read_excel('myexcel.xlsx',sheet_name='Sheet1',index_col=0)
df #输出df的所有数据
#首先根据行标签的日期将df分成星期一、星期二、星期三、星期四、
#星期五共5组，即0、1、2、3、4，然后获取各个分组各列的最大值
df1=df.groupby(df.index.weekday).max()
df1.index=df1.index.map({0:'星期一',1:'星期二',2:'星期三',
                         3:'星期四',4:'星期五',5:'星期六',6:'星期天'})
df1 #输出所有星期一、星期二、星期三、星期四、星期五每天(即各组)的最大值
```

在上面这段代码中，df1=df.groupby(df.index.weekday).max()表示首先根据行标签的日期将 df 分成星期一、星期二、星期三、星期四、星期五共 5 组，即 0、1、2、3、4，然后获取各个分组各列的最大值。例如，2021-09-01、2021-09-08、2021-09-15、2021-09-22、2021-09-29 这些日期均是星期三，因此第 2 分组的开盘价列的最大值是 9.34=max(9.03, 9.34,9.21,9.00,9.01)，第 2 分组的最高价列的最大值是 9.39=max(9.23，9.39，9.26，9.08，9.09)，其他分组各列的最大值以此类推，在验证时最好打开 Windows 的日历。

此案例的主要源文件是 MyCode\H529\H529.ipynb。

424 使用 groupby()根据日期进行分组

此案例主要通过在 groupby()函数中设置分组参数值为 df.index.date，实现在 DataFrame 中根据日期进行分组并获取各个分组各列的合计。当在 Jupyter Notebook 中运行此案例代码之后，将首先在 DataFrame 中根据日期进行分组，然后获取各个分组各列的合计，效果分别如图 424-1 和图 424-2 所示。

	成都库房	重庆库房	西安库房	广州库房
2021-10-11 06:30:00	4653	4839	4887	4731
2021-10-12 06:30:00	2333	3910	2642	4479
2021-10-11 16:30:00	2739	1777	3932	3285
2021-10-12 16:30:00	3284	2678	4784	2520
2021-10-13 06:30:00	4234	1295	3058	2272
2021-10-14 06:30:00	3415	2421	1131	3879

图 424-1

	成都库房	重庆库房	西安库房	广州库房
2021-10-11	7392	6616	8819	8016
2021-10-12	5617	6588	7426	6999
2021-10-13	4234	1295	3058	2272
2021-10-14	3415	2421	1131	3879

图 424-2

主要代码如下。

```
import pandas as pd#导入pandas库，并使用pd重命名pandas
#读取myexcel.xlsx文件的Sheet1工作表
df=pd.read_excel('myexcel.xlsx',sheet_name='Sheet1',index_col=0)
df  #输出df的所有数据
#在df中首先根据行标签的日期分组，然后获取各个分组各列的合计，
#即统计每天各个库房所有时段的出库订单数的合计
df.groupby(by=df.index.date).sum()
```

在上面这段代码中，df.groupby(by=df.index.date).sum()表示首先根据行标签的日期分组，然后获取各个分组各列的合计。例如，2021-10-11 06:30:00 和 2021-10-11 16:30:00 的日期均为 2021-10-11，因此 2021-10-11 分组的成都库房列的合计是 7392=4653+2739，其他分组各列的合计以此类推。

此案例的主要源文件是 MyCode\H530\H530.ipynb。

425 使用 groupby()根据列名进行分组

此案例主要通过使用 lambda 表达式（判断列名是否包含指定的字符串）作为 groupby()函数的参数值，实现在 DataFrame 中根据列名进行分组并按行计算各个分组的合计。当在 Jupyter Notebook 中运行此案例代码之后，将在 DataFrame 中根据列名是否包含"人工费"分成人工费分组合计和材料款分组合计，并按行计算这两个分组的合计，效果分别如图 425-1 和图 425-2 所示。

	水电安装人工费	墙面抹灰人工费	水泥款	钢材款
支付日期				
2021-07-30	15000	80000	128000	310000
2021-08-31	24000	86000	160000	296000
2021-09-30	18000	82000	136000	380000

图 425-1

	人工费分组合计	材料款分组合计
支付日期		
2021-07-30	95000	438000
2021-08-31	110000	456000
2021-09-30	100000	516000

图 425-2

主要代码如下。

```
import pandas as pd#导入pandas库，并使用pd重命名pandas
#读取myexcel.xlsx文件的Sheet1工作表
df=pd.read_excel('myexcel.xlsx',sheet_name='Sheet1',index_col=0)
df  #输出df的所有数据
#在df中根据列名是否包含"人工费"进行分组，并按行计算各个分组的合计
#即按行计算人工费分组合计和材料款分组合计
df.groupby(lambda x: '人工费分组合计' if '人工费' in x
                     else '材料款分组合计', axis=1).sum()
```

在上面这段代码中，df.groupby(lambda x: '人工费分组合计' if '人工费' in x else '材料款分组合计', axis=1).sum()表示首先根据列名是否包含"人工费"将df的所有列分成人工费分组合计和材料款分组合计，然后按行计算各个分组的合计。例如，2021-07-30 的人工费分组合计是 95000=15000+80000，材料款分组合计是 438000=128000+310000，其他以此类推。

此案例的主要源文件是 MyCode\H770\H770.ipynb。

426 使用 groupby()根据字典进行分组

此案例主要通过使用字典作为 groupby()函数的参数值，实现在 DataFrame 中根据指定列的局部内容进行分组并按列计算各个分组的合计。当在 Jupyter Notebook 中运行此案例代码之后，将在 DataFrame 中根据行业列进行分组，并按列计算金融分组和石油分组的合计，效果分别如图 426-1 和图 426-2 所示。

	股票名称	成交额	流通市值	总市值	净利润	行业
0	工商银行	9.55	12800.0	16900	1634.0	金融
1	贵州茅台	86.31	20800.0	20800	246.5	白酒
2	中国平安	46.67	5601.0	9452	580.0	金融
3	中国石化	10.45	4166.0	5278	391.5	石油
4	中国石油	9.09	8177.0	9242	530.3	石油
5	建设银行	6.99	576.5	15000	1533.0	金融

图 426-1

	成交额	流通市值	总市值	净利润
石油分组	19.54	12343.0	14520	921.8
金融分组	63.21	18977.5	41352	3747.0

图 426-2

主要代码如下。

```
import pandas as pd#导入pandas库，并使用pd重命名pandas
#读取myexcel.xlsx文件的Sheet1工作表
df=pd.read_excel('myexcel.xlsx',sheet_name='Sheet1')
df  #输出df的所有数据
#在df中根据行业进行分组，并只计算金融分组和石油分组的成交额列、
#流通市值列、总市值列、净利润列这4列数据的分组合计
df.set_index('行业').groupby({'金融': '金融分组', '石油': '石油分组'}).sum()
```

在上面这段代码中，df.set_index('行业').groupby({'金融': '金融分组', '石油': '石油分组'}).sum()表示首先根据行业列进行分组，然后只按列计算金融分组和石油分组（白酒分组被丢弃）的合计。此案例的主要源文件是MyCode\H771\H771.ipynb。

427　使用groupby()根据字典类型进行分组

此案例主要通过使用字典定义的类型作为groupby()函数的分组参数值，实现在DataFrame中根据字典定义的类型进行分组并计算各个分组的合计。当在Jupyter Notebook中运行此案例代码之后，将在DataFrame中根据字典定义的类型（央企或其他类型）进行分组，并计算各个分组的成交额列、流通市值列、总市值列和净利润列的合计，效果分别如图427-1和图427-2所示。

	股票名称	成交额	流通市值	总市值	净利润	行业	操作策略
0	工商银行	9.55	12800.0	16900	1634.0	金融	买入
1	贵州茅台	86.31	20800.0	20800	246.5	白酒	买入
2	中国平安	46.67	5601.0	9452	580.0	金融	买入
3	中国石化	10.45	4166.0	5278	391.5	石油	观望
4	中国石油	9.09	8177.0	9242	530.3	石油	卖出
5	建设银行	6.99	576.5	15000	1533.0	金融	卖出

	成交额	流通市值	总市值	净利润
其他	132.98	26401.0	30252	826.5
央企	36.08	25719.5	46420	4088.8

图427-1　　　　　　　　　　　　　　　　图427-2

主要代码如下。

```
import pandas as pd#导入pandas库，并使用pd重命名pandas
#读取myexcel.xlsx文件的Sheet1工作表
df=pd.read_excel('myexcel.xlsx',sheet_name='Sheet1')
df#输出df的所有数据
#首先在df中根据字典定义的类型进行分组，然后分别计算各个
#分组的成交额列、流通市值列、总市值列和净利润列的合计
df.groupby({0:'央企',1:'其他',2:'其他',3:'央企',4:'央企',5:'央企'}).sum()
##首先在df中根据字典定义的类型进行分组，然后分别计算各个
##分组的成交额列、流通市值列、总市值列和净利润列的平均值
#df.groupby({0:'央企',1:'其他',2:'其他',3:'央企',4:'央企',5:'央企'}).mean()
```

在上面这段代码中，df.groupby({0:'央企',1:'其他',2:'其他',3:'央企',4:'央企',5:'央企'}).sum()表示

首先在 df 中根据字典定义的类型（央企或其他类型）进行分组，然后分别计算各个分组的成交额列、流通市值列、总市值列和净利润列的合计。例如，央企的成交额列合计是 36.08=9.55+10.45+9.09+6.99。

此案例的主要源文件是 MyCode\H658\H658.ipynb。

428　使用 groupby()根据自定义函数进行分组

此案例主要通过使用自定义函数的返回值作为 groupby()函数的参数值，实现在 DataFrame 中根据指定列的首字符进行分组并按列计算各个分组的合计。当在 Jupyter Notebook 中运行此案例代码之后，将在 DataFrame 中根据车牌号码列的首字符进行分组（将 DataFrame 分为 VIP 客户分组和普通客户分组），并按列计算各个分组的合计，效果分别如图 428-1 和图 428-2 所示。

	车牌号码	总运费	总里程	总重量	承运日期	联系人
0	皖AD2468	6800	1400	16000	2021-08-12	刘小强
1	渝HCC512	4800	800	12000	2021-08-16	赵世国
2	湘CEF22G	5600	1000	10000	2021-09-01	丰国茂
3	皖ASB362	6200	1200	12000	2021-09-11	李强
4	湘CB250B	7800	11000	16000	2021-10-18	胡明林

图 428-1

	总运费	总里程	总重量
VIP客户分组	18200	12800	38000
普通客户分组	13000	2600	28000

图 428-2

主要代码如下。

```
import pandas as pd#导入pandas库，并使用pd重命名pandas
#读取myexcel.xlsx文件的Sheet1工作表
df=pd.read_excel('myexcel.xlsx',sheet_name='Sheet1')
df#输出df的所有数据
#创建自定义函数myfunc()
def myfunc(truck):
    if truck[0].lower() in '渝湘':
        return 'VIP客户分组'
    else:
        return '普通客户分组'
#根据自定义函数myfunc()的返回值将df分成VIP客户分组和普通客户分组，
#然后按列计算各个分组的总运费列、总里程列、总重量列的合计
df.set_index('车牌号码').groupby(myfunc).sum()
```

在上面这段代码中，df.set_index('车牌号码').groupby(myfunc).sum()表示首先通过自定义函数 myfunc()根据车牌号码列的首字符将 df 分成 VIP 客户分组和普通客户分组，然后按列计算各个分组的总运费列、总里程列、总重量列的合计。例如，VIP 客户分组的总运费是 18200=4800+5600+7800；普通客户分组的总运费是 13000=6800+6200，其他合计数据以此类推。

此案例的主要源文件是 MyCode\H773\H773.ipynb。

429　使用 groupby()根据指定字符进行分组

此案例主要通过提取指定列的指定字符作为 groupby()函数的分组参数值，实现在 DataFrame 中根据指定字符对指定列进行分组并计算各个分组的合计。当在 Jupyter Notebook 中运行此案例代码之后，将首先在 DataFrame 中根据股票名称列的第 1～2 个字符进行分组，然后在各个分组中分别计算成交额列、流通市值列、总市值列和净利润列的合计，效果分别如图 429-1 和图 429-2 所示。

	股票名称	成交额	流通市值	总市值	净利润	行业	操作策略
0	工商银行	9.55	12800.0	16900	1634.0	金融	买入
1	贵州茅台	86.31	20800.0	20800	246.5	白酒	买入
2	中国平安	46.67	5601.0	9452	580.0	金融	买入
3	中国石化	10.45	4166.0	5278	391.5	石油	观望
4	中国石油	9.09	8177.0	9242	530.3	石油	卖出
5	建设银行	6.99	576.5	15000	1533.0	金融	卖出

图 429-1

股票名称	成交额	流通市值	总市值	净利润
中国	66.21	17944.0	23972	1501.8
工商	9.55	12800.0	16900	1634.0
建设	6.99	576.5	15000	1533.0
贵州	86.31	20800.0	20800	246.5

图 429-2

主要代码如下。

```
import pandas as pd#导入pandas库，并使用pd重命名pandas
#读取myexcel.xlsx文件的Sheet1工作表
df=pd.read_excel('myexcel.xlsx',sheet_name='Sheet1')
df #输出df的所有数据
#首先在df中根据股票名称列的第1～2个字符进行分组，然后在各个
#分组中计算成交额列、流通市值列、总市值列和净利润列的合计
df.groupby(df['股票名称'].str[0:2]).sum()
## 首先在df中根据股票名称列的第3个字符进行分组，然后在各个
##分组中计算成交额列、流通市值列、总市值列和净利润列的合计
#df.groupby(df['股票名称'].str[2]).sum()
## 首先在df中根据股票名称列的第1～2个字符进行分组，然后根据行业列的第1～2个字符进行
##二级分组，最后在各个分组中计算成交额列、流通市值列、总市值列和净利润列的合计
#df.groupby([df.股票名称.str[0:2],df.行业.str[0:2]]).sum()
```

在上面这段代码中，df.groupby(df['股票名称'].str[0:2]).sum()表示首先在 df 中根据股票名称列的第 1～2 个字符（如中国、工商、建设、贵州等）进行分组，然后在各个分组中计算成交额列、流通市值列、总市值列和净利润列的合计。例如，中国分组的成交额列的合计是 66.21= 46.67+ 10.45+9.09，其他分组的合计数据以此类推。

此案例的主要源文件是 MyCode\H656\H656.ipynb。

430　使用 groupby()根据返回值进行分组

此案例主要通过使用 isin()函数返回的 True 或 False 作为 groupby()函数的分组参数值,实现将 DataFrame 的数据分成两个分组(True 分组和 False 分组)。当在 Jupyter Notebook 中运行此案例代码之后,将首先把 DataFrame 的数据分成工商银行分组(True 分组)和非工商银行分组(False 分组),然后在各个分组中按列计算成交额列、流通市值列、总市值列和净利润列的合计,效果分别如图 430-1 和图 430-2 所示。

	股票名称	成交额	流通市值	总市值	净利润	行业
0	工商银行	9.55	12800.0	16900.0	1634.00	金融
1	贵州茅台	86.31	20800.0	20800.0	246.50	白酒
2	中国平安	46.67	5601.0	9452.0	580.00	金融
3	中国石化	10.45	4166.0	5278.0	391.50	石油
4	中国石油	9.09	8177.0	9242.0	530.30	石油
5	贵州燃气	2.74	137.6	137.6	1.28	公用

图 430-1

股票名称	成交额	流通市值	总市值	净利润
False	155.26	38881.6	44909.6	1749.58
True	9.55	12800.0	16900.0	1634.00

图 430-2

主要代码如下。

```
import pandas as pd#导入 pandas 库,并使用 pd 重命名 pandas
#读取 myexcel.xlsx 文件的 Sheet1 工作表
df=pd.read_excel('myexcel.xlsx',sheet_name='Sheet1')
df  #输出 df 的所有数据
#根据股票名称列将 df 分成工商银行分组和非工商银行分组,并按列计算各个
#分组的成交额列、流通市值列、总市值列、净利润列这 4 列数据的合计
df.groupby(df.股票名称.isin(['工商银行'])).sum()
##根据股票名称列将 df 分成工商银行中国平安分组和非工商银行中国平安分组,并按
##列计算各个分组的成交额列、流通市值列、总市值列、净利润列这 4 列数据的合计
#df.groupby(df.股票名称.isin(['工商银行','中国平安'])).sum()
```

在上面这段代码中,df.groupby(df.股票名称.isin(['工商银行'])).sum()表示根据股票名称列将 df 分成工商银行分组(True 分组)和非工商银行分组(False 分组),并按列计算各个分组的成交额列、流通市值列、总市值列、净利润列这 4 列数据的合计。例如,False 分组的成交额列的合计是 155.26=86.31+46.67+10.45+9.09+2.74,其他合计数据以此类推。

此案例的主要源文件是 MyCode\H772\H772.ipynb。

431　使用 groupby()根据 Grouper 进行分组

此案例主要通过使用 groupby()、Grouper()和 max()等函数,实现在 DataFrame 中根据指定列自定义分组标准进行分组并获取各个分组指定列的最大值。当在 Jupyter Notebook 中运行此案例代码之后,将在 DataFrame 中根据交易日期列的日期信息每两天分成一组(使 2021-09-04、

2021-09-05 这两日不存在，也强制参与分组），并在各个分组中获取所有数值列的最大值，效果分别如图 431-1 和图 431-2 所示。

	交易日期	开盘价	最高价	最低价	收盘价
0	2021-09-03	9.24	9.33	9.16	9.24
1	2021-09-06	9.22	9.31	9.20	9.21
2	2021-09-07	9.21	9.39	9.16	9.34
3	2021-09-08	9.34	9.39	9.29	9.34
4	2021-09-09	9.32	9.34	9.25	9.30
5	2021-09-10	9.32	9.48	9.31	9.41

图 431-1

	开盘价	最高价	最低价	收盘价
交易日期				
2021-09-03	9.24	9.33	9.16	9.24
2021-09-05	9.22	9.31	9.20	9.21
2021-09-07	9.34	9.39	9.29	9.34
2021-09-09	9.32	9.48	9.31	9.41

图 431-2

主要代码如下。

```
import pandas as pd#导入pandas库，并使用pd重命名pandas
#读取myexcel.xlsx文件的Sheet1工作表
df=pd.read_excel('myexcel.xlsx',sheet_name='Sheet1')
df#输出df的所有数据
#首先在df中根据交易日期列的日期信息分成4组(每两天一组)，D表示日，
#M表示月，Y表示年；然后获取各个分组所有数值列的最大值
df.groupby(pd.Grouper(key='交易日期',freq='2D')).max()
```

在上面这段代码中，df.groupby(pd.Grouper(key='交易日期',freq='2D')).max()表示首先在 df 中根据交易日期列的日期信息按照每两天一组的标准分组，然后获取各个分组所有数值列的最大值；分成的 4 组分别是(2021-09-03,2021-09-04)、(2021-09-05,2021-09-06)、(2021-09-07, 2021-09-08)、(2021-09-09,2021-09-10)；因此，在图 431-2 中，2021-09-03 分组开盘价的最大值是 9.24=max(9.24)，2021-09-05 分组开盘价的最大值是 9.22=max(9.22)，2021-09-07 分组开盘价的最大值是 9.34=max(9.21,9.34)，2021-09-09 分组开盘价的最大值是 9.32=max(9.32,9.32)。

此案例的主要源文件是 MyCode\H714\H714.ipynb。

432 在分组指定列中查找互为相反数的数据

此案例主要通过使用 groupby()、apply()、query()等函数，实现在 DataFrame 中根据指定列进行分组并在各个分组的指定列中筛选互为相反数的数据。当在 Jupyter Notebook 中运行此案例代码之后，将在 DataFrame 中筛选同一行业既有涨停（10%）又有跌停（-10%）的股票及涨跌等值的股票，效果分别如图 432-1 和图 432-2 所示。

主要代码如下。

```
import pandas as pd #导入pandas库，并使用pd重命名pandas
import numpy as np #导入numpy库，并使用np重命名numpy
#读取myexcel.xlsx文件的Sheet1工作表
df=pd.read_excel('myexcel.xlsx',sheet_name='Sheet1')
df #输出df的所有数据
```

```
#在 df 中将涨跌幅列的百分比转换为浮点数，并添加到涨跌列
df['涨跌']=df['涨跌幅'].str[:-1].astype(float)/100
#在 df 中筛选同一行业既有涨停(10%)又有跌停(-10%)的股票及涨跌等值的股票
#即在各个分组中查找互为相反数的数据
df.assign(grp=df.行业.apply(lambda x: df.groupby('行业').get_group(x).涨跌.
to_list()))\
    .assign(negative=lambda y: y.apply(lambda x: np.negative(x.涨跌) in x.grp,
axis=1))\
    .query('negative==True').drop(['涨跌','grp','negative'],axis=1)
```

	股票名称	涨跌幅	流通市值	总市值	净利润	行业
0	工商银行	-10%	12800.0	16900	1634.00	金融
1	贵州茅台	5%	20800.0	20800	246.50	白酒
2	中国平安	10%	5601.0	9452	580.00	金融
3	中国石化	10%	4166.0	5278	391.50	石油
4	中国石油	-10%	8177.0	9242	530.30	石油
5	建设银行	8%	576.5	15000	1533.00	金融
6	泸州老窖	-5%	3437.0	3437	47.26	白酒

图 432-1

	股票名称	涨跌幅	流通市值	总市值	净利润	行业
0	工商银行	-10%	12800.0	16900	1634.00	金融
1	贵州茅台	5%	20800.0	20800	246.50	白酒
2	中国平安	10%	5601.0	9452	580.00	金融
3	中国石化	10%	4166.0	5278	391.50	石油
4	中国石油	-10%	8177.0	9242	530.30	石油
6	泸州老窖	-5%	3437.0	3437	47.26	白酒

图 432-2

在上面这段代码中，df.assign(grp=df.行业.apply(lambda x: df.groupby('行业').get_group(x).涨跌.to_list())).assign(negative=lambda y: y.apply(lambda x: np.negative(x.涨跌) in x.grp, axis=1)).query('negative == True').drop(['涨跌','grp','negative'],axis=1)表示在 df 中首先根据行业列进行分组，然后在各个分组的涨跌幅列中筛选互为相反数的数据，即在 df 中筛选同一行业既有涨停（10%）又有跌停（-10%）的股票及涨跌等值的股票。

此案例的主要源文件是 MyCode\H552\H552.ipynb。

433 使用 resample()实现日期重采样分组

此案例主要演示了使用 resample()函数在 DataFrame 中实现日期重采样分组。当在 Jupyter Notebook 中运行此案例代码之后，将根据日期，以 5 天（不论其中某天是否有数据）为一组计算各列的平均值，效果分别如图 433-1 和图 433-2 所示。

主要代码如下。

```
import pandas as pd#导入 pandas 库，并使用 pd 重命名 pandas
#读取 myexcel.xlsx 文件的 Sheet1 工作表
df=pd.read_excel('myexcel.xlsx',sheet_name='Sheet1',index_col=0)
df  #输出 df 的所有数据
#在 df 的日期列中以 5 天作为一组，计算每组(5 天)的重采样平均值，即 19~23，24~28、29~30
df.resample('5D').mean().round(2)
```

	开盘价	最高价	最低价	收盘价
2021-07-30	53.13	54.15	52.60	53.67
2021-07-29	53.65	53.68	52.75	53.25
2021-07-28	52.70	53.59	52.51	53.11
2021-07-27	54.50	54.68	52.36	52.67
2021-07-26	57.09	57.09	54.33	54.50
2021-07-23	58.50	58.77	57.62	57.64
2021-07-22	57.85	59.07	57.51	58.54
2021-07-21	58.15	58.84	57.90	58.08
2021-07-20	58.79	59.20	58.13	58.46
2021-07-19	59.88	59.88	58.05	59.35

图 433-1

	开盘价	最高价	最低价	收盘价
2021-07-19	58.63	59.15	57.84	58.41
2021-07-24	54.76	55.12	53.07	53.43
2021-07-29	53.39	53.92	52.68	53.46

图 433-2

在上面这段代码中，df.resample('5D').mean().round(2)表示在 df 中以 5 天为一组计算各组的平均值，参数 5D 表示以 5 天为一组，如果以 10 天为一组，则设置参数值为 10D，即 df.resample('10D').mean()。在此案例中，以开盘价为例说明平均值的计算过程如下。

（1）2021-07-19 的开盘价平均值是 58.63，它表示在 2021-07-19 到 2021-07-23 这 5 天中开盘价的平均值，即(59.88+58.79+58.15+57.85+58.5)/5=58.63。

（2）2021-07-24 的开盘价平均值是 54.76，它表示在 2021-07-24 到 2021-07-28 这 5 天中（实际只有 3 天交易数据）开盘价的平均值，即(57.09+54.50+52.70)/3=54.76。

（3）2021-07-29 的开盘价平均值是 53.39，它表示在 2021-07-29 到 2021-08-02 这 5 天中（实际只有 2 天交易数据）开盘价的平均值，即(53.13+53.65)/2=53.39。

其他各列的平均值的计算过程以此类推。需要注意：必须设置日期列的数据类型为 datetime64，并且设置该列为索引列。

此案例的主要源文件是 MyCode\H051\H051.ipynb。

434 使用 resample()实现先分组再重采样

此案例主要通过使用 groupby()函数和 resample()函数，实现在 DataFrame 中首先根据指定列进行分组，然后在各个分组中根据日期进行重采样分组。当在 Jupyter Notebook 中运行此案例代码之后，将在 DataFrame 中首先根据操作策略列的数据进行分组（买入分组和卖出分组），然后根据日期列的数据，以 5 天（不论其中某天是否有数据）为一组计算各分组的平均值，效果分别如图 434-1 和图 434-2 所示。

主要代码如下。

```
import pandas as pd#导入pandas库，并使用pd重命名pandas
#读取myexcel.xlsx文件的Sheet1工作表
df=pd.read_excel('myexcel.xlsx',sheet_name='Sheet1',index_col=0)
df #输出df的所有数据
#在df中根据操作策略列进行分组，并获取操作策略为买入的分组的所有明细
```

```
df.groupby('操作策略').get_group('买入')
#在 df 中根据操作策略列进行分组，并获取操作策略为卖出的分组的所有明细
df.groupby('操作策略').get_group('卖出')
#在 df 中计算各个分组的 5 天重采样平均值，即 19～23、24～28、29～30
df.groupby('操作策略').resample('5D').mean()
```

日期	开盘价	最高价	最低价	收盘价	成交量(手)	操作策略
2021-07-30	53.13	54.15	52.60	53.67	650888	买入
2021-07-29	53.65	53.68	52.75	53.25	768004	买入
2021-07-28	52.70	53.59	52.51	53.11	838366	卖出
2021-07-27	54.50	54.68	52.36	52.67	939011	卖出
2021-07-26	57.09	57.09	54.33	54.50	1174865	买入
2021-07-23	58.50	58.77	57.62	57.64	593255	卖出
2021-07-22	57.85	59.07	57.51	58.54	636614	买入
2021-07-21	58.15	58.84	57.90	58.08	587044	买入
2021-07-20	58.79	59.20	58.13	58.46	449310	卖出
2021-07-19	59.88	59.88	58.05	59.35	666501	买入

图 434-1

操作策略	日期	开盘价	最高价	最低价	收盘价	成交量(手)
买入	2021-07-19	58.626667	59.263333	57.820	58.656667	630053.0
	2021-07-24	57.090000	57.090000	54.330	54.500000	1174865.0
	2021-07-29	53.390000	53.915000	52.675	53.460000	709446.0
卖出	2021-07-20	58.645000	58.985000	57.875	58.050000	521282.5
	2021-07-25	53.600000	54.135000	52.435	52.890000	888688.5

图 434-2

在上面这段代码中，df.groupby('操作策略').resample('5D').mean()表示在 df 中首先根据操作策略列进行分组，然后以 5 天为一组（根据日期列）计算各个分组的平均值。在此案例中，以开盘价为例说明买入分组各个交易日期的平均值的计算过程。

（1）首先执行 df.groupby('操作策略').get_group('买入')代码，获得买入分组各个交易日期的所有数据，如图 434-3 所示。

（2）2021-07-19 的开盘价平均值是 58.626667，它表示在 2021-07-19 到 2021-07-23 这 5 天（实际只有 3 天交易数据）中开盘价的平均值，即(59.88+58.15+57.85)/3=58.626667。

（3）2021-07-24 的开盘价平均值是 57.090000，它表示在 2021-07-24 到 2021-07-28 这 5 天中（实际只有 1 天交易数据）开盘价的平均值，即(57.09)/1=57.090000。

（4）2021-07-29 的开盘价平均值是 53.390000，它表示在 2021-07-29 到 2021-08-02 这 5 天中

（实际只有 2 天交易数据）开盘价的平均值，即(53.65+53.13)/2=53.390000。

日期	开盘价	最高价	最低价	收盘价	成交量(手)	操作策略
2021-07-30	53.13	54.15	52.60	53.67	650888	买入
2021-07-29	53.65	53.68	52.75	53.25	768004	买入
2021-07-26	57.09	57.09	54.33	54.50	1174865	买入
2021-07-22	57.85	59.07	57.51	58.54	636614	买入
2021-07-21	58.15	58.84	57.90	58.08	587044	买入
2021-07-19	59.88	59.88	58.05	59.35	666501	买入

图 434-3

此案例的主要源文件是 MyCode\H052\H052.ipynb。

435　使用 cut()根据连续型数据进行分组

此案例主要通过使用 cut()函数对指定列（一般为数值型或日期型等连续型类型）自定义分组区间，实现在 DataFrame 中自定义分组。当在 Jupyter Notebook 中运行此案例代码之后，将在 DataFrame 中根据自定义区间（[0,10,50,100]）把最新价列的数据分成(0, 10]、(10, 50]、(50, 100] 三个分组区间并据此对股票进行分组，效果分别如图 435-1 和图 435-2 所示。

最新价在(0, 10]区间的股票如下：

	股票代码	股票名称	最新价	涨跌额	行业
2	600256	广汇能源	3.63	0.13	石油
3	600583	海油工程	4.26	0.06	石油
4	600688	上海石化	3.45	0.03	石油
6	601319	中国人保	5.83	0.05	保险
8	601857	中国石油	4.74	0.06	石油
9	603701	德宏股份	9.27	0.09	机械

最新价在(10, 50]区间的股票如下：

	股票代码	股票名称	最新价	涨跌额	行业
0	300095	华伍股份	12.23	0.24	机械
1	300503	昊志机电	11.45	0.16	机械
7	601628	中国人寿	31.42	0.49	保险

最新价在(50, 100]区间的股票如下：

	股票代码	股票名称	最新价	涨跌额	行业
5	601318	中国平安	58.54	0.46	保险

	股票代码	股票名称	最新价	涨跌额	行业
0	300095	华伍股份	12.23	0.24	机械
1	300503	昊志机电	11.45	0.16	机械
2	600256	广汇能源	3.63	0.13	石油
3	600583	海油工程	4.26	0.06	石油
4	600688	上海石化	3.45	0.03	石油
5	601318	中国平安	58.54	0.46	保险
6	601319	中国人保	5.83	0.05	保险
7	601628	中国人寿	31.42	0.49	保险
8	601857	中国石油	4.74	0.06	石油
9	603701	德宏股份	9.27	0.09	机械

图 435-1

图 435-2

主要代码如下。

```
import pandas as pd#导入 pandas 库，并使用 pd 重命名 pandas
#读取 myexcel.xlsx 文件的 Sheet1 工作表
df=pd.read_excel('myexcel.xlsx',sheet_name='Sheet1',dtype={'股票代码':str})
df#输出 df 的所有数据
#在 df 中根据指定的区间进行分组，并遍历各个分组的所有数据
for name,group in df.groupby(by=pd.cut(df['最新价'],bins=[0,10,50,100])):
    print('最新价在'+str(name)+'区间的股票如下：')
    display(group)
```

在上面这段代码中，df.groupby(by=pd.cut(df['最新价'],bins=[0,10,50,100]))表示在 df 的最新价列中，划分(0, 10]、(10, 50]、(50, 100]三个分组区间，然后 groupby()函数根据 cuts 定义的分组区间在 df 中进行分组。

此案例的主要源文件是 MyCode\H059\H059.ipynb。

436 使用 cut()进行分组并设置分组的标签

此案例主要通过在 cut()函数中设置 labels 参数值，实现在 DataFrame 中根据指定列（连续型类型）的区间进行分组并设置组标签。当在 Jupyter Notebook 中运行此案例代码之后，将在 DataFrame 中根据自定义区间（[0,10,50,100]）对最新价列进行分组，并将分组结果添加到组别列，效果分别如图 436-1 和图 436-2 所示。

	股票代码	股票名称	最新价	涨跌额	行业
0	300095	华伍股份	12.23	0.24	机械
1	600688	上海石化	3.45	0.03	石油
2	601318	中国平安	58.54	0.46	保险
3	601628	中国人寿	31.42	0.49	保险
4	601857	中国石油	4.74	0.06	石油

图 436-1

	股票代码	股票名称	最新价	涨跌额	行业	组别
0	300095	华伍股份	12.23	0.24	机械	平价股
1	600688	上海石化	3.45	0.03	石油	低价股
2	601318	中国平安	58.54	0.46	保险	高价股
3	601628	中国人寿	31.42	0.49	保险	平价股
4	601857	中国石油	4.74	0.06	石油	低价股

图 436-2

主要代码如下。

```
import pandas as pd#导入 pandas 库，并使用 pd 重命名 pandas
#读取 myexcel.xlsx 文件的 Sheet1 工作表
df=pd.read_excel('myexcel.xlsx',sheet_name='Sheet1',dtype={'股票代码':str})
df #输出 df 的所有数据
#在 df 的最新价列中创建自定义分组并设置组标签，然后添加到 df
df['组别']=pd.cut(df['最新价'],bins=[0,10,50,100],labels=['低价股','平价股','高价股'])
df #输出 df 在分组之后的所有数据
```

在上面这段代码中，df['组别']=pd.cut(df['最新价'],bins=[0,10,50,100],labels=['低价股','平价股',

'高价股'])表示在 df 的最新价列中，划分(0,10]、(10,50]、(50,100]三个区间，并设置三个区间的标签分别为：低价股、平价股和高价股，然后据此对 df 进行分组。

此案例的主要源文件是 MyCode\H173\H173.ipynb。

437　使用 cut()进行分组并计算各组平均值

此案例主要演示了首先使用 cut()函数根据指定列的数据大小进行分组，然后使用 groupby()函数和 mean()函数计算各个分组数值列的平均值。当在 Jupyter Notebook 中运行此案例代码之后，将根据自定义区间（[0,30,100]）和最新价列的数据将 DataFrame 分为低价股和高价股两个分组，然后分别计算这两个分组所有数值列的平均值，效果分别如图 437-1 和图 437-2 所示。

	股票代码	股票名称	最新价	涨跌额	行业
0	600688	上海石化	3.45	0.03	石油
1	601318	中国平安	58.54	0.46	保险
2	601319	中国人保	5.83	0.05	保险
3	601628	中国人寿	31.42	0.49	保险
4	601857	中国石油	4.74	0.06	石油
5	603701	德宏股份	9.27	0.09	机械

图 437-1

最新价	最新价	涨跌额
低价股[0-30]	5.8225	0.0575
高价股[30-100]	44.9800	0.4750

图 437-2

主要代码如下。

```
import pandas as pd#导入pandas库，并使用pd重命名pandas
#读取myexcel.xlsx文件的Sheet1工作表
df=pd.read_excel('myexcel.xlsx',sheet_name='Sheet1',dtype={'股票代码':str})
df#输出df的所有数据
#在df中根据cut()函数划分的区间进行分组，并计算各个分组的平均值
df.groupby(pd.cut(df.最新价, bins=[0, 30, 100],
          labels=['低价股[0-30]','高价股[30-100]'])).mean()
```

在上面这段代码中，df.groupby(pd.cut(df.最新价, bins=[0,30,100],labels=['低价股[0-30]','高价股[30-100]'])).mean()表示根据自定义区间（[0,30,100]）和最新价列的数据将 DataFrame 分为低价股和高价股两个分组，然后分别计算这两个分组所有数值列的平均值。例如，最新价为 30～100 的高价股的最新价平均值是 44.9800=(31.42+58.54)/2，最新价为 30～100 的高价股的涨跌额平均值是 0.4750=(0.49+0.46)/2，其他平均值以此类推。

此案例的主要源文件是 MyCode\H781\H781.ipynb。

438　使用 qcut()根据指定的个数进行分组

此案例主要通过使用 qcut()函数根据指定列的数据大小和分组个数自动生成分组区间，实现在 DataFrame 中自动生成分组。当在 Jupyter Notebook 中运行此案例代码之后，将根据最新价列

的数据和分组个数（两个）把 DataFrame 分成(3.3,7.6]和(7.6, 58.5]两个分组，效果分别如图 438-1 和图 438-2 所示。

最新价在(3.3，7.6]区间的股票如下：

	股票代码	股票名称	最新价	涨跌额	行业
0	600688	上海石化	3.45	0.03	石油
2	601319	中国人保	5.83	0.05	保险
4	601857	中国石油	4.74	0.06	石油

最新价在(7.6，58.5]区间的股票如下：

	股票代码	股票名称	最新价	涨跌额	行业
1	601318	中国平安	58.54	0.46	保险
3	601628	中国人寿	31.42	0.49	保险
5	603701	德宏股份	9.27	0.09	机械

图 438-2

	股票代码	股票名称	最新价	涨跌额	行业
0	600688	上海石化	3.45	0.03	石油
1	601318	中国平安	58.54	0.46	保险
2	601319	中国人保	5.83	0.05	保险
3	601628	中国人寿	31.42	0.49	保险
4	601857	中国石油	4.74	0.06	石油
5	603701	德宏股份	9.27	0.09	机械

图 438-1

主要代码如下。

```
import pandas as pd#导入pandas库，并使用pd重命名pandas
#读取myexcel.xlsx文件的Sheet1工作表
df=pd.read_excel('myexcel.xlsx',sheet_name='Sheet1')
df #输出df的所有数据
#在df中根据指定的分组个数进行分组，并遍历各个分组的所有数据
for name,group in df.groupby(pd.qcut(df.最新价,q=2,precision=1)):
    print('最新价在'+str(name)+'区间的股票如下：')
    display(group)
```

在上面这段代码中，df.groupby(pd.qcut(df.最新价,q=2,precision=1))表示在 df 中根据最新价列的数据将 df 分成两个分组，分组区间边界由 Pandas 自动划分。

此案例的主要源文件是 MyCode\H782\H782.ipynb。

439 根据索引层对多层索引的 DataFrame 分组

此案例主要通过在 groupby()函数中设置分组参数值为行索引层，实现在多层行索引的 DataFrame 中根据指定行索引层进行分组。当在 Jupyter Notebook 中运行此案例代码之后，将在 DataFrame 中根据第 1 层行索引（即行业）进行分组，并计算最新价列和涨跌额列的平均值，效果分别如图 439-1 和图 439-2 所示。

		股票代码	股票名称	最新价	涨跌额
行业	**操作策略**				
机械	买入	300095	华伍股份	12.23	0.24
	观望	300503	昊志机电	11.45	0.16
石油	卖出	600256	广汇能源	3.63	0.13
	观望	600583	海油工程	4.26	0.06
	买入	601857	中国石油	4.74	0.06
保险	观望	601318	中国平安	58.54	0.46
	卖出	601628	中国人寿	31.42	0.49

	最新价	涨跌额
行业		
保险	44.98	0.475000
机械	11.84	0.200000
石油	4.21	0.083333

图 439-1 图 439-2

主要代码如下。

```
import pandas as pd#导入pandas库，并使用pd重命名pandas
#读取myexcel.xlsx文件的Sheet1工作表
df=pd.read_excel('myexcel.xlsx',sheet_name='Sheet1',dtype={'股票代码':str})
#设置df的2层(级)行索引，即创建多层行索引的DataFrame
df=df.set_index(['行业','操作策略'])
df   #输出df的所有数据
#df.groupby(level=0,axis=0).get_group('石油').head()
#根据第1层行索引进行分组，并获取各个分组的平均值
df.groupby(level=0).mean()
#df.groupby(level='行业').mean()
##根据第2层行索引进行分组，并获取各个分组的平均值
#df.groupby(level=1).mean()
#df.groupby(level='操作策略').mean()
##根据第1层行索引进行分组，并获取石油分组的明细
#df.groupby(level=0).get_group('石油')
##df.groupby(level='行业').get_group('石油')
##根据第2层行索引进行分组，并获取观望分组的明细
#df.groupby(level=1).get_group('观望')
##df.groupby(level='操作策略').get_group('观望')
##根据第1、2层行索引进行分组，并获取所有分组的平均值
#df.groupby(level=[0,1]).mean()
#df.groupby(level=['行业','操作策略']).mean()
#df.groupby([pd.Grouper(level=0),'操作策略']).mean()
#df.groupby([pd.Grouper(level='行业'),'操作策略']).mean()
```

在上面这段代码中，df.groupby(level=0).mean()表示在df中根据第1层行索引 (level=0)进行分组，并获取各个分组的平均值，该代码也可以写成 df.groupby(level='行业').mean()。如果是df.groupby(level=1).mean()，则表示在df中根据第2层行索引 (level=1)进行分组，并获取各个分组的平均值，该代码也可以写成df.groupby(level='操作策略').mean()。

此案例的主要源文件是MyCode\H056\H056.ipynb。

440　使用 agg()获取分组指定列的最大值

此案例主要通过使用 groupby()函数和 agg()函数，实现在 DataFrame 中根据指定列进行分组，然后获取各个分组指定列的最大值和最小值。当在 Jupyter Notebook 中运行此案例代码之后，将在 DataFrame 中首先根据操作策略列进行分组，然后获取各个分组最新价列的最大值和最小值，效果分别如图 440-1 和图 440-2 所示。

	股票代码	股票名称	最新价	涨跌额	行业	操作策略
0	600688	上海石化	3.45	0.03	石油	卖出
1	601318	中国平安	58.54	0.46	保险	观望
2	601319	中国人保	5.83	0.05	保险	观望
3	601628	中国人寿	31.42	0.49	保险	卖出
4	601857	中国石油	4.74	0.06	石油	买入
5	603701	德宏股份	9.27	0.09	机械	买入

操作策略	买入	卖出	观望
max	9.27	31.42	58.54
min	4.74	3.45	5.83

图 440-1　　　　　　　　　　　　　　　　　　图 440-2

主要代码如下。

```
import pandas as pd#导入 pandas 库，并使用 pd 重命名 pandas
#读取 myexcel.xlsx 文件的 Sheet1 工作表
df=pd.read_excel('myexcel.xlsx',sheet_name='Sheet1',dtype={'股票代码':str})
df #输出 df 的所有数据
#在 df 中根据操作策略列进行分组，并获取各个分组的最新价列的最大值和最小值
df.groupby(['操作策略'])['最新价'].agg([max,min]).T
#df.groupby(['操作策略'])['最新价'].aggregate([max,min]).T
#df.groupby(['操作策略'])['最新价'].agg(['max','min'])
#import numpy as np#导入 numpy 库，并使用 np 重命名 numpy

#df.groupby(by=['操作策略'])['最新价'].agg([np.max, np.min]).T
```

在上面这段代码中，df.groupby(['操作策略'])['最新价'].agg([max,min]).T 表示首先在 df 中根据操作策略列进行分组，然后在各个分组中获取最新价列的最大值和最小值。例如，在图 440-2 中，买入分组最新价列的最大值是 9.27、最小值是 4.74。

此案例的主要源文件是 MyCode\H660\H660.ipynb。

441　使用 agg()获取分组某几列的最大值

此案例主要通过使用 groupby()函数和 agg()函数，实现在 DataFrame 中根据指定列进行分组，并获取各个分组某几列的最大值和最小值。当在 Jupyter Notebook 中运行此案例代码之后，将在 DataFrame 中根据行业列进行分组，并获取各个分组的最新价列和涨跌额列的最大值和最小值，效果分别如图 441-1 和图 441-2 所示。

	股票代码	股票名称	最新价	涨跌额	行业	操作策略
0	600688	上海石化	3.45	0.03	石油	卖出
1	601318	中国平安	58.54	0.46	保险	观望
2	601319	中国人保	5.83	0.05	保险	观望
3	601628	中国人寿	31.42	0.49	保险	卖出
4	601857	中国石油	4.74	0.06	石油	买入
5	603701	德宏股份	9.27	0.09	机械	买入

图 441-1

行业		保险	机械	石油
最新价	max	58.54	9.27	4.74
	min	5.83	9.27	3.45
涨跌额	max	0.49	0.09	0.06
	min	0.05	0.09	0.03

图 441-2

主要代码如下。

```
import pandas as pd#导入pandas库，并使用pd重命名pandas
#读取 myexcel.xlsx 文件的 Sheet1 工作表
df=pd.read_excel('myexcel.xlsx',sheet_name='Sheet1',dtype={'股票代码':str})
df #输出 df 的所有数据
#在 df 中根据行业列进行分组，并使用字典获取各个分组最新价列和涨跌额列的最大值和最小值
df.groupby(['行业']).agg({'最新价':[max,min],'涨跌额':[max,min]}).T
#df.groupby(['行业']).agg(最新价最大值=('最新价','max'),最新价最小值=('最新价','min')).T
#df.groupby(['行业'])[['最新价','涨跌额']].agg([max,min]).T
#df.groupby(by='行业',as_index=False).agg({'最新价':[('最大值','max'),
#          ('最小值','min')],'涨跌额':[('最大值','max'),('最小值','min')]})
```

在上面这段代码中，df.groupby(['行业']).agg({'最新价':[max,min],'涨跌额':[max,min]}).T 表示首先在 df 中根据行业列进行分组，然后获取各个分组的最新价列和涨跌额列的最大值和最小值。该代码也可以写成 df.groupby(['行业'])[['最新价','涨跌额']].agg([max,min]).T。

此案例的主要源文件是 MyCode\H662\H662.ipynb。

442 使用 agg()自定义分组之后的新列名

此案例主要通过使用 groupby()、NamedAgg()和 agg()等函数，实现在 DataFrame 中根据指定列进行分组，然后获取各个分组指定列的最大值和最小值，且自定义名称设置分组结果的列名。当在 Jupyter Notebook 中运行此案例代码之后，将在 DataFrame 中首先根据行业列进行分组，然后获取各个分组最新价列的最大值和最小值，最后使用最新价最小值和最新价最大值设置新的列名，效果分别如图 442-1 和图 442-2 所示。

	股票代码	股票名称	最新价	涨跌额	行业	操作策略
0	600688	上海石化	3.45	0.03	石油	卖出
1	601318	中国平安	58.54	0.46	保险	观望
2	601319	中国人保	5.83	0.05	保险	观望
3	601628	中国人寿	31.42	0.49	保险	卖出
4	601857	中国石油	4.74	0.06	石油	买入
5	603701	德宏股份	9.27	0.09	机械	买入

图 442-1

	行业	最新价最小值	最新价最大值
0	保险	5.83	58.54
1	机械	9.27	9.27
2	石油	3.45	4.74

图 442-2

主要代码如下。

```
import pandas as pd#导入pandas库，并使用pd重命名pandas
#读取myexcel.xlsx文件的Sheet1工作表
df=pd.read_excel('myexcel.xlsx',sheet_name='Sheet1',dtype={'股票代码':str})
df #输出df的所有数据
#在df中首先根据行业列进行分组，然后获取各个分组最新价列的最大
#值和最小值，最后使用最新价最小值和最新价最大值设置新的列名
df.groupby("行业",as_index=False).agg(
    最新价最小值=pd.NamedAgg(column="最新价",aggfunc="min"),
    最新价最大值=pd.NamedAgg(column="最新价",aggfunc="max"))
#df.groupby('行业',as_index=False).agg(**{
#    '最新价最小值':pd.NamedAgg(column='最新价',aggfunc='min'),
#    '最新价最大值':pd.NamedAgg(column='最新价',aggfunc='max')})
#df.groupby("行业").最新价.agg(最新价最小值="min",最新价最大值="max")
#df.groupby("行业").agg(最新价最小值=("最新价","min"),
#                        最新价最大值=("最新价","max")).reset_index()
```

在上面这段代码中，df.groupby("行业",as_index=False).agg(最新价最小值=pd.NamedAgg(column="最新价",aggfunc="min"),最新价最大值=pd.NamedAgg(column="最新价",aggfunc= "max"))表示在df中首先根据行业列进行分组，然后获取各个分组最新价列的最大值和最小值，最后使用最新价最小值和最新价最大值自定义新的列名。

此案例的主要源文件是MyCode\H702\H702.ipynb。

443 使用agg()根据字典自定义分组新列名

此案例主要通过在agg()函数中使用字典设置分组新列名和聚合函数名，实现在DataFrame中根据指定列进行分组，然后获取各个分组指定列的最大值和最小值，且自定义分组的新列名。当在Jupyter Notebook中运行此案例代码之后，将在DataFrame中首先根据行业列进行分组，然后获取各个分组最新价列的最大值和最小值，最后使用最新价最小值和最新价最大值自定义分组的新列名，效果分别如图443-1和图443-2所示。

	股票代码	股票名称	最新价	涨跌额	行业	操作策略
0	600688	上海石化	3.45	0.03	石油	卖出
1	601318	中国平安	58.54	0.46	保险	观望
2	601319	中国人保	5.83	0.05	保险	观望
3	601628	中国人寿	31.42	0.49	保险	卖出
4	601857	中国石油	4.74	0.06	石油	买入
5	603701	德宏股份	9.27	0.09	机械	买入

图443-1

	行业	最新价最小值	最新价最大值
0	保险	5.83	58.54
1	机械	9.27	9.27
2	石油	3.45	4.74

图443-2

主要代码如下。

```
import pandas as pd#导入pandas库，并使用pd重命名pandas
#读取myexcel.xlsx文件的Sheet1工作表
df=pd.read_excel('myexcel.xlsx',sheet_name='Sheet1',dtype={'股票代码':str})
df #输出df的所有数据
#在df中首先根据行业列进行分组，然后获取各个分组最新价列的最大
#值和最小值，最后使用最新价最小值和最新价最大值设置分组的新列名
df.groupby("行业",as_index=False).最新价.agg({"最新价最小值":"min","最新价最大值":
"max"})
#df.groupby("行业").agg( **{"最新价最小值": pd.NamedAgg(column="最新价",aggfunc=
min),
#     "最新价最大值": pd.NamedAgg(column="最新价",aggfunc=max)}).reset_index()
#df.groupby("行业").最新价.agg(["min","max"]).rename(columns=
#          {"min": "最新价最小值","max": "最新价最大值"}).reset_index()
```

在上面这段代码中，df.groupby("行业",as_index=False).最新价.agg({"最新价最小值":"min",
"最新价最大值":"max"})表示在df中首先根据行业列进行分组，然后获取各个分组最新价列的最
大值和最小值，最后使用最新价最小值和最新价最大值自定义分组的新列名。

此案例的主要源文件是MyCode\H703\H703.ipynb。

444 使用agg()转换分组之后的合计数据

此案例主要通过使用groupby()、sum()和agg()等函数，实现在DataFrame中根据指定列进
行分组并计算各个分组的合计，最后使用lambda表达式转换合计数据。当在Jupyter Notebook
中运行此案例代码之后，将在DataFrame中首先根据行业列进行分组，然后计算各个分组流通
市值列和总市值列的合计，最后使用lambda表达式将各个分组的流通市值合计和总市值合计乘
以汇率4.18，效果分别如图444-1和图444-2所示。

	股票名称	成交额	流通市值	总市值	净利润	行业
0	工商银行	9.55	12800.0	16900	1634.0	金融
1	贵州茅台	86.31	20800.0	20800	246.5	白酒
2	中国平安	46.67	5601.0	9452	580.0	金融
3	中国石化	10.45	4166.0	5278	391.5	石油
4	中国石油	9.09	8177.0	9242	530.3	石油
5	建设银行	6.99	576.5	15000	1533.0	金融

图444-1

行业	白酒	石油	金融
流通市值	86944.0	51593.74	79325.95
总市值	86944.0	60693.60	172851.36

图444-2

主要代码如下。

```
import pandas as pd#导入pandas库，并使用pd重命名pandas
#读取myexcel.xlsx文件的Sheet1工作表
df=pd.read_excel('myexcel.xlsx',sheet_name='Sheet1')
df#输出df的所有数据
#在df中根据行业列进行分组，然后计算各个分组流通市值列和和总市值列的合计
```

```
#最后使用 lambda 表达式将各个分组的流通市值合计和总市值合计乘以汇率 4.18
df.groupby('行业').sum()[['流通市值','总市值']].agg(lambda x:x*4.18).T
```

在上面这段代码中，df.groupby('行业').sum()[['流通市值','总市值']].agg(lambda x:x*4.18).T 表示在 df 中首先根据行业列进行分组，然后计算各个分组流通市值列和总市值列的合计，最后使用 lambda 表达式将各个分组的流通市值合计和总市值合计乘以汇率 4.18。例如，石油分组的流通市值是 51593.74=(4166.0+8177.0)×4.18，其他数据以此类推。

此案例的主要源文件是 MyCode\H062\H062.ipynb。

445　使用 agg() 转换分组之后的列数据类型

此案例主要通过在 agg() 函数中使用 lambda 表达式，实现在 DataFrame 中根据指定列进行分组并转换指定列的数据类型。当在 Jupyter Notebook 中运行此案例代码之后，将在 DataFrame 中首先根据行业列进行分组，然后将总市值列的数据类型从 object 转换成 float，最后获取各个分组总市值列的最小值，效果分别如图 445-1 和图 445-2 所示。

	股票代码	股票名称	流通市值	总市值	净利润	行业
0	601318	中国平安	5601亿	9452亿	580.0亿	金融
1	601988	中国银行	6533亿	9126亿	1128亿	金融
2	601288	农业银行	9098亿	10600亿	1222亿	金融
3	601857	中国石油	8403亿	9498亿	530.3亿	石油
4	600688	上海石化	318.8亿	470.8亿	12.44亿	石油
5	601390	中国中铁	1315亿	1587亿	130.9亿	交通

图 445-1

行业	交通	石油	金融
总市值最小值(亿元)	1587.0	470.8	9126.0

图 445-2

主要代码如下。

```
import pandas as pd#导入 pandas 库，并使用 pd 重命名 pandas
#读取 myexcel.xlsx 文件的 Sheet1 工作表
df=pd.read_excel('myexcel.xlsx',sheet_name='Sheet1',dtype={'股票代码':str})
df#输出 df 的所有数据
#在 df 中首先根据行业列进行分组，然后删除各个分组总市值列的"亿"并将总市值列
#的数据类型从 object 转换成 float，最后获取各个分组总市值列(没有"亿")的最小值
df1=df.groupby("行业")[["总市值"]].agg(lambda x:
                x.str.replace('亿','').astype(float).min()).T
df1.rename({'总市值': '总市值最小值(亿元)'},inplace=True)
df1#输出 df 在分组转换之后的数据
```

在上面这段代码中，df1=df.groupby("行业")[["总市值"]].agg(lambda x:x.str.replace('亿','').astype(float).min()).T 表示在 df 中首先根据行业列进行分组，然后删除各个分组总市值列的"亿"并将总市值列的数据类型从 object 转换成 float，最后获取各个分组总市值列（没有"亿"）的最小值。

此案例的主要源文件是 MyCode\H704\H704.ipynb。

446　使用 agg()通过 lambda 计算分组极差

此案例主要通过使用 groupby()、sum()和 agg()等函数，并在 agg()函数中使用 lambda 表达式，实现在 DataFrame 中计算各个分组指定列合计的极差。当在 Jupyter Notebook 中运行此案例代码之后，将在 DataFrame 中（如图 446-1 所示）首先根据行业列进行分组，然后计算各个分组流通市值列和总市值列的合计（如图 446-2 所示），最后在 agg()函数中使用 lambda 表达式计算各个分组流通市值列和总市值列的合计的极差（如图 446-3 所示），极差就是最大值与最小值之差。

	股票名称	成交额	流通市值	总市值	净利润	行业
0	工商银行	9.55	12800.0	16900	1634.0	金融
1	贵州茅台	86.31	20800.0	20800	246.5	白酒
2	中国平安	46.67	5601.0	9452	580.0	金融
3	中国石化	10.45	4166.0	5278	391.5	石油
4	中国石油	9.09	8177.0	9242	530.3	石油
5	建设银行	6.99	576.5	15000	1533.0	金融

图 446-1

行业	白酒	石油	金融
流通市值	20800.0	12343.0	18977.5
总市值	20800.0	14520.0	41352.0

图 446-2

	流通市值	总市值
分组合计极差	8457.0	26832.0

图 446-3

主要代码如下。

```
import pandas as pd#导入pandas库，并使用pd重命名pandas
#读取myexcel.xlsx文件的Sheet1工作表
df=pd.read_excel('myexcel.xlsx',sheet_name='Sheet1')
df #输出df的所有数据
#在df中首先根据行业列进行分组，然后计算各个分组流通市值列和总市值列的合计
pd.DataFrame(df.groupby('行业').sum()[['流通市值','总市值']]).T
#在df中首先根据行业列进行分组，然后计算各个分组流通市值列和总市值列的合计，
#最后在agg()函数中使用lambda表达式计算流通市值列和总市值列的分组合计的极差
df1=pd.DataFrame(df.groupby('行业').sum()[['流通市值',
                     '总市值']].agg(lambda x:x.max()-x.min())).T
df1.set_index([["分组合计极差"]],inplace=True)
df1 #输出df1的所有数据
##在df中首先根据行业列进行分组，然后计算各个分组成交额列的极差
#df.groupby('行业').成交额.agg(各个分组极差=lambda x: x.max()-x.min())
```

在上面这段代码中，df1=pd.DataFrame(df.groupby('行业').sum()[['流通市值','总市值']].

agg(lambda x:x.max()-x.min())).T 表示首先在 df 中根据行业列进行分组，然后计算各个分组流通市值列和总市值列的合计，最后在 agg()函数中使用 lambda 表达式计算流通市值列和总市值列的分组合计的极差。例如，流通市值列的分组合计极差是 8457.0=20800.0-(4166.0+8177.0)，其他极差数据以此类推。

此案例的主要源文件是 MyCode\H063\H063.ipynb。

447　使用 agg()通过自定义函数计算分组极差

此案例主要通过使用 groupby()、sum()和 agg()等函数，并在 agg()函数中使用自定义函数 myfunc()，实现在 DataFrame 中计算各个分组指定列合计的极差。当在 Jupyter Notebook 中运行此案例代码之后，将在 DataFrame 中（如图 447-1 所示）首先根据行业列进行分组，然后计算各个分组总市值列的合计（如图 447-2 所示），最后在 agg()函数中使用自定义函数 myfunc()计算各个分组总市值列的合计的极差（如图 447-3 所示）。

	股票名称	成交额	流通市值	总市值	净利润	行业
0	工商银行	9.55	12800.0	16900	1634.0	金融
1	贵州茅台	86.31	20800.0	20800	246.5	白酒
2	中国平安	46.67	5601.0	9452	580.0	金融
3	中国石化	10.45	4166.0	5278	391.5	石油
4	中国石油	9.09	8177.0	9242	530.3	石油
5	建设银行	6.99	576.5	15000	1533.0	金融

图 447-1

行业	白酒	石油	金融
总市值	20800	14520	41352

图 447-2

	总市值
分组合计极差	26832

图 447-3

主要代码如下。

```
import pandas as pd#导入 pandas 库，并使用 pd 重命名 pandas
#读取 myexcel.xlsx 文件的 Sheet1 工作表
df=pd.read_excel('myexcel.xlsx',sheet_name='Sheet1')
df#输出 df 的所有数据
#在 df 中首先根据行业列进行分组，然后计算各个分组总市值列的合计
pd.DataFrame(df.groupby('行业').sum()['总市值']).T
#创建自定义函数计算各个分组指定列合计的极差
def myfunc(x):
    return x.max()-x.min()
#在 df 中首先根据行业列进行分组，然后计算各个分组总市值列的合计
#最后在 agg()函数中使用自定义函数计算各个分组总市值列的合计的极差
pd.DataFrame(df.groupby('行业').sum()['总市值'].agg(分组合计极差=myfunc))
```

在上面这段代码中，pd.DataFrame(df.groupby('行业').sum()['总市值'].agg(分组合计极差=myfunc))表示首先在 df 中根据行业列进行分组并计算各个分组总市值列的合计，然后使用自定义函数 myfunc()计算各个分组总市值列合计的极差。即各个分组总市值列合计的极差是 26832=

41352-14520=(16900+9452+15000)-(5278+9242)。

此案例的主要源文件是 MyCode\H064\H064.ipynb。

448　在 agg()中调用带多个参数的自定义函数

此案例主要通过使用 groupby()、max()和 agg()等函数，并在 agg()函数中调用包含多个参数的自定义函数 myfunc()，实现在 DataFrame 中判断各个分组指定列的最大值是否在指定的范围。当在 Jupyter Notebook 中运行此案例代码之后，将在 DataFrame 中（如图 448-1 所示）首先根据行业列进行分组，然后获取各个分组涨跌额列的最大值（如图 448-2 所示），最后在 agg()函数中调用自定义函数 myfunc()判断各个分组涨跌额列的最大值是否在 0.48～0.50 范围中（如图 448-3 所示）。

	股票代码	股票名称	最新价	涨跌额	行业	操作策略
0	300095	华伍股份	12.23	0.24	机械	买入
1	300503	昊志机电	11.45	0.16	机械	观望
2	600256	广汇能源	3.63	0.13	石油	卖出
3	600583	海油工程	4.26	0.06	石油	观望
4	600688	上海石化	3.45	0.03	石油	卖出
5	601318	中国平安	58.54	0.46	保险	观望
6	601319	中国人保	5.83	0.05	保险	观望
7	601628	中国人寿	31.42	0.49	保险	卖出
8	601857	中国石油	4.74	0.06	石油	买入

图 448-1

行业	保险	机械	石油
涨跌额	0.49	0.24	0.13

图 448-2

行业	保险	机械	石油
涨跌额	True	False	False

图 448-3

主要代码如下。

```python
import pandas as pd#导入pandas库，并使用pd重命名pandas
#读取myexcel.xlsx文件的Sheet1工作表
df=pd.read_excel('myexcel.xlsx',sheet_name='Sheet1',dtype={'股票代码':str})
df  #输出df的所有数据
#在df中根据行业列进行分组，并获取各个分组涨跌额列的最大值
pd.DataFrame(df.groupby('行业').max()['涨跌额']).T
#创建自定义函数，判断x的最大值是否在low和high之间
def myfunc(x,low,high):
    return x.between(low,high).max()
#在df中根据行业列进行分组，并通过自定义函数判断
#各个分组涨跌额列的最大值是否为0.48～0.50
pd.DataFrame(df.groupby('行业')['涨跌额'].agg(myfunc,0.48,0.50)).T
```

在上面这段代码中，pd.DataFrame(df.groupby('行业')['涨跌额'].agg(myfunc,0.48,0.50)).T 表示首先在 df 中根据行业列进行分组，然后使用包含多个参数的自定义函数 myfunc()判断每个分组

涨跌额列的最大值是否为 0.48～0.50。例如，保险分组涨跌额的最大值是 0.49，它在 0.48～0.50
范围中，因此为 True；机械分组涨跌额的最大值是 0.24，它不在 0.48～0.50 范围中，因此为 False。
需要注意的是：虽然自定义函数 myfunc(x,low,high)有 x、low、high 三个参数，但是当在 agg()
函数中调用自定义函数 myfunc()时，只需要传递 low 和 high 参数，x 参数省略。

此案例的主要源文件是 MyCode\H065\H065.ipynb。

449 使用 pipe()计算各个分组指定列的极差

此案例主要通过使用 groupby()、pipe()、max()、min()等函数，实现在 DataFrame 中计算各
个分组指定列的极差。当在 Jupyter Notebook 中运行此案例代码之后，将在 DataFrame 中首先根
据行业列进行分组，然后计算各个分组涨跌额列的极差，即计算各个分组涨跌额列的最大值与
最小值之差，效果分别如图 449-1 和图 449-2 所示。

	股票代码	股票名称	最新价	涨跌额	行业
0	300095	华伍股份	12.23	0.24	机械
1	300503	昊志机电	11.45	0.16	机械
2	600256	广汇能源	3.63	0.13	石油
3	601318	中国平安	58.54	0.46	保险
4	601628	中国人寿	31.42	0.49	保险
5	601857	中国石油	4.74	0.06	石油

图 449-1

行业	保险	机械	石油
涨跌额	0.03	0.08	0.07

图 449-2

主要代码如下。

```
import pandas as pd#导入pandas库，并使用pd重命名pandas
#读取myexcel.xlsx文件的Sheet1工作表
df=pd.read_excel('myexcel.xlsx',sheet_name='Sheet1',dtype={'股票代码':str})
df#输出df的所有数据
#在df中首先根据行业列进行分组，然后计算各个分组涨跌额列的最大值与最小值的差值
pd.DataFrame(df.groupby('行业').pipe(lambda x:x.涨跌额.max()-x.涨跌额.min())).T
```

在上面这段代码中，pd.DataFrame(df.groupby('行业').pipe(lambda x:x.涨跌额.max()-x.涨跌
额.min())).T 表示首先在 df 中根据行业列进行分组，然后计算各个分组涨跌额列的极差，如保险
分组的涨跌额的极差是 0.03=0.49-0.46。

此案例的主要源文件是 MyCode\H507\H507.ipynb。

450 使用 filter()筛选分组指定列的合计

此案例主要通过使用 groupby()，filter()和 sum()等函数，实现在 DataFrame 中根据指定列进
行分组，然后筛选分组指定列的合计大于指定值的分组明细。当在 Jupyter Notebook 中运行此案

例代码之后，将在 DataFrame 中首先根据行业列进行分组，然后筛选分组成交额的合计大于 60（分组所有股票的成交额合计大于 60）的分组明细，即淘汰石油分组的所有股票，效果分别如图 450-1 和图 450-2 所示。

	股票名称	成交额	流通市值	总市值	净利润	行业
0	工商银行	9.55	12800.0	16900	1634.0	金融
1	贵州茅台	86.31	20800.0	20800	246.5	白酒
2	中国平安	46.67	5601.0	9452	580.0	金融
3	中国石化	10.45	4166.0	5278	391.5	石油
4	中国石油	9.09	8177.0	9242	530.3	石油
5	建设银行	6.99	576.5	15000	1533.0	金融

图 450-1

	股票名称	成交额	流通市值	总市值	净利润	行业
0	工商银行	9.55	12800.0	16900	1634.0	金融
1	贵州茅台	86.31	20800.0	20800	246.5	白酒
2	中国平安	46.67	5601.0	9452	580.0	金融
5	建设银行	6.99	576.5	15000	1533.0	金融

图 450-2

主要代码如下。

```
import pandas as pd#导入pandas库，并使用pd重命名pandas
#读取myexcel.xlsx文件的Sheet1工作表
df=pd.read_excel('myexcel.xlsx',sheet_name='Sheet1')
df  #输出df的所有数据
#在df中首先根据行业列进行分组，然后筛选分组成交额合计大于60
#(即各个分组所有股票的成交额合计大于60)的分组明细
df.groupby('行业').filter(lambda x: x.成交额.sum()>60)
```

在上面这段代码中，df.groupby('行业').filter(lambda x: x.成交额.sum()>60)表示首先在 df 中根据行业列进行分组，然后筛选分组的成交额合计大于60（即分组所有股票的成交额合计大于60）的分组明细。例如，石油分组的成交额合计（10.45+9.09=19.54）小于 60，因此该分组所有股票被淘汰；其他分组的成交额合计均大于 60，因此这些分组入选。

此案例的主要源文件是 MyCode\H779\H779.ipynb。

451　使用 filter()筛选分组指定列的最大值

此案例主要通过使用 groupby()、filter()和 max()等函数，实现在 DataFrame 中根据指定列进行分组，并在各个分组中筛选指定列的最大值大于某个值的分组明细。当在 Jupyter Notebook 中运行此案例代码之后，将首先在 DataFrame 中根据行业列进行分组，然后筛选涨跌额列的最大值大于 0.13 的分组明细，结果石油分组被淘汰，效果分别如图 451-1 和图 451-2 所示。

主要代码如下。

```
import pandas as pd#导入pandas库，并使用pd重命名pandas
#读取myexcel.xlsx文件的Sheet1工作表
df=pd.read_excel('myexcel.xlsx',sheet_name='Sheet1',dtype={'股票代码':str})
df  #输出df的所有数据
##在df中首先根据行业列进行分组，然后在各个分组中获取涨跌额列的最大值
```

```
#pd.DataFrame(df.groupby('行业')['涨跌额'].max()).T
#在 df 中首先根据行业列进行分组，然后在各个分组中筛选
#涨跌额列的最大值大于 0.13 的分组明细，即淘汰石油分组的所有股票
df.groupby('行业').filter(lambda x:(x['涨跌额']>0.13).max())
##下面这行代码将会输出所有分组的股票
#df.groupby('行业').filter(lambda x:(x['涨跌额']>0.12).max())
```

	股票代码	股票名称	最新价	涨跌额	行业	操作策略
0	300095	华伍股份	12.23	0.24	机械	买入
1	300503	昊志机电	11.45	0.16	机械	观望
2	600256	广汇能源	3.63	0.13	石油	卖出
3	600583	海油工程	4.26	0.06	石油	观望
4	600688	上海石化	3.45	0.03	石油	卖出
5	601318	中国平安	58.54	0.46	保险	观望
6	601319	中国人保	5.83	0.05	保险	观望
7	601628	中国人寿	31.42	0.49	保险	卖出
8	601857	中国石油	4.74	0.06	石油	买入

图 451-1

	股票代码	股票名称	最新价	涨跌额	行业	操作策略
0	300095	华伍股份	12.23	0.24	机械	买入
1	300503	昊志机电	11.45	0.16	机械	观望
5	601318	中国平安	58.54	0.46	保险	观望
6	601319	中国人保	5.83	0.05	保险	观望
7	601628	中国人寿	31.42	0.49	保险	卖出

图 451-2

　　在上面这段代码中，df.groupby('行业').filter(lambda x:(x['涨跌额']>0.13).max())表示在 df 中首先根据行业列进行分组，然后在各个分组中筛选涨跌额列的最大值大于 0.13 的分组明细。从图 451-2 可以看出，石油分组的最大涨跌额是 0.13，不符合条件（最大涨跌额大于 0.13），因此该分组的所有股票被淘汰。

　　此案例的主要源文件是 MyCode\H066\H066.ipynb。

452　使用 filter()筛选分组指定列的平均值

　　此案例主要通过使用 groupby()、filter()和 mean()等函数，实现在 DataFrame 中根据指定列进行分组，并在各个分组中筛选指定列的平均值大于某个值的分组明细。当在 Jupyter Notebook 中运行此案例代码之后，将首先在 DataFrame 中根据行业列进行分组，然后在各个分组中筛选涨跌额列的分组平均值大于 0.19 的分组明细，结果石油分组被淘汰，效果分别如图 452-1 和图 452-2 所示。

　　主要代码如下。

```
import pandas as pd#导入pandas库，并使用pd重命名pandas
#读取myexcel.xlsx文件的Sheet1工作表
df=pd.read_excel('myexcel.xlsx',sheet_name='Sheet1',dtype={'股票代码':str})
df  #输出df的所有数据
#在df中首先根据行业列进行分组，然后在各个分组中筛选涨跌额列的
#平均值大于0.19的分组的所有股票，即淘汰石油分组的所有股票
df.groupby('行业').filter(lambda x:x['涨跌额'].mean()>0.19)
```

	股票代码	股票名称	最新价	涨跌额	行业	操作策略
0	300095	华伍股份	12.23	0.24	机械	买入
1	300503	昊志机电	11.45	0.16	机械	观望
2	600256	广汇能源	3.63	0.13	石油	卖出
3	600583	海油工程	4.26	0.06	石油	观望
4	600688	上海石化	3.45	0.03	石油	卖出
5	601318	中国平安	58.54	0.46	保险	观望
6	601319	中国人保	5.83	0.05	保险	观望
7	601628	中国人寿	31.42	0.49	保险	卖出
8	601857	中国石油	4.74	0.06	石油	买入

图 452-1

	股票代码	股票名称	最新价	涨跌额	行业	操作策略
0	300095	华伍股份	12.23	0.24	机械	买入
1	300503	昊志机电	11.45	0.16	机械	观望
5	601318	中国平安	58.54	0.46	保险	观望
6	601319	中国人保	5.83	0.05	保险	观望
7	601628	中国人寿	31.42	0.49	保险	卖出

图 452-2

在上面这段代码中，df.groupby('行业').filter(lambda x:x['涨跌额'].mean()>0.19)表示在 df 中首先根据行业列进行分组，然后在各个分组中筛选涨跌额列的分组平均值大于 0.19 的分组明细。从图 452-2 可以看出，石油分组的涨跌额平均值是 0.07，不符合条件，因此该分组的所有股票被淘汰。

此案例的主要源文件是 MyCode\H506\H506.ipynb。

453　使用 filter()筛选分组指定列的所有值

此案例主要通过使用 groupby()、filter()和 all()等函数，实现在 DataFrame 中根据指定列进行分组，然后在各个分组中筛选指定列的所有值均大于指定值的分组明细。当在 Jupyter Notebook 中运行此案例代码之后，将在 DataFrame 中首先根据行业列进行分组，然后在各个分组中筛选所有股票的涨跌额均大于 0.04 的分组，即淘汰石油分组的所有股票，效果分别如图 453-1 和图 453-2 所示。

	股票代码	股票名称	最新价	涨跌额	行业	操作策略
0	300095	华伍股份	12.23	0.24	机械	买入
1	300503	昊志机电	11.45	0.16	机械	观望
2	600256	广汇能源	3.63	0.13	石油	卖出
3	600583	海油工程	4.26	0.06	石油	观望
4	600688	上海石化	3.45	0.03	石油	卖出
5	601318	中国平安	58.54	0.46	保险	观望
6	601319	中国人保	5.83	0.05	保险	观望
7	601628	中国人寿	31.42	0.49	保险	卖出
8	601857	中国石油	4.74	0.06	石油	买入

图 453-1

	股票代码	股票名称	最新价	涨跌额	行业	操作策略
0	300095	华伍股份	12.23	0.24	机械	买入
1	300503	昊志机电	11.45	0.16	机械	观望
5	601318	中国平安	58.54	0.46	保险	观望
6	601319	中国人保	5.83	0.05	保险	观望
7	601628	中国人寿	31.42	0.49	保险	卖出

图 453-2

主要代码如下。

```
import pandas as pd#导入pandas库,并使用pd重命名pandas
#读取myexcel.xlsx文件的Sheet1工作表
df=pd.read_excel('myexcel.xlsx',sheet_name='Sheet1',dtype={'股票代码':str})
df#输出df的所有数据
##在df中首先按照行业列排序,然后按涨跌额列排序
#df.sort_values(by=['行业','涨跌额'])
#在df中首先根据行业列进行分组,然后在各个分组中筛选所有股票涨跌额均大于0.04的分组
df.groupby('行业').filter(lambda x:(x['涨跌额']>0.04).all())
#df.groupby('行业').apply(lambda x: (x.涨跌额>0.04).all())
##在df中首先根据行业列进行分组,然后在各个分组中筛选所有股票涨跌额均大于0.15的分组
#df.groupby('行业').filter(lambda x:(x['涨跌额']>0.15).all())
```

在上面这段代码中,df.groupby('行业').filter(lambda x:(x['涨跌额']>0.04).all())表示首先在 df
中根据行业列进行分组,然后在各个分组中筛选所有股票的涨跌额均大于 0.04 的分组明细。从
图 453-2 可以看出,机械分组所有股票的涨跌额(0.24、0.16)均大于 0.04,因此机械分组的所有
股票符合条件;保险分组所有股票的涨跌额(0.46、0.05、0.49)均大于 0.04,因此保险分组的所
有股票符合条件;石油分组由于上海石化的涨跌额是 0.03,不符合大于 0.04 的条件,因此石油
分组的所有股票被淘汰。

此案例的主要源文件是 MyCode\H067\H067.ipynb。

454 使用 filter()筛选分组指定列的某个值

此案例主要通过使用 groupby(),filter()和 any()等函数,实现在 DataFrame 中根据指定列进
行分组,然后筛选指定列的某个值大于指定值的分组明细。当在 Jupyter Notebook 中运行此案例
代码之后,将在 DataFrame 中首先根据行业列进行分组,然后筛选成交额大于 46(在分组中只
要有一种股票的成交额大于 46 即可)的分组明细,即淘汰石油分组的所有股票,效果分别如
图 454-1 和图 454-2 所示。

	股票名称	成交额	流通市值	总市值	净利润	行业
0	工商银行	9.55	12800.0	16900	1634.0	金融
1	贵州茅台	86.31	20800.0	20800	246.5	白酒
2	中国平安	46.67	5601.0	9452	580.0	金融
3	中国石化	10.45	4166.0	5278	391.5	石油
4	中国石油	9.09	8177.0	9242	530.3	石油
5	建设银行	6.99	576.5	15000	1533.0	金融

图 454-1

	股票名称	成交额	流通市值	总市值	净利润	行业
0	工商银行	9.55	12800.0	16900	1634.0	金融
1	贵州茅台	86.31	20800.0	20800	246.5	白酒
2	中国平安	46.67	5601.0	9452	580.0	金融
5	建设银行	6.99	576.5	15000	1533.0	金融

图 454-2

主要代码如下。

```
import pandas as pd#导入pandas库,并使用pd重命名pandas
```

```
#读取 myexcel.xlsx 文件的 Sheet1 工作表
df=pd.read_excel('myexcel.xlsx',sheet_name='Sheet1')
df  #输出 df 的所有数据
#在 df 中首先根据行业列进行分组，然后筛选成交额
#大于 46 (只要分组有一种股票满足条件即可)的分组明细
df.groupby('行业').filter(lambda x:(x['成交额']>46).any())
##在 df 中首先根据行业列进行分组，然后筛选成交额
##大于 46 (分组所有股票均满足条件)的分组明细
#df.groupby('行业').filter(lambda x:(x['成交额']>46).all())
```

在上面这段代码中，df.groupby('行业').filter(lambda x:(x['成交额']>46).any())表示首先在 df 中根据行业列进行分组，然后筛选成交额大于 46（在分组中只要有一种股票的成交额大于 46 即可）的分组明细。例如，石油分组的任一股票的成交额均小于 46，因此该分组所有股票被淘汰；金融分组的中国平安的成交额（46.67）大于 46，因此该分组的所有股票均入选。

此案例的主要源文件是 MyCode\H778\H778.ipynb。

455　使用 filter()筛选分组成员的个数

此案例主要演示了在 DataFrame 中使用 groupby()函数根据指定列进行分组，然后使用 filter()函数筛选分组成员个数。当在 Jupyter Notebook 中运行此案例代码之后，将在 DataFrame 中根据行业列进行分组，然后筛选各个分组成员的个数大于或等于 2 的分组明细，效果分别如图 455-1 和图 455-2 所示。

	股票名称	成交额	流通市值	总市值	净利润	行业
0	工商银行	9.55	12800.0	16900	1634.0	金融
1	贵州茅台	86.31	20800.0	20800	246.5	白酒
2	中国平安	46.67	5601.0	9452	580.0	金融
3	中国石化	10.45	4166.0	5278	391.5	石油
4	中国石油	9.09	8177.0	9242	530.3	石油
5	建设银行	6.99	576.5	15000	1533.0	金融

图 455-1

	股票名称	成交额	流通市值	总市值	净利润	行业
0	工商银行	9.55	12800.0	16900	1634.0	金融
2	中国平安	46.67	5601.0	9452	580.0	金融
3	中国石化	10.45	4166.0	5278	391.5	石油
4	中国石油	9.09	8177.0	9242	530.3	石油
5	建设银行	6.99	576.5	15000	1533.0	金融

图 455-2

主要代码如下。

```
import pandas as pd#导入 pandas 库，并使用 pd 重命名 pandas
#读取 myexcel.xlsx 文件的 Sheet1 工作表
df=pd.read_excel('myexcel.xlsx',sheet_name='Sheet1')
df#输出 df 的所有数据
#在 df 中根据行业列进行分组，并筛选各个分组的成员数量大于或等于 2 的分组明细
df.groupby('行业').filter(lambda x:len(x)>=2)
#df[df.groupby('行业').transform(lambda x:len(x)>=2)]
```

在上面这段代码中，df.groupby('行业').filter(lambda x: len(x)>=2)表示首先在 df 中根据行业

列进行分组，然后筛选各个分组的成员数量大于或等于 2 的分组明细。例如，白酒分组只有 1
个成员（贵州茅台），因此被淘汰；石油分组有 2 个成员（中国石油、中国石化），因此入选；
金融分组有 3 个成员（工商银行、中国平安、建设银行），因此入选，最后输出入选分组的明细。

此案例的主要源文件是 MyCode\H777\H777.ipynb。

456　使用 filter()筛选分组大于某值的数据

此案例主要演示了使用 groupby()、filter()等函数筛选连续大于某值的数据。当在 Jupyter
Notebook 中运行此案例代码之后，将在 DataFrame 中筛选成交量连续三天大于 40000 的交易数
据，效果分别如图 456-1 和图 456-2 所示。

	开盘价	最高价	最低价	收盘价	成交量
2021/9/27	1750.00	1863.40	1750.00	1855.00	126868
2021/9/24	1628.00	1719.98	1628.00	1694.00	69536
2021/9/23	1638.00	1655.88	1625.08	1635.00	30341
2021/9/22	1658.83	1688.00	1635.00	1637.69	31743
2021/9/17	1620.00	1705.60	1620.00	1686.00	55130
2021/9/16	1603.00	1644.00	1585.00	1638.07	45968
2021/9/15	1650.00	1660.00	1610.00	1615.74	41570
2021/9/14	1659.00	1683.00	1653.00	1657.00	33760
2021/9/13	1665.00	1684.00	1640.10	1654.00	27720
2021/9/10	1634.08	1668.80	1633.00	1662.58	33388
2021/9/9	1626.00	1645.00	1624.01	1634.08	19950

图 456-1

	开盘价	最高价	最低价	收盘价	成交量
2021/9/17	1620.0	1705.6	1620.0	1686.00	55130
2021/9/16	1603.0	1644.0	1585.0	1638.07	45968
2021/9/15	1650.0	1660.0	1610.0	1615.74	41570

图 456-2

主要代码如下。

```
import pandas as pd#导入pandas库，并使用pd重命名pandas
#读取myexcel.xlsx文件的Sheet1工作表
df=pd.read_excel('myexcel.xlsx',sheet_name='Sheet1',index_col=0)
df#输出df的所有数据
import numpy as np#导入numpy库，并使用np重命名numpy
#在df中筛选连续三天成交量大于40000的交易数据
df1=df.assign(天数=(df.成交量>40000).ne((df.成交量>40000).shift()).cumsum())\
    .groupby('天数').filter(lambda m:(len(m)>2)and(np.mean(m.成交量)>40000))
#删除临时变量列(天数)
df1.drop(['天数'],axis=1)
```

在上面这段代码中，df1=df.assign(天数=(df.成交量>40000).ne((df.成交量>40000).shift().
cumsum()).groupby('天数').filter(lambda m:(len(m)>2)and(np.mean(m.成交量)>40000))表示在 df 中
筛选连续三天成交量大于 40000 的交易数据。

此案例的主要源文件是 MyCode\H539\H539.ipynb。

457 使用apply()获取分组某列的最大值

此案例主要通过使用 groupby()函数和 apply()函数，实现在 DataFrame 中根据指定列进行分组并获取各个分组指定列的最大值。当在 Jupyter Notebook 中运行此案例代码之后，将在 DataFrame 中根据行业列进行分组，并获取各个分组最新价列的最大值，效果分别如图 457-1 和图 457-2 所示。

	股票代码	股票名称	最新价	涨跌额	行业	操作策略
0	300095	华伍股份	12.23	0.24	机械	买入
1	300503	昊志机电	11.45	0.16	机械	观望
2	600256	广汇能源	3.63	0.13	石油	卖出
3	600583	海油工程	4.26	0.06	石油	观望
4	600688	上海石化	3.45	0.03	石油	卖出
5	601318	中国平安	58.54	0.46	保险	观望
6	601319	中国人保	5.83	0.05	保险	观望
7	601628	中国人寿	31.42	0.49	保险	卖出
8	601857	中国石油	4.74	0.06	石油	买入
9	603701	德宏股份	9.27	0.09	机械	买入

图 457-1

	股票代码	股票名称	最新价	涨跌额	行业	操作策略
5	601318	中国平安	58.54	0.46	保险	观望
0	300095	华伍股份	12.23	0.24	机械	买入
8	601857	中国石油	4.74	0.06	石油	买入

图 457-2

主要代码如下。

```
import pandas as pd#导入pandas库，并使用pd重命名pandas
#读取myexcel.xlsx文件的Sheet1工作表
df=pd.read_excel('myexcel.xlsx',sheet_name='Sheet1',dtype={'股票代码':str})
df#输出df的所有数据
#在df中根据行业列进行分组，并获取各个分组的最新价列的最大值
df.iloc[df.groupby(['行业']).apply(lambda x: x['最新价'].idxmax())]
##在df中根据行业列进行分组，并获取各个分组的最新价列的最小值
#df.iloc[df.groupby(['行业']).apply(lambda x: x['最新价'].idxmin())]
```

在上面这段代码中，df.iloc[df.groupby(['行业']).apply(lambda x: x['最新价'].idxmax())]表示首先在 df 中根据行业列进行分组，然后在各个分组中获取最新价列的最大值。

此案例的主要源文件是 MyCode\H654\H654.ipynb。

458 使用apply()获取分组数值列的最大值

此案例主要通过使用 groupby()函数和 apply()函数，实现在 DataFrame 中根据指定列进行分组并获取各个分组所有数值列的最大值。当在 Jupyter Notebook 中运行此案例代码之后，将在 DataFrame 中根据行业列进行分组，并获取各个分组所有数值列的最大值，效果分别如图 458-1 和图 458-2 所示。

	最新价	昨收价	最高价	最低价	行业
贵州茅台	1830.00	1820.00	1850.22	1803.40	白酒
中国平安	48.36	49.19	49.30	48.23	金融
中国人保	5.06	5.05	5.08	5.03	金融
中国石油	6.01	6.04	6.07	5.79	石油
中国人寿	29.80	30.46	30.51	29.69	金融
上海石化	4.25	4.23	4.29	4.11	石油

图 458-1

行业	最新价	昨收价	最高价	最低价	行业
白酒	1830.00	1820.00	1850.22	1803.40	白酒
石油	6.01	6.04	6.07	5.79	石油
金融	48.36	49.19	49.30	48.23	金融

图 458-2

主要代码如下。

```
import pandas as pd#导入pandas库,并使用pd重命名pandas
#读取myexcel.xlsx文件的Sheet1工作表
df=pd.read_excel('myexcel.xlsx',sheet_name='Sheet1',index_col=0)
df#输出df的所有数据
import numpy as np#导入numpy库,并使用np重命名numpy
#在df中根据行业列进行分组,并获取各个分组所有数值列的最大值
df.groupby(['行业']).apply(np.max)
```

在上面这段代码中,df.groupby(['行业']).apply(np.max)表示首先在df中根据行业列进行分组,然后在各个分组中获取所有数值列的最大值。

此案例的主要源文件是 MyCode\H511\H511.ipynb。

459 在apply()中使用lambda计算分组列差

此案例主要通过使用 groupby()函数进行分组并在 apply()函数中使用 lambda 表达式设置参数值,实现在 DataFrame 中根据指定列进行分组,并在各个分组中使用聚合函数计算两个不同列的差值。当在 Jupyter Notebook 中运行此案例代码之后,将在 DataFrame 中根据行业列进行分组,并在各个分组中计算总市值列的合计与流通市值列的合计的差值(每个分组的非流通市值合计),效果分别如图 459-1 和图 459-2 所示。

	股票名称	成交额	流通市值	总市值	净利润	行业	操作策略
0	工商银行	9.55	12800.0	16900	1634.0	金融	买入
1	贵州茅台	86.31	20800.0	20800	246.5	白酒	买入
2	中国平安	46.67	5601.0	9452	580.0	金融	买入
3	中国石化	10.45	4166.0	5278	391.5	石油	观望
4	中国石油	9.09	8177.0	9242	530.3	石油	卖出
5	建设银行	6.99	576.5	15000	1533.0	金融	卖出

图 459-1

行业	白酒	石油	金融
非流通市值	0.0	2177.0	22374.5

图 459-2

主要代码如下。

```
import pandas as pd#导入pandas库，并使用pd重命名pandas
#读取myexcel.xlsx文件的Sheet1工作表
df=pd.read_excel('myexcel.xlsx',sheet_name='Sheet1')
df#输出df的所有数据
#在df中根据行业列进行分组，并计算各个分组的总市值列合计与流通市值列合计的差值
df1=df.groupby(['行业']).apply(lambda x: x['总市值'].sum()-x['流通市值'].sum())
pd.DataFrame(df1,columns=['非流通市值']).T
```

在上面这段代码中，df1=df.groupby(['行业']).apply(lambda x: x['总市值'].sum()-x['流通市值'].sum())表示首先在df中根据行业列进行分组，然后在各个分组中计算总市值列合计与流通市值列合计的差值（即每个分组的非流通市值合计）。例如，石油行业的非流通市值合计是2177.0=(5278+9242)-(8177.0+4166.0)，其他行业以此类推。

此案例的主要源文件是MyCode\H661\H661.ipynb。

460　在apply()中使用lambda计算分组差值

此案例主要通过使用groupby()函数进行分组并在apply()函数中使用lambda表达式设置参数值，实现在DataFrame中根据指定列进行分组并计算每行数据的指定列与分组的指定列之间的差值。当在Jupyter Notebook中运行此案例代码之后，将在DataFrame中根据行业列进行分组，并计算每种股票的涨跌额与分组最大涨跌额的差值，效果分别如图460-1和图460-2所示。

	股票代码	股票名称	行业	最新价	涨跌额
0	300095	华伍股份	机械	12.23	0.24
1	600256	广汇能源	石油	3.63	0.13
2	601319	中国人保	保险	5.83	0.05
3	600583	海油工程	石油	4.26	0.06
4	600688	上海石化	石油	3.45	0.03
5	601318	中国平安	保险	58.54	0.46

图460-1

	股票代码	股票名称	行业	最新价	涨跌额	差值
0	300095	华伍股份	机械	12.23	0.24	0.00
1	600256	广汇能源	石油	3.63	0.13	0.00
2	601319	中国人保	保险	5.83	0.05	-0.41
3	600583	海油工程	石油	4.26	0.06	-0.07
4	600688	上海石化	石油	3.45	0.03	-0.10
5	601318	中国平安	保险	58.54	0.46	0.00

图460-2

主要代码如下。

```
import pandas as pd#导入pandas库，并使用pd重命名pandas
#读取myexcel.xlsx文件的Sheet1工作表
df=pd.read_excel('myexcel.xlsx',sheet_name='Sheet1',dtype={'股票代码':str})
df #输出df的所有数据
#在df中根据行业列进行分组，并计算每种股票的涨跌额与分组最大涨跌额的差值
df['差值']=df.groupby('行业')[['涨跌额']].apply(lambda x:x-x.max())
#df['差值']=df.groupby('行业')['涨跌额'].transform(lambda x:x-x.max())
#df['差值']=df[['行业','涨跌额']].groupby('行业').apply(lambda x:x-x.max())
##根据行业列进行分组，并计算每种股票的涨跌额与分组最小涨跌额的差值
```

```
#df['差值']=df.groupby('行业')[['涨跌额']].apply(lambda x:x-x.min())
df  #输出 df 在添加差值之后的所有数据
```

在上面这段代码中，df['差值']=df.groupby('行业')[['涨跌额']].apply(lambda x:x-x.max())表示首先在 df 中根据行业列进行分组，然后在 apply()函数中使用 lambda 表达式计算每种股票的涨跌额与分组最大涨跌额的差值。例如，保险分组的最大涨跌额是 0.46，中国人保的涨跌额是 0.05，因此其差值就是-0.41，其他差值以此类推。该代码也可以写成 df['差值']=df.groupby('行业')['涨跌额'].transform(lambda x:x-x.max())或 df['差值']=df[['行业','涨跌额']].groupby('行业').apply(lambda x:x-x.max())。

此案例的主要源文件是 MyCode\H070\H070.ipynb。

461　在 apply()中使用 DataFrame 返回分组差值

此案例主要演示了在 DataFrame 中使用 groupby()函数对指定列进行分组，且在 apply()函数中调用 lambda 表达式计算分组差值并以 DataFrame 的形式返回计算结果。当在 Jupyter Notebook 中运行此案例代码之后，将在 DataFrame 中根据行业列进行分组，然后调用 lambda 表达式计算分组差值并以 DataFrame 的形式返回计算结果，效果分别如图 461-1 和图 461-2 所示。

	股票代码	股票名称	行业	最新价	涨跌额
0	300095	华伍股份	机械	12.23	0.24
1	600256	广汇能源	石油	3.63	0.13
2	601319	中国人保	保险	5.83	0.05
3	600583	海油工程	石油	4.26	0.06
4	600688	上海石化	石油	3.45	0.03
5	601318	中国平安	保险	58.54	0.46

图 461-1

	股票代码	股票名称	行业	涨跌额	与组平均涨跌额的差值
0	300095	华伍股份	机械	0.24	0.000000
1	600256	广汇能源	石油	0.13	0.056667
2	601319	中国人保	保险	0.05	-0.205000
3	600583	海油工程	石油	0.06	-0.013333
4	600688	上海石化	石油	0.03	-0.043333
5	601318	中国平安	保险	0.46	0.205000

图 461-2

主要代码如下。

```
import pandas as pd#导入pandas库，并使用pd重命名pandas
#读取myexcel.xlsx文件的Sheet1工作表
df=pd.read_excel('myexcel.xlsx',sheet_name='Sheet1',dtype={'股票代码':str})
df#输出df的所有数据
#在df中根据行业列进行分组，并调用lambda表达式
#计算分组差值并以DataFrame的形式返回计算结果
df.groupby('行业').apply(lambda x:pd.DataFrame({
        '股票代码':x['股票代码'],
        '股票名称':x['股票名称'],
        '行业':x['行业'],
        '涨跌额':x['涨跌额'],
        '与组平均涨跌额的差值':x['涨跌额']-x['涨跌额'].mean()}))
```

在上面这段代码中，df.groupby('行业').apply(lambda x:pd.DataFrame({'股票代码':x['股票代码'],'股票名称':x['股票名称'],'行业':x['行业'],'涨跌额':x['涨跌额'],'与组平均涨跌额的差值':x['涨跌额']-x['涨跌额'].mean()}))表示首先在 df 中根据行业列进行分组，然后在 apply()函数中使用 lambda 表达式计算每种股票的涨跌额与行业分组平均涨跌额的差值并以 DataFrame 的形式返回计算结果。例如，保险分组的平均涨跌额是 0.255=(0.46+0.05)/2，中国平安的涨跌额是 0.46，因此中国平安的涨跌额与保险分组平均涨跌额的差值是 0.205000=0.46-0.255000，其他数据以此类推。

此案例的主要源文件是 MyCode\H071\H071.ipynb。

462　在 apply()中调用自定义函数统计分组指标

此案例主要演示了在 DataFrame 中使用 groupby()函数根据指定列进行分组，然后通过 apply()函数调用自定义函数统计各个分组的合计和最大值。当在 Jupyter Notebook 中运行此案例代码之后，将在 DataFrame 中根据行业列进行分组，然后统计各个分组的涨跌额合计和涨跌额最大值，效果分别如图 462-1 和图 462-2 所示。

	股票代码	股票名称	行业	最新价	涨跌额
0	300095	华伍股份	机械	12.23	0.24
1	600256	广汇能源	石油	3.63	0.13
2	601319	中国人保	保险	5.83	0.05
3	600583	海油工程	石油	4.26	0.06
4	600688	上海石化	石油	3.45	0.03
5	601318	中国平安	保险	58.54	0.46

图 462-1

行业	保险	机械	石油
各组涨跌额合计	0.51	0.24	0.22
各组涨跌额最大值	0.46	0.24	0.13

图 462-2

主要代码如下。

```
import pandas as pd#导入pandas库，并使用pd重命名pandas
#读取myexcel.xlsx文件的Sheet1工作表
df=pd.read_excel('myexcel.xlsx',sheet_name='Sheet1',dtype={'股票代码':str})
df  #输出df的所有数据
from collections import OrderedDict
#创建自定义函数myfunc()实现在分组中统计多个指标
def myfunc(df):
    mydict=OrderedDict()
    mydict['各组涨跌额合计']=df['涨跌额'].sum()
    mydict['各组涨跌额最大值']=df['涨跌额'].max()
    return pd.Series(mydict)
#在df中根据行业列进行分组，并通过apply()函数调用自定义函数myfunc()统计多个指标
df.groupby('行业').apply(myfunc).T
```

在上面这段代码中，df.groupby('行业').apply(myfunc)表示首先在 df 中根据行业列进行分组，然后在 apply()函数中调用自定义函数 myfunc()实现同时统计多个分组指标。需要注意的

是，在自定义函数 myfunc()中使用了 OrderedDict，因此需要添加 from collections import OrderedDict。

此案例的主要源文件是 MyCode\H072\H072.ipynb。

463　使用 apply()将分组数据导出为 Excel 文件

此案例主要演示了在 DataFrame 中使用 groupby()函数根据指定列进行分组,然后通过 apply() 函数将各个分组明细导出为 Excel 文件。当在 Jupyter Notebook 中运行此案例代码之后，将在 DataFrame 中根据行业列进行分组，然后将各个分组明细导出为独立的 Excel 文件，效果分别如 图 463-1～图 463-4 所示。

	股票名称	成交额	流通市值	总市值	净利润	行业
0	工商银行	9.55	12800.0	16900	1634.0	金融
1	贵州茅台	86.31	20800.0	20800	246.5	白酒
2	中国平安	46.67	5601.0	9452	580.0	金融
3	中国石化	10.45	4166.0	5278	391.5	石油
4	中国石油	9.09	8177.0	9242	530.3	石油
5	建设银行	6.99	576.5	15000	1533.0	金融

图 463-1

图 463-2

图 463-3

图 463-4

主要代码如下。

```
import pandas as pd#导入pandas库，并使用pd重命名pandas
#读取myexcel.xlsx文件的Sheet1工作表
df=pd.read_excel('myexcel.xlsx',sheet_name='Sheet1')
df #输出df的所有数据
#在df中根据行业列进行分组，并将各个分组明细导出为Excel文件
df.groupby('行业').apply(lambda mygroup: mygroup.to_excel(f'{mygroup.name}分组
.xlsx'))
```

在上面这段代码中，df.groupby(' 行业 ').apply(lambda mygroup: mygroup.to_excel (f'{mygroup.name}分组.xlsx'))表示在 df 中首先根据行业列进行分组，然后使用 apply()函数将各个分组明细导出为 Excel 文件。

此案例的主要源文件是 MyCode\H774\H774.ipynb。

464 使用 unstack()以宽表风格输出多级分组

此案例主要演示了使用 unstack()函数以宽表风格输出 DataFrame 的多级分组。当在 Jupyter Notebook 中运行此案例代码之后，将在 DataFrame 中首先根据行业列和操作策略列进行分组，然后计算各个分组流通市值列和总市值列的合计，最后以宽表形式输出分组计算结果，效果分别如图 464-1 和图 464-2 所示。

	股票名称	成交额	流通市值	总市值	净利润	行业	操作策略
0	工商银行	9.55	12800.0	16900	1634.0	金融	买入
1	贵州茅台	86.31	20800.0	20800	246.5	白酒	买入
2	中国平安	46.67	5601.0	9452	580.0	金融	买入
3	中国石化	10.45	4166.0	5278	391.5	石油	观望
4	中国石油	9.09	8177.0	9242	530.3	石油	卖出
5	建设银行	6.99	576.5	15000	1533.0	金融	卖出

图 464-1

操作策略	流通市值 买入	卖出	观望	总市值 买入	卖出	观望
行业						
白酒	20800.0	-	-	20800.0	-	-
石油	-	8177.0	4166.0	-	9242.0	5278.0
金融	18401.0	576.5	-	26352.0	15000.0	-

图 464-2

主要代码如下。

```
import pandas as pd#导入pandas库，并使用pd重命名pandas
#读取myexcel.xlsx文件的Sheet1工作表
df=pd.read_excel('myexcel.xlsx',sheet_name='Sheet1')
df #输出df的所有数据
#在df中根据行业列和操作策略列进行分组，并使用宽表输出各个分组的合计
df.groupby(['行业','操作策略']).sum()[['流通市值','总市值']].unstack().fillna('-')
##在df中根据行业列和操作策略列进行分组，并使用长表输出各个分组的合计
#df.groupby(['行业','操作策略']).sum()[['流通市值','总市值']]
```

在上面这段代码中，df.groupby(['行业','操作策略']).sum()[['流通市值','总市值']].unstack().fillna('-')表示首先在 df 中首先根据行业列和操作策略列进行分组，然后计算各个分组流通市值列和总市值列的合计，最后以宽表风格输出分组结果；对于因采用宽表而产生的 NaN 使用“-”代替。如果是 df.groupby(['行业','操作策略']).sum()[['流通市值','总市值']]，则表示以长表风格输出分组结果，代码运行结果如图 464-3 所示。

行业	操作策略	流通市值	总市值
白酒	买入	20800.0	20800
石油	卖出	8177.0	9242
	观望	4166.0	5278
金融	买入	18401.0	26352
	卖出	576.5	15000

图 464-3

此案例的主要源文件是 MyCode\H158\H158.ipynb。

465 使用 quantile()计算各个分组的分位数

此案例主要演示了在 DataFrame 中使用 groupby()函数根据指定列进行分组，然后使用 quantile()函数计算各个分组各列的 0.5 分位数。分位数（Quantile）也称为分位点，是指将一个随机变量的概率分布范围分为几个等份的数值点，常用的有中位数（二分位数）、四分位数、百

分位数等。当在 Jupyter Notebook 中运行此案例代码之后，将在 DataFrame 中根据行业列进行分组，然后计算各个分组各列的 0.5 分位数，效果分别如图 465-1 和图 465-2 所示。

	股票名称	成交额	流通市值	总市值	净利润	行业
0	工商银行	9.55	12800.0	16900	1634.0	金融
1	贵州茅台	86.31	20800.0	20800	246.5	白酒
2	中国平安	46.67	5601.0	9452	580.0	金融
3	中国石化	10.45	4166.0	5278	391.5	石油
4	中国石油	9.09	8177.0	9242	530.3	石油
5	建设银行	6.99	576.5	15000	1533.0	金融

图 465-1

行业	成交额	流通市值	总市值	净利润
白酒	86.31	20800.0	20800.0	246.5
石油	9.77	6171.5	7260.0	460.9
金融	9.55	5601.0	15000.0	1533.0

图 465-2

主要代码如下。

```
import pandas as pd#导入pandas库，并使用pd重命名pandas
#读取myexcel.xlsx文件的Sheet1工作表
df=pd.read_excel('myexcel.xlsx',sheet_name='Sheet1')
df#输出df的所有数据
#在df中根据行业列进行分组，并按列计算各个分组各列的0.5分位数
df.groupby('行业').quantile(0.5)
```

在上面这段代码中，df.groupby('行业').quantile(0.5)表示在 df 中根据行业列进行分组，并按列计算各个分组各列的 0.5 分位数。例如，石油分组成交额列的 0.5 分位数是 9.77，它实际是从 (9.09,10.45) 中取中位数，可以使用中位数计算器（https://miniwebtool.com/zh-cn/median-calculator/）在线验证。金融分组成交额列的 0.5 分位数是 9.55，它实际是从 (6.99,9.55,46.67) 中取中位数，也可以使用中位数计算器（https://miniwebtool.com/zh-cn/median-calculator/）在线验证，其他 0.5 分位数的计算以此类推。

此案例的主要源文件是 MyCode\H775\H775.ipynb。

466 使用 rank() 获取各个成员在分组中的序号

此案例主要演示了在 DataFrame 中使用 groupby() 函数根据指定列进行分组，然后使用 rank() 函数获取各个分组成员的各列数据按照升序排列的序号。当在 Jupyter Notebook 中运行此案例代码之后，将在 DataFrame 中根据行业列进行分组，然后输出各个分组成员的各列数据按照升序排列的序号，效果分别如图 466-1 和图 466-2 所示。

主要代码如下。

```
import pandas as pd#导入pandas库，并使用pd重命名pandas
#读取myexcel.xlsx文件的Sheet1工作表
df=pd.read_excel('myexcel.xlsx',sheet_name='Sheet1')
df#输出df的所有数据
#在df中根据行业列进行分组，并获取各个分组成员的各列数据的升序排列序号
```

```
df.groupby('行业').rank().astype(int)
```

	股票名称	成交额	流通市值	总市值	净利润	行业
0	工商银行	9.55	12800.0	16900	1634.0	金融
1	贵州茅台	86.31	20800.0	20800	246.5	白酒
2	中国平安	46.67	5601.0	9452	580.0	金融
3	中国石化	10.45	4166.0	5278	391.5	石油
4	中国石油	9.09	8177.0	9242	530.3	石油
5	建设银行	6.99	576.5	15000	1533.0	金融

图 466-1

	成交额	流通市值	总市值	净利润
0	2	3	3	3
1	1	1	1	1
2	3	2	1	1
3	2	1	1	1
4	1	2	2	2
5	1	1	2	2

图 466-2

在上面这段代码中，df.groupby('行业').rank().astype(int)表示在 df 中首先根据行业列进行分组，然后获取各个分组成员的各列数据的升序排列序号。例如，金融分组的成员包括建设银行、工商银行和中国平安，它们的成交额数据升序排列是 6.99、9.55、46.67，因此它们在图 466-2 中的成交额列的排列序号分别是 1、2、3；同理，金融分组的成员包括建设银行、工商银行和中国平安，它们的流通市值数据升序排列是 576.5、5601.0、12800.0，因此它们在图 466-2 中的流通市值列的排列序号分别是 1、3、2，其他排列序号以此类推。

此案例的主要源文件是 MyCode\H780\H780.ipynb。

467　使用 transform()计算平均值并筛选分组

此案例主要演示了在 DataFrame 中使用 groupby()函数根据指定列进行分组，然后使用 transform()函数计算各个分组各列的平均值并据此筛选指定列的平均值大于某个值的分组明细。当在 Jupyter Notebook 中运行此案例代码之后，将在 DataFrame 中根据行业列进行分组，然后计算各个分组各列的平均值，并据此筛选成交额列的平均值大于 10 的分组明细，效果分别如图 467-1 和图 467-2 所示。

	股票名称	成交额	流通市值	总市值	净利润	行业
0	工商银行	9.55	12800.0	16900	1634.0	金融
1	贵州茅台	86.31	20800.0	20800	246.5	白酒
2	中国平安	46.67	5601.0	9452	580.0	金融
3	中国石化	10.45	4166.0	5278	391.5	石油
4	中国石油	9.09	8177.0	9242	530.3	石油
5	建设银行	6.99	576.5	15000	1533.0	金融

图 467-1

	股票名称	成交额	流通市值	总市值	净利润	行业
0	工商银行	9.55	12800.0	16900	1634.0	金融
1	贵州茅台	86.31	20800.0	20800	246.5	白酒
2	中国平安	46.67	5601.0	9452	580.0	金融
5	建设银行	6.99	576.5	15000	1533.0	金融

图 467-2

主要代码如下。

```
import pandas as pd#导入pandas库，并使用pd重命名pandas
```

```
#读取myexcel.xlsx文件的Sheet1工作表
df=pd.read_excel('myexcel.xlsx',sheet_name='Sheet1')
df  #输出df的所有数据
#在df中根据行业列进行分组，并筛选各个分组成交额列的平均值大于10的分组明细
df[df.groupby('行业').transform('mean').成交额>10]
```

在上面这段代码中，df[df.groupby('行业').transform('mean').成交额>10]表示在df中根据行业列进行分组，并筛选各个分组成交额列的平均值大于10的分组明细。例如，石油分组成交额列的平均值是 9.77=(10.45+9.09)/2，该平均值小于 10，因此被过滤掉；其他分组成交额列的平均值均大于10，因此输出这些分组的明细。

此案例的主要源文件是 MyCode\H776\H776.ipynb。

468 使用 drop_duplicates()删除分组重复数据

此案例主要演示了使用 groupby()、apply()、drop_duplicates()等函数在 DataFrame 中根据指定列进行分组，并删除在各个分组指定列中的重复数据。当在 Jupyter Notebook 中运行此案例代码之后，将在 DataFrame 中根据行业列进行分组，然后删除在各个分组的操作策略列中的重复数据，效果分别如图 468-1 和图 468-2 所示。

	股票名称	成交额	流通市值	总市值	行业	操作策略
0	工商银行	9.55	12800.0	16900	金融	卖出
1	贵州茅台	86.31	20800.0	20800	白酒	买入
2	中国平安	46.67	5601.0	9452	金融	买入
3	中国石化	10.45	4166.0	5278	石油	观望
4	中国石油	9.09	8177.0	9242	石油	观望
5	建设银行	6.99	576.5	15000	金融	卖出

图 468-1

行业		股票名称	成交额	流通市值	总市值	行业	操作策略
白酒	1	贵州茅台	86.31	20800.0	20800	白酒	买入
石油	3	中国石化	10.45	4166.0	5278	石油	观望
金融	0	工商银行	9.55	12800.0	16900	金融	卖出
	2	中国平安	46.67	5601.0	9452	金融	买入

图 468-2

主要代码如下。

```
import pandas as pd#导入pandas库，并使用pd重命名pandas
#读取myexcel.xlsx文件的Sheet1工作表
df=pd.read_excel('myexcel.xlsx',sheet_name='Sheet1')
df#输出df的所有数据
#在df中根据行业列进行分组，并删除在各个分组的操作策略列中的重复数据
df.groupby('行业').apply(lambda x: x.drop_duplicates('操作策略'))
```

在上面这段代码中，df.groupby('行业').apply(lambda x: x.drop_duplicates('操作策略'))表示在df中根据行业列进行分组，并删除在各个分组的操作策略列中的重复数据。例如，中国石化和中国石油同属石油行业，且操作策略均为观望，因此中国石油被删除；工商银行和建设银行同属金融行业，且操作策略均为卖出，因此建设银行被删除；默认保留第一个，删除之后的重复值。

此案例的主要源文件是 MyCode\H557\H557.ipynb。

第**8**章

可视化数据

469 使用 format()自定义列的数据格式

此案例主要演示了使用字典在 format()函数的参数中自定义指定列的数据格式。当在 Jupyter Notebook 中运行此案例代码之后，将在 DataFrame 中自定义收盘价列、成交额列、交易日期列这 3 列的数据格式，效果分别如图 469-1 和图 469-2 所示。

	股票代码	股票名称	收盘价	成交额	交易日期
0	600293	三峡新材	5.39	46166.66	2021-08-13
1	301020	密封科技	43.80	77121.19	2021-08-16
2	301047	义翘神州	493.32	451806.60	2021-08-16

图 469-1

	股票代码	股票名称	收盘价	成交额	交易日期
0	600293	三峡新材	5.39元	46,166.66元	2021年08月13日
1	301020	密封科技	43.80元	77,121.19元	2021年08月16日
2	301047	义翘神州	493.32元	451,806.6元	2021年08月16日

图 469-2

主要代码如下。

```
import pandas as pd#导入pandas库，并使用pd重命名pandas
#读取 myexcel.xlsx 文件的 Sheet1 工作表
df=pd.read_excel('myexcel.xlsx',sheet_name='Sheet1',dtype={'股票代码':str})
df#输出 df 的所有数据
#在 df 中自定义指定列的数据格式
df.style.format({'收盘价':'{:0.2f}元',
        '成交额':'{:,}元','交易日期':'{:20%y年%m月%d日}'})
```

在上面这段代码中，df.style.format({'收盘价':'{:0.2f}元','成交额':'{:,}元','交易日期':'{:20%y年%m月%d日}'})表示在 df 中以两位小数设置收盘价列的数据，在成交额列中使用千位分隔符（","）输出成交金额，且以年月日格式输出交易日期列的日期数据。

此案例的主要源文件是 MyCode\H174\H174.ipynb。

470 使用 format()将浮点数转为百分数

此案例主要演示了使用 format()函数将指定列的浮点数转换为百分数格式。当在 Jupyter

Notebook 中运行此案例代码之后，将在 DataFrame 中把涨跌幅列和振幅列的浮点数格式化为百分数，效果分别如图 470-1 和图 470-2 所示。

	收盘价	涨跌幅	振幅	最高价	最低价
芯能科技	10.49	0.0585	0.1160	10.79	9.64
华软科技	11.09	0.0582	0.1002	11.28	10.23
有研新材	15.89	0.0579	0.0885	16.10	14.77

图 470-1

	收盘价	涨跌幅	振幅	最高价	最低价
芯能科技	10.49	5.85%	11.60%	10.79	9.64
华软科技	11.09	5.82%	10.02%	11.28	10.23
有研新材	15.89	5.79%	8.85%	16.10	14.77

图 470-2

主要代码如下。

```
import pandas as pd#导入pandas库，并使用pd重命名pandas
#读取myexcel.xlsx文件的Sheet1工作表
df=pd.read_excel('myexcel.xlsx',sheet_name='Sheet1',index_col=0)
df  #输出df的所有数据
#在df中把涨跌幅列和振幅列的浮点数格式化为百分数
df.style.format(precision=2).format('{:.2%}',
                                    subset=pd.IndexSlice[:,['涨跌幅','振幅']])
#df.style.format({'涨跌幅':"{:.2%}", '振幅':"{:.2%}"},precision=2)
#df.style.format({'收盘价':'{:0.2f}','涨跌幅':'{:.2%}',
#                 '振幅':'{:.2%}','最高价':'{:0.2f}','最低价':'{:0.2f}'})
```

在上面这段代码中，df.style.format(precision=2).format('{:.2%}',subset=pd.IndexSlice[:,['涨跌幅','振幅']])表示在 df 中把涨跌幅列和振幅列的浮点数格式化为百分数，同时设置其他列的浮点数保留两位小数。

此案例的主要源文件是 MyCode\H021\H021.ipynb。

471 在 format()中使用 lambda 重置列

此案例主要演示了在 format()函数中使用 lambda 表达式重置指定列的数据格式和值。当在 Jupyter Notebook 中运行此案例代码之后，将在 DataFrame 中把成交量列的数据调整为以万手为单位，效果分别如图 471-1 和图 471-2 所示。

	股票名称	最新价	昨收价	最高价	最低价	成交量
0	光华科技	21.64	20.81	21.82	20.61	55848
1	鲁商发展	13.14	12.64	13.59	12.30	332800
2	斯莱克	26.18	25.19	26.50	24.44	109100

图 471-1

	股票名称	最新价	昨收价	最高价	最低价	成交量
0	光华科技	21.64	20.81	21.82	20.61	5.58万手
1	鲁商发展	13.14	12.64	13.59	12.30	33.28万手
2	斯莱克	26.18	25.19	26.50	24.44	10.91万手

图 471-2

主要代码如下。

```
import pandas as pd#导入pandas库，并使用pd重命名pandas
#读取myexcel.xlsx文件的Sheet1工作表
```

```
df=pd.read_excel('myexcel.xlsx',sheet_name='Sheet1')
df #输出df的所有数据
#使用lambda表达式设置df的成交量列的数据格式
df.style.format({'成交量':lambda x:'{:0.2f}万手'.format(x/10000)},precision=2)
```

在上面这段代码中，df.style.format({'成交量':lambda x:'{:0.2f}万手'.format(x/10000)}, precision=2)表示在df中将成交量列的数据设置为以万手为单位。

此案例的主要源文件是MyCode\H020\H020.ipynb。

472　使用指定的颜色设置所有列的背景颜色

此案例主要通过在set_properties()函数中使用颜色名称设置background-color属性值，实现在DataFrame中使用指定的颜色设置所有列的背景颜色。当在Jupyter Notebook中运行此案例代码之后，将在DataFrame中使用浅灰色设置所有列的背景颜色，效果分别如图472-1和图472-2所示。

	最新价	昨收价	最高价	最低价	成交量
光华科技	21.64	20.81	21.82	20.61	55848
鲁商发展	13.14	12.64	13.59	12.30	332800
斯莱克	26.18	25.19	26.50	24.44	109100

图472-1

	最新价	昨收价	最高价	最低价	成交量
光华科技	21.64	20.81	21.82	20.61	55848
鲁商发展	13.14	12.64	13.59	12.30	332800
斯莱克	26.18	25.19	26.50	24.44	109100

图472-2

主要代码如下。

```
import pandas as pd #导入pandas库，并使用pd重命名pandas
#读取myexcel.xlsx文件的Sheet1工作表
df=pd.read_excel('myexcel.xlsx',sheet_name='Sheet1',index_col=0)
df #输出df的所有数据
##设置df的最新价列、最高价列、成交量列的背景颜色为浅灰色
#df.style.format(precision=2).set_properties(subset=
#          ['最新价','最高价','成交量'],**{'background-color':'lightgray'})
#设置df的所有列的背景颜色为浅灰色
df.style.format(precision=2).set_properties(**{'background-color':'lightgray'})
```

在上面这段代码中，df.style.format(precision=2).set_properties(**{'background-color':'lightgray'})表示使用浅灰色设置df的所有列的背景颜色。

此案例的主要源文件是MyCode\H858\H858.ipynb。

473　使用自定义函数设置指定列的背景颜色

此案例主要通过在自定义函数myfunc()中使用列名以列表的形式设置subset参数值，从而实现使用指定的颜色在DataFrame中设置指定列的背景颜色。当在Jupyter Notebook中运行此案例代码之后，将在DataFrame中使用浅灰色设置最新价列、最高价列、成交量列的背景颜色，

效果分别如图 473-1 和图 473-2 所示。

	最新价	昨收价	最高价	最低价	成交量
光华科技	21.64	20.81	21.82	20.61	55848
鲁商发展	13.14	12.64	13.59	12.30	332800
斯莱克	26.18	25.19	26.50	24.44	109100

图 473-1

	最新价	昨收价	最高价	最低价	成交量
光华科技	21.64	20.81	21.82	20.61	55848
鲁商发展	13.14	12.64	13.59	12.30	332800
斯莱克	26.18	25.19	26.50	24.44	109100

图 473-2

主要代码如下。

```
import pandas as pd#导入pandas库，并使用pd重命名pandas
#读取myexcel.xlsx文件的Sheet1工作表
df=pd.read_excel('myexcel.xlsx',sheet_name='Sheet1',index_col=0)
df#输出df的所有数据
#创建自定义函数myfunc()
def myfunc(Series):
    myValues=(Series==Series)
    return ['background-color:lightgray'
            if value else 'background-color:' for value in myValues]
#调用自定义函数myfunc()设置df的最新价列、最高价列、成交量列的背景颜色为浅灰色
df.style.format(precision=2).apply(myfunc,subset=['最新价','最高价','成交量'])
##调用自定义函数myfunc()设置df的所有列的背景颜色为浅灰色
#df.style.format(precision=2).apply(myfunc)
```

在上面这段代码中，df.style.format(precision=2).apply(myfunc,subset=['最新价','最高价','成交量'])表示调用自定义函数 myfunc()设置 df 的最新价列、最高价列、成交量列的背景颜色为浅灰色。

此案例的主要源文件是 MyCode\H016\H016.ipynb。

474 使用自定义函数设置指定行的背景颜色

此案例主要通过在自定义函数 myfunc()中使用行标签以列表的形式设置 subset 参数值，实现在 DataFrame 中使用指定的颜色设置指定行的背景颜色。当在 Jupyter Notebook 中运行此案例代码之后，将在 DataFrame 中使用青色设置光华科技、斯莱克、汉钟精机这 3 只股票的背景颜色，效果分别如图 474-1 和图 474-2 所示。

	最新价	昨收价	最高价	最低价	成交量
光华科技	21.64	20.81	21.82	20.61	55848
鲁商发展	13.14	12.64	13.59	12.30	332800
斯莱克	26.18	25.19	26.50	24.44	109100
国恩股份	24.98	24.05	26.45	24.75	47685
汉钟精机	22.69	21.88	23.17	21.68	79375

图 474-1

	最新价	昨收价	最高价	最低价	成交量
光华科技	21.64	20.81	21.82	20.61	55848
鲁商发展	13.14	12.64	13.59	12.30	332800
斯莱克	26.18	25.19	26.50	24.44	109100
国恩股份	24.98	24.05	26.45	24.75	47685
汉钟精机	22.69	21.88	23.17	21.68	79375

图 474-2

主要代码如下。

```
import pandas as pd#导入pandas库，并使用pd重命名pandas
#读取myexcel.xlsx文件的Sheet1工作表
df=pd.read_excel('myexcel.xlsx',sheet_name='Sheet1',index_col=0)
df #输出df的所有数据
#创建自定义函数myfunc()
def myfunc(value):
    #myColor='cyan' if value<24 else ''
    myColor='cyan'
    return 'background-color:%s' % myColor
#调用自定义函数myfunc()设置指定行的背景颜色为青色
df.style.format(precision=2).applymap(myfunc,
                    subset=pd.IndexSlice[['光华科技','斯莱克','汉钟精机'],])
##调用自定义函数myfunc()设置指定列的背景颜色为青色
#df.style.format(precision=2).applymap(myfunc,
#                    subset=pd.IndexSlice[:,['最新价','最高价','成交量']])
##调用自定义函数myfunc()设置所有数据的背景颜色为青色
#df.style.format(precision=2).applymap(myfunc)
```

在上面这段代码中，df.style.format(precision=2).applymap(myfunc,subset=pd.IndexSlice[['光华科技','斯莱克','汉钟精机'],])表示调用自定义函数 myfunc()设置 df 的光华科技、斯莱克、汉钟精机这 3 只股票的背景颜色为青色。

此案例的主要源文件是 MyCode\H018\H018.ipynb。

475　使用自定义函数设置交错的行背景颜色

此案例主要通过在自定义函数myfunc()中使用不同的颜色设置偶数行和奇数行的background-color 属性，实现在 DataFrame 中使用交错风格的颜色设置行背景颜色。当在 Jupyter Notebook中运行此案例代码之后，将在 DataFrame 中使用浅黄色设置偶数行的背景颜色，使用青色设置奇数行的背景颜色，效果分别如图 475-1 和图 475-2 所示。

	股票名称	最新价	昨收价	最高价	最低价	成交量
0	光华科技	21.64	20.81	21.82	20.61	55848
1	鲁商发展	13.14	12.64	13.59	12.30	332800
2	斯莱克	26.18	25.19	26.50	24.44	109100
3	国恩股份	24.98	24.05	26.45	24.75	47685
4	汉钟精机	22.69	21.88	23.17	21.68	79375

图 475-1

	股票名称	最新价	昨收价	最高价	最低价	成交量
0	光华科技	21.64	20.81	21.82	20.61	55848
1	鲁商发展	13.14	12.64	13.59	12.30	332800
2	斯莱克	26.18	25.19	26.50	24.44	109100
3	国恩股份	24.98	24.05	26.45	24.75	47685
4	汉钟精机	22.69	21.88	23.17	21.68	79375

图 475-2

主要代码如下。

```
import pandas as pd#导入pandas库，并使用pd重命名pandas
```

```
#读取 myexcel.xlsx 文件的 Sheet1 工作表
df=pd.read_excel('myexcel.xlsx',sheet_name='Sheet1')
df #输出 df 的所有数据
#创建自定义函数 myfunc() 根据奇数行或偶数行设置不同颜色的背景
def myfunc(row):
    if (row.name)%2==0:
        return ['background-color:lightyellow'] * len(row)
    elif (row.name)%2==1:
        return ['background-color: cyan'] * len(row)
    return [''] * len(row)
#在 df 中调用自定义函数 myfunc() 实现交错的行背景颜色
df.style.format(precision=2).apply(myfunc,axis=1)
```

在上面这段代码中，df.style.format(precision=2).apply(myfunc,axis=1)表示调用自定义函数 myfunc()根据 df 的偶数行和奇数行设置不同的背景颜色。

此案例的主要源文件是 MyCode\H535\H535.ipynb。

476　使用自定义函数设置列切片的背景颜色

此案例主要通过在使用 apply()函数调用自定义函数 myfunc()时，使用列切片设置 subset 参数值，实现在 DataFrame 中使用指定的颜色设置列切片的背景颜色。当在 Jupyter Notebook 中运行此案例代码之后，将在 DataFrame 中使用浅灰色设置最新价、最高价这两列的第 1～3 行的背景颜色，效果分别如图 476-1 和图 476-2 所示。

	股票名称	最新价	昨收价	最高价	最低价	成交量
0	光华科技	21.64	20.81	21.82	20.61	55848
1	鲁商发展	13.14	12.64	13.59	12.30	332800
2	斯莱克	26.18	25.19	26.50	24.44	109100
3	国恩股份	24.98	24.05	26.45	24.75	47685
4	汉钟精机	22.69	21.88	23.17	21.68	79375

图 476-1

	股票名称	最新价	昨收价	最高价	最低价	成交量
0	光华科技	21.64	20.81	21.82	20.61	55848
1	鲁商发展	13.14	12.64	13.59	12.30	332800
2	斯莱克	26.18	25.19	26.50	24.44	109100
3	国恩股份	24.98	24.05	26.45	24.75	47685
4	汉钟精机	22.69	21.88	23.17	21.68	79375

图 476-2

主要代码如下。

```
import pandas as pd#导入 pandas 库，并使用 pd 重命名 pandas
#读取 myexcel.xlsx 文件的 Sheet1 工作表
df=pd.read_excel('myexcel.xlsx',sheet_name='Sheet1')
df#输出 df 的所有数据
#创建自定义函数 myfunc()
def myfunc(Series):
    myValues=(Series==Series)
    return ['background-color:lightgray'
            if value else 'background-color:' for value in myValues]
#调用自定义函数 myfunc() 使用浅灰色设置 df 的最新价、最高价这两列的第 1～3 行的背景颜色
```

```
df.style.format(precision=2).apply(myfunc,subset=pd.IndexSlice[1:3,['最新价',
'最高价']])
```

在上面这段代码中，df.style.format(precision=2).apply(myfunc,subset=pd.IndexSlice[1:3,['最新价','最高价']])表示调用自定义函数 myfunc()使用浅灰色设置 df 的最新价、最高价这 2 列的第 1～3 行的背景颜色。

此案例的主要源文件是 MyCode\H028\H028.ipynb。

477 使用 applymap()根据条件设置背景颜色

此案例主要演示了使用 applymap()函数根据在 lambda 中设置的条件自定义 DataFrame 指定列数据的背景颜色。当在 Jupyter Notebook 中运行此案例代码之后，在 DataFrame 中将使用青色设置最新价列和最低价列大于 22 的数据的背景颜色，效果分别如图 477-1 和图 477-2 所示。

	最新价	昨收价	最高价	最低价	成交量
光华科技	21.64	20.81	21.82	20.61	55848
鲁商发展	13.14	12.64	13.59	12.30	332800
斯莱克	26.18	25.19	26.50	24.44	109100
国恩股份	24.98	24.05	26.45	24.75	47685
汉钟精机	22.69	21.88	23.17	21.68	79375

图 477-1

	最新价	昨收价	最高价	最低价	成交量
光华科技	21.64	20.81	21.82	20.61	55848
鲁商发展	13.14	12.64	13.59	12.30	332800
斯莱克	26.18	25.19	26.50	24.44	109100
国恩股份	24.98	24.05	26.45	24.75	47685
汉钟精机	22.69	21.88	23.17	21.68	79375

图 477-2

主要代码如下。

```
import pandas as pd#导入pandas库，并使用pd重命名pandas
#读取myexcel.xlsx文件的Sheet1工作表
df=pd.read_excel('myexcel.xlsx',sheet_name='Sheet1',index_col=0)
df#输出df的所有数据
#在df的最新价列和最低价列中将大于22的数据背景颜色设置为青色
df.style.format(precision=2).applymap(lambda x: 'background-color: cyan'
        if x>22 else '',subset=pd.IndexSlice[:, ['最新价','最低价']])
```

在上面这段代码中，df.style.format(precision=2).applymap(lambda x: 'background-color: cyan' if x>22 else '',subset=pd.IndexSlice[:,['最新价','最低价']])表示在 df 的最新价列和最低价列中将大于 22 的数据的背景颜色设置为青色。

此案例的主要源文件是 MyCode\H533\H533.ipynb。

478 使用指定的颜色设置所有列的数据颜色

此案例主要通过在 set_properties()函数中使用颜色名称设置 color 属性值，实现在 DataFrame 中使用指定的颜色设置所有列的数据颜色。当在 Jupyter Notebook 中运行此案例代码之后，将使用红色设置 DataFrame 所有列的数据颜色，效果分别如图 478-1 和图 478-2 所示。

	最新价	昨收价	最高价	最低价	成交量
光华科技	21.64	20.81	21.82	20.61	55848
鲁商发展	13.14	12.64	13.59	12.30	332800
斯莱克	26.18	25.19	26.50	24.44	109100

图 478-1

	最新价	昨收价	最高价	最低价	成交量
光华科技	21.64	20.81	21.82	20.61	55848
鲁商发展	13.14	12.64	13.59	12.30	332800
斯莱克	26.18	25.19	26.50	24.44	109100

图 478-2

主要代码如下。

```
import pandas as pd #导入pandas库，并使用pd重命名pandas
#读取myexcel.xlsx文件的Sheet1工作表
df=pd.read_excel('myexcel.xlsx',sheet_name='Sheet1',index_col=0)
df #输出df的所有数据
##设置df的最新价列、最高价列、成交量列的数据颜色为红色
#df.style.format(precision=2).set_properties(subset=
#            ['最新价','最高价','成交量'],**{'color':'red'})
#设置df的所有列的数据颜色为红色
df.style.format(precision=2).set_properties(**{'color':'red'})
```

在上面这段代码中，df.style.format(precision=2).set_properties(**{'color': 'red'})表示使用红色设置 df 的所有列的数据颜色。

此案例的主要源文件是 MyCode\H859\H859.ipynb。

479　使用自定义函数设置指定列的数据颜色

此案例主要通过在自定义函数 myfunc()中以列表的形式设置 subset 参数值，实现在 DataFrame 中使用指定的颜色设置指定列的数据颜色。当在 Jupyter Notebook 中运行此案例代码之后，将在 DataFrame 中使用红色设置最新价列、最高价列、成交量列的数据颜色，效果分别如图 479-1 和图 479-2 所示。

	最新价	昨收价	最高价	最低价	成交量
光华科技	21.64	20.81	21.82	20.61	55848
鲁商发展	13.14	12.64	13.59	12.30	332800
斯莱克	26.18	25.19	26.50	24.44	109100

图 479-1

	最新价	昨收价	最高价	最低价	成交量
光华科技	21.64	20.81	21.82	20.61	55848
鲁商发展	13.14	12.64	13.59	12.30	332800
斯莱克	26.18	25.19	26.50	24.44	109100

图 479-2

主要代码如下。

```
import pandas as pd #导入pandas库，并使用pd重命名pandas
#读取myexcel.xlsx文件的Sheet1工作表
df=pd.read_excel('myexcel.xlsx',sheet_name='Sheet1',index_col=0)
df #输出df的所有数据
#创建自定义函数myfunc()
```

```
def myfunc(Series):
    myValues=(Series==Series)
    return ['color:red' if value else 'color:' for value in myValues]
#调用自定义函数myfunc()设置df的最新价列、最高价列、成交量列的数据颜色为红色
df.style.format(precision=2).apply(myfunc,subset=['最新价','最高价','成交量'])
##调用自定义函数myfunc()设置df所有列的数据颜色为红色
#df.style.format(precision=2).apply(myfunc)
```

在上面这段代码中，df.style.format(precision=2).apply(myfunc,subset=['最新价','最高价','成交量'])表示调用自定义函数 myfunc()设置 df 的最新价列、最高价列、成交量列的数据颜色为红色。

此案例的主要源文件是 MyCode\H017\H017.ipynb。

480　使用自定义函数设置指定行的数据颜色

此案例主要通过在自定义函数 myfunc()中以列表的形式设置 subset 参数值，实现在 DataFrame 中使用指定的颜色设置指定行的数据颜色。当在 Jupyter Notebook 中运行此案例代码之后，将在 DataFrame 中使用红色设置光华科技、斯莱克、汉钟精机这 3 只股票的数据颜色，效果分别如图 480-1 和图 480-2 所示。

	最新价	昨收价	最高价	最低价	成交量
光华科技	21.64	20.81	21.82	20.61	55848
鲁商发展	13.14	12.64	13.59	12.30	332800
斯莱克	26.18	25.19	26.50	24.44	109100
国恩股份	24.98	24.05	26.45	24.75	47685
汉钟精机	22.69	21.88	23.17	21.68	79375

图 480-1

	最新价	昨收价	最高价	最低价	成交量
光华科技	21.64	20.81	21.82	20.61	55848
鲁商发展	13.14	12.64	13.59	12.30	332800
斯莱克	26.18	25.19	26.50	24.44	109100
国恩股份	24.98	24.05	26.45	24.75	47685
汉钟精机	22.69	21.88	23.17	21.68	79375

图 480-2

主要代码如下。

```
import pandas as pd #导入pandas库，并使用pd重命名pandas
#读取myexcel.xlsx文件的Sheet1工作表
df=pd.read_excel('myexcel.xlsx',sheet_name='Sheet1',index_col=0)
df #输出df的所有数据
#创建自定义函数myfunc()
def myfunc(value):
    #myColor='red' if value<24 else ''
    myColor='red'
    return 'color:%s' % myColor
#在df中调用自定义函数myfunc()设置指定行的数据颜色为红色
df.style.format(precision=2).applymap(myfunc,
        subset=pd.IndexSlice[['光华科技','斯莱克','汉钟精机'],])
##在df中调用自定义函数myfunc()设置指定列的数据颜色为红色
#df.style.format(precision=2).applymap(myfunc,
#        subset=pd.IndexSlice[:,['最新价','最高价','成交量']])
```

```
##在 df 中调用自定义函数 myfunc()设置所有列的数据颜色为红色
#df.style.format(precision=2).applymap(myfunc)
```

在上面这段代码中，df.style.format(precision=2).applymap(myfunc,subset=pd.IndexSlice[['光华科技','斯莱克','汉钟精机'],])表示调用自定义函数 myfunc()设置 df 的光华科技、斯莱克、汉钟精机这 3 只股票的数据颜色为红色。

此案例的主要源文件是 MyCode\H019\H019.ipynb。

481 使用自定义函数设置交错的行数据颜色

此案例主要通过在自定义函数 myfunc()中使用不同的颜色设置偶数行和奇数行的 color 属性，实现在 DataFrame 中使用不同的颜色设置交错的行数据颜色。当在 Jupyter Notebook 中运行此案例代码之后，将在 DataFrame 中使用红色设置偶数行的数据颜色，使用蓝色设置奇数行的数据颜色，效果分别如图 481-1 和图 481-2 所示。

	股票名称	最新价	昨收价	最高价	最低价	成交量
0	光华科技	21.64	20.81	21.82	20.61	55848
1	鲁商发展	13.14	12.64	13.59	12.30	332800
2	斯莱克	26.18	25.19	26.50	24.44	109100
3	国恩股份	24.98	24.05	26.45	24.75	47685
4	汉钟精机	22.69	21.88	23.17	21.68	79375

图 481-1

	股票名称	最新价	昨收价	最高价	最低价	成交量
0	光华科技	21.64	20.81	21.82	20.61	55848
1	鲁商发展	13.14	12.64	13.59	12.30	332800
2	斯莱克	26.18	25.19	26.50	24.44	109100
3	国恩股份	24.98	24.05	26.45	24.75	47685
4	汉钟精机	22.69	21.88	23.17	21.68	79375

图 481-2

主要代码如下。

```
import pandas as pd #导入 pandas 库，并使用 pd 重命名 pandas
#读取 myexcel.xlsx 文件的 Sheet1 工作表
df=pd.read_excel('myexcel.xlsx',sheet_name='Sheet1')
df #输出 df 的所有数据
#创建自定义函数 myfunc()，根据奇数行或偶数行设置不同的颜色
def myfunc(row):
    if (row.name)%2==0:
        return ['color:red'] * len(row)
    elif (row.name)%2==1:
        return ['color:blue'] * len(row)
    return [''] * len(row)
#在 df 中调用自定义函数 myfunc()实现交错的行数据颜色
df.style.format(precision=2).apply(myfunc,axis=1)
```

在上面这段代码中，df.style.format(precision=2).apply(myfunc,axis=1)表示调用自定义函数 myfunc()根据 df 的偶数行和奇数行设置不同的颜色。

此案例的主要源文件是 MyCode\H860\H860.ipynb。

482　使用自定义函数设置列切片的数据颜色

此案例主要通过在自定义函数 myfunc()中设置列切片,实现在 DataFrame 中使用指定的颜色设置列切片的数据颜色。当在 Jupyter Notebook 中运行此案例代码之后,将在 DataFrame 中使用红色设置最高价列、最低价列的第 1～3 行的数据颜色,效果分别如图 482-1 和图 482-2 所示。

	股票名称	昨收价	最高价	最低价	今开价	最新价
0	楚天科技	17.08	19.27	16.78	17.01	18.93
1	三丰智能	4.04	4.66	4.06	4.10	4.47
2	奥特维	133.00	147.49	133.00	134.00	146.53
3	三维化学	5.25	5.78	5.20	5.20	5.78
4	青岛金王	4.36	4.80	4.37	4.37	4.80

图 482-1

	股票名称	昨收价	最高价	最低价	今开价	最新价
0	楚天科技	17.08	19.27	16.78	17.01	18.93
1	三丰智能	4.04	4.66	4.06	4.10	4.47
2	奥特维	133.00	147.49	133.00	134.00	146.53
3	三维化学	5.25	5.78	5.20	5.20	5.78
4	青岛金王	4.36	4.80	4.37	4.37	4.80

图 482-2

主要代码如下。

```
import pandas as pd#导入pandas库,并使用pd重命名pandas
#读取myexcel.xlsx文件的Sheet1工作表
df=pd.read_excel('myexcel.xlsx',sheet_name='Sheet1')
df #输出df的所有数据
#创建自定义函数myfunc()
def myfunc(Series):
    myValues=(Series==Series)
    return ['color:red' if value else 'color:' for value in myValues]
#在df中调用自定义函数myfunc()使用红色设置最高价列、最低价列的第1～3行的数据颜色
df.style.format(precision=2).apply(myfunc,
                    subset=pd.IndexSlice[1:3,['最高价','最低价']])
```

在上面这段代码中, df.style.format(precision=2).apply(myfunc,subset=pd.IndexSlice[1:3,['最高价','最低价']])表示在 df 中调用自定义函数 myfunc()使用红色设置最高价列、最低价列的第 1～3 行的数据颜色。

此案例的主要源文件是 MyCode\H027\H027.ipynb。

483　在所有列中根据值的大小设置背景颜色

此案例主要演示了使用 highlight_between()函数在 DataFrame 中根据大小设置数据的背景颜色。当在 Jupyter Notebook 中运行此案例代码之后,将在 DataFrame 中使用浅绿色设置 4.4～5.25 的数据背景颜色,效果分别如图 483-1 和图 483-2 所示。

	昨收价	最高价	最低价	今开价	最新价
楚天科技	17.08	19.27	16.78	17.01	18.93
三丰智能	4.04	4.66	4.06	4.10	4.47
奥特维	133.00	147.49	133.00	134.00	146.53
三维化学	5.25	5.78	5.20	5.20	5.78
青岛金王	4.36	4.80	4.37	4.37	4.80

图 483-1

	昨收价	最高价	最低价	今开价	最新价
楚天科技	17.08	19.27	16.78	17.01	18.93
三丰智能	4.04	4.66	4.06	4.10	4.47
奥特维	133.00	147.49	133.00	134.00	146.53
三维化学	5.25	5.78	5.20	5.20	5.78
青岛金王	4.36	4.80	4.37	4.37	4.80

图 483-2

主要代码如下。

```
import pandas as pd#导入pandas库，并使用pd重命名pandas
#读取myexcel.xlsx文件的Sheet1工作表
df=pd.read_excel('myexcel.xlsx',sheet_name='Sheet1',index_col=0)
df#输出df的所有数据
#在df中使用浅绿色设置4.4～5.25的数据背景颜色
df.style.format(precision=2).highlight_between(left=4.4,
right=5.25,color='lightgreen')
```

在上面这段代码中，df.style.format(precision=2).highlight_between(left=4.4, right=5.25, color= 'lightgreen')表示在df中使用浅绿色设置4.4～5.25的数据背景颜色。

此案例的主要源文件是 MyCode\H830\H830.ipynb。

484　在指定列中根据值的大小设置背景颜色

此案例主要通过在highlight_between()函数中使用列名设置subset参数值，实现在DataFrame的指定列中根据大小设置数据的背景颜色。当在 Jupyter Notebook 中运行此案例代码之后，将在DataFrame 的最新价列中使用浅绿色设置 4.4～5.25 的数据背景颜色，效果分别如图 484-1 和图 484-2 所示。

	昨收价	最高价	最低价	今开价	最新价
楚天科技	17.08	19.27	16.78	17.01	18.93
三丰智能	4.04	4.66	4.06	4.10	4.47
奥特维	133.00	147.49	133.00	134.00	146.53
三维化学	5.25	5.78	5.20	5.20	5.78
青岛金王	4.36	4.80	4.37	4.37	4.80

图 484-1

	昨收价	最高价	最低价	今开价	最新价
楚天科技	17.08	19.27	16.78	17.01	18.93
三丰智能	4.04	4.66	4.06	4.10	4.47
奥特维	133.00	147.49	133.00	134.00	146.53
三维化学	5.25	5.78	5.20	5.20	5.78
青岛金王	4.36	4.80	4.37	4.37	4.80

图 484-2

主要代码如下。

```
import pandas as pd #导入pandas库，并使用pd重命名pandas
#读取myexcel.xlsx文件的Sheet1工作表
```

```
df=pd.read_excel('myexcel.xlsx',sheet_name='Sheet1',index_col=0)
df  #输出 df 的所有数据
#在 df 的最新价列中使用浅绿色设置 4.4～5.25 的数据背景颜色
df.style.format(precision=2).highlight_between(left=4.4, right=5.25,
                                      subset=['最新价'],color='lightgreen')
```

在上面这段代码中，df.style.format(precision=2).highlight_between(left=4.4, right=5.25,subset=['最新价'],color='lightgreen')表示在 df 的最新价列中使用浅绿色设置 4.4～5.25 的数据背景颜色。

此案例的主要源文件是 MyCode\H861\H861.ipynb。

485　在所有列中根据值的大小设置数据颜色

此案例主要通过在 highlight_between()函数中使用指定的颜色名称设置 props 参数值，实现在 DataFrame 的所有列中根据值的大小设置数据的颜色。当在 Jupyter Notebook 中运行此案例代码之后，将在 DataFrame 的所有列中使用红色设置 4.4～5.25 的数据颜色，效果分别如图 485-1 和图 485-2 所示。

	昨收价	最高价	最低价	今开价	最新价
楚天科技	17.08	19.27	16.78	17.01	18.93
三丰智能	4.04	4.66	4.06	4.10	4.47
奥特维	133.00	147.49	133.00	134.00	146.53
三维化学	5.25	5.78	5.20	5.20	5.78
青岛金王	4.36	4.80	4.37	4.37	4.80

图 485-1

	昨收价	最高价	最低价	今开价	最新价
楚天科技	17.08	19.27	16.78	17.01	18.93
三丰智能	4.04	4.66	4.06	4.10	4.47
奥特维	133.00	147.49	133.00	134.00	146.53
三维化学	5.25	5.78	5.20	5.20	5.78
青岛金王	4.36	4.80	4.37	4.37	4.80

图 485-2

主要代码如下。

```
import pandas as pd #导入 pandas 库,并使用 pd 重命名 pandas
#读取 myexcel.xlsx 文件的 Sheet1 工作表
df=pd.read_excel('myexcel.xlsx',sheet_name='Sheet1',index_col=0)
df  #输出 df 的所有数据
#在 df 的所有列中使用红色设置 4.4～5.25 的数据颜色
df.style.format(precision=2).highlight_between(left=4.4,
right=5.25,props='color:red')
##在 df 的所有列中使用浅绿色设置 4.4～5.25 的数据背景颜色,同时使用红色设置数据颜色
#df.style.format(precision=2).highlight_between(left=4.4, right=5.25,
#                          props='background:lightgreen;color:red')
```

在上面这段代码中，df.style.format(precision=2).highlight_between(left=4.4, right=5.25, props='color:red')表示在 df 的所有列中使用红色设置 4.4~5.25 的数据颜色。

此案例的主要源文件是 MyCode\H863\H863.ipynb。

486　在指定列中根据值的大小设置数据颜色

此案例主要通过在 highlight_between()函数中使用列名设置 subset 参数值，同时使用指定的颜色名称设置props参数值，实现在DataFrame的指定列中根据大小设置数据的颜色。当在Jupyter Notebook 中运行此案例代码之后，将在 DataFrame 的最新价列中使用红色设置 4.4～5.25 的数据颜色，效果分别如图 486-1 和图 486-2 所示。

	昨收价	最高价	最低价	今开价	最新价
楚天科技	17.08	19.27	16.78	17.01	18.93
三丰智能	4.04	4.66	4.06	4.10	4.47
奥特维	133.00	147.49	133.00	134.00	146.53
三维化学	5.25	5.78	5.20	5.20	5.78
青岛金王	4.36	4.80	4.37	4.37	4.80

图 486-1

	昨收价	最高价	最低价	今开价	最新价
楚天科技	17.08	19.27	16.78	17.01	18.93
三丰智能	4.04	4.66	4.06	4.10	4.47
奥特维	133.00	147.49	133.00	134.00	146.53
三维化学	5.25	5.78	5.20	5.20	5.78
青岛金王	4.36	4.80	4.37	4.37	4.80

图 486-2

主要代码如下。

```
import pandas as pd #导入pandas库，并使用pd重命名pandas
#读取myexcel.xlsx文件的Sheet1工作表
df=pd.read_excel('myexcel.xlsx',sheet_name='Sheet1',index_col=0)
df  #输出df的所有数据
#在df的最新价列中使用红色设置4.4～5.25的数据颜色
df.style.format(precision=2).highlight_between(left=4.4, right=5.25,
            subset=['最新价'], props='color:red')
##在df的最新价列中使用浅绿色设置4.4～5.25的数据背景颜色，同时使用红色设置数据颜色
#df.style.format(precision=2).highlight_between(left=4.4, right=5.25,
#           subset=['最新价'], props='background:lightgreen;color:red')
```

在上面这段代码中，df.style.format(precision=2).highlight_between(left=4.4, right=5.25, subset=['最新价'], props='color:red')表示在 df 的最新价列中使用红色设置 4.4～5.25 的数据颜色。

此案例的主要源文件是 MyCode\H862\H862.ipynb。

487　使用指定颜色高亮显示分位包含的数据

此案例主要演示了使用 highlight_quantile()函数在 DataFrame 中高亮显示指定分位包含的数据。当在 Jupyter Notebook 中运行此案例代码之后，将在 DataFrame 中高亮显示后四分位（25%～100%，最大值为 100%，最小值为 0%）包含的数据，效果分别如图 487-1 和图 487-2 所示。

	C0	C1	C2	C3	C4
R0	4	1	1	1	4
R1	3	3	3	3	4
R2	2	4	4	2	4
R3	1	2	1	4	3
R4	2	2	4	2	3

图 487-1

	C0	C1	C2	C3	C4
R0	4	1	1	1	4
R1	3	3	3	3	4
R2	2	4	4	2	4
R3	1	2	1	4	3
R4	2	2	4	2	3

图 487-2

主要代码如下。

```
import pandas as pd#导入 pandas 库，并使用 pd 重命名 pandas
from numpy import random#导入 numpy 库的随机数模块 random
#使用 1～4 的随机数生成 5 行 5 列的 df
df=pd.DataFrame(random.randint(1,5,size=(5,5)),
                index=['R0','R1','R2','R3','R4'],
                columns=['C0','C1','C2','C3','C4'])
df #输出 df 的所有数据
#在 df 中高亮显示后四分位的数据，即后 3/4 的数据
df.style.highlight_quantile(axis=None,q_left=0.25,color="lightgreen")
##在 df 中高亮显示后二分位的数据，即后 1/2 的数据
#df.style.highlight_quantile(axis=None,q_left=0.5,color="lightgreen")
```

在上面这段代码中，df.style.highlight_quantile(axis=None,q_left=0.25,color="lightgreen")表示在 df 中浅绿色高亮显示后四分位包含的数据，即后 3/4 包含的数据。

此案例的主要源文件是 MyCode\H831\H831.ipynb。

488 使用指定颜色高亮显示所有列的最大值

此案例主要通过在 highlight_max()函数中使用指定的颜色设置 color 参数值，实现在 DataFrame 中高亮显示所有列的最大值。当在 Jupyter Notebook 中运行此案例代码之后，将在 DataFrame 中使用绿色高亮显示所有列的最大值，即使用绿色设置所有列的最大值的背景颜色，效果分别如图 488-1 和图 488-2 所示。

	最新价	今开价	昨收价	最高价	最低价
中国平安	51.71	51.56	51.55	52.51	50.70
工商银行	4.73	4.69	4.69	4.75	4.66
建设银行	6.01	5.96	5.96	6.04	5.92
贵州茅台	1658.22	1610.02	1618.80	1659.79	1582.00
中国石油	5.05	5.02	4.96	5.08	5.01

图 488-1

	最新价	今开价	昨收价	最高价	最低价
中国平安	51.71	51.56	51.55	52.51	50.70
工商银行	4.73	4.69	4.69	4.75	4.66
建设银行	6.01	5.96	5.96	6.04	5.92
贵州茅台	1658.22	1610.02	1618.80	1659.79	1582.00
中国石油	5.05	5.02	4.96	5.08	5.01

图 488-2

主要代码如下。

```
import pandas as pd #导入pandas库，并使用pd重命名pandas
#读取myexcel.xlsx文件的Sheet1工作表
df=pd.read_excel('myexcel.xlsx',sheet_name='Sheet1',index_col=0)
df #输出df的所有数据
#在df中高亮显示所有列的最大值
df.style.format(precision=2).highlight_max(color='green')
```

在上面这段代码中，df.style.format(precision=2).highlight_max(color='green')表示使用绿色高亮显示 df 的所有列的最大值，即使用绿色设置所有列的最大值的背景颜色。

此案例的主要源文件是 MyCode\H864\H864.ipynb。

489　使用指定颜色高亮显示指定列的最大值

此案例主要通过在 highlight_max()函数中使用指定的颜色设置 color 参数值，同时使用指定的列名设置 subset 参数值，实现在 DataFrame 中高亮显示指定列的最大值。当在 Jupyter Notebook 中运行此案例代码之后，将在 DataFrame 中使用绿色高亮显示最新价列的最大值，即使用绿色设置最新价列的最大值的背景颜色，效果分别如图 489-1 和图 489-2 所示。

	最新价	今开价	昨收价	最高价	最低价
中国平安	51.71	51.56	51.55	52.51	50.70
工商银行	4.73	4.69	4.69	4.75	4.66
建设银行	6.01	5.96	5.96	6.04	5.92
贵州茅台	1658.22	1610.02	1618.80	1659.79	1582.00
中国石油	5.05	5.02	4.96	5.08	5.01

图 489-1

	最新价	今开价	昨收价	最高价	最低价
中国平安	51.71	51.56	51.55	52.51	50.70
工商银行	4.73	4.69	4.69	4.75	4.66
建设银行	6.01	5.96	5.96	6.04	5.92
贵州茅台	1658.22	1610.02	1618.80	1659.79	1582.00
中国石油	5.05	5.02	4.96	5.08	5.01

图 489-2

主要代码如下。

```
import pandas as pd #导入pandas库，并使用pd重命名pandas
#读取myexcel.xlsx文件的Sheet1工作表
df=pd.read_excel('myexcel.xlsx',sheet_name='Sheet1',index_col=0)
df #输出df的所有数据
#在df中高亮显示最新价列的最大值
df.style.format(precision=2).highlight_max(subset='最新价',color='green')
#df.style.format(precision=2).highlight_max(subset=['最新价'],color='green')
#df.style.format(precision=2).highlight_max('最新价',color='green')
##在df中高亮显示最新价列和昨收价列的最大值
#df.style.format(precision=2).highlight_max(color='green',subset=['最新价',
'昨收价'])
```

在上面这段代码中，df.style.format(precision=2).highlight_max(subset='最新价',color='green')表示使用绿色高亮显示 df 的最新价列的最大值，即使用绿色设置最新价列的最大值的背景颜色。

此案例的主要源文件是 MyCode\H176\H176.ipynb。

490 使用指定颜色高亮显示所有列的最小值

此案例主要通过在 highlight_min()函数中使用指定的颜色设置 color 参数值,实现在 DataFrame 中高亮显示所有列的最小值。当在 Jupyter Notebook 中运行此案例代码之后,将在 DataFrame 中使用粉色高亮显示所有列的最小值,即使用粉色设置所有列的最小值的背景颜色,效果分别如图 490-1 和图 490-2 所示。

	最新价	今开价	昨收价	最高价	最低价
中国平安	51.71	51.56	51.55	52.51	50.70
工商银行	4.73	4.69	4.69	4.75	4.66
建设银行	6.01	5.96	5.96	6.04	5.92
贵州茅台	1658.22	1610.02	1618.80	1659.79	1582.00
中国石油	5.05	5.02	4.96	5.08	5.01

图 490-1

	最新价	今开价	昨收价	最高价	最低价
中国平安	51.71	51.56	51.55	52.51	50.70
工商银行	4.73	4.69	4.69	4.75	4.66
建设银行	6.01	5.96	5.96	6.04	5.92
贵州茅台	1658.22	1610.02	1618.80	1659.79	1582.00
中国石油	5.05	5.02	4.96	5.08	5.01

图 490-2

主要代码如下。

```
import pandas as pd #导入pandas库,并使用pd重命名pandas
#读取 myexcel.xlsx 文件的 Sheet1 工作表
df=pd.read_excel('myexcel.xlsx',sheet_name='Sheet1',index_col=0)
df  #输出 df 的所有数据
#使用粉色在 df 中高亮显示所有列的最小值
df.style.format(precision=2).highlight_min(color='pink')
```

在上面这段代码中,df.style.format(precision=2).highlight_min(color='pink')表示使用粉色高亮显示 df 的所有列的最小值,即使用粉色设置所有列的最小值的背景颜色。

此案例的主要源文件是 MyCode\H865\H865.ipynb。

491 使用指定颜色高亮显示指定列的最小值

此案例主要通过在 highlight_min()函数中使用指定的颜色设置 color 参数值,同时使用指定的列名设置 subset 参数值,从而实现在 DataFrame 中高亮显示指定列的最小值。当在 Jupyter Notebook 中运行此案例代码之后,将在 DataFrame 中使用粉色高亮显示最新价列的最小值,即使用粉色设置最新价列的最小值的背景颜色,效果分别如图 491-1 和图 491-2 所示。

	最新价	今开价	昨收价	最高价	最低价
中国平安	51.71	51.56	51.55	52.51	50.70
工商银行	4.73	4.69	4.69	4.75	4.66
建设银行	6.01	5.96	5.96	6.04	5.92
贵州茅台	1658.22	1610.02	1618.80	1659.79	1582.00
中国石油	5.05	5.02	4.96	5.08	5.01

图 491-1

	最新价	今开价	昨收价	最高价	最低价
中国平安	51.71	51.56	51.55	52.51	50.70
工商银行	4.73	4.69	4.69	4.75	4.66
建设银行	6.01	5.96	5.96	6.04	5.92
贵州茅台	1658.22	1610.02	1618.80	1659.79	1582.00
中国石油	5.05	5.02	4.96	5.08	5.01

图 491-2

主要代码如下。

```
import pandas as pd #导入pandas库，并使用pd重命名pandas
#读取myexcel.xlsx文件的Sheet1工作表
df=pd.read_excel('myexcel.xlsx',sheet_name='Sheet1',index_col=0)
df #输出df的所有数据
#在df中高亮显示最新价列的最小值
df.style.format(precision=2).highlight_min(subset='最新价',color='pink')
#df.style.format(precision=2).highlight_min(subset=['最新价'],color='pink')
#df.style.format(precision=2).highlight_min('最新价',color='pink')
##在df中高亮显示最新价列和昨收价列的最小值
#df.style.format(precision=2).highlight_min(color='pink',subset=['最新价','昨
收价'])
```

在上面这段代码中，df.style.format(precision=2).highlight_min(subset='最新价',color='pink')表示使用粉色高亮显示df的最新价列的最小值，即使用粉色设置最新价列的最小值的背景颜色。

此案例的主要源文件是MyCode\H866\H866.ipynb。

492　使用自定义函数设置每列的最大值颜色

此案例主要通过在自定义函数 myfunc()中判断每列的最大值，并据此使用指定的颜色设置最大值的color属性，实现在DataFrame中使用指定的颜色设置每列最大值的颜色。当在Jupyter Notebook中运行此案例代码之后，将在DataFrame中使用红色设置每列最大值的颜色，效果分别如图492-1和图492-2所示。

	最新价	昨收价	最高价	最低价	成交量
光华科技	21.64	20.81	21.82	20.61	55848
鲁商发展	13.14	12.64	13.59	12.30	332800
斯莱克	26.18	25.19	26.50	24.44	109100
国恩股份	24.98	24.05	26.45	24.75	47685
汉钟精机	22.69	21.88	23.17	21.68	79375

图492-1

	最新价	昨收价	最高价	最低价	成交量
光华科技	21.64	20.81	21.82	20.61	55848
鲁商发展	13.14	12.64	13.59	12.30	332800
斯莱克	26.18	25.19	26.50	24.44	109100
国恩股份	24.98	24.05	26.45	24.75	47685
汉钟精机	22.69	21.88	23.17	21.68	79375

图492-2

主要代码如下。

```
import pandas as pd #导入pandas库，并使用pd重命名pandas
#读取myexcel.xlsx文件的Sheet1工作表
df=pd.read_excel('myexcel.xlsx',sheet_name='Sheet1',index_col=0)
df #输出df的所有数据
#创建自定义函数myfunc()
def myfunc(Series):
    #如果value是列的最大值，则设置value的颜色为红色
    myValues=(Series==Series.max())
    return ['color:red'
```

```
        if value else 'color:' for value in myValues]
#调用自定义函数myfunc()设置df每列的最大值为红色
df.style.format(precision=2).apply(myfunc)
##调用自定义函数myfunc()设置df的最新价列和成交量列的最大值为红色
#df.style.format(precision=2).apply(myfunc,subset=['最新价','成交量'])
```

在上面这段代码中，df.style.format(precision=2).apply(myfunc)表示调用自定义函数 myfunc()使用红色设置 df 每列最大值的颜色。

此案例的主要源文件是 MyCode\H015\H015.ipynb。

493　使用自定义函数设置每列的最小值颜色

此案例主要通过在自定义函数 myfunc()中判断每列的最小值，并据此使用指定的颜色设置最小值的 color 属性，实现在 DataFrame 中使用指定的颜色设置每列最小值的颜色。当在 Jupyter Notebook 中运行此案例代码之后，将在 DataFrame 中使用蓝色设置每列最小值的颜色，效果分别如图 493-1 和图 493-2 所示。

	最新价	昨收价	最高价	最低价	成交量
光华科技	21.64	20.81	21.82	20.61	55848
鲁商发展	13.14	12.64	13.59	12.30	332800
斯莱克	26.18	25.19	26.50	24.44	109100
国恩股份	24.98	24.05	26.45	24.75	47685
汉钟精机	22.69	21.88	23.17	21.68	79375

图 493-1

	最新价	昨收价	最高价	最低价	成交量
光华科技	21.64	20.81	21.82	20.61	55848
鲁商发展	13.14	12.64	13.59	12.30	332800
斯莱克	26.18	25.19	26.50	24.44	109100
国恩股份	24.98	24.05	26.45	24.75	47685
汉钟精机	22.69	21.88	23.17	21.68	79375

图 493-2

主要代码如下。

```
import pandas as pd #导入pandas库，并使用pd重命名pandas
#读取myexcel.xlsx文件的Sheet1工作表
df=pd.read_excel('myexcel.xlsx',sheet_name='Sheet1',index_col=0)
df #输出df的所有数据
#创建自定义函数myfunc()
def myfunc(Series):
    #如果value是列的最小值，则设置value的颜色为蓝色
    myValues=(Series==Series.min())
    return ['color:blue'
            if value else 'color:' for value in myValues]
#调用自定义函数myfunc()设置df每列的最小值为蓝色
df.style.format(precision=2).apply(myfunc)
##调用自定义函数myfunc()设置df的最新价列和成交量列的最小值为蓝色
#df.style.format(precision=2).apply(myfunc,subset=['最新价','成交量'])
```

在上面这段代码中，df.style.format(precision=2).apply(myfunc)表示调用自定义函数 myfunc()使用蓝色设置 df 每列最小值的颜色。

此案例的主要源文件是 MyCode\H867\H867.ipynb。

494 使用指定颜色高亮显示所有行的最大值

此案例主要演示了使用 highlight_max()函数在 DataFrame 中高亮显示每行的最大值。当在 Jupyter Notebook 中运行此案例代码之后，将在 DataFrame 中使用红色高亮显示每行的最大值，即使用红色设置每行最大值的背景颜色，效果分别如图 494-1 和图 494-2 所示。

	昨收价	最高价	最低价	今开价	最新价
楚天科技	17.08	19.27	16.78	17.01	18.93
三丰智能	4.04	4.66	4.06	4.10	4.47
奥特维	133.00	147.49	133.00	134.00	146.53
三维化学	5.25	5.78	5.20	5.20	5.78
青岛金王	4.36	4.80	4.37	4.37	4.80

图 494-1

	昨收价	最高价	最低价	今开价	最新价
楚天科技	17.08	19.27	16.78	17.01	18.93
三丰智能	4.04	4.66	4.06	4.10	4.47
奥特维	133.00	147.49	133.00	134.00	146.53
三维化学	5.25	5.78	5.20	5.20	5.78
青岛金王	4.36	4.80	4.37	4.37	4.80

图 494-2

主要代码如下。

```
import pandas as pd #导入pandas库，并使用pd重命名pandas
#读取myexcel.xlsx文件的Sheet1工作表
df=pd.read_excel('myexcel.xlsx',sheet_name='Sheet1',index_col=0)
df #输出df的所有数据
#在df中使用红色高亮显示每行的最大值
df.style.format(precision=2).highlight_max(axis=1,color='red')
```

在上面这段代码中，df.style.format(precision=2).highlight_max(axis=1,color='red')表示使用红色在 df 中高亮显示每行的最大值，即使用红色设置每行最大值的背景颜色。

此案例的主要源文件是 MyCode\H010\H010.ipynb。

495 使用指定颜色高亮显示指定行的最大值

此案例主要演示了使用 highlight_max()函数在 DataFrame 中高亮显示指定行的最大值。当在 Jupyter Notebook 中运行此案例代码之后，将在 DataFrame 中使用红色高亮显示三维化学和三丰智能这两行数据各自的最大值，即使用红色设置这两行数据各自的最大值的背景颜色，效果分别如图 495-1 和图 495-2 所示。

主要代码如下。

```
import pandas as pd #导入pandas库，并使用pd重命名pandas
#读取myexcel.xlsx文件的Sheet1工作表
df=pd.read_excel('myexcel.xlsx',sheet_name='Sheet1',index_col=0)
df #输出df的所有数据
#在df中使用红色高亮显示三维化学和三丰智能这两行数据各自的最大值
```

```
df.style.format(precision=2).highlight_max(color='red',axis=1,
                        subset=pd.IndexSlice[['三维化学','三丰智能'],])
```

	昨收价	最高价	最低价	今开价	最新价
楚天科技	17.08	19.27	16.78	17.01	18.93
三丰智能	4.04	4.66	4.06	4.10	4.47
奥特维	133.00	147.49	133.00	134.00	146.53
三维化学	5.25	5.78	5.20	5.20	5.78
青岛金王	4.36	4.80	4.37	4.37	4.80

图 495-1

	昨收价	最高价	最低价	今开价	最新价
楚天科技	17.08	19.27	16.78	17.01	18.93
三丰智能	4.04	4.66	4.06	4.10	4.47
奥特维	133.00	147.49	133.00	134.00	146.53
三维化学	5.25	5.78	5.20	5.20	5.78
青岛金王	4.36	4.80	4.37	4.37	4.80

图 495-2

在上面这段代码中，df.style.format(precision=2).highlight_max(color='red',axis=1, subset=pd.IndexSlice[['三维化学','三丰智能'],])表示在 df 中使用红色高亮显示三维化学和三丰智能这两行数据各自的最大值，即使用红色设置这两行数据各自的最大值的背景颜色。

此案例的主要源文件是 MyCode\H868\H868.ipynb。

496 使用指定颜色高亮显示所有行的最小值

此案例主要演示了使用 highlight_min()函数在 DataFrame 中高亮显示每行的最小值。当在 Jupyter Notebook 中运行此案例代码之后，将在 DataFrame 中使用绿色高亮显示每行的最小值，即使用绿色设置每行最小值的背景颜色，效果分别如图 496-1 和图 496-2 所示。

	昨收价	最高价	最低价	今开价	最新价
楚天科技	17.08	19.27	16.78	17.01	18.93
三丰智能	4.04	4.66	4.06	4.10	4.47
奥特维	133.00	147.49	133.00	134.00	146.53
三维化学	5.25	5.78	5.20	5.20	5.78
青岛金王	4.36	4.80	4.37	4.37	4.80

图 496-1

	昨收价	最高价	最低价	今开价	最新价
楚天科技	17.08	19.27	16.78	17.01	18.93
三丰智能	4.04	4.66	4.06	4.10	4.47
奥特维	133.00	147.49	133.00	134.00	146.53
三维化学	5.25	5.78	5.20	5.20	5.78
青岛金王	4.36	4.80	4.37	4.37	4.80

图 496-2

主要代码如下。

```
import pandas as pd #导入pandas库，并使用pd重命名pandas
#读取myexcel.xlsx文件的Sheet1工作表
df=pd.read_excel('myexcel.xlsx',sheet_name='Sheet1',index_col=0)
df #输出df的所有数据
#在df中使用绿色高亮显示每行的最小值
df.style.format(precision=2).highlight_min(axis=1,color='green')
```

在上面这段代码中，df.style.format(precision=2).highlight_min(axis=1,color='green')表示在 df

中使用绿色高亮显示每行的最小值，即在 df 中使用绿色设置每行最小值的背景颜色。

此案例的主要源文件是 MyCode\H026\H026.ipynb。

497　使用指定颜色高亮显示指定行的最小值

此案例主要演示了使用 highlight_min()函数在 DataFrame 中高亮显示指定行的最小值。当在 Jupyter Notebook 中运行此案例代码之后，将在 DataFrame 中高亮显示三维化学和三丰智能这两行数据各自的最小值，即使用绿色设置这两行数据各自的最小值的背景颜色，效果分别如图 497-1 和图 497-2 所示。

	昨收价	最高价	最低价	今开价	最新价
楚天科技	17.08	19.27	16.78	17.01	18.93
三丰智能	4.04	4.66	4.06	4.10	4.47
奥特维	133.00	147.49	133.00	134.00	146.53
三维化学	5.25	5.78	5.20	5.20	5.78
青岛金王	4.36	4.80	4.37	4.37	4.80

图 497-1

	昨收价	最高价	最低价	今开价	最新价
楚天科技	17.08	19.27	16.78	17.01	18.93
三丰智能	4.04	4.66	4.06	4.10	4.47
奥特维	133.00	147.49	133.00	134.00	146.53
三维化学	5.25	5.78	5.20	5.20	5.78
青岛金王	4.36	4.80	4.37	4.37	4.80

图 497-2

主要代码如下。

```
import pandas as pd #导入pandas库，并使用pd重命名pandas
#读取myexcel.xlsx文件的Sheet1工作表
df=pd.read_excel('myexcel.xlsx',sheet_name='Sheet1',index_col=0)
df #输出df的所有数据
#在df中使用绿色高亮显示三维化学和三丰智能这两行数据各自的最小值
df.style.format(precision=2).highlight_min(color='green',axis=1,
                        subset=pd.IndexSlice[['三维化学','三丰智能'],])
```

在上面这段代码中，df.style.format(precision=2).highlight_min(color='green',axis=1, subset= pd.IndexSlice[['三维化学';'三丰智能'],])表示在 df 中使用绿色高亮显示三维化学和三丰智能这两行数据各自的最小值，即使用绿色设置这两行数据各自的最小值的背景颜色。

此案例的主要源文件是 MyCode\H869\H869.ipynb。

498　根据大小使用渐变色按列设置数据颜色

此案例主要演示了使用 text_gradient()函数在 DataFrame 中根据大小采用渐变色按列设置数据的颜色。当在 Jupyter Notebook 中运行此案例代码之后，将在 DataFrame 中根据大小使用渐变的红色设置 C1 和 C3 这两列数据的颜色，数值越大，颜色越深，数值越小，颜色越浅，效果分别如图 498-1 和图 498-2 所示。

	C0	C1	C2	C3	C4
R0	800744	800141	800044	800779	800933
R1	800016	800902	800043	800718	800551
R2	800131	800787	800816	800101	800640
R3	800068	800566	800132	800838	800307
R4	800918	800487	800165	800630	800603

图 498-1

	C0	C1	C2	C3	C4
R0	800744		800044	800779	800933
R1	800016	800902	800043	800718	800551
R2	800131	800787	800816		800640
R3	800068	800566	800132	800838	800307
R4	800918	800487	800165	800630	800603

图 498-2

主要代码如下。

```
import pandas as pd #导入pandas库,并使用pd重命名pandas
from numpy import random #导入numpy库的随机数模块random
#根据随机数创建df
df=pd.DataFrame(random.randint(800000,801000,size=(5,5)),
index=['R0','R1','R2','R3','R4'],columns=['C0','C1','C2','C3','C4'])
    df #输出df的所有数据
#在df中使用渐变红色根据大小设置C1和C3这两列数据的颜色
df.style.text_gradient(cmap='Reds',axis=0,subset=['C1','C3'])
```

在上面这段代码中,df.style.text_gradient(cmap='Reds',axis=0,subset=['C1', 'C3'])表示在df中使用渐变红色根据大小设置C1和C3这两列数据的颜色。

此案例的主要源文件是MyCode\H870\H870.ipynb。

499 根据大小使用渐变色按行设置数据颜色

此案例主要演示了使用text_gradient()函数在DataFrame中根据大小采用渐变色按行设置数据的颜色。当在Jupyter Notebook中运行此案例代码之后,将在DataFrame中根据大小使用渐变红色设置R1和R3这两行数据的颜色,数值越大,颜色越深,数值越小,颜色越浅,效果分别如图499-1和图499-2所示。

	C0	C1	C2	C3	C4
R0	800017	800025	800073	800014	800026
R1	800030	800081	800096	800004	800035
R2	800030	800089	800027	800039	800075
R3	800010	800087	800032	800019	800004
R4	800060	800082	800093	800045	800041

图 499-1

	C0	C1	C2	C3	C4
R0	800017	800025	800073	800014	800026
R1	800030	800081	800096	800004	800035
R2	800030	800089	800027	800039	800075
R3	800010	800087	800032	800019	800004
R4	800060	800082	800093	800045	800041

图 499-2

主要代码如下。

```
import pandas as pd #导入pandas库,并使用pd重命名pandas
```

```
from numpy import random #导入 numpy 库的随机数模块 random
#根据随机数创建 df
df=pd.DataFrame(random.randint(800000,800100,size=(5,5)),
index=['R0','R1','R2','R3','R4'],columns=['C0','C1','C2','C3','C4'])
    df  #输出 df 的所有数据
    #在 df 中使用渐变红色根据大小设置 R1 和 R3 这两行数据的颜色
    df.style.text_gradient(cmap='Reds',axis=1,subset=pd.IndexSlice[['R1','R3'],])
```

在上面这段代码中，df.style.text_gradient(cmap='Reds',axis=1,subset=pd.IndexSlice[['R1','R3'],])
表示在 df 中使用渐变红色根据大小设置 R1 和 R3 这两行数据的颜色。

此案例的主要源文件是 MyCode\H832\H832.ipynb。

500 根据大小使用渐变色按列设置背景颜色

此案例主要演示了使用 background_gradient()函数在 DataFrame 中根据大小采用渐变色按列
设置数据的背景颜色。当在 Jupyter Notebook 中运行此案例代码之后，将在 DataFrame 中采用渐
变蓝色根据大小设置成交额列数据的背景颜色，颜色越深数据越大，颜色越浅数据越小，效果
分别如图 500-1 和图 500-2 所示。

	股票代码	股票名称	收盘价	成交额	交易日期
0	600293	三峡新材	5.39	46166.66	2021/8/13
1	301020	密封科技	43.80	77121.19	2021/8/16
2	600360	华微电子	10.76	187022.33	2021/8/17
3	600331	宏达股份	3.54	238363.96	2021/8/17
4	301047	义翘神州	493.32	451806.60	2021/8/16

图 500-1

	股票代码	股票名称	收盘价	成交额	交易日期
0	600293	三峡新材	5.39	46166.66	2021/8/13
1	301020	密封科技	43.80	77121.19	2021/8/16
2	600360	华微电子	10.76	187022.33	2021/8/17
3	600331	宏达股份	3.54	238363.96	2021/8/17
4	301047	义翘神州	493.32	451806.60	2021/8/16

图 500-2

主要代码如下。

```
import pandas as pd #导入 pandas 库，并使用 pd 重命名 pandas
#读取 myexcel.xlsx 文件的 Sheet1 工作表
df=pd.read_excel('myexcel.xlsx',sheet_name='Sheet1')
df  #输出 df 的所有数据
#在 df 中使用渐变蓝色根据大小设置成交额列数据的背景颜色
df.style.format(precision=2).background_gradient(subset=['成交额'],cmap='Blues')
##在 df 中使用渐变绿色根据大小设置成交额列数据的背景颜色
#df.style.format(precision=2).background_gradient(subset='成交额',cmap='Greens')
```

在上面这段代码中，df.style.format(precision=2).background_gradient(subset=['成交额'], cmap=
'Blues')表示在 df 中使用渐变蓝色根据大小设置成交额列数据的背景颜色。

此案例的主要源文件是 MyCode\H177\H177.ipynb。